SCHUNK BIETET AUTOMATIONSLÖSUNGEN

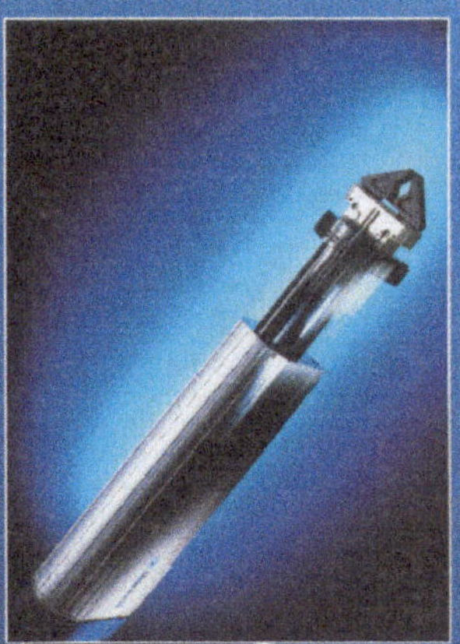

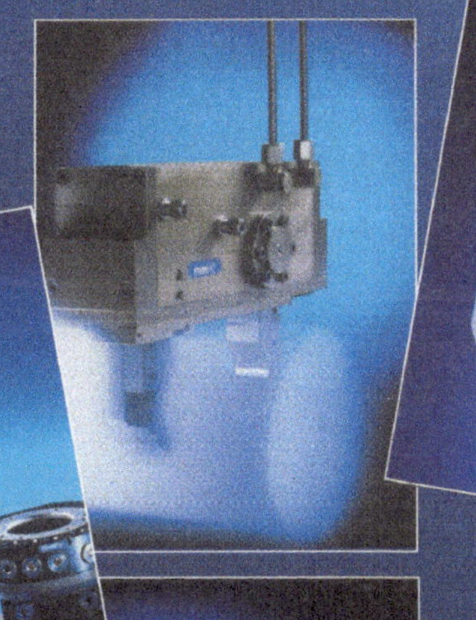

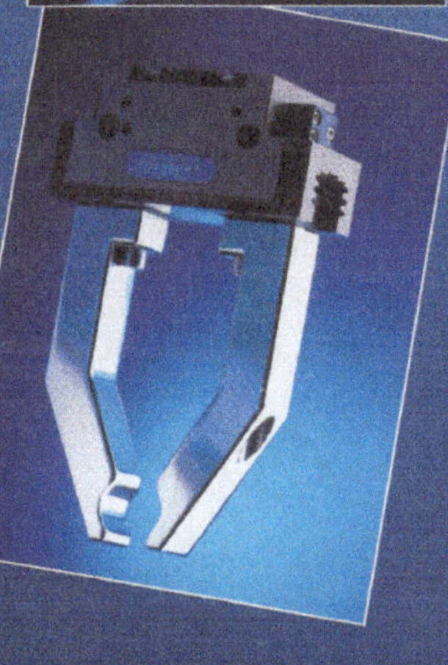

SCHUNK
Spann- und Greiftechnik

Schunk GmbH & Co. KG
Bahnhofstr. 106-134
74348 Lauffen/Neckar
Tel. 07133/103-503
Fax 07133/103-189
www.schunk.de
greifer@schunk.de

2000 Jahre

2.000 mm/sec

FESTO

Eine Weltneuheit, die automatisch Geschichte schreibt.
Neue Funktionsprinzipien sind die Säulen innovativer Produkte. Der pneumatische Muskel MAS beschreitet ein ganz neues Kraft-/Wegverhältnis: Bis zu 10 mal höhere Anfangskraft in der Beschleunigungsphase überzeugen. Nicht nur in klassischen Aufgabenfeldern der Automatisierung; auch schwierige Umgebungsbedingungen überdauert das hermetisch geschlossene System problemlos. Es müssen ja nicht gleich 2000 Jahre sein. Hohe Dynamik bei niedrigem Gewicht prädestinieren den Muskel z.B. für High-Speed-Schneidvorgänge, die Flug-, Spann- und Greiftechnik, der Reinraum, die Holzbearbeitung oder auch die Simulatortechnik.

Sind Sie bereit für epochale Antriebsideen?

Festo AG & Co.

Ruiter Strasse 82
D-73734 Esslingen
Telefon +49/711/347-0
Telefax +49/711/347-2144
E-mail: service_internationa
@festo.com

Ihr Orthopäde empfiehlt

- Universell einsetzbares Schlauchhebegerät für Lasten bis zu 140 kg.

- Nur ein Medium für Halten und Heben - nämlich Vakuum

- Für Transportgüter "fast" aller Art wie z. B.
  - Möbel- und Holzteile
  - Span- und MDF-Platten
  - Behälter und Fässer
  - Lebensmittel
  - Säcke
  - Kartons

- Ausgereiftes Baukastensystem mit einer Vielzahl an Optionen und Anpassungsmöglichkeiten.

- Komplettlösungen mit Wand-, und Säulenschwenkkranen sowie Hängebahnsysteme aus hochwertigen Alu-Profilen

VacuPowerlift

Zu Risiken und Nebenwirkungen wenden Sie sich bitte an einen unserer Verkaufsspezialisten oder besuchen Sie uns im Internet unter: www.fezer.de

Albert Fezer Maschinenfabrik GmbH
Hauptstrasse 37-39, D-73730 Esslingen
Tel: 0711/36009-0, Fax: 0711/36009-40
www.fezer.de, e-mail: fezer@fezer.de

Spannende Perspektiven!

VITAX
HANDLING

Stefan Hesse
Heinz Schmidt
Uwe Schmidt

Manipulatorpraxis

Manuell geführte Handhabungssysteme

Mit 283 Abbildungen

Die Deutsche Bibliothek – CIP-Einheitsaufnahme
Ein Titeldatensatz für diese Publikation ist bei
Der Deutschen Bibliothek erhältlich.

1. Auflage September 2001

Konzeption und Layout des Umschlags: Ulrike Weigel, www.CorporateDesignGroup.de

Gedruckt auf säurefreiem Papier

ISBN 978-3-528-03949-3   ISBN 978-3-663-07983-5 (eBook)
DOI 10.1007/978-3-663-07983-5

Vorwort

Im industriellen und handwerklichen Bereich müssen ständig „gewichtige Dinge" gehoben, gelagert, umgesetzt und manipuliert werden. Oft übersteigt aber die Handhabungsmasse die Grenzen des gesundheitlich Zumutbaren, erfordert mehrere Personen für einen Gegenstand oder die Last ist mit Muskelkraft nicht präzise genug positionierbar. Man braucht also technische Hebehilfen - ein altes Problem. In keinem Bereich des Maschinenbaus gibt es deshalb eine so lange Startphase, wie bei den Hebezeugen. Moderne Handhabung, wie wir sie heute kennen, nutzt dafür Krane, Hubwerke, Industrieroboter und Manipulatoren. Und es geht natürlich nicht nur um die Technik des Hebens, sondern auch um eine „Handhabungstechnik für Menschen". Zum „Industrial Handling" gehört also auch eine Strategie, wie man zu einer optimalen Arbeitsplatzgestaltung kommt.

Das Buch zeigt Wege auf, wie man Manipulatoren und Hubeinheiten für das Manipulieren einsetzen kann. Es werden die Bauarten vorgestellt und ihre Funktion erläutert. Ausgangspunkt sind Arbeitsplatzanalysen, aus denen Anforderungsprofile für technische Hebehilfen hervorgehen. Eine Vielzahl von Gestaltungsdetails und Anwendungsbeispielen erleichtert das Verstehen dieser Technik. Ausführlich wird auch die Greiftechnik behandelt. Daraus ergibt sich eine Verwendungsvielfalt, die die seit Jahren steigende Akzeptanz und Zahl von Installationen erklärt. Das Buch ist damit auch ein Impulsgeber für Denkanstöße, was im Unternehmen noch an Rationalisierung und Gesunderhaltung der Arbeitskräfte getan werden kann.

Der Leserkreis ist ebenso breitgestreut, wie der Anwendungsbereich. Er reicht vom Handwerker, Techniker, Ingenieur, Projektbearbeiter, Arbeitsgestalter und Studenten bis zum Führungspersonal im mittleren und unteren Management. Eine nützliche Maschine befindet sich weiter auf dem Vormarsch!

Plauen   Stefan Hesse
Freiberg a.N.   Heinz Schmidt
                                                                                                Uwe Schmidt

Inhaltsverzeichnis

1 Einführung

In guten Unternehmen spielen heute nicht nur die Produktionsleistung am Ende eines Wirtschaftsprozesses eine Rolle, sondern auch Sicherheit und Ordnung, der Wert des Menschen sowie der Gesundheitsschutz der Arbeitskräfte. Dazu gehört auch, dass Handhabungsprozesse neu durchdacht und verändert werden. Handhabungsvorgänge sind Teil des betrieblichen Materialflusses. Man findet sie nicht nur in der Industrie, sondern auch in Bauwesen, Landwirtschaft, Handwerk und in anderen Branchen. Fürs rationelle Handhaben hat man deshalb in den letzten 30 Jahren verschiedene Handhabungseinrichtungen entwickelt, die mehreren Zielstellungen entgegenkommen, wie Gesunderhaltung der Arbeitskräfte beim Heben und Manipulieren von Gegenständen, Verkürzung der Manipulierzeiten, Erhöhung der von einer Person bewegbaren Lasten und Vergrößerung von Aktionsräumen, die denen des Menschen deutlich überlegen sind.

Typische Geräte sind neben Kranen und Hebezeugen der **Industrieroboter**, der freiprogrammierbar und vollautomatisch Bewegungsabläufe ausführen kann und der **Manipulator**, der in der Regel nicht vorprogrammierbar ist und Hirn, Auge und Hand eines Bedieners ständig und unmittelbar benötigt. Der Manipulator wird also manuell geführt und kann je nach Ausführung auch teilweise automatisiert sein. In der speziellen Ausführung als **Balancer** ist er ein „Ausgleichsheber", der aufgenommene Lasten in den Schwebezustand bringt, also Schwerkräfte selbsttätig ausgleicht.

Wie alles, hat auch die Manipulatortechnik ihre Geschichte und einige Entwicklungsschritte dürfen deshalb einleitend nicht fehlen.

1.1 Geschichtlicher Rückblick

Die Verbreitung und Anwendung neuer Technik steht immer in einem Wirkungszusammenhang zur zeitgemäßen Produktionskultur, zur Wirtschaft und zu den industriellen Anforderungen. Man kann also auch die Manipulatoren nicht als isoliertes Phänomen behandeln, auch wenn es Geräte mit einer gewissen Universalität sind. Hinzu kommt, dass heute neue Techniken viel weniger Zeit benötigen, um im globalen Maßstab wirksam zu werden. Letztlich soll dieser Prozess auch durch dieses Buch gefördert werden.

Das Heben schwerer Gegenstände mit geeigneten Hilfen gehört wohl mit zu den ältesten Leistungen, die Techniker je beschäftigt hat. In alter Zeit hat man schon riesige Steine heben können.Man knobelt oft heute noch, wie diese Ingenieurleistungen bewältigt werden konnten. Im Mittelalter war dann das senkrecht stehende Tretrad (**Bild 1-1**) auf zahlreichen Baustellen und im Hafenbereich in ganz Europa im Gebrauch. Diese Konstruktion, wie z.B. das Krantor von Danzig, galt seinerzeit als Hochleistungskran für den Schnellbetrieb. Zur Kraftvervielfachung ist ein Fünf-Rollenzug angebaut. Um die Ge-

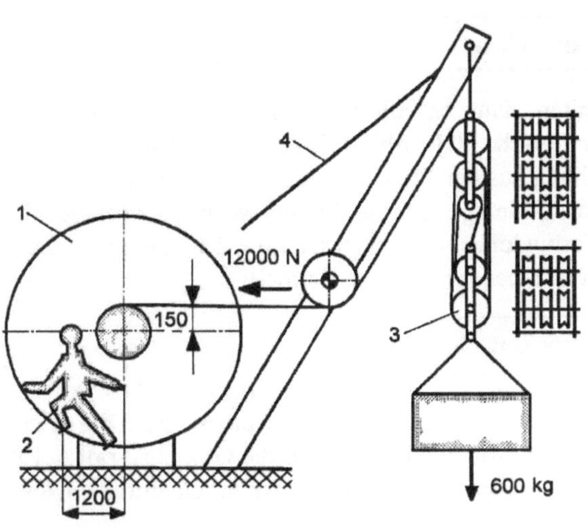

Bild 1-1 Das Tretrad als Kranantrieb
1 Tretrad, 2 2 Personen = 150 kg, 3 5-Rollenzug, 4 drei Seile

wichtskräfte überhaupt aufnehmen zu können, hat man 3 Seile parallel angeordnet. Der Kranausleger war ebenfalls über Seile abgespannt. Das Tretrad hatte allerdings den Nachteil, dass es bei gehobener Last in Haltestellung zum Schaukeln neigte. Deshalb hatte man dafür noch Bremsseile für den Gegenzug am Tretrad, was natürlich wiederum Arbeitskräfte band.

Von anderer Konstruktion waren die Göpelwerke (**Bild 1-2**). Beim Göpel steht die Achse des Drehkreuzes senkrecht zum Fußboden. Mensch oder Tier laufen als Kraftspender um diese Achse im Kreis.

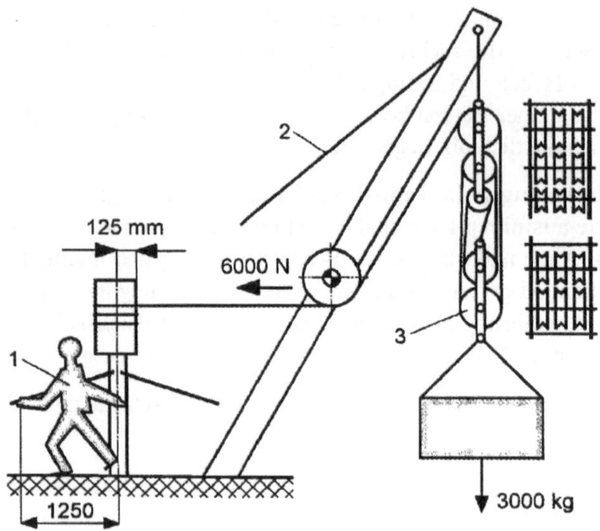

Von einer Haspel spricht man übrigens, wenn die Drehachse des Drehkreuzes nicht senkrecht, sondern waagerecht angeordnet ist. Das Seil ist im Beispiel dreisträngig ausgelegt. Die Handkraft am Göpel wurde mit 150 Newton angenommen, wobei 4 Leute tätig sein mussten, um eine Masse von 3000 kg zu heben. Für die Leistungsfähigkeit gibt es nun zwei Grenzwerte: Einmal die Seilfestigkeit und zum anderen die erzielbare Handkraft. Mit dem 5-Rollen-Zug hoben zwei Mann am Haspelkran eine Masse von 450 kg. Die Haspelarme sind wesentlich kürzer als die Arme beim Göbel. Ein solches Hebezeug wurde auch als *Pentaspastos* bezeichnet [1-1, 1-2]

Bild 1-2 Prinzip des Haspel- bzw. Göpelkrans mit 5-Rollenzug
1 Arbeitskraft, 2 Abspannseil, 3 5-Rollenzug

Die Arbeit, die damit geleistet wird, ist physikalisch eine „Hebearbeit" nach der Beziehung

$$\text{Arbeit} = \text{Gewichtskraft} \cdot \text{Höhe}$$

Wird die Last lediglich in der Schwebe gehalten, dann entfällt die Höhendifferenz. Man leistet dann eine sogenannte „Schwebearbeit" (physiologische Haltearbeit). Diese entzieht sich aber einer Berechnung nach der oben angegebenen Gleichung aus der Physik, weil sich die Höhe nicht verändert. Trotzdem kommt Schwebearbeit z.B. in der Montage sehr häufig vor, wenn Teile solange frei in Position gehalten werden müssen, bis ein Verbindungsmittel eingesetzt werden kann. Man kann näherungsweise die Schwebearbeit wie folgt bestimmen (empirische Formel):

$$\text{Arbeit} \approx \text{Gewichtskraft} \cdot \text{Zeit} \cdot \text{k}$$

Die Konstante k ist personenabhängig und kann mit etwa 3 angenommen werden, wenn die „Zeit" (Dauer der Aufrechterhaltung der Belastung) einige Minuten beträgt und die Gewichtskraft < 150 N ist [1-3]. Die Schwebearbeit lässt sich über die höhere Stoffwechselleistung, die durch entsprechende Muskelaktivität entsteht, genauer bestimmen [1-8].

Beispiel: Wer eine Masse von 10 kg für 4 Minuten in der Schwebe hält, der hat eine Schwebe- bzw. Haltearbeit von $A \approx 10 \cdot g \cdot 4 \cdot 3 \approx \underline{1200}$ Nm geleistet (g Erdbeschleunigung = 9,81 m/s²). Das Ergebnis ist als erste Näherung zu verstehen, mehr nicht.

Macht man nun einen größeren Zeitsprung, dann wird die Fernhandhabung zum industriellen Erfordernis. Die Entwicklung von Master-Slave-Manipulatoren (MSM) kam auf die Tagesordnung. Sie war zur Notwendigkeit geworden, als man mit radioaktiven Materialien umgehen musste. Diese Manipulatoren sind eine der Wurzeln der modernen Industrierobotertechnik. Entwicklungsetappen waren:

1947 Entwicklung der ersten unilateralen Manipulatoren mit mechanischer Kraftübertragung (Vorläufer der mechanischen Master-Slave-Manipulatoren) und elektrisch angetriebene Manipulatoren (Vorläufer der späteren Kraftmanipulatoren) am *Argonne National Laboratory* (ANL) in *Idaho Falls* (USA)

1948 Raymond Goertz vom ANL entwickelt den ersten (bilateralen) mechanischen Master-Slave-Manipulator. Das war ein bedeutender einzelner Entwicklungsschritt auf dem Gebiet der Fernbedienungs- bzw. Fernhandhabungstechnik.

1948 General Mills (*Minneapolis*, USA) baut einen elektrischen Manipulator mit 2 Gelenken, der als „Arbeitspferd" für die Handhabung in heißen Zellen verwendet wird und der über größere Tragfähigkeiten sowie einen größeren Arbeitsbereich als die mechanischen MSM verfügt.

1954 Am ANL wird das „Modell 8" als die endgültige Bauform der mechanischen MSM für die Betonzellen der Kerntechnik-Labors gefunden. Von diesem Modell gibt es viele Abwandlungen.

1954 R. Goertz vom ANL entwickelt den ersten Servo-MSM, der Elektromotoren sowie einen horizontalen Oberarm und einen vertikalen Unterarm hat.

Damit waren die wichtigsten 3 Manipulatorkategorien ausgebildet:

❏ Mechanischer Master-Slave-Manipulator (**Bild 1-3**)
❏ Elektrischer Master-Slave-Manipulator mit Tastersteuerung, auch als Kraftmanipulator bezeichnet (**Bild 1-4**)
❏ Servo-Master-Slave-Manipulator (SMSM)

Bei den letztgenannten Manipulatoren gibt es keine mechanische Verbindung mehr von der Bedienerseite zur kopierenden Seite (Slavearm). Dafür werden elektrische oder elektrohydraulische Systeme verwendet.

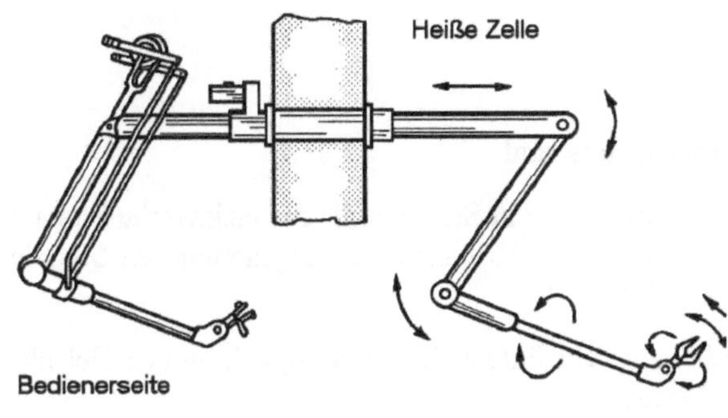

Bild 1-3 Mechanischer Master-Slave-Manipulator

Manipulatoren wurden schon bald mit Mobilität ausgestattet. Bereits 1954 hat man am *Savannah River Laboratory* (USA) das erste Manipulatorfahrzeug gebaut und mit einem Kraftmanipulator ausgerüstet. Das **Bild 1-5** zeigt ein Beispiel aus späterer Zeit. Zur besseren Geländegängigkeit ist das Fahrwerk mit Raupenketten ausgestattet. Auch hier ist ein Einsatz in menschenfeindlichen bzw. gefährlichen Umgebungen vorgesehen. Eine Kamera vermittelt die Fernsicht auf den Wirkungsort.

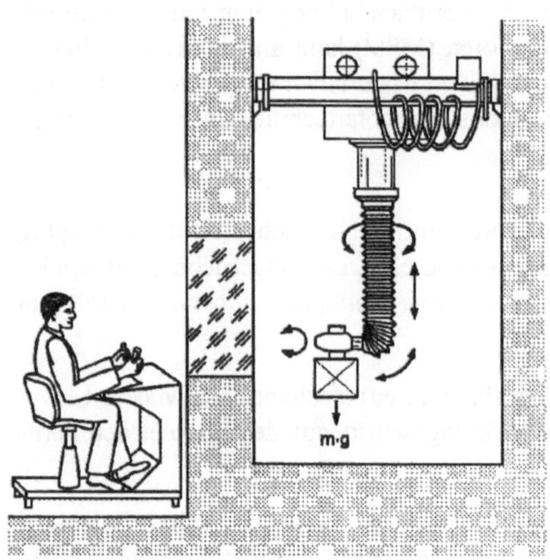

Bild 1-4 Kraftmanipulator mit elektrischem Antrieb und Tastersteuerung

Fernbediente Weiterentwicklungen werden heute als Teleoperatoren z.B. für die Handhabung und Untersuchung desolater Munition oder von undefinierbaren Objekten aus der Terroristenszene von den meisten Polizeiverwaltungen verwendet. Dazu gehört u.a. die Entschärfung von Kofferbomben durch Feuerwerker der Polizei. Ist der Manipulatorarm positioniert, kann das unbekannte Objekt mit einem Hochdruckwasserstrahl oder mit einer am Manipulatorarm angebrachten und fernbedienbaren Schrotflinte beschossen werden. Auch Röntgengeräte können so zum Einsatz gebracht werden. Zur Führung der Teleoperatoren ist übrigens ein eigens dafür eingerichteter Bedienstand erforderlich.

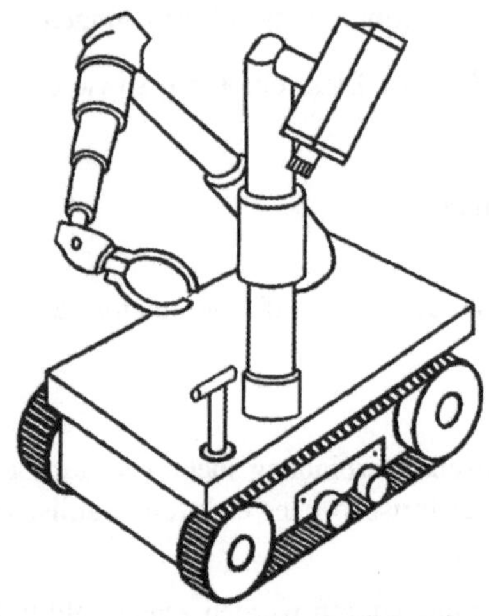

Bild 1-5 Beispiel für ein Manipulatorfahrzeug mit Beobachtungskamera

Man erkannte sehr schnell, dass der Manipulator auch für bestimmte industrielle Anwendungen gut zu gebrauchen war. Um 1960 hatte die amerikanische Firma *General Mills* für ihre Kraftmanipulatoren bereits freiprogrammierbare Punkt- und Bahnsteuerungen im Angebot. Man hatte z.B. ein Gerät zum Emaillieren von Badewannen ausgerüstet. So konnte eine körperlich schwere Arbeit automatisiert werden. Damit schließt sich nun der Bogen zum Industrieroboter, denn ein automatisierter und programmierbarer Manipulatorarm ist der Urtyp eines Roboters. Der erste Farbspritzroboter wurde 1966 von der norwegischen Firma *Trallfa* konstruiert, nachdem man ernsthafte Schwierigkeiten hatte, Arbeitskräfte für die Lackierung von Schubkarren zu gewinnen.

Wichtige Daten aus der Startphase des Industrieroboters sind:

1946 Der amerikanische Erfinder *G.C. Devol* entwickelt ein Steuergerät, das elektrische Signale magnetisch aufzeichnen konnte. Damit konnte man durch Abspielen der aufgenommenen Signale eine Maschine steuern. Das U.S.-Patent wurde 1952 erteilt.

1954 Der britische Erfinder *C.W. Kenward* reichte ein Patent für einen doppelarmigen Gelenkroboter ein. Das britische Patent hat man 1957 erteilt.

1954 *G.C. Devol* befasst sich mit Entwürfen für den „Programmierten Transport von Gegenständen". Sein Entwurf erhielt 1961 das U.S.-Patent. Es wurde am 13. Juni 1961 im *US-Patent-Record* veröffentlicht.

1961 Bei der *Ford Motor Company* wurde der erste Industrieroboter der Firma *Unimation* für das Entladen einer Druckgießmaschine eingesetzt.

Eine besondere Ausprägung eines Master-Slave-Manipulators ist das sogenannte Exoskelett. Es ist ein Metallskelett, das den menschlichen Abmaßen und Beweglichkeiten entspricht. Der Mensch gibt die Bewegungen von Rumpf und Extremitäten vor und das „Metall-Gelenk-Gerüst" führt diese Bewegungen kraftverstärkt aus (**Bild 1-6**). Man spricht dann auch vom aktiven Exoskelett. Es wurde 1955 von *Millikan* und *Eiken* vorgeschlagen und 1969 erstmals an Patienten mit gelähmten Beinen erprobt. Es wurde versucht, mit den Biosignalen des menschlichen Muskelsystems die Bewegungen zu steuern.

Exoskelettale Schreithilfen haben sich aber bisher nicht eingeführt, wohl auch wegen des diffizilen Problems der Energiebereitstellung. Diese Technik hat deshalb nur Laborniveau erreicht und wird sich wohl auch im Militärbereich, an den man ursprünglich dachte, nicht durchsetzen können.

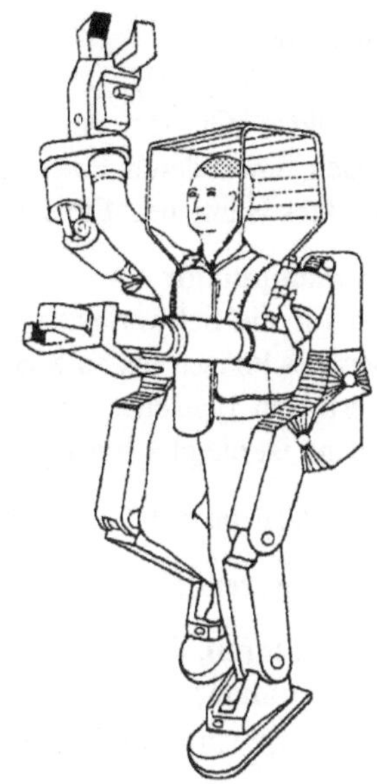

Bild 1-6 Das Exoskelett war als „Mensch-Kraftverstärker" gedacht.

1.2 Begriffe und Definitionen

Der Begriff „Manipulator" leitet sich vom Lateinischen *manus* = Arm, Hand ab. Er bezeichnet eine manuell gesteuerte Bewegungsmaschine zum Handhaben materieller Objekte (Werkstücke, Werkzeuge u.a.). Im Englischen wird der Begriff allgemein verstanden und zwar als mechanisches Gerät zum Bewegen ohne Berücksichtigung der Art der Steuerung (manuell, automatisch).
In [1-4] heißt es dazu:

> **Manipulator:** A mechanism, usually consisting of a series of segments, jointed or sliding relative to one another, for the purpose of grasping and moving objects usually in several degress of freedom. It may be remotely controlled by a computer, PC or by a human.

Unabhängig vom Einsatzgebiet können nach [1-5] die Manipulatoren in 7 Kategorien unterschieden werden:

❏ **Mechanischer Parallel-Manipulator**
   Das ist ein Master-Slave-System, bei dem beide Arme zum Zweck der Bewegungsübertragung mechanisch gekoppelt sind. Die Arbeiten dauern etwa viermal solange wie bei normaler Arbeit, also ohne Manipulator.

❏ **Servo-Parallel-Manipulator**
   Das sind Master-Slave-Manipulatoren bei denen die vom Bediener aufgebrachte Handkraft am Slave-Arm verstärkt und die Kraft in die Hand des Bedieners rückgekoppelt wird. Dieser

erlangt dadurch ein Tastgefühl für die vor Ort ausgeführten Aktionen. Die Handkraft lässt sich
so besser dosieren. Sie werden auch als Synchron- oder Parallelmanipulator bezeichnet.

❑ **Ferngreifer**
So werden die „verlängerten" Hände eines Bedieners (Operateur) bezeichnet. Es ist praktisch
ein Effektor (Greifer oder Werkzeug) am Ende einer langen Stange. Die Bedienorgane befinden sich am anderen Ende. Die Ferngreifer sind Laborgeräte und erlauben nur sehr einge-
schränktes Hantieren. Ein solches Gerät ist z.B. der „Kugelmanipulator".

❑ **Kraftmanipulator**
Er ist für die Schwerlasthandhabung ausgelegt und wird in der Regel über Drucktasten gesteuert. Es können bis zu 8 Bewegungsachsen (Freiheitsgrad 8) vorhanden sein. Die Bewegungen erfolgen typischerweise einzeln nacheinander. Es gibt sie auch als Industriemanipulator
und dann ist die gleichzeitige Bewegung in mehreren Achsen möglich.

❑ **Manipulatoren mit Positionsregelung**

❑ **Manipulatoren mit Rechnersteuerung bzw. -unterstützung**

❑ **Manipulatoren, die zusätzlich programmiert werden können**
Frei programmierbare Manipulatoren entsprechen praktisch den Industrierobotern, wenn mehr
als 2 Bewegungsachsen einbezogen sind.

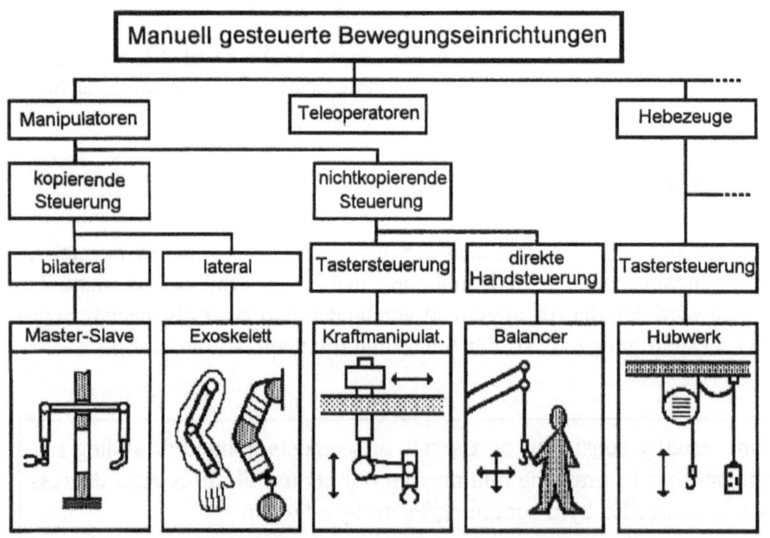

Ein Manipulator mit einer direkten Handsteuerung sowie einer Servofunktion für das
Heben ist der Balan-
cer. Es gibt für dieses Gerät mehrere unterschiedliche synonyme Bezeichnungen wie
z.B. Gewichtsbalan-
cer, Ausgleichsheber, Lastarmmanipulator
sowie *Zero Gravity Balancer*.

Bild 1-7 Gliederung der manuell gesteuerten Bewegungseinrichtungen [1-6]

Nach der Gliederung in **Bild 1-7** sollte man alle Manipulatoren, die keinen automatischen Gewichtskraftausgleich haben und manuell geführt werden, als Kraftmanipulatoren bezeichnen und
nicht als Balancer. Die Hubkraft wird dann über Taster ein- und ausgeschaltet, die sich in Bedien-
griffnähe (meist mit dem Lastaufnahmemittel verbunden) befinden.

Ist kein „Manipulatorarm" vorhanden, sondern ein Seil oder eine Kette, dann handelt es sich um
eine Hubeinheit (Hubwerk). Seilzüge mit Schwerkraftausgleich werden als Seilbalancer bezeichnet. Da in diesem Buch Manipulatoren mit und ohne Gewichtskraftausgleich vorzugsweise für das
Heben und Bewegen von Lasten behandelt werden, soll die folgende Definition gelten:

> **Manipulator:** Vorrichtung oder Gerät, dass durch eine Energie angetrieben wird, die nicht von Lebewesen ausgeht und einen Bediener in die Lage versetzt, ihn bei der Handhabung von körperlichen Objekten zu unterstützen. Der Manipulator wird durch die Bedienung einer Steuerung geführt, die mit dem Lastaufnahmemittel verbunden ist und/oder durch direkte und fortlaufende Führung der Last.

Für den Balancer kann man formulieren:

> **Balancer:** Direkt handgesteuerter bzw. -bewegter Manipulatorarm, bei dem die anhängende Last im Moment der Lastaufnahme automatisch gegen die Schwerkraft ausgeglichen wird, so dass sie in einen Schwebezustand kommt.

1.3 Industrielle Handhabungsoperationen und technische Mittel

In der Industrie besteht umfassender Bedarf, komplexe Produkte mit gleichbleibender Qualität kostengünstig herzustellen, also weg von der „Tagesform" und weg vom „Montagsauto". Das ist durch Automatisierung möglich. Aber nicht an allen Arbeitsplätzen sind die dazu erforderlichen technischen und wirtschaftlichen Randbedingungen schon gegeben. Dann muss versucht werden, durch problemangepasste Mechanisierung den ersten Schritt zur Technisierung zu gehen. Das ist besonders dort notwendig, wo durch sehr große Flexibilität oder zu geringe Häufigkeit der Handhabungsoperationen eine Automatisierung noch nicht vertretbar ist.

Heben, Tragen, Umsetzen, Halten und Manipulieren von Objekten (Arbeitsgut, Produkte, Baugruppen, Material, Halbzeuge, Montageteile) stellen sich an vielen Arbeitsplätzen in Industrie, Logistik und Handwerk als einen fortwährenden Wechsel von Ruhezuständen (Ablegen, Lagern, Bereithalten) und Bewegung (Umsetzen, Handhaben, Transportieren) dar. Typisch sind aus allgemeiner Sicht:

Zustand der Ruhe	Zustand der Bewegung
Ort bewahren	Ort verändern
Qualität bewahren	Qualität verändern
Quantität bewahren	Quantität verändern
Orientierung bewahren	Orientierung verändern

Eine Qualitätsveränderung soll allerdings durch Transportvorgänge in der Regel nicht stattfinden. Es kann aber auch zutreffen, wenn Bewegung und Arbeitsoperation miteinander eng verkettet sind, wie z.B. beim Reinigen von Teilen durch Bewegen in einer Reinigungslösung.

An den Materialfluss (Fertigung, Lagerung, Transport, Verpackung, Versand u.a.) werden heute aber noch weitere Anforderungen gestellt. Das sind hauptsächlich:

❑ **Adaptivität**
Beherrschung von Änderungen bezüglich Produktvarianten, Ordnungszustand und Umgebungsbedingungen.

❏ **Wandelbarkeit**
Das bedeutet rasche Umkonfiguration technischer und steuernder Komponenten auf wechselnde Aufgaben.

❏ **Autonomie**
Robuste Aufgabenausführung auch in Grenzsituationen ohne regulierende Einflussnahme von außen.

❏ **Mensch-Maschine-Interaktion**
Arbeitsphysiologisch ausgereifte Bedientechnik mit auch haptisch angenehmen Eigenschaften, und wo erforderlich, Prozessvisualisierung mit jeweils optimalen Anteil automatisierter Funktionen.

Ein interessanter Funktionsträger, der vielen Anforderungen genügt, sind die handgeführten Manipulatoren, besonders in der Bauart eines Balancers. Sie sind zwar in ihren Grundbestandteilen, die oft als Modul ausgebildet sind, einheitlich, nicht aber in der Gesamtausführung. Balancer für eine definierte Anwendung sind kein Produkt von der Stange. Das liegt an den sehr weit streuenden Randbedingungen, die im jeweiligen Anwendungsfall vorliegen. Hinzu kommt, dass Heben eine Grundfunktion darstellt, die in kleinen wie in großen Unternehmen umfangreich vorkommt und dazu auch in den meisten Branchen. Deshalb muss stets auf die jeweiligen Bedingungen eingegangen werden. Dabei sollten die allgemeinen Grundsätze und Eckpunkte einer integrierten Produktentwicklung (**Bild 1-8**) beachtet werden (siehe dazu auch Kapitel 5.3). Dazu gehören die ikonische Darstellung von Funktionen, die ergonomisch richtige Ausbildung der Bedienelemente und die Gewährleistung zuverlässiger Sicherheitstechnik.

Die praktische Wirksamkeit handgeführter Manipulatoren mit balancierenden Eigenschaften bezüglich Wirtschaftlichkeit und Gesunderhaltung des Menschen, als zukünftiges Schwerpunktthema Nummer 1, ist unbestritten. Maschinenbediener, die z.B. Kurbelwellenrohlinge von 20 kg Masse im Ein-Minutentakt in ein Bearbeitungszentrum einlegten und die fertig bearbeiteten Kurbelwellen wieder herausnahmen, konnten ihre Leistung nahezu verdoppeln. Das stellt einen beachtlichen Rationalisierungseffekt dar. Die Anwendbarkeit handgeführter Manipulatoren lässt sich kaum eingrenzen. Ständig werden neue Einsatzgebiete erschlossen, auch im Bereich der Werkzeughandhabung. Der Erfolg begründet sich auf dem Konzept, Auge und Hirn des Menschen im Prozess zu belassen, jedoch die Armkraft durch Vermeidung von Hebe- und Schwebearbeit zu verstärken und die Reichweite der Arme deutlich zu vergrößern, wobei oft eine automatisierte Gegensteuerung zur Schwerkraft inbegriffen ist.

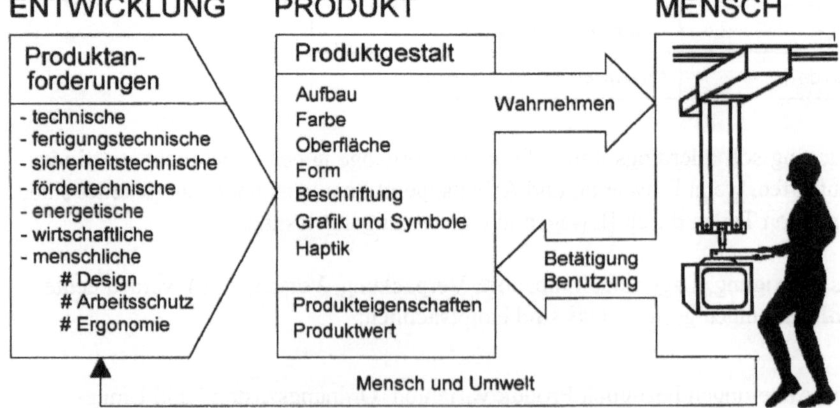

Bild 1-8 Schema für eine ganzheitliche integrierte Produktentwicklung

Ein Balancerarbeitsplatz ist ein „soziotechnisches System" und demnach bewusst als Mensch-Maschine-System zu gestalten. Ziele der Systemgestaltung sind menschengerechte Arbeitsplätze und wirtschaftliche Lösungen. Das hat entsprechende Auswirkungen auf Arbeitsbelastung und -beanspruchung. Unter **Arbeitsbelastung** versteht man nach DIN 33400 die Gesamtheit aller Einflüsse, die im Arbeitssystem auf den Menschen einwirken. Es ist die Zusammenfassung aller aufgaben- und situationsspezifischen Teilbelastungen (**Bild 1-9**).

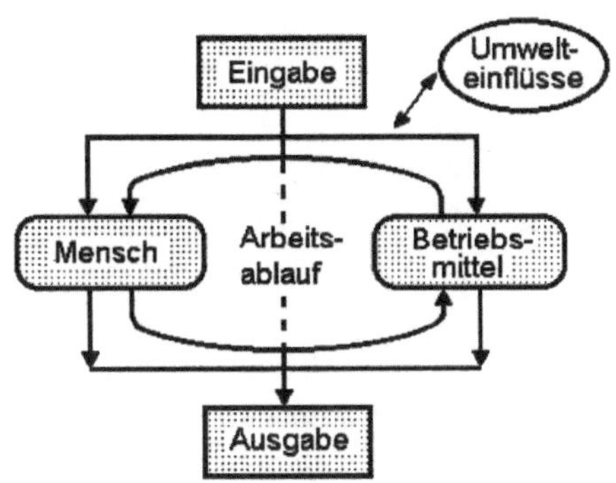

Die **Arbeitsbeanspruchung** ist personenbezogen und kennzeichnet die Auswirkungen einer Arbeitsbelastung auf einen ganz bestimmten Menschen. Da die Leistungsfähigkeit des Einzelnen individuell ist, wird die Arbeitsbeanspruchung bei gleicher Arbeitsbelastung von Mensch zu Mensch verschieden sein. Diese Unterschiede lassen sich deutlich mindern, wenn man die Arbeit z.B. durch teilautomatisierte Hebehilfen unterstützt. Zumindest werden körperliche Leistungsunterschiede nivelliert, z.B. die zwischen Frauen und Männern bestehenden.

Bild 1-9 Allgemeines Modell eines Arbeitssystems

Häufig werden aber ungünstige Beanspruchungen beim manuellen Heben ungenügend wahrgenommen, z.B. beim Heben und Tragen von Kästen als einer industriellen Standardaufgabe. Bei ungünstiger Armhaltung und andauernder Tätigkeit kommt es dann zu ernsthaften Rückenerkrankungen. In **Bild 1-10** werden die Kraftwirkungen auf das menschliche Skelett bei etwas günstiger und recht ungünstiger Haltung gegenübergestellt.

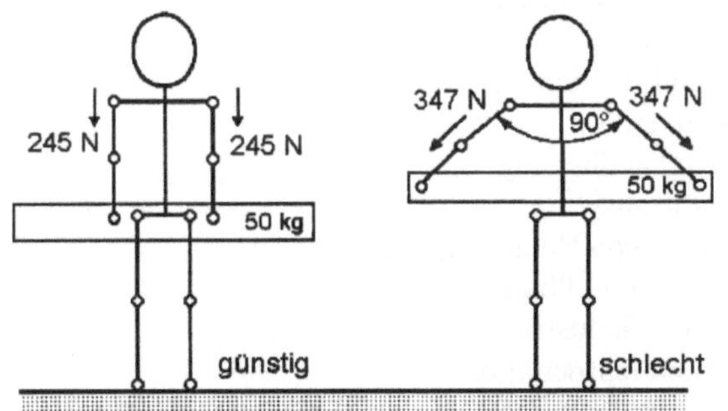

Bild 1-10
Ungünstige Armhaltung beim Heben schwerer Lasten führt zu erhöhter Körperbelastung.

Das Ziel besteht heute jedoch darin, technische Hebehilfen wie Manipulatoren oder Hebezeuge einzusetzen. Dazu zeigt das **Bild 1-11** ein erstes Beispiel. Der Greifer wurde auf eine bestimmte Art von Kästen ausgelegt. Der eingesetzte Manipulator entspricht der in Bild 1-12B skizzierten Lösung. Er arbeitet elektrohydraulisch und kann z.B. Massen von 50 kg über Hübe bis 1,8 m bewältigen. Das **Bild 1-12** zeigt aber auch einige andere technische Möglichkeiten, hier in der Installationsvariante „Deckenlaufwerk". Es sind natürlich auch Standgeräte und bodenverfahrbare Manipulatoren bzw. Hubeinheiten möglich. Darüberhinaus gibt es auch Kombinationen, wie z.B. Seilzug kombiniert mit einem Gelenkarm oder Kettenzug mit Pneumatikmotor angetrieben und Kettenlauf eingebettet in eine Teleskopachse. Auch für die Lastaufnahme stehen sehr viele universelle oder spezialisierte Geräte zur Verfügung.

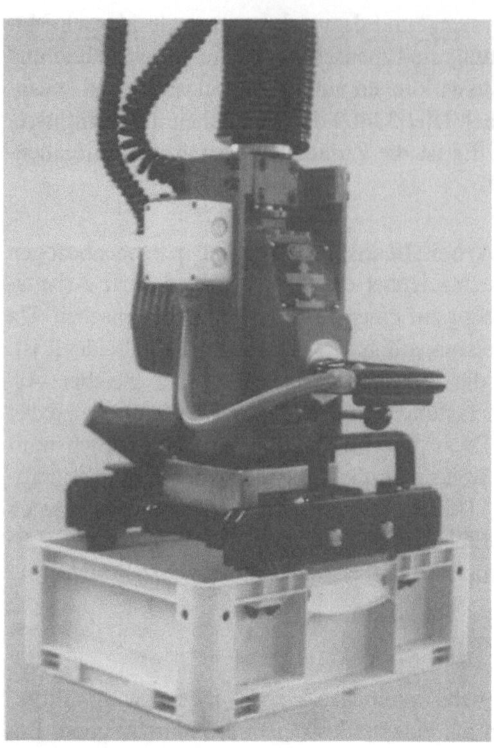

Bild 1-11
Heben von Kästen - ein typischer Einsatzfall für
Hubeinheiten

Die Einsatzfelder der Manipulatoren und Hub-
einheiten lassen sich heute kaum eingrenzen. Ein
Schwerpunkt ist allerdings die Automobil- und
Fahrzeugindustrie mit ihren sehr anspruchsvollen
Montagevorgängen. Aber auch in Handwerk,
Bauwesen, Medizin, Forschung und Logistik
nehmen die Anwendungen ständig zu.

Ausgewählte Beispiele für Anwendungsfelder sind:

Automobilmontage	Fahrzeugzubehörbranche
Betonsteinherstellung	Halbleiterindustrie
Maschinenbeschickung	Textil- und Papierindustrie
Plattenverlegearbeiten	Möbelindustrie
Entnahme von Ziehstücken	Werkzeughandhabung
Montage im Maschinenbau	Werkstatttransporte
Druckgewerbe	Demontage von Haushaltgroßgeräten
Flugzeugbau	Medizintechnik, Pharmazie
Düngemittelindustrie	Lebensmittelindustrie
Automobilmontage	Fernsehgeräteproduktion
Kühlschrankverpackung	Sanitärporzellanherstellung
Gussplatten für Pianos	Klimageräte-Handhabung
Glasscheibenhandling	Datenbandrollen, gestapelte
Verbrennungsmotoren	Filterstoffrollen
Chemische Industrie	Logistik, Metallurgie
Autobatterien	Tischkreissägen-Verpackung
Kleinladungsträger	Getränkekästen
Zimmertüren	Tischplattenhandhabung

Im Gegensatz zu einfachen Hebezeugen, die mit Tragseil, Kette oder Flachriemen die Last heben,
kann man mit Handhabungsgeräten eine Last auch pendelfrei und mit außermittigem Masseschwerpunkt in Öffnungen hinein oder aus solchen heraus umsetzen und bei Bedarf zusätzlich
schwenken oder drehen und den Balance-Zustand fixieren.

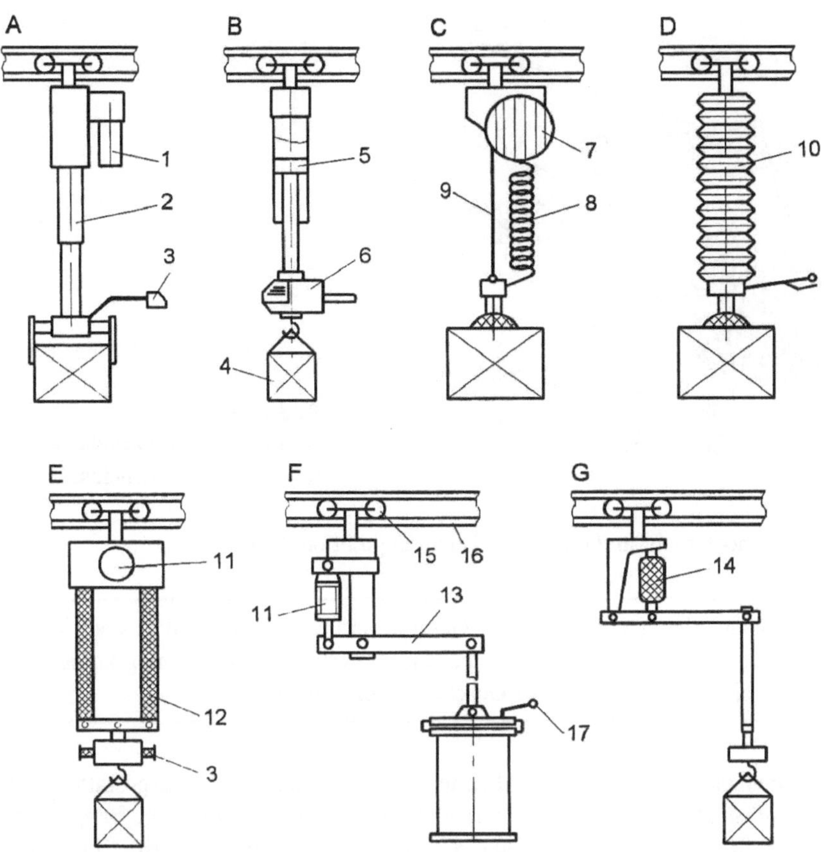

Bild 1-12 Technische Prinzipe aktueller Balancer und Hubeinheiten
A Elektro-Teleskopzylinder, B Hydraulikantrieb, C Ein- oder Mehrseil-Hubeinheit, D Vakuumheber, E Flachriemenbalancer, F pneumatischer Gelenkarmmanipulator, G Gelenkarmbalancer mit pneumatischem Fluid-Muskel, 1 Elektromotor, 2 Spindel-Mutter-Getriebe, 3 Bedieneinheit, 4 Last, 5 Hydraulikzylinder, doppelwandig, 6 Motor mit Hydraulikpumpe, 7 Elektro- oder Pneumatikmotor, 8 Versorgungsleitung, 9 Seil, 10 Hubschlauch, 11 Pneumatikzylinder, druckgeregelt, 12 Kunststoffband, armiert, 13 Hebelarm, 14 Fluid-Muskel (pneumatisch), 15 Deckenfahrwerk, 16 Laufschiene, 17 Bediengriff, auch verlängerbar

Die Last kann selbstverständlich auch ein Werkzeug sein. Man kann Balancer einsetzen, um z.B. an Werkzeugmaschinen den Werkzeugwechsel (Schleifscheiben, Fräsköpfe, schwere Ausbohr-Stufenwerkzeuge) durchzuführen. Maschinenwerkzeuge sind hochwertig und teuer und müssen deshalb sehr sorgfältig und sicher bewegt werden. Außerdem stellen die scharfen Schneiden eine große Verletzungsgefahr dar. Manuelles Anfassen kann deshalb recht problematisch sein.

Es gibt aber auch Anwendungen im Baustellenbereich, wie das **Bild 1-13** zeigt. Es werden Bohrbilder in einen Stahlträger eingebracht. Das Bohr- und Gewindeschneidaggregat wird vom Balancer in der Schwebe gehalten. Außerdem sind Dorne am Werkzeug angebracht, die in Fixierbohrungen des Trägers eingesteckt werden. Dadurch ist der Bohrabstand zur nächsten Bohrung gewährleistet. Der Balancer steht entweder auf arretierbaren Rollen oder er kann mit dem Gabelstapler umgesetzt werden. Auch andere Handwerkzeuge lassen sich mit dem Balancer vorteilhaft zum Einsatz bringen, wie z.B. Schleifgeräte, Mehrfachschrauber und Demontagewerkzeuge.

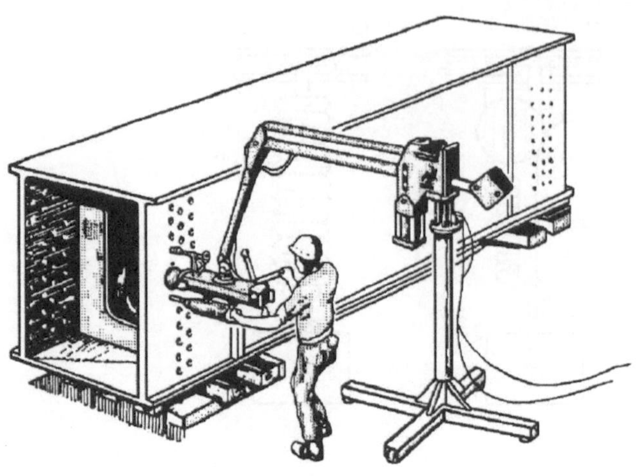

Bild 1-13
Balancer als Werkzeughaltemaschine im Baustelleneinsatz

Für die Zukunft muss man noch mehr an Geräte zur Telemanipulation denken.

> **Telemanipulation:** Fernhandhabung von Objekten, Geräten und Maschinen, die es dem Men
> schen ermöglichen, in einer nicht zugänglichen oder besonders gesicherten Umgebung komplexe
> Aufgaben durchzuführen, ohne selbst am Ort des Geschehens präsent zu sein.

Telemanipulatoren sind demnach Teleoperatoren, die mit einem Handlingsystem ausgestattet sind.
In Japan hat man z.B. unbemannte Baustellen eingerichtet, auf denen Muldenkipper, Bagger und
Bulldozer eingesetzt sind. Sämtliche Geräte werden von einer 1,8 km entfernten Kontrollstation
aus ferngesteuert. Der Bediener hat über eine dreidimensionale Projektion den Eindruck am Handlungsort zu sein [1-7]. Manipulation in kleinsten Dimensionen sind dem Menschen ebenfalls nicht
direkt zugänglich. In Mikro-Fertigungsstätten wird der Mensch auch hier über eine Telemanipulationstechnik in Prozesse eingreifen können. In **Bild 1-14** wird das allgemeine Prinzip der Fernhandhabung und Fernhandlung im Schema gezeigt.

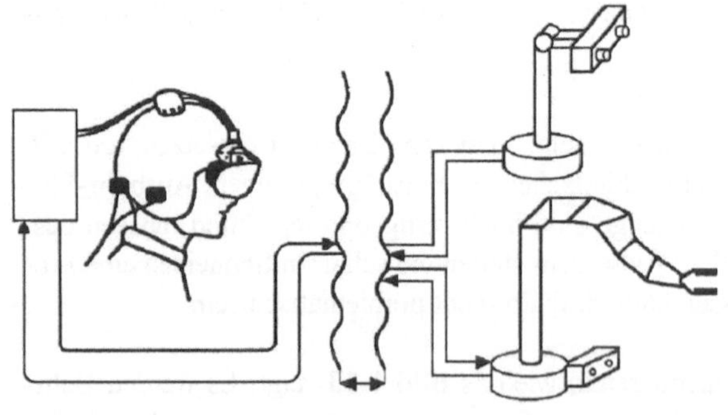

Bild 1-14
Telemanipulation erfordert ein Stereo-
Sichtsystem, weitere Sensoren und einen
oder mehrere fernsteuerbare Manipulatorarme.

Die Bewegungssteuerung kann z.B. über einen Joystick mit haptischer Rückführung von Kräften
die am Wirkungsort entstehen, in die Hand des Bedieners erfolgen (siehe dazu auch Bild 2-5).

2 Manipulatorbauarten

2.1 Master-Slave-Manipulatoren

Diese Geräte wurden zuerst für den Umgang mit radioaktiven Materialien entwickelt und eingesetzt. Wegen der radioaktiven Strahlung konnte man strahlendes Material nur aus der Ferne handhaben. Für die Funktion solcher als Master-Slave-Manipulatoren (MSM) bezeichneten Geräte ist
wichtig, dass die Kinematik von Master- und Slavearm übereinstimmt [2-1]. In **Bild 2-1** wird das
Prinzip gezeigt.

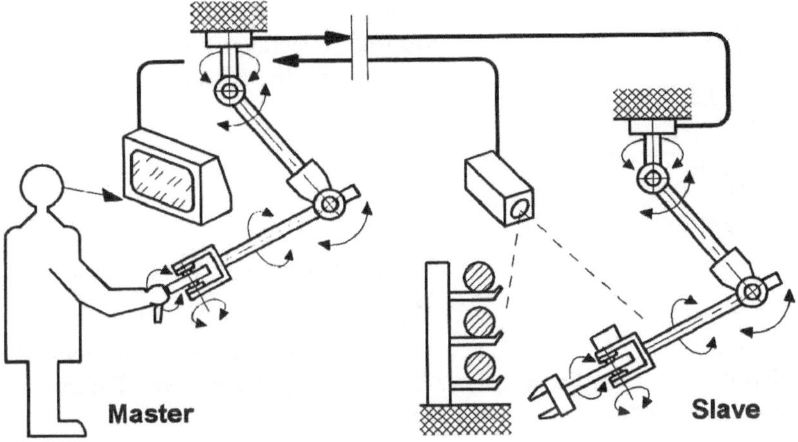

Bild 2-1 Manipulatorsystem mit kopierender Steuerung in den heißen Zellen der Kerntechnik

Es gibt auch zweiarmige Manipulatoren, die dann mit 2 Handgriffen bedient werden. Der Bediengriff muss alle Bewegungen zulassen, die der Slavearm samt Hand ausführen kann. Die vom Bediener vorgegebenen Bewegungen werden vom Slavearm kopiert. Die Übertragung der Bewe-
gungsmuster über die Distanz geschah ursprünglich über mechanische Verbindungen (Seil, Stahlband), wird aber heute elektrisch/elektronisch vorgenommen. Das Prinzip eines Bediengriffes (es
gibt sehr viele Varianten) wird in **Bild 2-2** gezeigt.

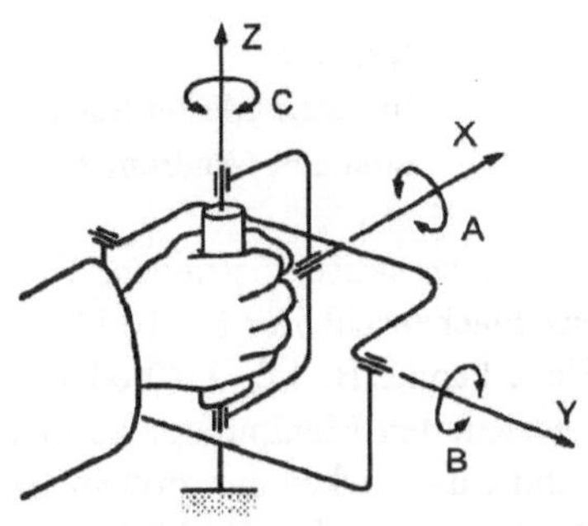

Inzwischen gibt es die bedienergeführte Fernhandhabung über große Entfernungen (Weltraum) oder sehr
kleine Abstände (Medizin, Chirurgie). Mitunter besteht
die Möglichkeit, die Slavebewegung zu skalieren, also
proportional zu vergrößern oder zu verkleinern. Für diese Manipulatorbauart kann man folgende Definition angeben:

> **Master-Slave-Manipulator:** System von zwei Mani-
> pulatoren, das aus einem anweisenden Teil (Master-,
> Steuerarm) besteht, der die Bewegungen vorgibt, und
> einem ausführenden Teil (Slave-, Arbeitsarm), der die
> Bewegungen kopiert.

Bild 2-2 Beispiel für Bediengriffbeweg-
lichkeiten bei einem MSM

Von einem *Manipulatorfahrzeug* spricht man, wenn ein Fahrzeug, z.B. mit Raupenfahrwerk (**Bild 2-3**), mit Manipulatoren ausgestattet ist. Sie werden oft ferngesteuert (dann bezeichnet man sie als Teleoperatoren), manchmal können auch Personen mitfahren, die dann die angebauten Kraftmanipulatoren per Taster oder Joystick steuern. Sie werden zur Reparatur und Inspektion in radioaktiven Zonen eingesetzt.

Als *Industriemanipulatoren* bezeichnet man kopierende Maschinen. Sie ahmen schritthaltend die Bewegungen nach, die ein Bediener an einem Analogsteuerhebel vorgibt. Nach dem Steuerprinzip handelt es sich um ein Master-Slave-System. Im Beispiel nach **Bild 2-4** sitzt der Bediener (Operateur) auf der Maschine und steuert den Effektor nach direkter Sicht.

Bild 2-3
Manipulatorfahrzeug „Beetle" (Käfer, USA, 1961)

Man setzt die Industriemanipulatoren z.B. zum Manipulieren von Schmiedestücken in Freiformschmieden ein, für das Heben von Lasten und für das Auspacken und mechanische Putzen von Großgussteilen mit Werkstückmassen bis zu mehreren Tonnen.

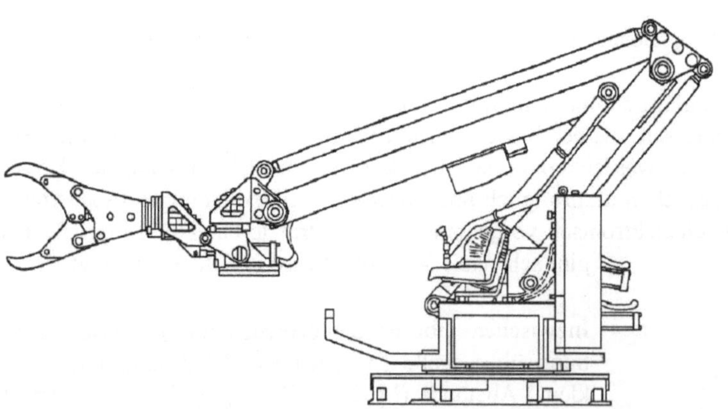

Bild 2-4
Industrie-Master-Slave-Manipulator (Andromat)

Als Effektor werden neben Greifern auch Druckluftmeiselhämmer, pneumatisch betriebene Gerad- und Topfschleifer mit Leistungen bis 3 kW sowie Hochfrequenz-Flächenschleifer bis 10 kW verwendet. Die Kraftverstärkung vom Master (Operateur) zum Slave kann z.B. 1:5, 1:20 oder 1:50 sein. Es ist sogar möglich, einen Industrieroboter als manuell gesteuerten Manipulator zu benutzen. Das ist z.B. für das Gussputzen bei kleinsten Stückzahlen und Gussstücken mit großem Gratanteil ein ergonomisch und wirtschaftlich günstiges Konzept. Das Prinzip wird in **Bild 2-5** gezeigt. Es ist ein Mensch-Manipulator-System, das auch hier das Master-Slave-Prinzip ausnutzt [2-2]. Der Operateur sitzt hier in einer Glaskanzel, aus der er den Schleifprozess direkt beobachtet und steuert.

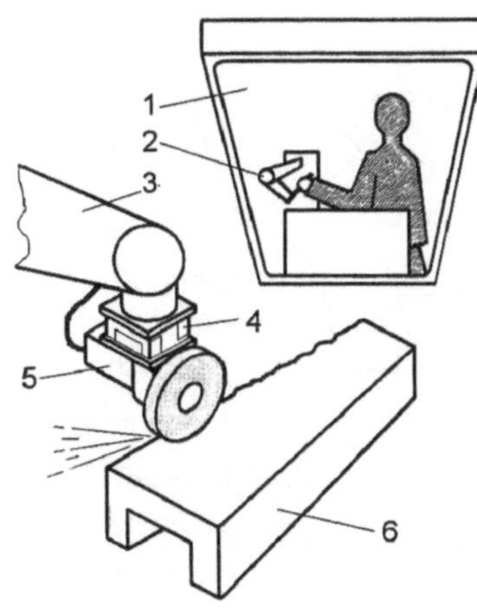

1 Glaskanzel für den Operateur
2 Analogsteuerhebel
3 Roboter-Unterarm
4 Sensoreinheit
5 Schleifspindelmotor
6 Gussstück

Bild 2-5
Steuerung eines Universalroboters nach dem
Master-Slave-Prinzip

Das **Bild 2-6** zeigt das Funktionsschema eines interaktiven Manipulatorsystems zur Ausführung von werkzeuggebundenen Arbeiten in einer unzugänglichen, kontaminierten Zone. Der Operateur steuert den Manipulator bis zur Reparaturstelle nach Bildschirmsicht. Dort setzt er dann das Werkzeug an. Die Schweißarbeiten an der Rohrleitung laufen vor Ort automatisch ab. Dazu verfügt die Steuerung des Manipulators über Makroprogramme, die die Konturführung am Rohr übernehmen. Der Anwendungsfall ist also eine Kombination von manueller und automatischer Steuerung.

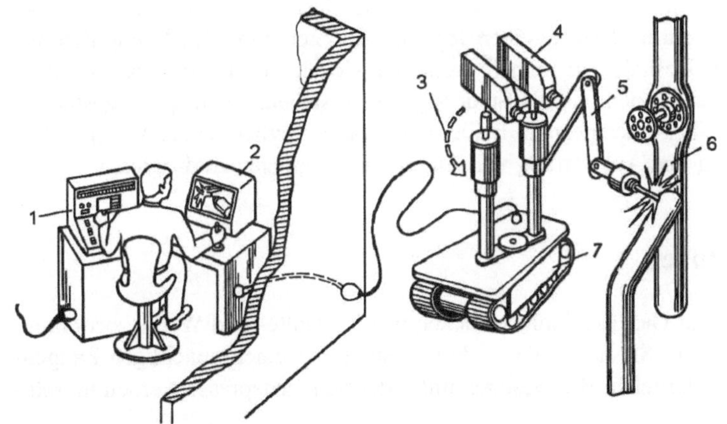

1 Steuerung
2 Display
3 automatisch gesteuerte
  Konturführung
4 Sichtsystem
5 Manipulatorarm
6 Reparaturobjekt
7 Raupenfahrwerk

Bild 2-6
Funktionsschema eines
im Dialog ferngesteuer-
ten Manipulators

Die Master-Slave-Technik hat inzwischen auch in einem ganz anderen Bereich Fuß gefasst. Speziell angepasste Manipulatoren werden als Service-Manipulator im Bereich der Rehabilitation und Krankenpflege eingesetzt. Es gibt Manipulatorarme für rollstuhlgebundene Querschnittsgelähmte und Behinderte sowie ortsfest aufgebaute Manipulatoren an Büroarbeitsplätzen. Damit soll behinderten Menschen eine Chance gegeben werden, sich wieder in die Arbeitswelt zu integrieren. Im Heimbereich wird mit solchen Manipulatoren der Anteil der Selbstversorgung erhöht und das Pflegepersonal entlastet. In **Bild 2-7** wird ein Beispiel für einen Rollstuhl mit angebautem Manipulatorarm gezeigt. Die Tragkraft des entfalteten Armes beträgt 2 kg und die Last kann auf eine Höhe von 1,2 Meter gehoben und auf 0,5 Millimeter genau positioniert werden. Der Arm besitzt den Freiheitsgrad 6 der Rotation, eine redundante Translation an der Basis und einen Greifer. Die Sicherheit wird durch Softwaremaßnahmen und Rutschkupplungen in den Antriebssträngen gewährleistet.

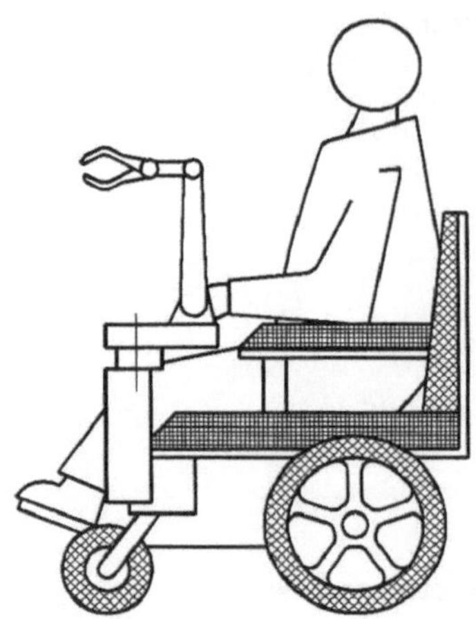

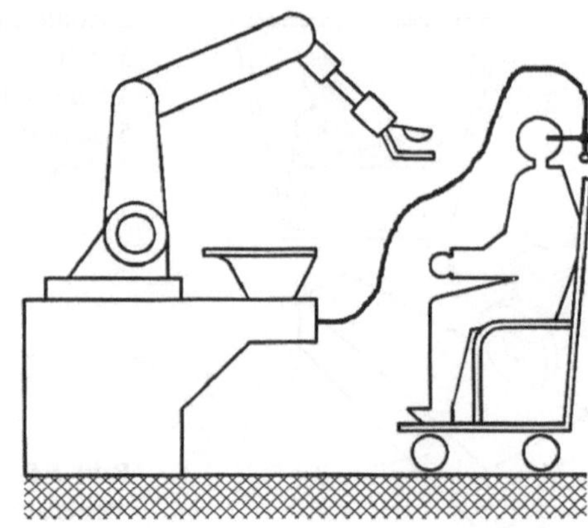

Bild 2-7 Rollstuhl mit Anbaumanipulator   **Bild 2-8** Telethese für Querschnittsgelähmte

Man darf natürlich nicht nur an Dauergeschädigte denken. Auch Personen, die durch Unfälle nur zeitweilig behindert sind, kann damit geholfen werden. Auch hier ergeben sich die Einsparungen bei der Betreuung und eine erhebliche Verbesserung der Lebensqualität.

Das **Bild 2-8** zeigt eine sogenannte *Telethese*. Das sind Hilfen, die nicht am Körper getragen werden, sondern z.B. als ortsfester Manipulatorarm den Versehrten zur Verfügung stehen. Der Arm hat den Freiheitsgrad 5. Damit kann er Bücher, Medizin und Geschirr reichen. Das Problem besteht bei gelähmten Personen oft darin, dass sie einen Joystick zur Steuerung des Manipulatorarmes gar nicht bedienen können. Deshalb hat man Systeme entwickelt, die Kopf-, Hand-, Kinn- oder Zehenbewegungen auswerten können und als Steuersignale verstehen. Auch sprachgesteuerte Systeme sind dafür einsetzbar. Über eine spezielle Brille ist es sogar möglich, einen Manipulatorarm allein durch die Beobachtung und Auswertung von Augapfelbewegungen zu dirigieren.

2.2 Schmiedemanipulatoren

Zur Herstellung von Freiform- und Gesenkschmiedestücken werden Halte- und Wendevorrichtungen sowie Manipulatoren gebraucht. Sie halten das Schmiedestück mit einem mächtigen Zangengreifer. Die zum Schmieden erforderlichen Bewegungen unter der Schmiedepresse werden maschinell ausgeführt. Dazu gehören:

❑ Öffnen und Schließen des Zangengreifers
❑ Drehen des Zangengreifers um das Schmiedestück zu wenden
❑ Heben und Senken des Schmiedestücks bzw. Greifers
❑ Hineinbewegen des Schmiedestücks in die Presse oder den Schmiedehammer durch Längs-
    fahrt des Manipulators
❑ seitliches Verschieben des Schmiedestücks bzw. des Greifers (nicht bei allen Schmiedemani-
    pulatoren möglich)

Man unterscheidet nach den Verfahrbewegungen in kran-, frei- und schienenverfahrbare Manipulatoren. Die letztgenannte Variante wird in **Bild 2-9** dargestellt. Die Tragkräfte solcher Manipulatoren sind enorm und reichen bis 1,2 MN.

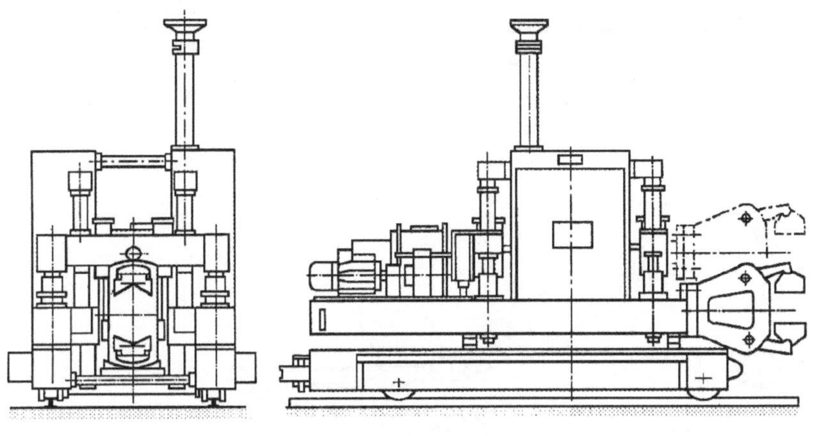

Bild 2-9
Schienengebundener
Schmiedemanipulator
mit diesel-hydrauli-
schem Antrieb

Schmiedemanipulator (Orientierungsdaten)			
Tragfähigkeit	Verfahrgeschwindigkeit	Vertikalgeschwindigkeit	Handgelenkdrehen
0,8 t	0 bis 1,5 m/s	0 bis 0,15 m/s	0 bis 35 min $^{-1}$
3 t	0 bis 1,2 m/s	0 bis 0,12 m/s	0 bis 25 min^{-1}
50 t	0 bis 1,1 m/s	0,02 bis 0,12 m/s	1 bis 20 min^{-1}

Die Schmiedemanipulatoren ermöglichen größere Mengenleistungen, bessere Arbeitsgenauigkeiten, sichern eine Verbesserung der Schmiedestückoberflächen, nutzen die Wärme besser aus und verbessern insgesamt die Arbeitsbedingungen des Schmiedepersonals.

Einen ähnlichen Aufbau haben auch Manipulatoren für den Schmelzofenabstich in der Stahlindustrie.

Schienengebundene Schmiedemanipulatoren bieten eine hohe Reproduzierbarkeit des Arbeitsergebnisses bezüglich Konturgenauigkeit und Oberflächenqualität. Um eine spielfreie Vorschubbewegung zu erreichen sind gemäß **Bild 2-10** vier hydrostatische Fahrantriebe (regelbare Hydraulikpumpe, regelbarer Hydraulikmotor) eingebaut. Hydrostatische Antriebe sind nach Weg und Geschwindigkeit sehr genau steuerbar und sehr kompakt. Der Manipulator rollt auf freilaufenden Stahlrädern, während für den Vorschub zwei parallel verlaufende Triebstöcke vorhanden sind, in die je zwei hintereinander angeordnete Triebstockräder eingreifen. Die Hydromotoren sind mit hochübersetzenden dreistufigen Planetengetrieben gekoppelt. Die Greiferzange richtet sich nach dem Handhabungsgut, z.B. für die Manipulation von Ringen.

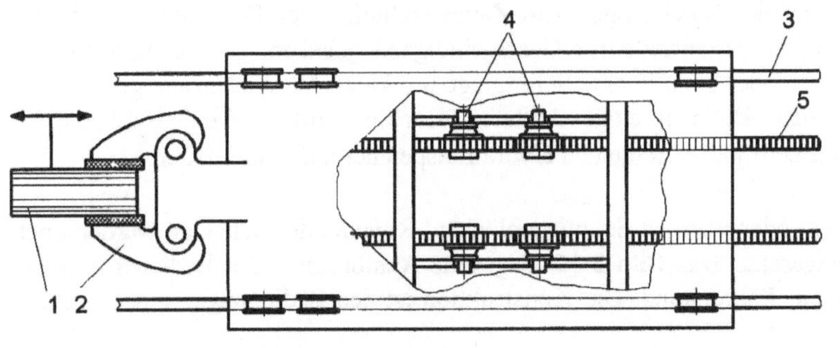

1 Schmiedestück
2 Manipulatorzange
3 Schiene
4 Fahrantrieb
5 Triebstock

Bild 2-10
Antriebsschema eines
Schmiedemanipulators
(DANGO & DIENENT-
HAL)

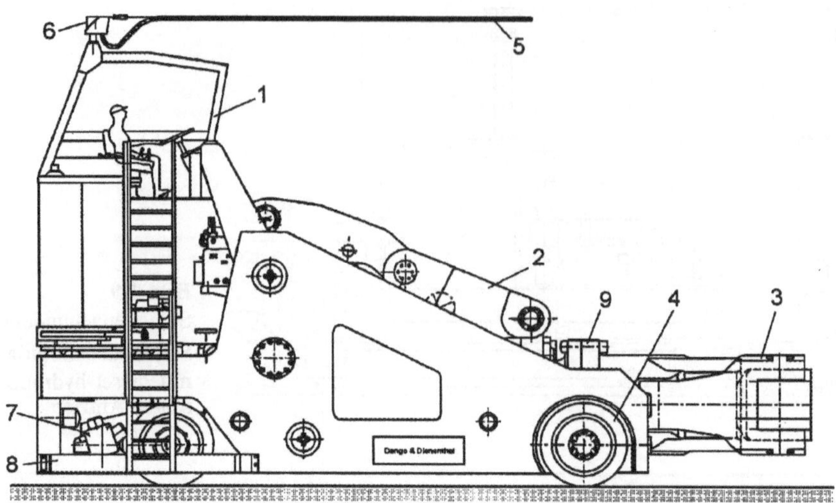

Bild 2-11 Auto-Schmiedemanipulator für Werkstückmassen bis 50 t (DANGO & DIENENTHAL)
1 Fahrerstand, 2 Manipulatorarm, 3 Blockzange, 4 Fahrwerk, 5 Elektroversorgungskabel (Anschlussleistung 335 kW), 6 Kabelmast, 7 Fahrgetriebe, 8 Hauptrahmen 9 Zangenträger

Der in **Bild 2-11** gezeigte Auto-Schmiedemanipulator mit einer Gesamtlänge über alles von etwa
10 Meter dient zum Manipulieren von bis zu 50 Tonnen schweren Schmiedestücken an Freiform-
Schmiedepressen. Die Bedienung des Manipulators geschieht über Meisterschalter von einem Fahrerstand aus und erfolgt über eine elektrohydraulische Steuerung, die im Elektroteil als speicher-
programmierbare Steuerung aufgebaut wurde. Fahrschritte und Drehschritte der Zange können
passend zum Schmiedeprozess halbautomatisch absolviert werden. So lassen sich Zangendrehbe-
wegungen mit vorwählbaren Winkelschritten von z.B. 30°, 45° oder 90° ausführen. Der Manipulator ist innerhalb der Reichweite des elektrischen Versorgungskabels frei verfahrbar. Das Kabel
wird flurseitig auf einer Kabeltrommel wendelförmig auf - und abgewickelt.

Der Schmiedeprozess erfordert übrigens, dass die Manipulatorzange nicht starr in der Position
verharrt. Das eingespannte Schmiedestück folgt über ein hydraulisches Parallel-Federungssystem
dem Penetrationsprozess der Presse, senkt absolut parallel ab und hebt das Schmiedestück wieder
an, wenn die Pressenwerkzeuge öffnen. Auch die in waagerechter Achse auftretenden Erschütte-
rungen werden gedämpft. Die Greifzange des Manipulators kann auch seitlich verschoben werden,
z.B. um ± 250 mm bei dem Manipulator nach **Bild 2-11**, ohne dass der gesamte Manipulator seinen Standort verändern muss.

Der Zangenträger besteht aus der Blockzange, dem Zangenzylinder, der Drehspindel und dem
Drehantrieb. Er kann mit stufenlos einstellbarer Geschwindigkeit gehoben, gesenkt und aus der
waagerechten Lage nach unten oder oben in eine Schräglage um kleine Winkelbeträge gestellt und
auch seitlich verschoben werden. Bei nicht eingeschalteter Maschine wird der Zangenschließdruck
für einen ausreichend langen Zeitraum durch einen Hydraulikspeicher aufrechterhalten.

Für den Transport von kalten oder warmen Schmiedeblöcken, Ringen oder Scheiben werden auch
Transportmanipulatoren eingesetzt. Das **Bild 2-12** zeigt eine Ausführung. Der Bediener befindet
sich in einer Schutzkabine mit Fahrerstand. Die Konstruktion ist den Bedingungen eines Heißbe-
triebs angepasst.

Bild 2-12
Transportmanipulator
(DANGO & DIENEN-
THAL)

2.3 Schweißteilmanipulatoren

Schweißteilmanipulatoren werden auch als Positioner bezeichnet, weil ihre Aufgabe darin besteht, Schweißbaugruppen in eine jeweils günstige Position und Orientierung zum Schweißbrenner zu bringen. Gleichzeitig soll der Schweißer durch eine ergonomisch günstige Körperhaltung entlastet werden. Der Manipulator verfügt deshalb über mehrere angetriebene oder auch nicht angetriebene Drehachsen. Die mit diesem Hilfsmittel realisierbaren Zeiteinsparungen erreichen 15 bis 40%. Eine nichtangetriebene Variante mit dem Freiheitsgrad 4 (Beweglichkeitsgrad) wird in **Bild 2-13** gezeigt.

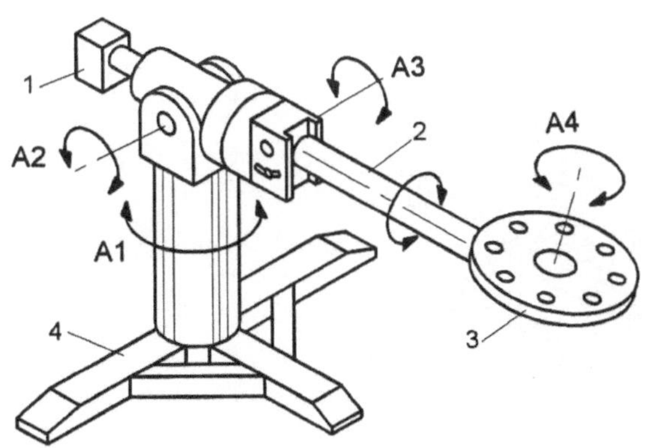

1 Gegenmasse
2 Gelenkarm
3 Aufspannplatte
4 Fuß
A Drehachse

Bild 2-13
Schweißteilmanipulator
(Beispiel MAGEWI)

Um die Manipulation mit geringer Körperkraft ausführen zu können, wird der Manipulator so eingestellt, dass immer um die Masseschwerpunktachse gedreht wird. Die Mittellinien der beiden Rotationsachsen müssen sich im Schwerpunkt schneiden. Dazu ist der Auslegerarm entsprechend einstellbar, damit unabhängig von der Werkstückform diese Forderung erfüllt werden kann. Für das Aufspannen der Schweißbaugruppe lassen sich 3-Backenfutter, Planscheiben, Spannkreuze und andere Halteeinrichtungen verwenden. In **Bild 2-14** wird gezeigt, wie ein solcher Manipulator eingestellt wird. Ist der Arm wie in Bild 2-14b eingestellt, dann kann im Beispiel um die Achse x-x sowie y-y leicht gedreht werden und das bei Werkstückmassen von immerhin (je nach Manipulatorbaugröße) von 300, 625 oder 1200 kg. Eine Steuerung wird nicht gebraucht, einstellbare Bremsen verhindern ein selbständiges Abdriften.

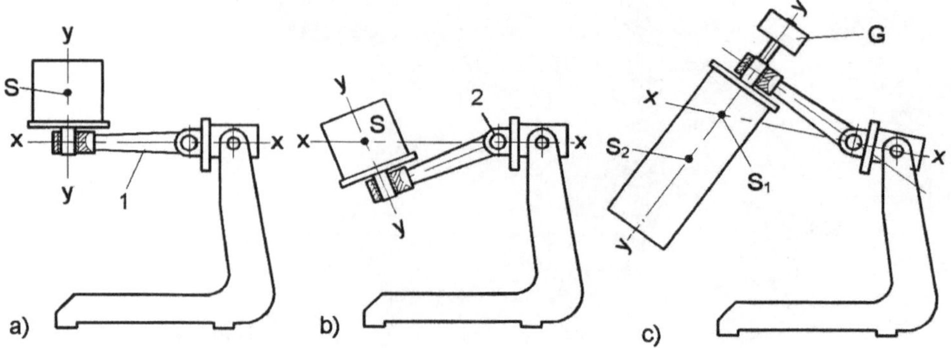

Bild 2-14 Einrichten eines Schweißteilmanipulators nach dem Masseschwerpunkt
a) Werkstück leicht drehbar um die Achse y-y, b) Knickarm nach dem Schwerpunkt eingestellt, c) Einstellung unter Nutzung einer Gegenmasse, S Masseschwerpunkt, G Gegenmasse

Eine oder mehrere Drehachsen können auch mit Antrieben versehen sein. Damit lässt sich dann z.B. per Fußpedal im Durchlauf die gewünschte Stellung des Manipulationsobjekts (Schweißteil, Teil zum Gratabschleifen, Montagebaugruppe) einstellen. Ist z.B. die Drehgeschwindigkeit des Aufspanntellers stufenlos einstellbar, dann lassen sich Rundnähte besonders gut schweißen.

Es gibt solche Manipulatoren in Sonderausführung für Tragkräfte von mehr als 10 Tonnen. In **Bild 2-14** werden einige marktgängige Manipulatoren gezeigt. Doppelausführungen mit automatischem Stationswechsel (etwa 4 s bei 180° Drehung) werden für das automatische Schweißen mit einem Industrieroboter eingesetzt.

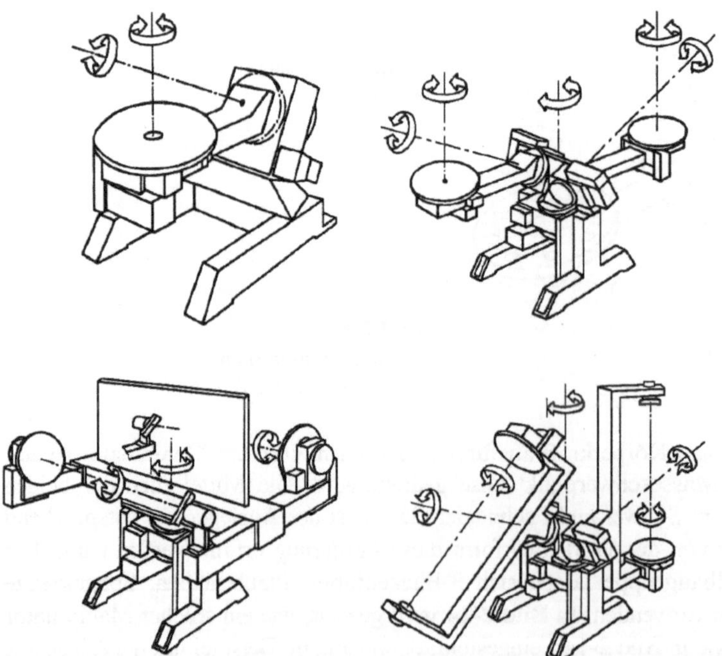

Bild 2-15
Ausführungsbeispiele
für Schweißteilmanipu-
latoren (ORBIT)

2.4 Manipulatoren für die Langholzhandhabung

Für große schwere Objekte, wie z.B. Langrohholz auf Holzausformungsplätzen oder als LKW-Anbaumanipulator, werden Geräte großer Reichweite und Hubkraft gebraucht. Sie werden mit Hydraulikzylinder angetrieben und per Bedientasten in alle Bewegungsrichtungen gesteuert. Die maximale Auslegerlänge kann bis 10 m erreichen, bei einer Tragfähigkeit bis 1000 (3000) kg. In **Bild 2-16** werden zwei konstruktive Lösungen gezeigt. Das Langrohholz kann z.B. auf eine Länge von 25 m geschnitten sein. Es wird nicht mittig im Schwerpunkt angefasst, sondern einseitig. Deshalb muss das Stammende abgestützt werden, weil es sonst nicht waagerecht gehalten werden kann.

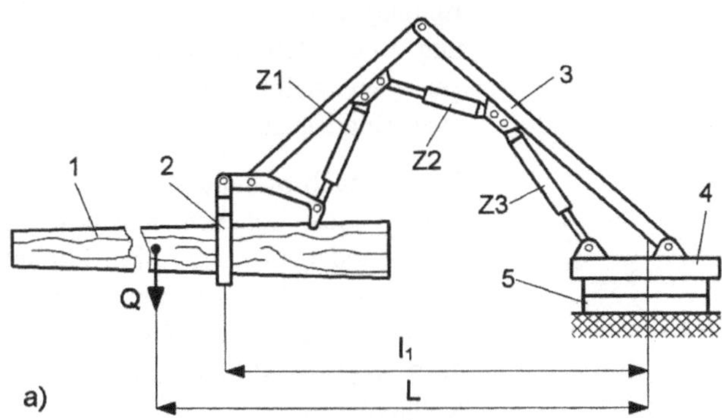

Bei einer Konstruktion nach Bild 2-16a reduziert sich die Tragfähigkeit des Manipulators mit der Steigerung der Länge des Baumstammes, weil das Kraftmoment

$$M_1 = Q \cdot L$$

auf den Arbeitszylinder Z3 einwirkt. Da der Abstand l_1 nur in engen Grenzen variabel ist, kann L viel größer als l_1 werden und dadurch negativ auf die Tragfähigkeit wirken.

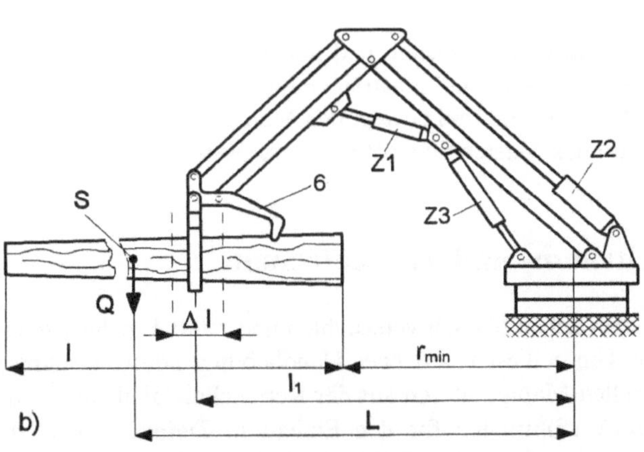

1 Holzstamm
2 Greifzange
3 Auslegerarm
4 Basisplatte
5 Drehgestell
6 Stützarm
Z Hydraulikzylinder
Q Masse
S Masseschwerpunkt

a) Auslegerarm
b) Parallelogrammarm

Bild 2-16
Hydraulische Seitendrehmanipulatoren

Wird statt dessen ein Parallelogrammarm nach Bild 2-16b gestaltet, kann die Tragfähigkeit erhöht werden, wenn man von einem gleichgroßen Zylinder Z3 ausgeht. Dieser Zylinder wird jetzt mit $M_3 = Q \cdot l_1$ belastet, während das Restmoment $M_2 = Q \, (L - l_1)$ vom Arbeitszylinder Z2 übernommen wird. Geht man von einer Rohholzlänge von 25 m aus, so ergibt sich für L

$$L \approx 0,4 \cdot l + \tfrac{\Delta l}{2} + r_{min} \approx 10\,m + 1\,m + 2\,m \approx 13\,m$$

l Langrohholzlänge

Δl Differenz durch unterschiedlichen Griff mit der Greifzange (etwa 2 m)

r_{min} konstruktiv bedingter Abstand zwischen Stammabschnitt und Auslegerdrehachse (etwa 2 m).

Damit gilt für die Manipulatorarme:

$M_1 = Q \cdot L = 13Q$

$M_2 = Q (L - l_1) = Q (13 - (0{,}2 \cdot l + r_{min})) = Q (13 - 7) = 6Q$

$M_3 = Q \cdot l_1 = Q (0{,}2 \cdot l + r_{min}) = (0{,}2 \cdot 25 + 2) \cdot Q = 7Q$

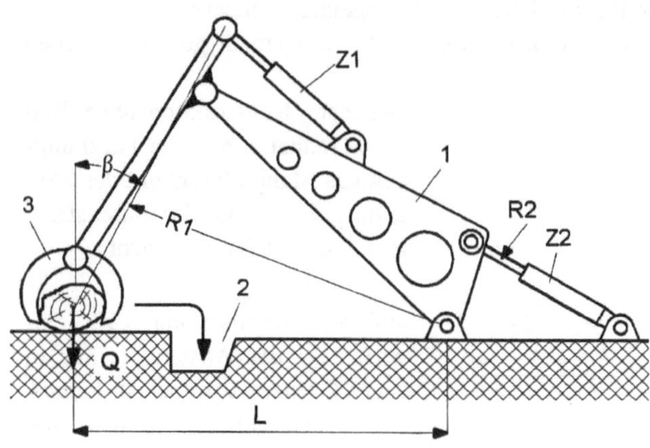

Die Manipulatoren werden zur Beschickung von Ausformungslinien in der Forstwirtschaft eingesetzt, zur Zuführung an Entastungs- und Entrindungsmaschinen, zur Beschickung von Mehrblattkreissägen und zur gleichzeitigen Beschickung an einer Bündelschnittanlage.

Es gibt auch Manipulatoren, die den Stamm nicht anheben, sondern aus dem Bündel abziehen. Man kommt dann natürlich auch mit nicht so starken Armantrieben aus. Das **Bild 2-17** zeigt das Prinzip eines solchen Manipulators.

Bild 2-17 Arbeitsweise eines Frontmanipulators
1 Arm, 2 Kettenförderer-Kanal, 3 Greifer

Der Trend geht hin zum maschinenbasierten Ernten, Ausästen, und Schneiden von Holzstämmen mit Hilfe von mobilen Manipulatoren (*Harvester*), die wie Industriemanipulatoren ausgeführt sind. Das heißt, auf dem Manipulator fährt der Bediener mit und bewegt den Manipulatorarm mit einem Joystick bzw. Analogsteuerhebel. Dabei wird das Master-Slave-Prinzip angewendet.

2.5 Manipulatoren für die Weltraum- und Tiefseetechnik

Zu den lebensfeindlichen Umgebungen zählen neben toxisch verseuchten und radioaktiv belasteten Zonen auch die Tiefsee und der Weltraum. Um in diesen Bereichen Handhabungen durchzuführen, hat man zum Teil auf der Basis der Heißzellen-Manipulatoren aus der Kerntechnik ähnliche Geräte entwickelt. Das **Bild 2-18** zeigt zwei Ausführungen für den Einbau in Tieftauchboote als Außenbord-Vorrichtung. Der erste Einsatz eines „echten" Manipulators erfolgte 1961 am Bathyscap TRIESTE. Er basiert auf den für kerntechnische Zwecke konstruierten Kraftmanipulator *„General Mills Model 150"*. Ein primitiver Starrarm-Manipulator wurde allerdings schon 1959 von J.-Y. Cousteau am Tauchboot SP 300 angebracht.

Besondere Bedingungen liegen im Weltraum vor. Ein mehrfach eingesetzter Manipulator ist der **Canada-Arm (Bild 2-19)**. Er wird so genannt, weil er von der Firma *Spar Aerospace* in Toronto (Kanada) mit einem Aufwand von 100 Millionen Dollar entwickelt wurde. Der erste Einsatz datiert auf den November 1981 zur zweiten Shuttle-Mission. Er hat eine große Reichweite durch seine Armlänge von mehr als 18 Meter. Der Arm ist viergliedrig und anthropomorph ausgeführt. Der Effektor kann im Freiheitsgrad 6 von einem Bedienpult aus gesteuert werden. Der Armdurchmesser beträgt 25 cm. Die Drehgelenke sind mit Wälzlagern bestückt. Der Manipulator kann im Weltraum Lasten bis 30 Tonnen manövrieren. Man kann ihn erst im schwerelosen Raum bei geöffneter

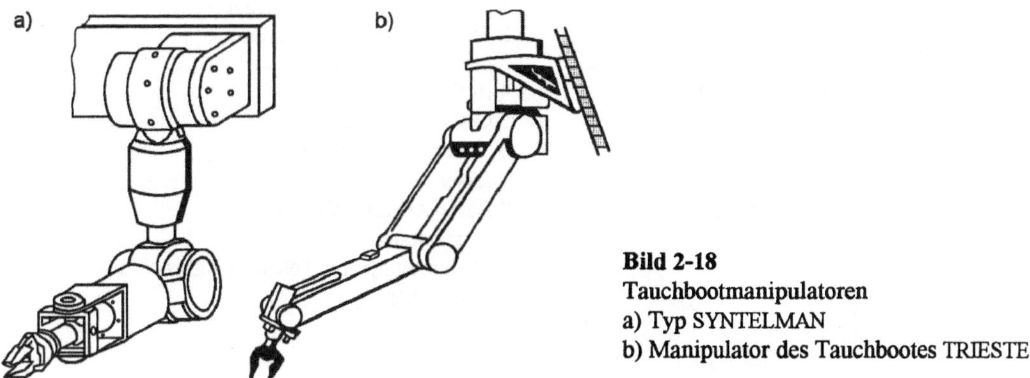

Bild 2-18
Tauchbootmanipulatoren
a) Typ SYNTELMAN
b) Manipulator des Tauchbootes TRIESTE

Luke des Raumfahrzeuges aus der Verankerung lösen und ausfahren. An Handgelenk und Ellenbogen sind Beobachtungskameras angebracht, die dem Operateur ein Vorort-Bild vermitteln.

Auch Weltraumflugkörper hat man schon mit Manipulatorarmen ausgerüstet. Die Raumsonde VIKING 1 (USA) hatte einen Manipulatorarm von 2,9 m Reichweite und war mit einem Schaufelgreifer versehen.

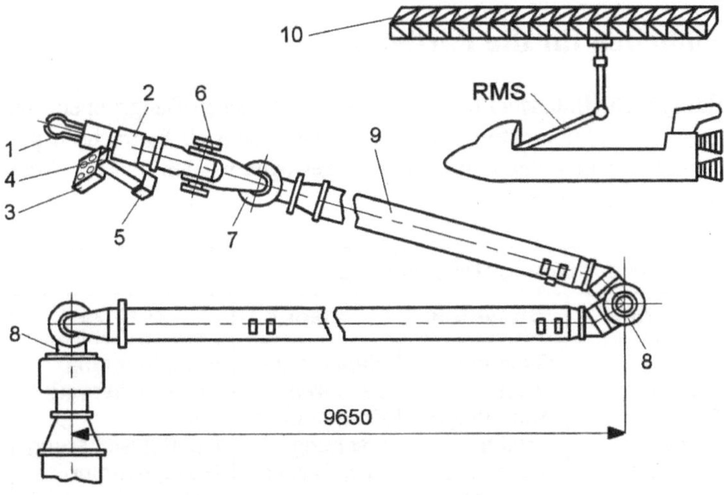

1 Greifer
2 Drehgelenkantrieb
3 Beleuchtungseinheit
4 Kamera
5 Kamerasteuerung
6 Handgelenk-Schwenk-
  achse
7 Beugeachse
8 Drehgelenk
9 Unterarm
10 Gittertragwerk, z.B.
   40 x 2 x 2 Meter

Bild 2-19
Manipulatorarm RMS
(*remote manipulations
system*) des Raumfahrzeuges SPACE SHUTTLE

Auch in der Militärtechnik werden Manipulatoren, die auf Panzerfahrzeugen montiert sind, als brauchbare Technik angesehen (**Bild 2-20**). Diese elevierbare und hochbewegliche Plattform trägt im Projektbeispiel eine Laserwaffe mit mehreren Megawatt Leistung. Das kann z.B. ein gasdynamischer Kohlendioxidlaser mit 10 Mikrometer Wellenlänge sein. Die Waffe soll vor allem bei der Verteidigung des bodennahen Luftraumes Vorteile bringen, weil gelände- und geschwindigkeitsbedingt hier die Vorwarn- und Bekämpfungszeiten am kleinsten sind. Von Vorteil wären die extrem kurzen Reaktions-, Zielbekämpfungs- und Zielwechselzeiten. Allerdings würde durch atmosphärische Belastungen (natürliche und künstliche Nebel sowie Staubwolken) der Laserstrahl sehr abgeschwächt. Ob sich dann dieser Aufwand für eine „lichtschnelle Schönwetterwaffe" noch lohnt, muss wohl angezweifelt werden. Es bleibt deshalb vorerst beim Schubladenprojekt.

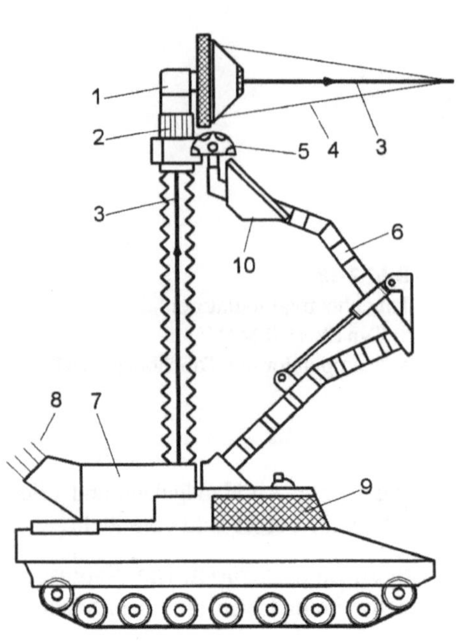

1 Fokussieroptik und Spiegel
2 Plattform mit Gelenkachsen
3 Laserstrahl-Impuls
4 Reflexsignal vom Ziel
5 Ortungssystem
6 Manipulatorarm
7 Laser
8 Laser-Abwärme/Abgas
9 Vorratstank
10 Schutzkappe für Teleskop während des
   Marsches

Bild 2-20
Waffensystem mit Manipulatorarm

2.6 Balancer und Hubeinheiten für die Fertigung

Manipulatoren mit Schwerkraftausgleich (Balancer) bestehen aus verschiedenen Baugruppen, die mehr oder weniger zur Erfüllung der Funktion erforderlich sind, je nachdem ob Fahrachsen gebraucht werden, ob Greifer wechselbar sein sollen und ob Lasten gewogen werden müssen. Man kann in folgende Funktionsgruppen unterscheiden:

Manipulator mit Gewichtskraftausgleich					
Kinematik	**Effektoren**	**Antrieb**	**Steuerung**	**Sensorik**	**Zusätze**
Gelenke Führungen Teleskope Übertragungsglieder Zugmittel	Lastaufnahmemittel Greifer Werkzeug	Heben Halten Fahren Greifen Handdrehen	Gleichgewicht Ablauffolge Greifer Sicherheit Handachsen	Näherungssensoren Energieüberwachung Wägezellen	Fernsteuerung Sicherheitssysteme Überlastsicherung Energieversorgung

Zur Abdeckung der vielen Praxisanforderungen sind etliche Ausführungs- und Installationsvarianten entstanden. Die wichtigsten werden in **Bild 2-21** vorgestellt. Unabhängig von der Detailkonstruktion des Manipulators ist eine Wand-, Decken- und Fußbodeninstallation möglich, wobei auch Verfahrschienen hinzu kommen können und zwar am Fußboden, an der Decke oder auch seitlich an Wänden. Selbst die Installation an Lastkraftwagen und Kleintransportern ist möglich und wurde bereits ausgeführt. Außerdem ist zu unterscheiden, ob der Manipulator als Standsäulengerät im Fußboden fest verankert ist oder eigenstabil auf einem Fußsockel steht, so dass er mit Hilfsmitteln (Kran, Hubwagen, Gabelstapler) ortsveränderlich ist. Ein weiteres Merkmal betrifft den Antrieb (Schwerkraftausgleich am Hubantrieb bei Hubeinheiten) und das Kraftübertragungsmittel.

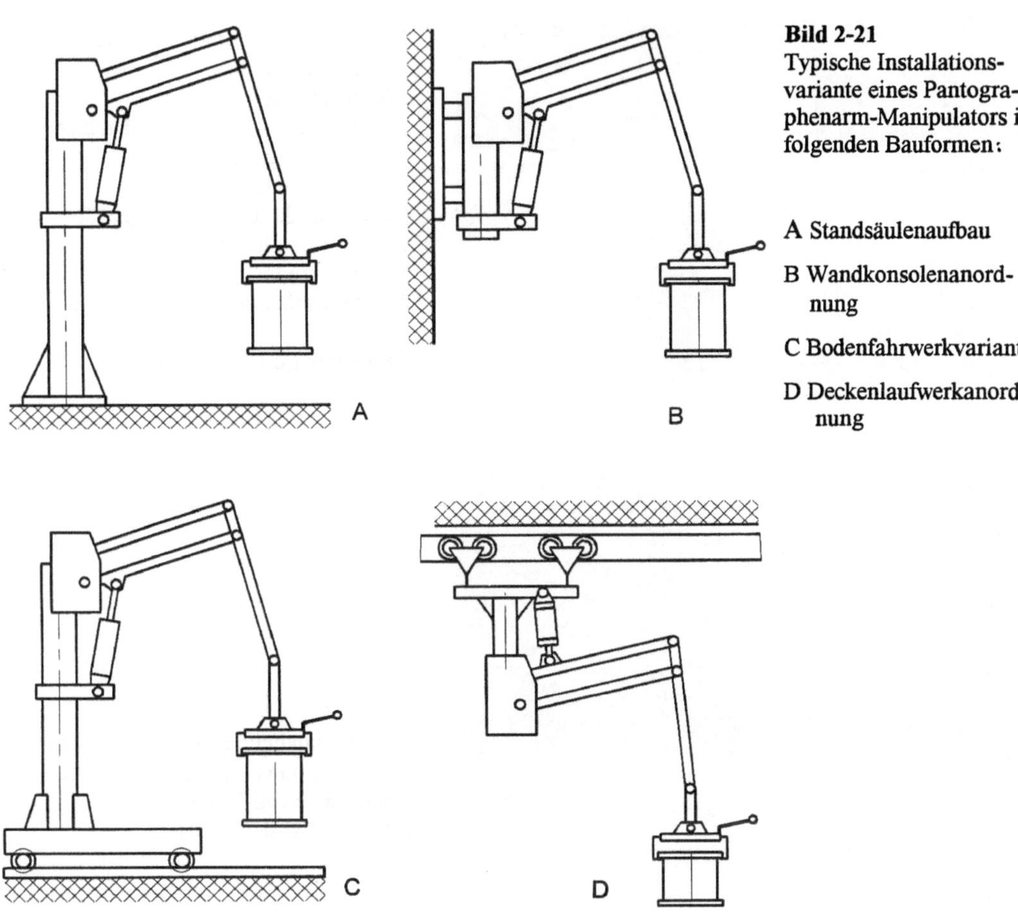

Bild 2-21
Typische Installations-
variante eines Pantogra-
phenarm-Manipulators in
folgenden Bauformen:

A Standsäulenaufbau

B Wandkonsolenanord-
nung

C Bodenfahrwerkvariante

D Deckenlaufwerkanord-
nung

Antriebe für Manipulatoren und Hubeinheiten				
Fluidantrieb			Elektroantrieb	
Vakuum	Druckluft	Hydraulik	Spindel	Trommel
Hubschlauch	Zylinder Rotationsmotor Membranzylinder	Zylinder (Rotationsmotor)	Elektrozylinder Getriebemotor	Getriebemotor

Kraftübertragungsmittel				
Zugmittelgetriebe			Schraubengetriebe	Koppelgetriebe
Seil	Kette	Riemen	Gleitschrauben- getriebe Wälzschrauben- getriebe	offene Dreh- gelenkkette, Vier- gelenkkette, Sche- rengelenk
Einfachseil Mehrseilvarianten	Rundstahlkette Rollenkette	Einfachgurt Doppelgurt		

Anwendungsbeispiel

Das Handhaben von Motorblöcken gehört in der Automobilindustrie seit jeher zu den klassischen
Einsatzfeldern der Balancer. In **Bild 2-22** ist ein dafür ausgerüstetes Gerät dargestellt. Die gesamte Einheit ist an Deckenschienen verfahrbar. Als Zugmittel dient ein Doppelgurt. Charakteristi-
sches Merkmal ist die Starrführung.

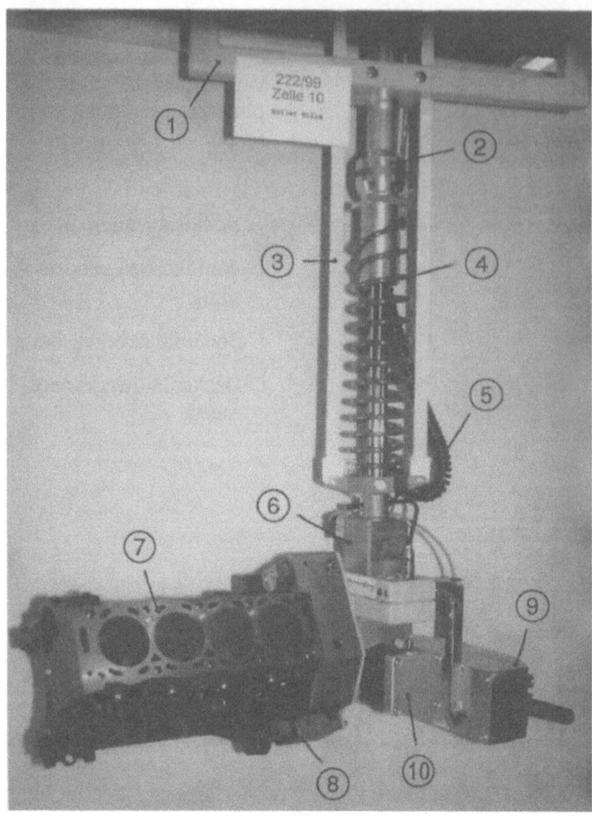

1 Rahmen zur Anbindung an das Deckenlaufwerk
2 Starrführung
3 Tragband des Flachriemenbalancers
4 Druckluft-Spiralkabel
5 Elektroleitung
6 Drehgelenk, darunter Wägezelle
7 Greifobjekt, hier Motorblock
8 Klemmgreifer
9 Bedieneinheit mit Führungshandgriffen
10 Antrieb für Handdrehachse

Bild 2-22
Hauptbestandteile eines Balancers zur Manipulation von Motorblöcken mit einer Masse von 38 kg
(SCHMIDT-HANDLING)

Damit können außermittige Kräfte aufgenommen werden. Die Last muss innerhalb des Fertigungsablaufs an verschiedenen Stellen und in unterschiedlichen Lagen aufgenommen, bewegt und vor der Ablage neu orientiert und positioniert werden. Deshalb ist ein nichtangetriebenes Deckenlaufwerk vorhanden. Außerdem besitzt der Greifer Drehachsen, damit Orientierungsänderungen des Objekts möglich sind. Die Führung der Last erfolgt beidhändig an der Bedieneinheit.

2.7 Geräte mit balancerähnlicher Funktion

Bereits in den 60-er Jahren hat man Hebetische hergestellt, die automatisch die dort abgelegten Werkstücke in derselben Abnahmeebene halten, z.B. an Sitzarbeitsplätzen zur manuellen Beschickung von Maschinen. Beim Ablegen oder Aufnehmen von Werkstücken wird der durch die Gewichtskraftdifferenz entstehende Höhenunterschied durch Schraubenfedersätze ausgeglichen. Das verkürzt an Maschinenarbeitsplätzen die Zubringewege und führt zu einer Steigerung der Arbeitsleistung. Das Prinzip ist auch für das Be- und Entstapeln von Objekten an Palettenplätzen verwendbar und vermeidet das Heben und Ablegen in ungünstigen Körperhaltungen. In **Bild 2-23** wird dazu ein modernes Palettenhubgerät gezeigt. Die Auf- und Abbewegung steuert sich selbst als Funktion der Belastung über eine Gasfeder (Druckluft-Balgzylinder). Eine ständige Energiezuführung wird nicht gebraucht. Die Auflageplatte ist manuell drehbar. Verschiedene Belastungssituationen werden in **Bild 2-24** gezeigt.

Bild 2-23
Palettenhubgerät mit
selbsttätigem Schwer-
kraftausgleich
(SCHMIDT-HANDLING)

Das Ziel besteht darin, die Arbeitskräfte beim Palettieren oder Depalettieren körperlich zu entlasten. Dem vorbeugenden Gesundheitsschutz kommt im modernen Unternehmen eine ständig steigende Bedeutung zu. Und dazu sind alle technischen Mittel sinnvoll einzusetzen, auch die vergleichsweise technisch einfachen Paletten-Hebetische.

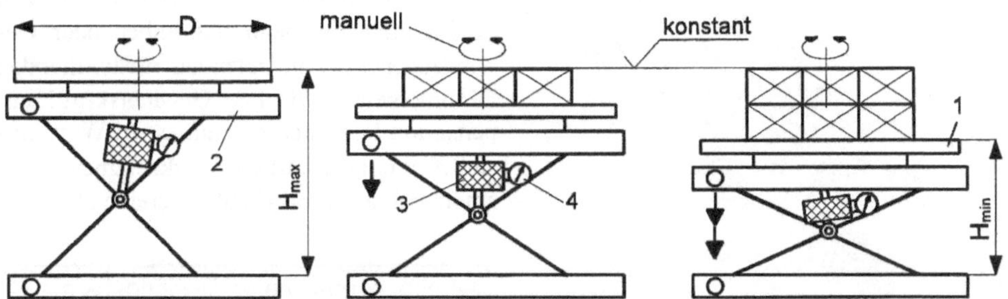

Bild 2-24 Belastungssituationen beim Palettenhubgerät
1 Drehteller, 2 Scherenhubtisch, 3 Druckluftfeder, 4 Druckluftanschluss mit Regulierventil und Manometer

Die Geräte arbeiten in folgenden Lastbereichen:

Technische Daten von Palettenhubgeräten nach Bild 2-23				
Durchmesser D in mm	Minimallast in kg	Höhe H_{max} in mm	Maximallast in kg	Höhe H_{min} in mm
1100	0...200	760	1350	220
1100	0...380	760	2000	220

Prinzipiell wäre ein Zuschnitt solcher Hebevorrichtungen auch auf andere Belastungs- und Höhendaten möglich.

Balancerähnliche Gelenkmechanismen werden zunehmend auch in der Medizintechnik eingesetzt. Sie haben in der Regel Stativcharakter (**Bild 2-25**), müssen jedoch vielgelenkig sein. Endeffektor

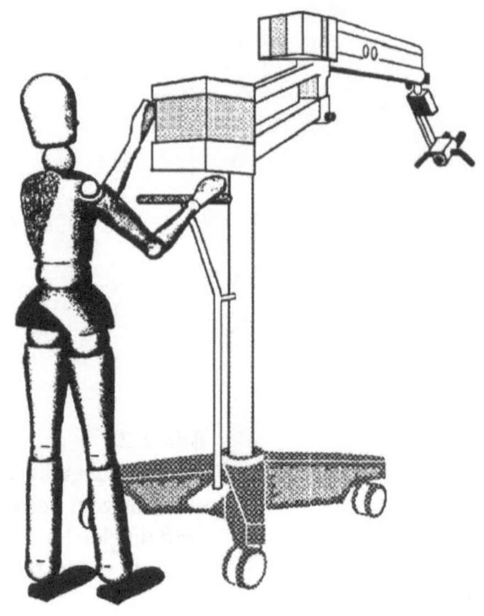

kann z.B. ein binokulares Operationsmikroskop sein. Die Gestaltung muss auf die zulässigen Bewegungsbereiche des Menschen abgestimmt sein. Die Drehgelenke sind über Reibbremsen gebremst, die einen Kompromiss darstellen zwischen der sicheren Arretierung in der Betriebsposition und einem erhöhten Kraftbedarf beim Schwenken. Es gibt auch Lösungen mit situationsabhängig gesteuerten Bremsen. Insgesamt ist es also eine passive Kinematik mit steuerbarer Achsblockierung.

Bild 2-25
Der Endeffektor eines balancerähnlichen Gelenkmechanismus kann auch ein Operationsmikroskop sein (UNI Stuttgart) oder ein Ultraschallkopf [2-3].

Sehr bewährt haben sich auch Gelenkarmmechanismen für die flexible Handführung von Kleinwerkzeugen, wie man in **Bild 2-26** an einem Beispiel sieht. Der Gelenkarm nimmt auch die beim Schrauben oder Gewindeschneiden auftretenden rückwirkenden Drehmomente auf. Die Gewichtskraftkompensation lässt sich nur auf einen Wert einstellen und zwar auf die Werkzeugmasse. Es spielt sich alles im Kleinlastbereich ab.

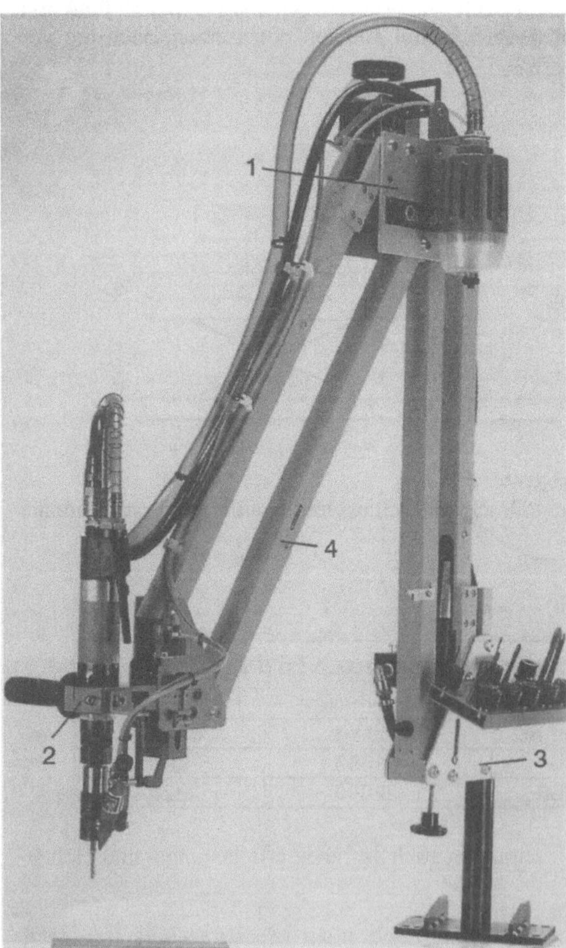

Arbeitsradius in mm	maximale Werkzeugmasse in kg	Gewindeschneiden bis...	Armmasse in kg
1000	1,5	M6	6
1650	3,5	M12	10
2200	5	M20	14,5
1650	20	M30	16

1 Gelenkplatte
2 Werkzeughalterung
3 Drehsäule
4 Parallelogrammarm

Bild 2-26
Gewichtskraftausgleicher
(WIEDEMANN, Modell Quick Boy)

3 Analyse von Arbeitsplätzen und -inhalten

Zu keiner Zeit hat man sich soviel Gedanken über Wohlbefinden, Gesundheit und Zufriedenheit der Arbeitskräfte gemacht, wie heute. Es gibt Bestimmungen, Gesetze und Fortschritte. Trotzdem beweisen z.B. betriebliche Unfallstatistiken, dass dem Menschen noch immer ein erhebliches Gefahrenpotential gegenübersteht, resultierend aus den Arbeitseinrichtungen, den Verfahren und peripheren Geräten. In [3-1] wird festgestellt:

„In der Industriegesellschaft sind viele andere Belastungen hinzugekommen, die allein oder zusammen zu Gesundheitsgefahren, körperlichem Verschleiß und psychischen Schäden führen. Eine menschengerechte Gestaltung der Arbeitsbedingungen zu erreichen, liegt im Interesse der arbeitenden Bevölkerung und der Leistungsfähigkeit der Wirtschaft. Dies ist nur durch den Abbau von Belastungen und Erweiterung der Möglichkeiten des Einzelnen, seine Fähigkeiten zu entfalten, zu erreichen“.

3.1 Reduzierung körperlicher Belastungen

Industriegesellschaften unterliegen heute einem schnellen Wandel und die Arbeitswelt ist da ein untrennbarer Teil. Die heutigen Tätigkeiten der Menschen unterscheiden sich erheblich von denen, die vor 100 Jahren üblich waren. Es hat eine umfassende Mechanisierung eingesetzt, bei der viele körperlich schwere Arbeiten auf die Maschine verlagert wurden. Insbesondere hat man den Transport von Gütern völlig umgestaltet. Das technische Instrumentarium reicht von Kranen und Flurförderzeugen bis zum Containertransport mit automatisierten Umsetzanlagen. Inzwischen werden in der nächsten Stufe der Technisierung auch geistige Tätigkeiten der Maschine (Steuerung) und dem Computer (Berechnungen) übertragen. Der moderne Mensch erfährt folglich weniger körperliche Belastungsreize als seine Vorfahren und gerät so in eine geringere Belastungsfähigkeit.

Nun wird aber doch noch an vielen Arbeitsplätzen streng im Takt einer Maschinerie gearbeitet und das manuelle Bewegen von Lasten wird oft von den vor- und den nachgelagerten Produktionseinrichtungen vorgegeben. Der Mensch kann somit nicht entsprechend seiner persönlichen Empfindung und Verfassung seine Arbeitsgeschwindigkeit verändern. Er muss die Aufgabe in einer meist starr vorgegebenen Zeit erledigen.

Bild 3-1 Manipulation von Bildröhren in einem eng begrenzten Aktionsraum

Dabei sind die Handhabungsobjekte oftmals gar nicht für die manuelle Handhabung ausgelegt, sondern ausschließlich für den Verwendungszweck optimiert. So werden z.B. Bildröhren immer größer und schwerer. Sie werden flacher und arbeiten mit höheren Bildwiederholfrequenzen. Für die Handhabung ergibt sich daraus aber keinerlei Vorteil. So darf z.B. die Fernseh-Bildröhre nur an bestimmten Stellen gegriffen werden und muss dann auch noch in räumlich beengter Umgebung umgesetzt werden (**Bild 3-1**).

Neben der Produktgestaltung ist auch die Arbeitsplatzgestaltung von den Gegebenheiten der Produktionsstätte sowie von den vorhandenen Maschinen und Anlagen geprägt, was in der Regel den Spielraum für eine ergonomische Auslegung einschränkt. Auch die Lagerplätze werden häufig nach der maximalen Raumausnutzung geplant und nur sekundär nach der Erreichbarkeit für den Menschen. Aus nicht bewältigten Anforderungen ergeben sich nach [3-2] folgende Wirkungen:

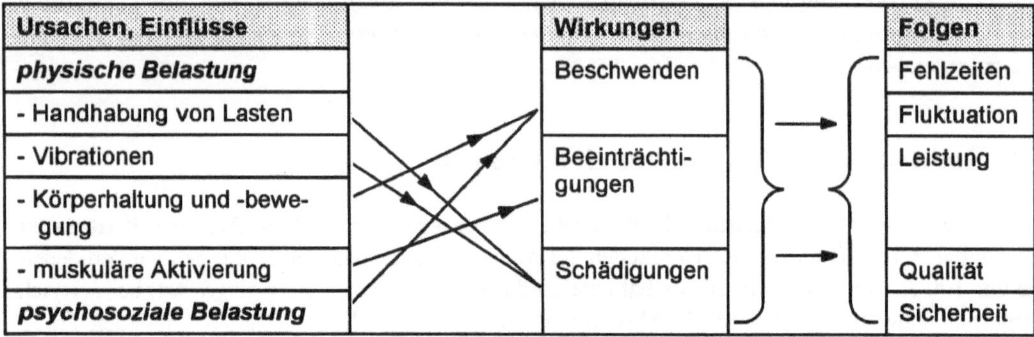

Aus solchen Gründen ist man seit Jahren bemüht, die Belastungen am industriellen und handwerklichen Arbeitsplatz wirksam zu senken. Das haben insbesondere auch starke Betriebsräte gefordert. So haben schon Ende der 70-er Jahre Firmen, wie z.B. die Zahnradfabrik Friedrichshafen, Werk Schwäbisch-Gmünd, Untersuchungen zur Belastung am Arbeitsplatz unternommen, auch mit dem Ziel, die Produktivität zu verbessern. Daneben sind heute solche Aspekte wie Qualität und Fluktuation Gründe für ein Engagement in diesem Bereich. Engpässe am Personalmarkt verschärfen die Situation und verlangen vom Unternehmen Aktivitäten zur Existenzsicherung. Damit wird der Begriff „Ergonomie" mehr als nur ein Schlagwort. Was verbirgt sich dahinter?

Ergonomie, bedeutet eigentlich die Erforschung der Leistungsmöglichkeiten und optimalen Arbeitsbedingungen des Menschen. Sie kann allgemein als die Auslegung von Arbeitsumgebungen nach menschlichen Gesichtspunkten betrachtet werden oder umgekehrt die Nutzung der menschlichen Fähigkeiten, wie etwa Koordination und Sensorik für die Gestaltung von technischen Anlagen. Unter diesem Aspekt werden heute Bildschirmarbeitsplätze flächendeckend mit größeren, flimmerarmen Bildschirmen ausgestattet, höhenverstellbare CAD Arbeitsplätze bereitgestellt und Manipulatoren zur Unterstützung der „schweren" körperlichen Arbeit eingesetzt [3-3, 3-4].

3.2 Gesetzliche Grundlagen

Ein Blick in die Geschichte zeigt, dass in Deutschland von 1949 per Erlass des Reichsministeriums eine maximale Hebelast von 15 kg für Frauen festgeschrieben war. 1968 wurde zum Schutz erwerbstätiger Mütter eine Hublast von 5 kg für regelmäßige Tätigkeiten und 10 kg für gelegentliche Arbeiten gesetzlich vorgeschrieben. In der Reihe der „Schweizerischen Blätter für Arbeitssicherheit" [3-5] wurde schon 1979 bereits differenziert. Dort wird die maximal zulässige Belastung bereits abhängig von der Rumpfneigung unterschieden. Für Männer zwischen 20 und 35 Jahren wird ein Belastungswert von höchstens 30 kg/cm² für die Lendenwirbelsäule auf Grund der körperlich gegebenen Festigkeitswerte angegeben. Als Gesamtwert ergibt sich dadurch bei flachem Rücken und ohne Rumpfneigung für die statische Belastung ein Höchstwert von 4 kN. Für Frauen, die mit einer Rumpfneigung von 90° und gebeugtem Rücken heben, gelten nur noch 15 kg. Für die Anwendung im Arbeitsalltag galt als zumutbare Gewichtskraft ohne besondere hebetechnische Mittel für Männer eine maximale Masse von 25 kg. 1961 wurde vom Bundesministerium für Arbeit (T. Hettinger) folgende Empfehlung gegeben:

Zumutbare Last in kg bei Häufigkeit des Hebens und Tragens				
Lebensalter	gelegentlich		häufig	
	Frauen	Männer	Frauen	Männer
15 bis 18 Jahre	15	35	10	20
19 bis 45 Jahre	15	55	10	30
älter als 45 Jahre	15	45	10	25

Im August 1996 wurde die EU-Arbeitsschutz-Rahmenrichtlinie über die „Durchführung von Maßnahmen zur Verbesserung der Sicherheiten des Gesundheitsschutzes der Arbeitnehmer bei der Arbeit" (89/391 EWG) in deutsches Recht überführt. Wegen der darin enthaltenen Grundpflichten für die Arbeitgeber, die Arbeitnehmer und den Staat kann die Rahmenrichtlinie als Grundgesetz der EU zum Arbeitsschutz bezeichnet werden. Die durch die Richtlinie vorgegebenen Grundpflichten des Arbeitgebers sind weitreichend. Sie gehen von der Verhütung von Sicherheits- und Gesundheitsgefahren, der Regelung einer geeigneten betrieblichen Arbeitsschutzorganisation und der Bereitstellung der erforderlichen Mittel bis hin zur Information, Unterweisung und Beteiligung der Arbeitnehmer und ihrer Vertretungen zu allen Fragen des Arbeitsschutzes. Im Dezember 1996 folgte eine Artikelverordnung zum Handhaben von Lasten, zur Bildschirmarbeit und den persönlichen Schutzausrüstungen.

Achtung: Die neuen EU-Richtlinien zum Arbeitsschutz sind auch gültiges deutsches Recht!

Dieses neue Arbeitsschutzrecht gibt den Mitarbeitern einen gesetzlichen und damit einklagbaren Anspruch auf einen ergonomisch gestalteten Arbeitsplatz. Um den gestellten Anforderungen gerecht zu werden, ist der Arbeitgeber nunmehr verpflichtet, jeden Arbeitsplatz nach ergonomischen Gesichtspunkten zu analysieren und zu dokumentieren und alle dabei festgestellten Defizite zu vermerken. Nach der neuen Lastenhandhabungsverordnung muss der Arbeitgeber dafür sorgen, dass die Mitarbeiter möglichst keine schweren Lasten von Hand bewegen müssen. Ist das nicht zu vermeiden, muss die Arbeit so gestaltet werden, dass sie weitgehend sicher und mit geringer Gesundheitsgefährdung der Mitarbeiter erfolgen kann.

Anmerkung: Aus Gründen der Vereinfachung wird in vielen Betrieben mit reinen Gewichtsgrenzen gearbeitet. Diese Betrachtung kann irreführend sein. So ist es zum Beispiel durchaus zumutbar, eine Last von 15 kg, wenige male am Tag körpernah umzusetzen. Dagegen können bereits Lasten von weit unter 10 kg, die im Minutentakt mit einer entsprechenden Rumpfverdrehung umgesetzt werden müssen, zu erheblichen Belastungen führen. Außerdem sind Richtlinien und Vorschriften zu beachten, die zusätzlich von den Berufsgenossenschaften herausgebracht wurden.

3.3 Arbeitsräume

Jegliches Handhaben von Gegenständen erfordert Freiräume, in denen für die Arbeit möglichst keine Störkonturen vorhanden sind. Außerdem ist abhängig vom kinematischen Aufbau eines Manipulators ein Operationsraum verfügbar, in dem der Flansch für den Greifer oder das Lastaufnahmemittel bewegt werden kann. Dieser Raum wird als Arbeitsraum bezeichnet.

> **Arbeitsraum:** Gesamtraum, in dem ein Endeffektor beliebig bewegt werden kann, um eine Last aufzunehmen bzw. abzusetzen. Er setzt sich Haupt- und Nebenarbeitsraum zusammen. Als Nebenarbeitsraum bezeichnet man den Raum, der durch möglicherweise vorhandene Handachsen umgrenzt wird.

Typische Arbeitsräume, die sich bei üblichen Konfigurationen von Balancern und Hubeinheiten ergeben, sind in **Bild 3-2** dargestellt.

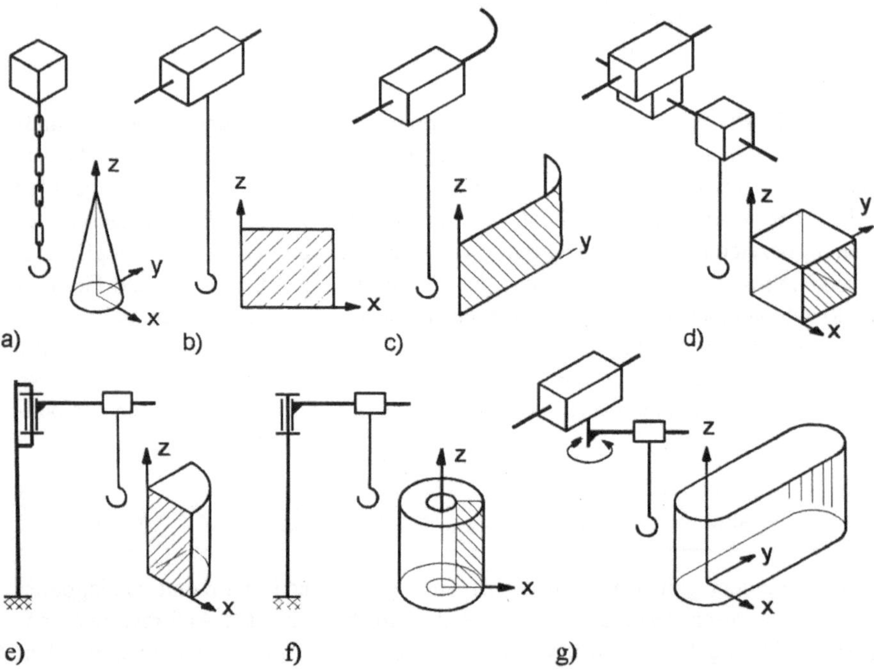

Bild 3-2 Die Arbeitsräume sind eine Funktion der Beweglichkeit des Manipulators.
a) Heben entlang einer Linie bzw. bei Hubseil oder Kette innerhalb eines engen Spitzkegels, b) Bewegen innerhalb einer Arbeitsfläche, c) Arbeitsfläche ist entsprechend der Spurführung gekrümmt, d) zweiachsiges Bewegen führt zu einem quaderförmigen Arbeitsraum, e) durch Drehachsen entsteht ein Zylinderabschnitt als Arbeitsraum, f) Arbeitsraum bei vollständig drehbarem Ausleger, g) kombinierter Arbeitsraum durch Überlagerung von mehreren Arbeitsflächen

Die Verwendung weit ausladender Greifmittel, z.B. Saugerrahmen, vergrößert den durch die Kinematik gegebenen Arbeitsraum. Aus konstruktiven Gründen kann es auch Räume geben, z.B. in unmittelbarer Nähe einer Standsäule, die nicht erreichbar sind. Muss das gewährleistet werden, dann ist die Konstruktion um redundante Achsen zu erweitern. Das **Bild 3-3** zeigt, wie zwei parallele Drehachsen zu einer günstigen Überlagerung von Teilarbeitsräumen führt. Bei jeweils 360° zulässigem Drehwinkel a ist jeder Punkt im Umfeld der Standsäule erreichbar. Es ergibt sich mit den angegebenen Hauptabmessungen ein beträchtliches Arbeitsraumvolumen von 75 m³. Dennoch wäre zu überlegen, ob bei diesem Arbeitsraum eine Kreuzportal-Lösung (teurer) nicht die bessere Variante darstellt. Der dann entstehende Rechteck-Arbeitsraum wäre völlig frei von Hindernissen.

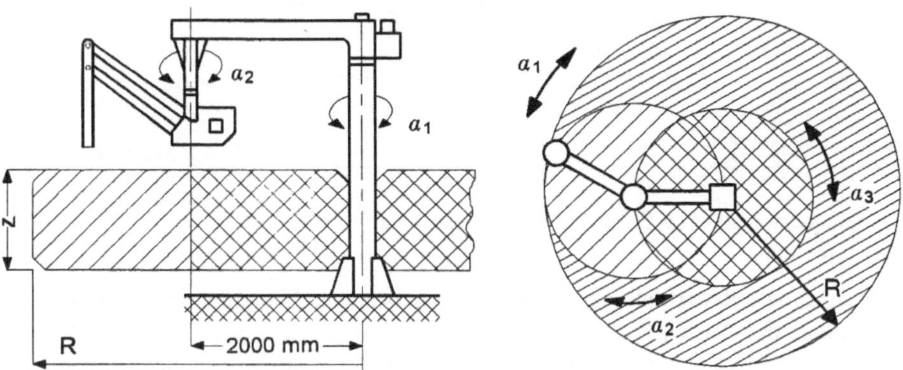

Bild 3-3 Arbeitsraum eines japanischen Balancers auf einer drehbaren Kragsäule
R = 4000 mm, z = 1500 mm, a_1 bis a_3 = 360°

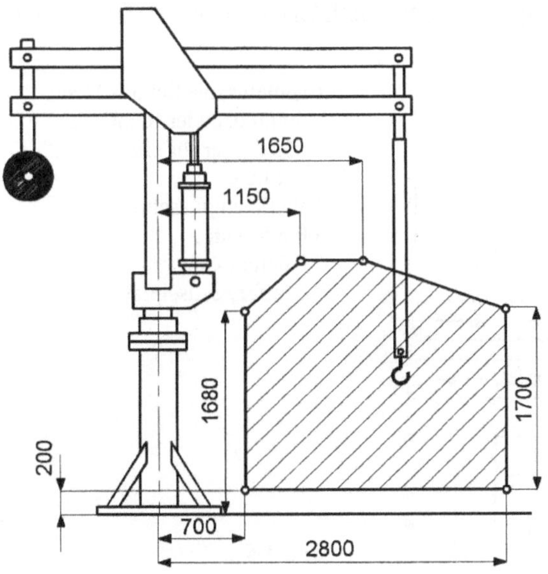

Ein weiteres Beispiel wird in **Bild 3-4** vorgestellt. Den ausnutzbaren Arbeitsraum erhält man hier als Hohlzylinder. Das Greifmittel reicht nicht ganz bis zum Fußboden. Aus den gegebenen Abmessungen ergibt sich nach der 2. Guldin'schen Regel ein Arbeitsraumvolumen von 42 m³. Es ist zu beachten, dass zu hohe und zu tiefe Griffpunkte für das manuelle Führen des Armes zu vermeiden sind, weil sie zu Arbeitserschwernissen führen.

Bild 3-4
Arbeitsraumquerschnitt eines Standsäulenbalancers mit 360° Schwenkbereich - ein Abmessungsbeispiel

Eine bogenförmig begrenzte Arbeitsraumform bekommt man schließlich bei dem in **Bild 3-5** gezeigten Manipulator, der als mobiles Gerät oder als Deckeninstallation eingesetzt werden kann. Das Arbeitsraumvolumen beträgt hier rund 32 m³.

Aus diesen Gegebenheiten ergibt sich dann auch, wo man z.B. bei einer Mehrmaschinenbedienung mit dem Balancer die Maschinen, die Palettenplätze, sonstige Bedienstellen und den Manipulator anordnen muss. Das soll an einem Beispiel gezeigt werden. Gegeben sind die Bedienstellen B1 bis B9 gemäß **Bild 3-6** [3-6].

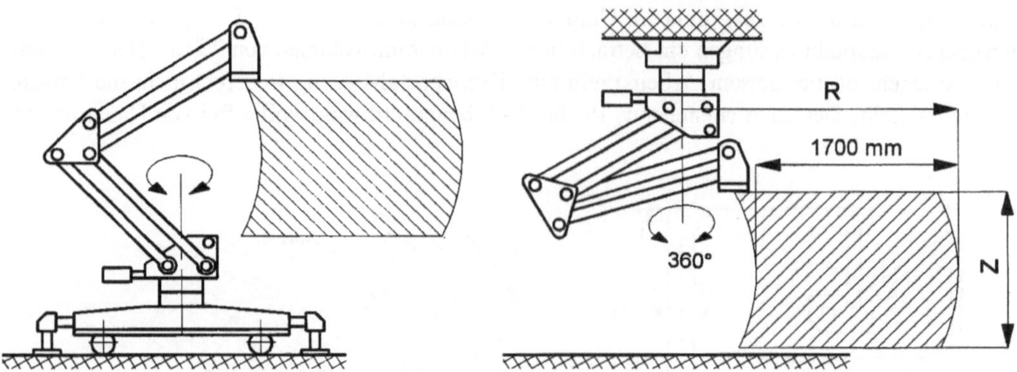

Bild 3-5 Arbeitsraumquerschnitt eines Balancers mit Pantografenarm
R = 2880 mm, z = 1500 mm

Außerdem ist die maximale Reichweite des Balancerarmes bekannt. Man geht so vor, dass man den möglichen Standort des Auslegerbalancers grafisch bestimmt, indem man von jeder Bedienstelle aus einen Radius mit der maximalen Reichweite R schlägt. Es ergibt sich eine gemeinsame Schnittfläche, die mengentheoretisch der Durchschnitt aller Positionskreismengen ist. Jeder Punkt innerhalb der gemeinsamen Schnittfläche wäre ein potentieller Balancerstandort. Das gilt sinngemäß auch, wenn der Balancer an der Decke installiert wird. Die Sache wird einfacher, wenn der Balancer an einem zweiachsigen Deckenlaufwerk bewegbar ist. Dann sind die größten Entfernungen der Bedienpositionen in X- und Y-Richtung gleichzeitig die Längen für die Verfahrwege am Kreuzportal.

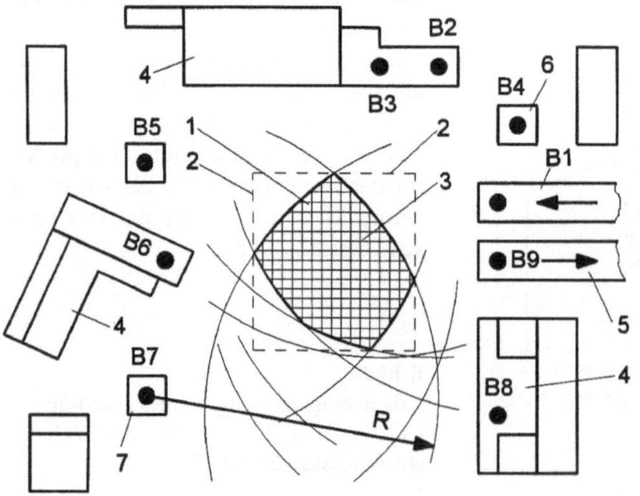

1 gemeinsame Schnittfläche
2 umgrenzendes Rechteck
3 Messraster für eine exakte
   Planung
4 Werkzeugmaschine
5 Förderband
6 Palettenplatz
7 Greiferwechselplatz

Bild 3-6
Mehrmaschinenbedienung mit
dem Balancer

Im allgemeinen will man auch wissen, wie schnell eine geplante Handhabung voraussichtlich ablaufen wird, denn davon hängen oft die Einspareffekte und die unproduktive Standzeit einer zu bedienenden Anlage, z.B. eine teuere Werkzeugmaschine, ab. Diese Zeit wird auch als Bedienzeit bezeichnet.

> Die **Bedienzeit** ist gleich der Maschinenstillstandszeit, in der kein Bearbeitungsfortschritt am Werkstück erzielt werden kann, weil der Werkstückwechsel abläuft.

Die Handhabungszeit hängt von der zu bewegenden Masse (Werkstück plus Manipulatorarm), den Entfernungen, dem Greifprinzip und dem Grad der Feinpositionierung an der Spannstelle ab. Zeitliche Vorhersagen sind deshalb nur mit Erfahrungswerten oder mit Hilfe der Simulation möglich. Bei einem Handhabezyklus „Greifen - Heben 1000 mm - horizontal Bewegen 2000 mm - Absenken 1000 mm - Lösen der Last" kann man etwa folgende Richtwerte angeben:

❑ Auslegerarm-Balancer mit 100 kg Last: Etwa 9...17 Sekunden plus Greiferzeiten
❑ Hubachse am Deckenlaufwerk mit 30 kg Last: Etwa 5...11 Sekunden plus Greiferzeiten
❑ Hubschlauchgerät: Bis Bewegungsbeginn können bei luftundurchlässigen Objekten 1...2 s vergehen, bei luftdurchlässigen Objekten 3 Sekunden und mehr, je nach Porösität. Die Bewegungszeiten sind ähnlich denen beim Balancer mit Auslegerarm.

Die Greifzeiten werden außerdem stark vom Greifprinzip beeinflusst. In erster Näherung kann folgendes gelten:

❑ Magnetgreifer: Etwa 1 s für kurzes Positionieren des Magneten bis Hubbeginn
❑ Vakuumsauger: Etwa 2 s für kurzes Positionieren und Warten auf die Funktion „Vakuum"
❑ Innenklemmgreifer: Bei großzügiger Einführschräge an den Greiforganen, z.B. einem Greifdorn,und Warten auf die Pneumatikfunktion < 2 s
❑ Außenklemmgreifer: Das Anfädeln und Ausrichten des Greifers benötigt etwa 2 bis 5 s.

Man kann das Bedienproblem auch organisatorisch durchdenken, indem man sich eine Ablaufgrafik (Bewegungsplan) anfertigt. Das wird in **Bild 3-7** gezeigt.

Handhabezyklus	Ablaufgrafik	Zeitbedarf
1 Greifer nimmt Rohteil, Zwischenhalt in W, Ablage der Fertigteile in Fertigteilpalette 1L - 2F - 3R - 4L - 5F - 6L -7R	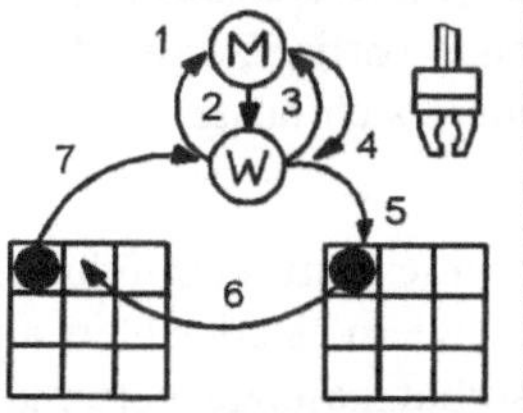	$t_B = \sum\limits_{i=1}^{4} t_i$ $t_H = \sum\limits_{i=1}^{7} t_i$
2 Greifer nimmt Rohteil, Fertigteile werden sofort in Fertigteilpalette abgelegt 1L - 2F - 3L - 4R - 5L	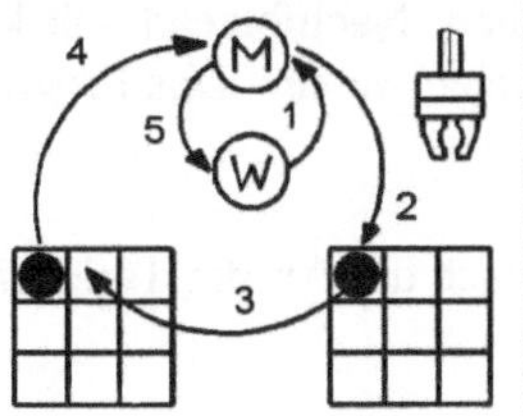	$t_B = \sum\limits_{i=1}^{5} t_i$
3 Greifen, dann Zurücklegen der Fertigteile in die Rohteilpalette 1L - 2F - 3L - 4R - 5L	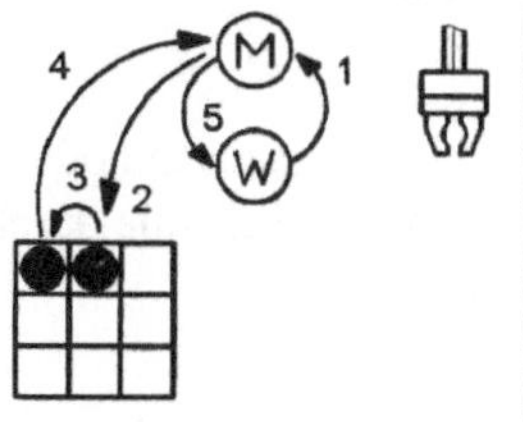	$t_H \cong t_B$

F   Fertigteilhandhabung
L   Leerbewegung
M   zu bedienende Maschine
W   Warteposition des Balancers
R   Rohteilhandhabung
t_i Zeit für einen Bewegungsabschnitt

Bild 3-7
Darstellung des Einflusses von Bedienstelle und Bewegungssequenz auf die Maschinenbedienzeit t_B und die Handhabungszykluszeit t_H

Bei den Abläufen wurde unterstellt, dass sich das Fertigteil nach der Bearbeitung mit dem gleichen Greifer anpacken lässt, wie zuvor das Rohteil. Unter Umständen muss man noch Greifer-

wechselzeiten einplanen. Es kann auch günstig sein, unmittelbar an der Maschine Hilfsspeicher-
plätze anzulegen. Damit sind dann beim Werkstückwechsel keine großen Zubringewege zu absol-
vieren. Die Teile auf den Hilfsspeicherplätzen können dann während der Maschinenlaufzeit ohne
Zeitdruck gehandhabt werden.

3.4 Gefährdungsuntersuchung und Ausarbeitung von Anforderungs-
profilen

Zur Umsetzung des Arbeitsschutzgesetzes muss jeder Arbeitsplatz laut dem Arbeitsschutzgesetz
§5 beurteilt, das heißt hinsichtlich möglicher Gefährdungen untersucht werden. Dazu wurde vom
Länderausschuss für Arbeitsschutz und Sicherheitstechnik (LASI) eine Broschüre herausgegeben
[3-7]. Das darin enthaltene Arbeitsblatt ermöglicht es, eine orientierende Analyse durchzuführen.
Dabei unterscheidet man in

❏ die zeitliche Wichtung
❏ die Lastwichtung
❏ die Körperhaltung bzw. die Position der Last

Als Ergebnis der Analyse erhält man einen Wert der dem Grad der Gefährdung entspricht und auf
notwendige Maßnahmen hinweist. Diese Analyse kann ohne medizinische Vorkenntnisse durchgeführt werden und genügt dem gesetzlichen Anspruch. Detailliertere Aussagen erhält man durch
weiterführende Analysen mit dem Instrumentarium der Arbeitsmedizin.

Typische arbeitsbedingte Belastungen können auch nach **Tabelle 3-1** (in Anlehnung an [3-8])
überprüft werden. Erst wenn ein Überblick über die Belastung der an Arbeitsplätzen mit Hebe-
und Handhabungsoperationen tätigen Personen vorliegt, kann die Planung von technischen Maßnahmen beginnen. Im Maßnahmekatalog findet sich heute immer öfter auch die Anwendung von
Manipulatoren und Hubeinheiten.

Man kann orientierende Analysen auch rechnergestützt durchführen. Das bringt nicht nur den Vorteil, dass man am Bildschirm geführt wird, sondern es erleichtert auch die Überarbeitung und Dokumentation, die nach dem §6 des Arbeitsschutzgesetzes notwendig ist. Für diese Analyse sind
verschiedene Programme am Markt erhältlich. Nachfolgend soll kurz auf die Software „Lasten
leichtern" (SCHMIDT-HANDLING) eingegangen werden. Das Programm enthält 3 Module:

Grundmodul Arbeitsschutzgesetz [3-9]

* Beurteilung nach der Gefährdung (nach der Art der Tätigkeit)
* Ableitung von Maßnahmen
* Dokumentation der Ergebnisse

Lasten handhaben [3-9]

* Beurteilung der Gefährdung mit der Leitmerkmalsmethode
* Vermeidung von Gefährdungen der Lendenwirbelsäule durch geeignete Maßnahmen
* Berücksichtigung der körperlichen Eignung
* Unterweisung

Lasten leichtern mit System (SCHMIDT-HANDLING und DELMIA)

* Systematischer Fragenkatalog zur Analyse des Handhabungsvorganges mit graphischer
Unterstützung

- Automatische Auswahl geeigneter Komponenten
- Auswertung und technische Erläuterungen zu den Komponenten
- Anfrageformular zur Manipulationstechnik

Mit dem Modul „Allgemeine Gefährdungsanalyse" werden anhand einer zweistufigen Checkliste mögliche Gefährdungen abgeprüft. Mit der Grobanalyse besteht die Möglichkeit, „auf einen Blick" eine Übersicht über die Situation am Arbeitsplatz zu erhalten. Falls gewünscht, ist mit der Detailanalyse eine umfassende Analyse der Situation möglich.

Ist der Prüfpunkt nicht erfüllt, erhält der Anwender direkt in der Checkliste die Möglichkeit, Maßnahmen festzulegen. Die Maßnahmen werden mit einem Verantwortlichen und einem Erfüllungsdatum versehen. Die Maßnahmeliste wird am Ende der Analyse ausgedruckt und ist durch den Analytiker zu unterschreiben. Zur Unterstützung ist das Arbeitsschutzgesetz in das Programm integriert und steht somit auf Abruf zur Verfügung.

Das **Bild 3-8** zeigt eine Bildschirmkopie aus dem Programmteil „Allgemeine Gefährdungsanalyse".

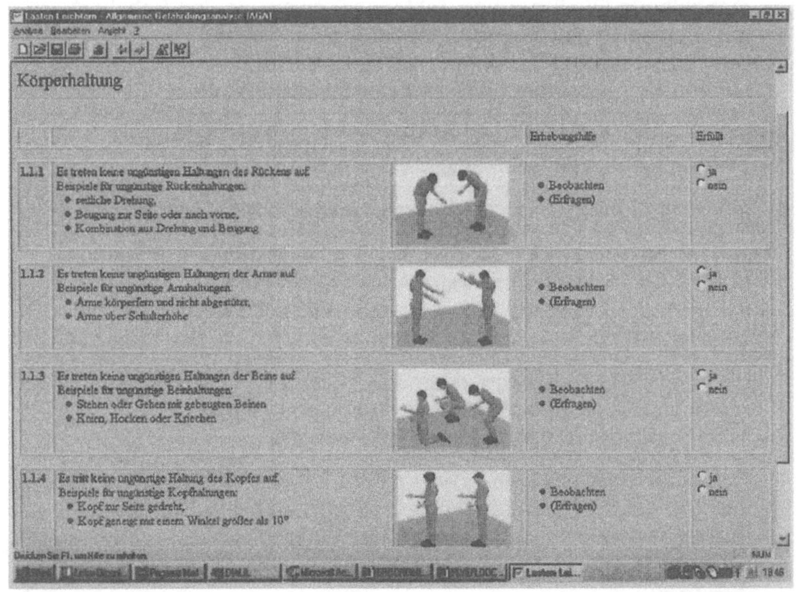

Bild 3-8
Bildschirmkopie der allgemeinen Gefährdungsanalyse

Nach dem Artikel 2 der Artikelverordnung sind insbesondere Tätigkeiten mit Heben und Tragen von Lasten zu untersuchen. Dazu dient das zweite Modul. Mit der Leitmerkmalmethode wird an Hand der Merkmale Zeit/Häufigkeit, Lastgewicht, Körperhaltung und Ausführungsbedingungen die Gefährdung der Lendenwirbelsäule durch das Heben und Tragen von Lasten ermittelt. Diese Methode ist zwischen der Bundesanstalt für Arbeitsschutz und Arbeitsmedizin und dem Länderausschuss für Arbeitsschutz und Sicherheitstechnik abgestimmt und zur orientierenden Beurteilung der Arbeitsbedingungen empfohlen. Die Methode ist für den Einsatz bei Lasten von mehr als 3 kg sinnvoll, da bei kleineren Massen der Handhabungsobjekte die Gefährdung der Lendenwirbelsäule, wie in Artikel 2 definiert, auszuschließen ist. Als Ergebnis erhält der Analyst einen Punktewert. Dieser ist auch farblich, analog den Verkehrs-Ampelfarben, auf einem Zahlenstrahl dargestellt (**Bild 3-9**).

Typische arbeitsbedingte Belastungen am Industriearbeitsplatz	
Belastungsart	**Erläuterungen**
Muskelbelastung	- körperlich schwere Arbeit; Halten und Heben schwerer Bauteile ohne Hebehilfen - einseitiger Arbeitsablauf; Bücken und Zwangshaltungen - ständig stehendes Arbeiten, z.B. durch ungünstige Anordnung von Bedienelementen - repetitive Tätigkeiten unter Zeitdruck, dadurch schnelle Ermüdung
Konzentrationsbe-lastung	- Monotonie; abstumpfen und verminderte Konzentration - enge Taktbindung; keine selbstbestimmten Erholungszeiten - Ablenkung durch Umgebungseinflüsse - unübersichtliche komplexe Systemgestaltung - psychische Belastung, wie z.B. alleinige Verantwortung bei Kontrollen unter Zeitdruck
Über- oder Unterforderung	- mangelhafte Qualifizierung, fehlende Einweisung und Schulung - anspruchslose gleichförmige Belastung - Leistungsdruck bei Entstehen von Fehlerfällen - uneinheitliche Bediengeräte und Benutzeroberflächen
Zeitdruck	- Stress durch zu enge Taktbindung und knappem Zeitbudget - Zeitdruck durch Aufarbeitung von Fehlern
Isolation	- fehlende Möglichkeiten zur Kommunikation untereinander
Ergonomie, informationstechnisch	- ungünstige Farb- und Formgebung erschwert intuitive Erkennung - ungünstige, schlecht ablesbare Anzeigeelemente - mangelhafte Visualisierung, z.B. Informationsüberfrachtung bei Störungen
Ergonomie, anthropometrisch	- uneingeschränkte Bewegungsmöglichkeiten - schlechte Einsehbarkeit bei Wirk- und Gefahrstellen - schlechte, ermüdungsfördernde Beleuchtung
Unfallgefahren	- Aufenthalt unter schwebenden Lasten - unerwartete Bewegungen durch Eigendynamik von Geräten - Verwechselungsgefahr bei Bedienhandlungen - Gefahren durch geladene Energiespeicher und versagende Bremsen
Klima	- Arbeiten bei starken Temperaturschwankungen und Sonneneinstrahlung - Hantieren mit heißen oder sehr kalten Objekten - extreme Luftfeuchtigkeitsschwankungen
Schadstoffe	- toxische oder ätzende Stoffe in der Arbeitsumgebung - mangelhafte Be- und Entlüftung sowie unzureichende Prozessabsaugung - elektromagnetische Beeinträchtigungen, z.B. Röntgenstrahlung an Kontroll- und Prüfgeräten

Tabelle 3-1: Übersicht über häufig vorkommende arbeitsbedingte Belastungen

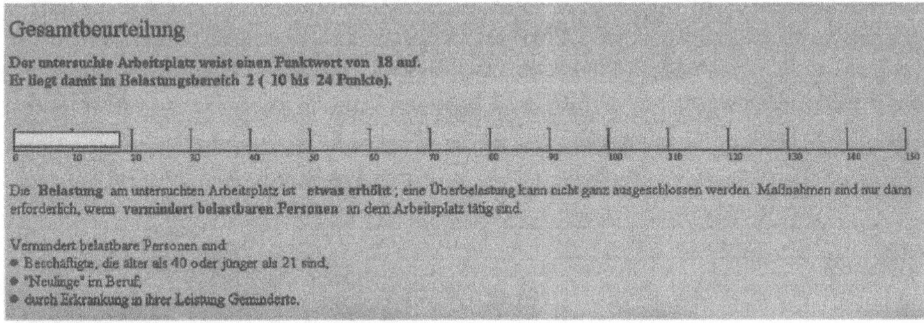

Bild 3-9 Bildschirmkopie Analyseergebnis

Im dritten Teil des Programms ist schließlich eine erneute Analyse möglich, die zur Lösungsfindung dient. Dieses Modul dient zur Ermittlung der notwendigen Parameter für die Projektierung einer manuellen Handhabungsanlage. Mit diesem Werkzeug wird die Aufgabenstellung systematisch aufgenommen und ausgewertet. So können Projektierungsfehler minimiert und damit Kosten gesenkt werden. Die Fragen beziehen sich auf die Bedienperson, das Produkt, die Art und Weise, wie das Produkt umgesetzt werden soll und die Umgebung, in der die Handhabung erfolgt. Diese Fragegruppen können einzeln nacheinander oder zusammen bearbeitet werden. Es ist notwendig alle Fragen zu beantworten, um aussagekräftige Daten für die Angebotserstellung zu erhalten.

Über das Modul „Auswertung" innerhalb des Programms kann anschließend eine Lösung ermittelt werden. Der Auswertung ist die eigentliche Intelligenz des Programms hinterlegt, um aus den eingegebenen Größen die richtige(n) Lösung(en) zu finden. Es können durchaus mehrere Lösungen in Frage kommen. Die Auswertung zeigt die verwendbaren Lösungen an. Sie berücksichtigen die verschiedenen „Ebenen". Unter Ebenen versteht man hier: Greifer (Produktadapter), Hubsystem (für die Vertikalbewegung) und das Trägersystem (für die Horizontbewegung). Der Begriff „Ebene" wird in Kapitel 5.1 ausführlich erklärt. Die dargestellten Systeme basieren soweit wie möglich auf Standardkomponenten. Es wird dadurch sichergestellt, dass möglichst schnell und zuverlässig Lösungen projektiert und angeboten werden können. In **Bild 3-10** wird das Ergebnis einer Projektierungsanalyse angezeigt. Danach ist ein Trägersystem im Bild oben einsetzbar und wahlweise auch verschiedene Hubsysteme (im Bild unten).

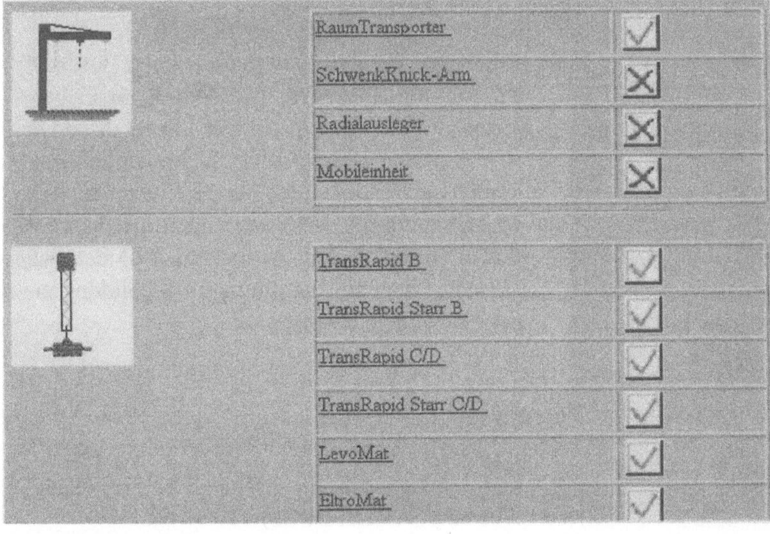

Bild 3-10
Ergebnis einer Projektierungsanalyse als Bildschirmdarstellung

Neben der oben beschriebenen Software gibt es verschiedene PC-Werkzeuge für die Arbeitsplatzgestaltung mit dreidimensionalen Menschmodellen. Damit lassen sich nicht nur räumliche Untersuchungen, sondern auch Belastungssimulationen durchführen. Während man bisher mit 2D-Darstellungen zufrieden sein musste, wie in **Bild 3-11 links** mit den Griffbereichen an einem Beidhandarbeitsplatz, stehen heute Programme zur Verfügung, die alles in die 3. Dimension übersetzen können.

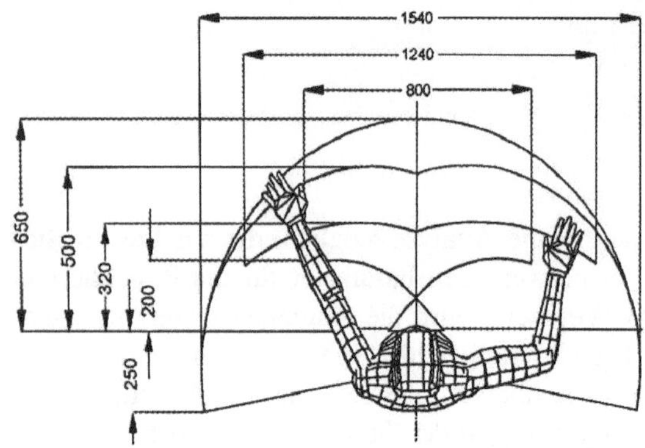

Bild 3-11 Griffbereiche eines Beidhandarbeitsplatzes links: Maßbild, rechts: Arbeitsplatzgestaltung mit *Ergoman* (www.delmia.com)

So kann man mit dem Programmsystem ERGOMAN Arbeitsplätze nachbilden und in der Animation von Arbeitsaktionen beurteilen, ob damit eine ergonomisch günstige Arbeitsplatzgestaltung erreicht wurde. Das **Bild 3-11 rechts** zeigt ein Beispiel. In der Folge sind dann Optimierungen durchführbar und letztlich ist auch eine Aussage über die je Arbeitsgang erforderliche Zykluszeit möglich.

Ein virtueller Arbeitsplatz wird auch in **Bild 3-12** dargestellt. Es geht um die Radmontage am Fließband. Mit unterschiedlicher Ausprägung kann man so ganze Produktionslinien planen und simulieren. Dazu gehört auch, Varianten mit Manipulatoreinsatz als technische Alternative darzustellen und in den Variantenvergleich einzubeziehen.

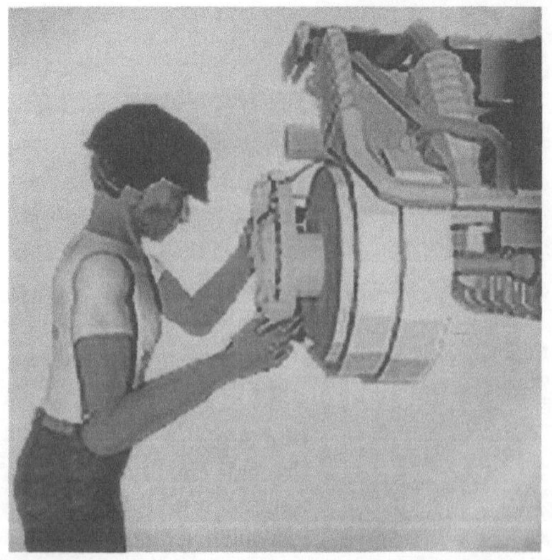

Einer der Hersteller wirbt wie folgt für sein Programm: „Der virtuelle Mensch im Cyberspace: *Virtual Reality* ist ein ideales Medium für *Digital Mock-Up* und die Simulation von komplexen Montagevorgängen (tecmath AG, Kaiserslautern)". Wie weit derartige Simulationen gehen können, ist in **Bild 3-13** deutlich gemacht. Es wird die digitale Nachbildung einer Nackenmuskulatur gezeigt [3-10].

Bild 3-12
Montagevorgang an einer Montagelinie als *Virtual Reality* (ANTHROPOS)

> **Digital Mock-up (DMU):** Digitales Modell in Originalabmaßen; Software zur digitalen Modellierung physikalischer Prototypen, um damit dynamische Studien in Echtzeit vom Produkte-Zusammenbau, von Handhabungsoperationen oder Service-Abfolgen am Bildschirm durchzuführen.

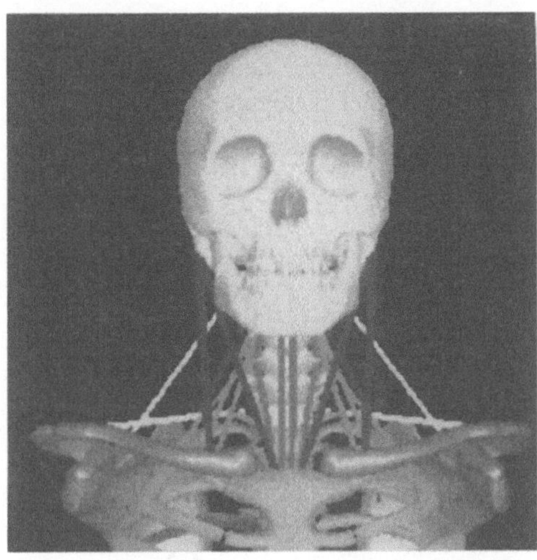

Bild 3-13
Digitales Modell der Nackenmuskulatur beim
Menschen

Virtuelle Realität ist zu einer Technologie gereift, die durch hohe Anschaulichkeit und Dynamik viele Vorteile bietet, sowohl für die Produktentwicklung wie auch für die Fertigungsgestaltung. Dazu werden die digital-technischen Mittel ständig ausgebaut und immer besser genutzt:

❑ Simulation mit anthropometrischen und biomechanischen Modellen
❑ Ergonomische Analysen und dynamische Synthesen am Bildschirm
❑ Ganzkörperhaltungssimulation, Sicht- und Erreichbarkeitsanalysen
❑ Kinematik von Mehrkörpersystemen
❑ Kinematikvariation und Animation der Bewegungen
❑ ...u.a.

4 Aufbau und Funktion manuell geführter Handhabungssysteme

4.1 Gelenkarmmanipulatoren

Bei diesen Manipulatoren ist das Führungsgetriebe (Gelenkarm) eine Drehgelenkstruktur. Typisch ist diese Ausführung als Parallelkurbel in der Art einer Doppelkurbel, bei der je 2 gegenüberliegende Getriebeglieder gleichlagig und in jeder Getriebestellung parallel zueinander sind.

In **Bild 4-1** wird der typische Aufbau eines Balancers mit Ausleger gezeigt.

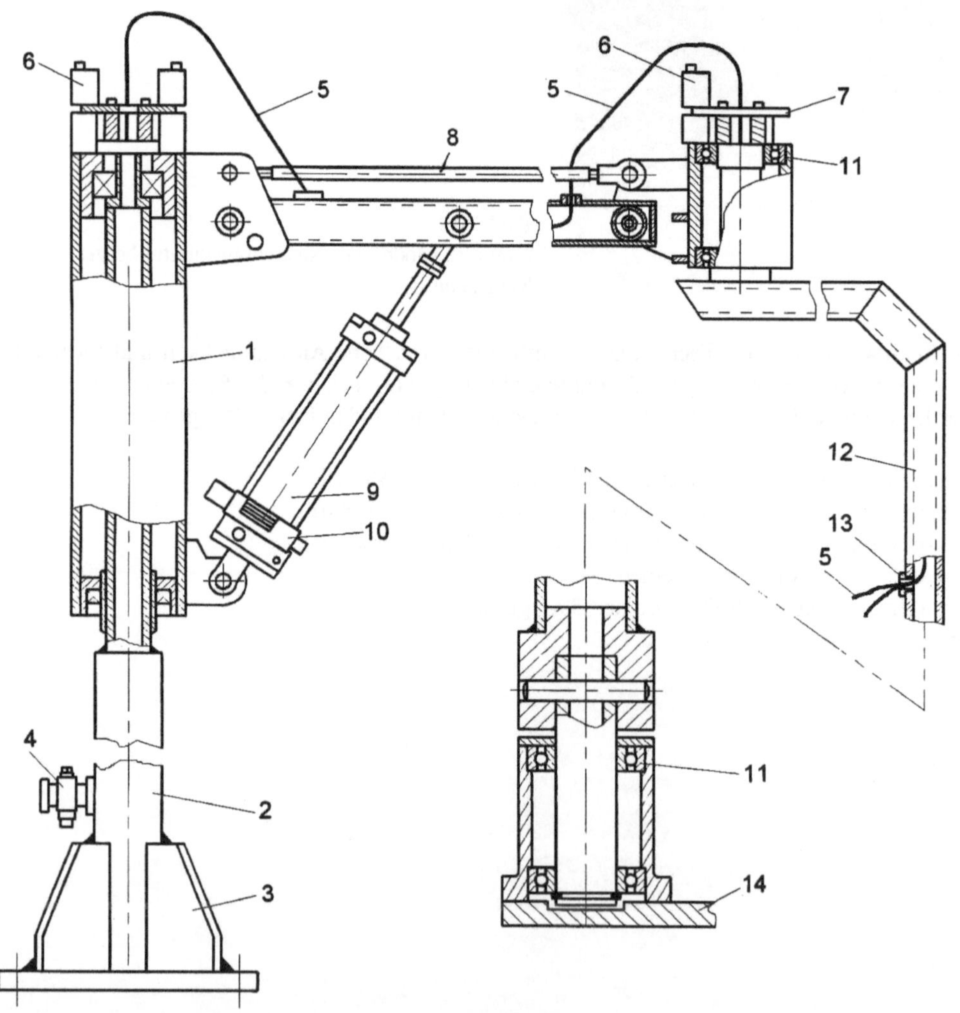

Bild 4-1 Gelenkarmbalancer (Euro-Balancer, SCHMIDT-HANDLING)

1 Drehsäule, 2 Standsäule, 3 Fuß, 4 Druckluftwartungseinheit, 5 Versorgungsleitung, 6 Scheibenbremse, 7 Bremsscheibe, 8 Parallelogrammarm, 9 Pneumatikzylinder, 10 Proportionalventil, 11 Drehgelenk, 12 Unterarm, 13 Kabeldurchführung, 14 Greiferanschluss

Die anhängende Last wird durch eine pneumatisch erzeugte Gegenkraft in der Schwebe gehalten. Für die automatische Tarierung der Last ist eine Mikroprozessorsteuerung eingebaut. Damit muss der Bediener die Last nur gegen die geringen Reibungswiderstände in den Drehgelenken bewegen. Die Last wird am Handgriff geführt. In Handnähe sind Taster angeordnet, die die Befehle für Greiferaktionen und Handdrehungen entgegennehmen. Ein Gegengewicht zum Ausgleich der Armmasse wird nicht eingesetzt. Die Lastaufnahmemittel sind auswechselbar. Dafür ist dann eine spezielle Kupplung installiert.

Drehgelenkarme werden aus folgenden Gründen gern eingesetzt:

❑ Großer Aktionsradius bei kleiner Stellfläche; Das Verhältnis von Arbeitsraum zur Stellfläche ist günstig.
❑ Drehgelenke lassen sich kostengünstiger herstellen als Linearführungen und erzeugen beim Bewegen des Führungsgetriebes wenig Reibungswiderstand.
❑ Die Objekte können aus verschiedenen Richtungen gegriffen werden. Das erleichtert die Greiferführung.
❑ Der Antrieb für den Gewichtskraftausgleich lässt sich gestellnah anbringen, was die dynamischen Eigenschaften verbessert.
❑ Der Unterarm lässt sich konstruktiv sehr leicht den unterschiedlichen Anwendungsbedingungen beim Anwender anpassen.
❑ Drehgelenkarm-Manipulatoren können bei allen infrage kommenden Installationsvarianten (Fußboden, Wand, Decke, Kreuzportal) verwendet werden.
❑ Die Gelenkarme (Ober-, Unterarm) und die Standsäule lassen sich zur Führung von Kabeln (Energie- und Signalleitungen jeder Art) verwenden.

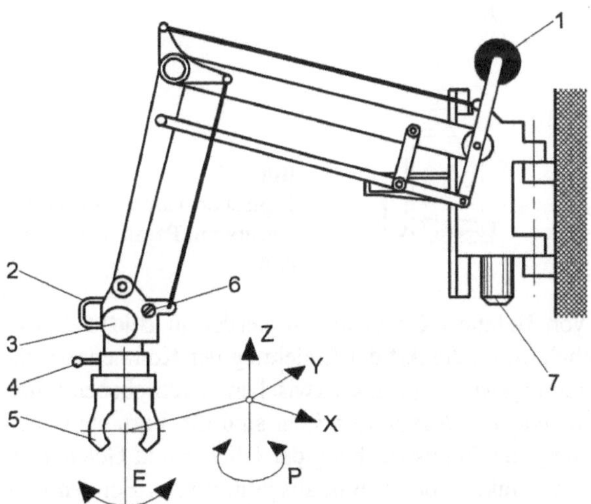

1 Gegenmasse
2 Handgriff
3 Motor für die P-Drehung
4 Schaltgriff
5 Greifer
6 Schaltgriff für die Achse E
7 Motor für die Schwerkraftkompensation

Bild 4-2
Balancer mit einem Pantografenarm

Es gibt natürlich viele Varianten für die Ausführung des Führungsgetriebes. Bei dem in **Bild 4-2** gezeigten Balancer in Wandmontage wurde ein ebenes Geradführungsgetriebe verwendet, das man auch als Pantograf-Getriebe bezeichnet. Man kann damit zwei voneinander unabhängige translatorische Bewegungen ausführen, ohne dass die zur Bodenfläche parallele Orientierung des Effektors verlorengeht.

Die Manipulation des gegriffenen Objekts ist in 5 Bewegungsachsen möglich, nämlich in X, Y und Z, sowie den Handachsen E und P. Die Schiebung in der Z-Achse ist mit einem Antrieb versehen.

Die Schwerkräfte der Glieder des Pantografenführungsgetriebes sind durch eine Gegenmasse ausgeglichen, wie man es früher bei den Zeichenmaschinen grundsätzlich hatte.

Die Beweglichkeit eines Gelenkarms in Parallelogrammbauart wird in **Bild 4-3** angedeutet. Als Lastaufnahmemittel ist hier eine gepolsterte Gabel vorgesehen, mit der man feinbearbeitete Drehteile aufnehmen kann. Die Stirnseiten des Werkstücks liegen frei, so dass die Beschickung einer Spitzendrehmaschine problemlos erfolgen kann. Der Ausgleich der Armgewichtskraft wird durch eine Gegenmasse vorgenommen. Das wird heute aber kaum noch gemacht, weil es die Störkontur unnötig vergrößert und die Dynamik ungünstig beeinflusst.

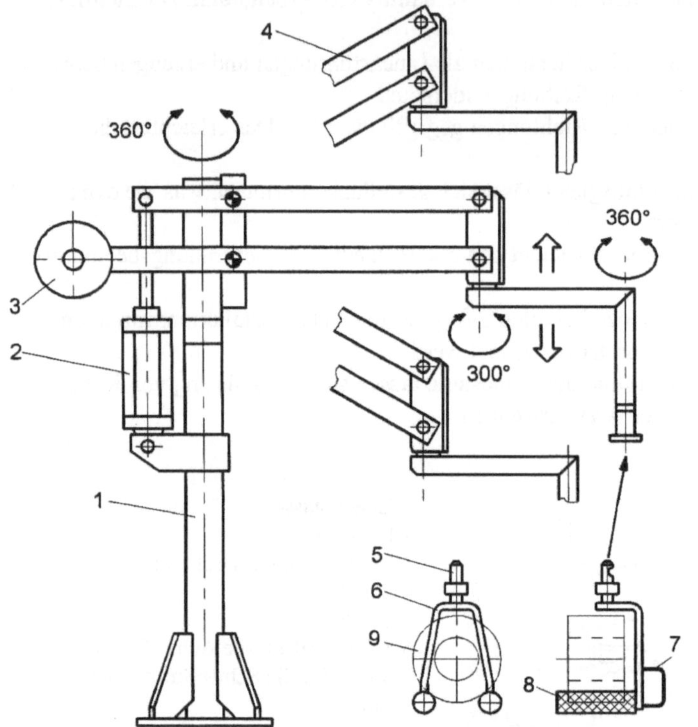

Bild 4-3
Typischer Aufbau eines Balancers mit Parallelogramm-Arm

Einige weitere Beispiele für die Gestaltung von Balancer-Gelenkarmen werden in **Bild 4-4** wiedergegeben. Sie unterscheiden sich hauptsächlich durch die Art der Einleitung der Kompensationskraft. Für die Kraftübertragung ist der Übertragungswinkel (Winkel zwischen angetriebenen Glied und Kraftwirkungsrichtung des Zylinders) sehr wichtig. Aus dieser Sicht sind die Varianten nach **Bild 4-4a und c** besonders bei der Nachrechnung der Beanspruchung der Glieder und Gelenke zu berücksichtigen. Der Unterarm kann gerade, abgewinkelt oder schräg ausgeführt sein. Bei den Beispielen wurde die Deckeninstallation dargestellt. Es sind natürlich auch alle anderen Befestigungsarten möglich, auch mobile Varianten.

In den Anfängen der Balancertechnik haben einige Firmen ihre Balancer noch selbst gebaut. Das **Bild 4-5** zeigt eine solche Konstruktion. Heute gibt es am Markt die verschiedensten Modelle, so dass man bezogen auf die Aufgabenstellung stets ein passendes Gerät findet. Der dargestellte Balancer diente der Manipulation von Handkästen in der keramischen Industrie. Dafür ist ein formschlüssiges Lastaufnahmemittel angebaut. Für die Hubbewegung und für den Ausgleich der Eigenmasse sind pneumatische Arbeitszylinder eingesetzt. Die Drehbewegung und das Anhängen der Last erfolgen von Hand durch die Bedienperson.

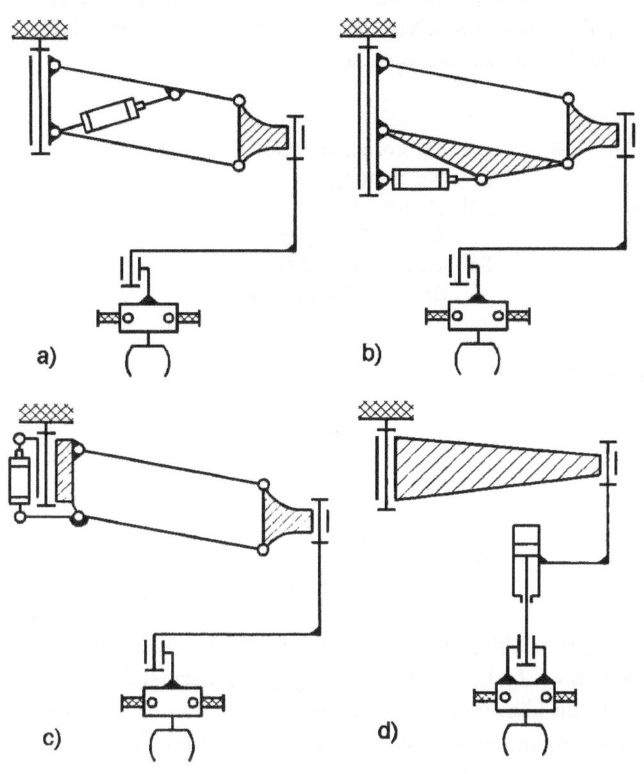

a) Zwischen den Parallelogrammarm eingesetzter Antrieb

b) Außenanbau bei Fünfgelenkkette

c) Kraftangriff am Kragarm

d) direkte Hubkrafterzeugung mit
   Arbeitszylinder

Bild 4-4 Einige Gelenkarmausführungen und die Einleitung von Kräften zur Schwerkraftkompensation

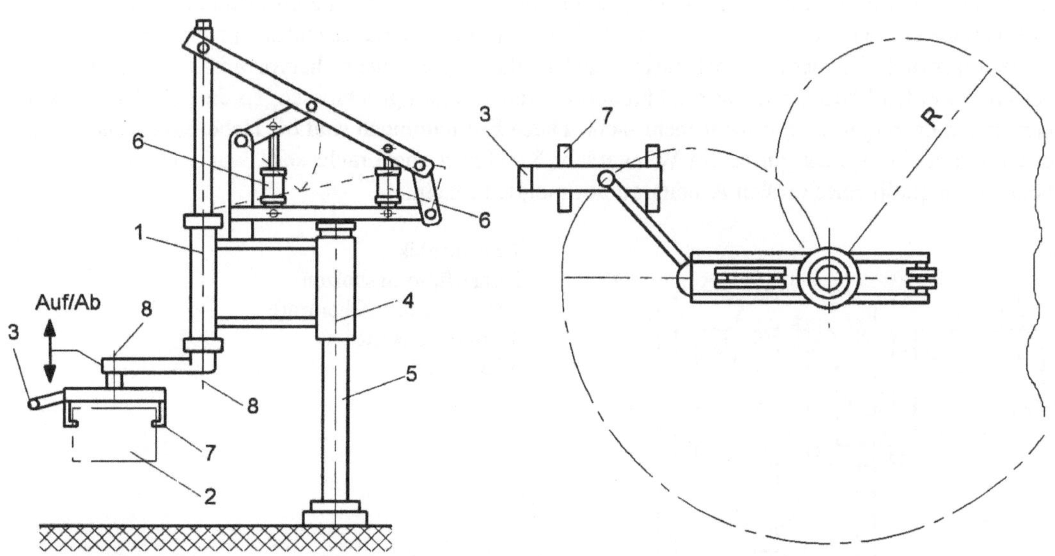

Bild 4-5 Beispiel für einen Eigenbaubalancer
1 Starrführung, 2 Greifobjekt, 3 Handgriff, 4 Hauptdrehachse, 5 Standsäule, 6 Pneumatikzylinder,
7 Greiforgan, 8 Drehgelenk, R = 1550 mm

Eine andere Gelenkarmkonstruktion sind die Waagerecht-Knickarme, die als aktive Hubeinheit einen Seil- oder Kettenzug tragen. Wird der Seilzugmotor an der Standsäule befestigt, dann ist das Seil über Rollen bis zum Auslegerende zu führen. Der Antrieb erfolgt in der Regel elektromotorisch. Das **Bild 4-6** zeigt den Schaltplan für ein elektrisches Hubwerk. Es ist für eine Hubgeschwindigkeit eingerichtet und mit einer Gleichstrombremse versehen.

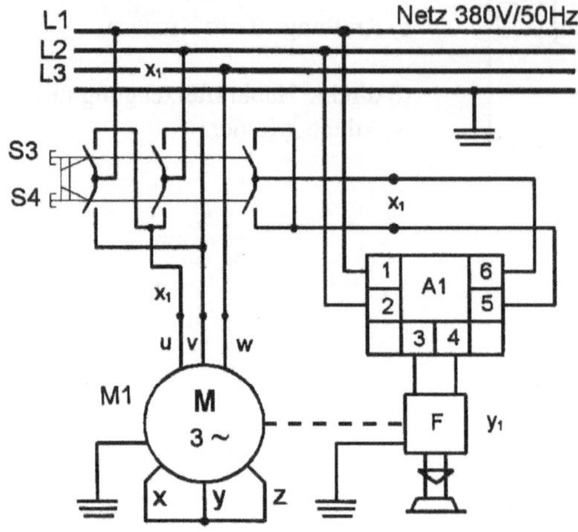

A1   Stromschalter und Gleichrichter
L   Netzleitung
M1   Hubmotor
S3   Taster für Heben
S4   Taster für Senken
X_1 Buchsenklemmleiste
Y_1 Bremslüftermagnet

Bild 4-6
Elektrische Steuerung für ein Hubwerk

Es gibt auch Antriebe mit benutzergesteuerter variabler Hubgeschwindigkeit (Frequenzstellung des Motors mit einer Geschwindigkeitsvarianz von 1:100). Die Sicherheit gegen unbeabsichtigtes Absinken wird entweder durch Selbsthemmung im Getriebe gewährleistet, z.B. bei einem Schneckengetriebe oder es sind besondere Gesperre eingebaut (siehe dazu Bild 4-25), die im Ernstfall eine Bremse auslösen oder eine formpaarige Verriegelung aktivieren. Man kann auch Pneumatikmotoren einsetzen, mit denen man in explosionsgefährdeten Räumen ein Hubwerk antreiben kann.

Bei Ketten- und Seilzügen neigt die aufgenommene Last bekanntlich zum Pendeln, was ein genaues Positionieren der Last sehr erschwert. Deshalb hat man Starrachsenteleskope entwickelt (Rund-, Vierkantprofile), mit denen außermittige Lasten, die Kippmomente hervorrufen, trotzdem aufgenommen werden können. Oft ist die Hubachse dann rundum geschlossen, so dass man das im Innern laufende Zugmittel gar nicht mehr sieht. Diese Einrichtungen sind oft Hebezeuge ohne Balancierfunktion. Sie können an einem Waagerecht-Knickarm angebracht sein, was eine gute Beweglichkeit innerhalb eines großen Arbeitsraumes möglich macht.

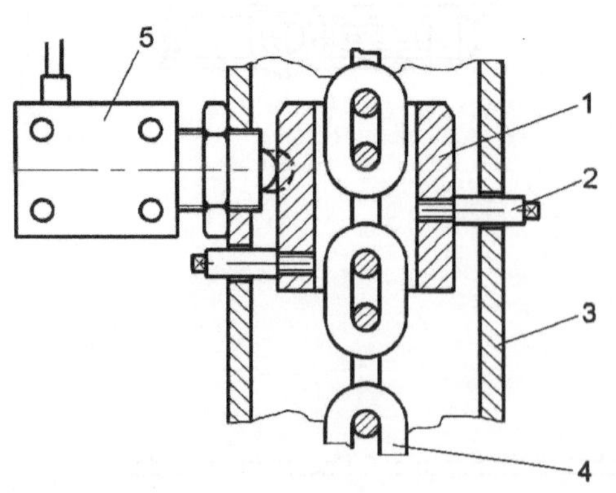

1 Formstück
2 Querführungsbolzen
3 starres Rohr (Oberarm)
4 Rundstahlkette
5 Endtaster

Bild 4-7
Prinzip der Schlaffkettenabschaltung

Damit das Greifobjekt nicht vom Greifer gelöst werden kann, bevor die Last vollständig abgesetzt ist, wird beim Kettenzug die Kettenspannung überwacht. Solange die Kette straff gespannt ist, bleibt der Greifer verriegelt. Das Prinzip der Überwachung wird in **Bild 4-7** gezeigt. Die Kette läuft in einem Formstück. Ist die Kette gestrafft, genügt die Federkraft des Tasters nicht, das Formstück quer zu verschieben und dadurch den Taster auszulösen. Der Taster signalisiert somit zwei Zustände: Kette belastet - Kette unbelastet.

Das **Bild 4-8** zeigt nun als nächstes eine Konstruktion der Firma Kahlman (Schweden) mit einem Schwenk-Knickarm. Der Balancer kann Lasten am Tragseil bis zu 75 kg bewältigen. Die Armreichweite ist sehr groß. Deshalb wurde eine Standsäulenkonstruktion gewählt, die steif genug ist, um das Biegemoment aufnehmen zu können, aber trotzdem wenig Eigenmasse aufweist. Die Gitterkonstruktion ist in Leichtbauweise aus verstrebten Stahlrohren gefertigt. Der Auslegerarm besteht aus Aluminium. Die Bedienung erfolgt in Lastnähe mit einem Einhand-Bediengriff. Die Griffhülse ist verschiebbar. Es genügt eine Kraft von 0,2 N, um am Griff eine Auf- oder Abwärtsbewegung auszulösen.

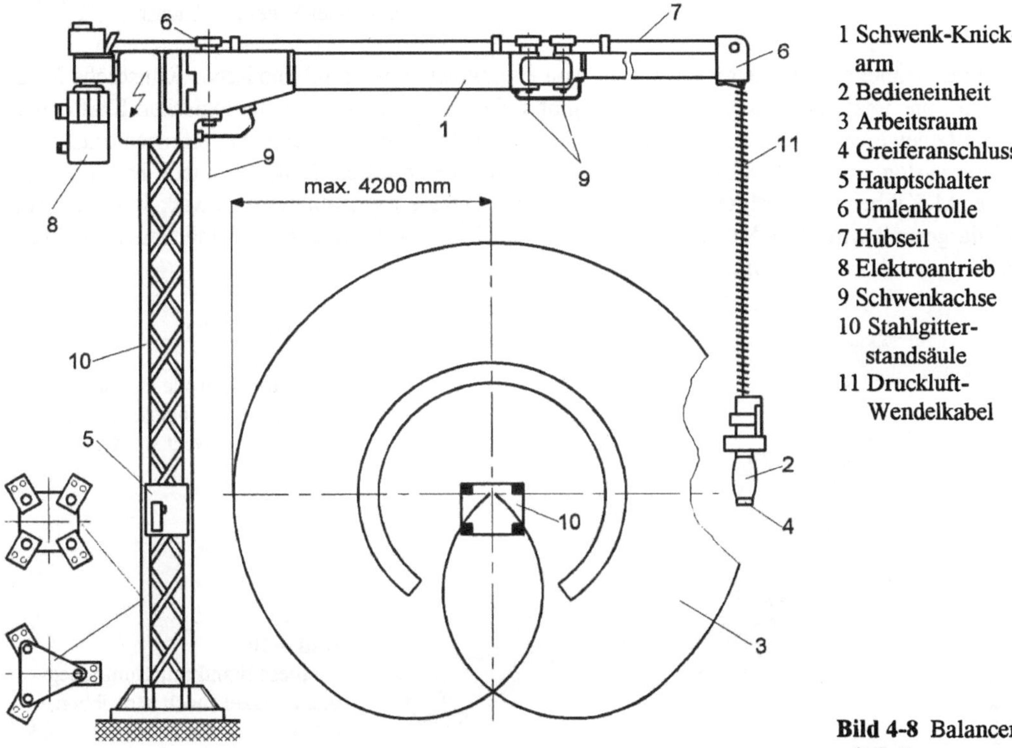

Bild 4-8 Balancer mit Seilzug

Durch die Lastaufnahme allein über ein Hubseil ist die Aufnahme außermittiger (exzentrischer) Kräfte allerdings nicht möglich. Besteht aber diese Notwendigkeit, dann ist am Ausleger eine Starrachse auszubilden, z.B. durch teleskopartig ineinanderlaufende Profile. Der Seilzug kann dabei trotzdem als Zugmittel dienen. Das **Bild 4-9** zeigt die konstruktive Ausführung einer vergleichbaren „Versteifung" mit Hilfe eines Scherenarmes. Ein Elektroseilzug bringt die Hubkraft auf. Das Gerät kann als bloße Hubeinheit gestaltet werden, aber auch als Balancer. Die Lösung mit Scherenarm ist besonders gut für niedrige Arbeitsraumhöhen geeignet, weil beim Hub keine Konstruktionsteile nach oben ausfahren.

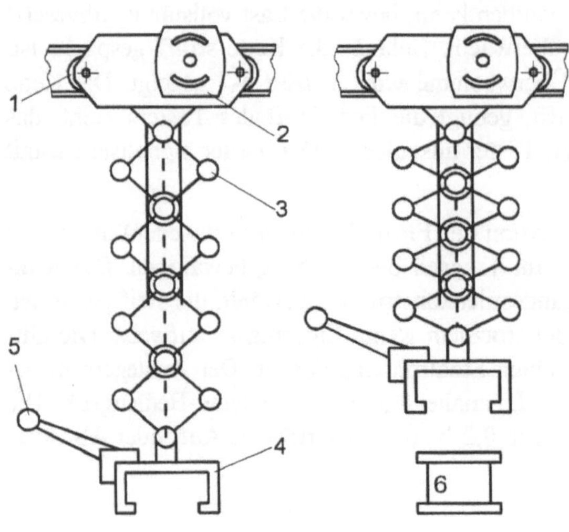

Bild 4-9
Prinzip einer Scherenhubachse

Eine interessante Möglichkeit zum Antrieb von Hubeinheiten ist durch moderne „Künstliche Muskeln" auf pneumatischer Basis gegeben. Es gibt viele Ideen, wie man den biologischen Krafterzeuger bei Lebewesen technisch nachbauen kann. Bereits 1872 gab es Versuche, ein Membran-Kontraktionssystem auf der Basis eines Gummischlauches zu gestalten. In der Prothetik hat der Amerikaner McKibben schon Mitte der 50-er Jahre einen Gummisegmentmuskel entwickelt, der in **Bild 4-10** dargestellt wird. Der Muskel besteht aus einem Gummirohr, in dessen Wände längs der Mantellinie nichtdehnbare Fäden eingearbeitet sind.

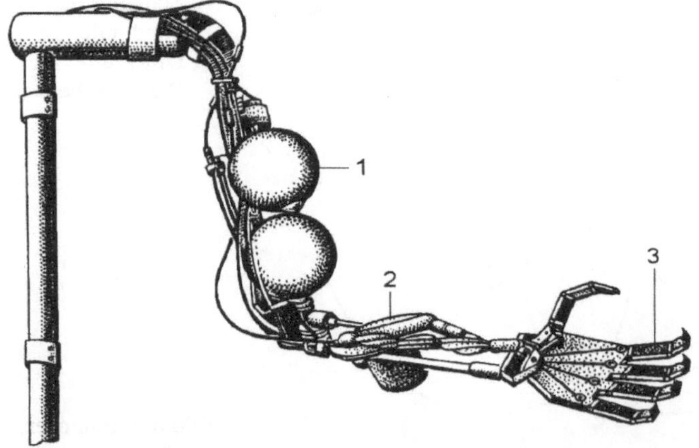

Bild 4-10
Prothesenhand mit Gummiseg-
mentmuskel (nach McKibben,
USA)

Etwas ähnliches wurde in den 70-er Jahren an der Universität Berlin entworfen. Bei einem Druckschlauch bilden üblicherweise die Fäden der Gewebemasche einen neutralen Winkel, der eine Verformung des Gummigrundkörpers verhindert. Beim Fluidmuskel von FESTO wird dieser Winkel zwischen den beiden Gewebeschichten in der Ausgangsstellung absichtlich vermieden. Erst in der Endstellung, wenn die maximale Verkürzung des Schlauches erreicht ist, nehmen die Gewebefasern den neutralen Winkel ein. Unter Druck bläht sich der Muskel auf und verkürzt sich dabei **(Bild 4-11)**. Diese Verkürzung wird als Zugbewegung ausgenutzt. Man rechnet mit etwa 25% der Gesamtlänge als nutzbaren Hub. Durch geschickte Anordnung (lose Rolle, parallele Überlagerung) lässt sich der Hub noch vergrößern **(Bild 4-12)**.

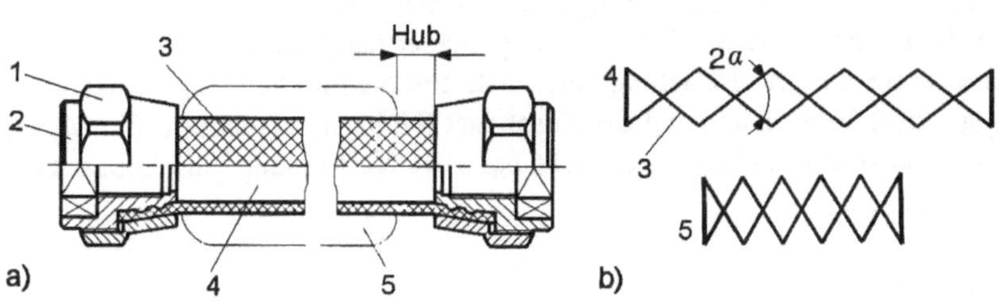

Bild 4-11 Der *Fluidic Muscle* (FESTO)
a) Gesamtansicht, b) Dehnungsvorgang,

Der Fluid-Muskel erzeugt bei gleichem Durchmesser im gestreckten Zustand etwa 10-mal mehr Kraft als ein konventioneller Zylinder, ist preiswerter, leichter und sehr robust. Die Zugkraft hat zu Hubbeginn ihr Maximum und fällt dann nahezu linear mit dem Hub auf Null ab. Der Muskel ist als reiner Zugaktuator konzipiert und nimmt nur Längskräfte auf. Wenn zwischen den Befestigungspunkten Fluchtungs- oder Winkelfehler auftreten können, dann sind Gelenkköpfe zur Anbindung vorzusehen. Der Druckluftverbrauch ist gering. Bei gleicher Kraft werden im Vergleich zum Pneumatikzylinder nur 40% der Energie verbraucht.

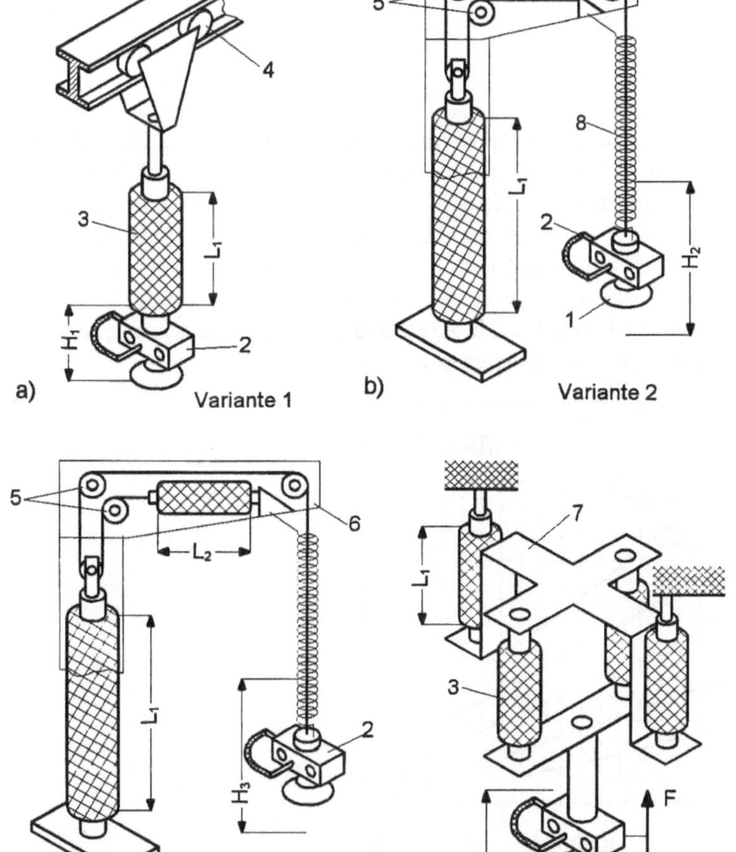

1 Sauger
2 Bedieneinheit
3 Fluidmuskel
4 Laufwagen
5 Umlenkrolle
6 Ausleger
7 Anschlussplatte
8 Druckluftleitung

H Hub
L Länge der Kontraktions-
  membran

a) einfache Anordnung
b) Hubverdopplung über
   eine lose Rolle
c) Doppelanordnung und
   lose Rolle
d) parallel überlagerte
   Anordnung zur Hub-
   vergrößerung

Bild 4-12
Mögliche Einbauvarianten
für den künstlichen Pneuma-
tikmuskel

Die Bewegungen sind auch bei kleinen Geschwindigkeiten ruckfrei. Die Hubhöhe kann deshalb sehr feinfühlig über den Druck gesteuert werden. Die Lebensdauer hängt deutlich von der Belastung der Kontraktionsmembran ab. Die Belastung setzt sich aus thermischer Beanspruchung je nach auftretender (eingestellter) Verformung und der Zusatzlast (Hublast) zusammen. Ein Muskel mit 40 mm Durchmesser und 600 N Belastung erreicht bei 10% Verformung eine Lebensdauer von etwa 2 Millionen Schaltspielen.

Die Zugkraft F_Z ergibt sich aus

$$F_Z = p \cdot \frac{d^2 \cdot \pi}{4} \left(\frac{3 \cdot \cos^2 a - 1}{1 - \cos^2 a} \right)$$

d Innendurchmesser
p Betriebsdruck

Hubberechnung bei 20% Kontraktion

Für die in Bild 4-12 dargestellten Einbauvarianten gilt:

$$H_1 = 0,2 \cdot L_1$$
$$H_2 = 2 \cdot 0,2 \cdot L_1$$
$$H_3 = [(0,2 \cdot L_1) + (0,2 \cdot L_2)] \cdot 2$$
$$H_4 = (0,2 \cdot L_1) + (0,2 \cdot L_2)$$

Hubkraft

Der Arbeitsbereich eines Fluidmuskels wird in **Bild 4-13** angegeben. Die erreichbare Hub-(Zug-)Kraft hängt von der Kontraktion und dem Innendruck ab. Charakteristisch ist, dass die Kraft mit zunehmendem Hub abnimmt. Bei Fluidmuskeln mit kleinerem Durchmesser, wie sie z.B. als Greiferantrieb verwendet werden können, ist die Kraft entsprechend kleiner. Die obere Grenze liegt bei einem Durchmesser von 10 mm bei 400 N und beim Durchmesser 20 mm bei 1200 N. Die maximal zulässige Nutzlast beträgt beim Muskeldurchmesser D = 40 mm 120 kg, wenn die Last frei angehängt ist. Es wird also ein Unterschied zwischen Hubkraft und freier Hängelast gemacht. Das ist trotzdem zur Größe des Bauteils und zu seiner Eigenmasse recht viel.

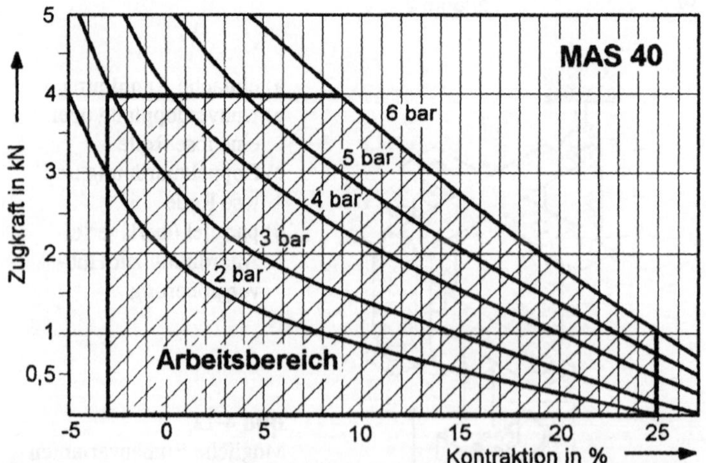

Bild 4-13 Arbeitsbereich des Fluid Muskels mit 40 mm Schlauchinnendurchmesser (FESTO)

Im folgenden sollen die Balancereinbauvarianten nach **Bild 4-12** in ihren Hebeleistungen gegenübergestellt werden. Ausgangsdaten sind:

L_1 = 2000 mm und L_2 = 1400 mm
Muskelgröße MAS 40 (= 40 mm Durchmesser)
Betriebsdruck der Druckluft = 6 bar
Kontraktion 9% bzw. 20% der Ausgangslänge

Mit diesen Annahmen ergeben sich folgende Daten, wenn die Last nicht frei angehängt ist:

	Kontraktion 9%		Kontraktion 20%	
Variante	Hub in mm	Kraft F in N	Hub in mm	Kraft F in N
1	H_1 = 180	3900	400	1800
2	H_2 = 360	1950	800	1800
3	H_3 = 612	1950	1360	1800
4	H_4 = 360	7800	800	3600

Die Kräfte kann man auf einfache Weise vergrößern, wenn man mehrere parallel gebündelte Muskeln einsetzt. Die Bewegungen lassen sich feinfühlig reproduzieren. Den „*Fluid Muscle*" von FESTO kann man u.a. auch für Klemmgreiferantriebe einsetzen (siehe dazu Bild 4-109).

4.2 Flachriemenbalancer

Dieser Balancer ist eine interessante Bauform, die dynamisches und präzises Arbeiten unterstützt, weil großer Wert auf massearme Gestaltung der Bauteile im Bewegungssystem gelegt wurde. Zur Auslösung von Hubbewegungen muss kein Taster betätigt werden. Es genügt das Führen der Last an den Griffen der Bedieneinheit in die entsprechende Richtung. Als Hubelement dienen zwei Spezialriemen, die zur Hubvergrößerung über Rollenpaare in der umgekehrten Wirkung eines Flaschenzuges geführt werden. Das Prinzip ist aus **Bild 4-14** erkennbar. Als Antrieb dient ein waagerecht liegender Pneumatikzylinder, der mit einem Betriebsdruck von 6 bar beaufschlagt wird. Gegenüber dem Seilbalancer neigt der Flachriemenbalancer nicht zum Verdrehen der Last um die eigene Achse.

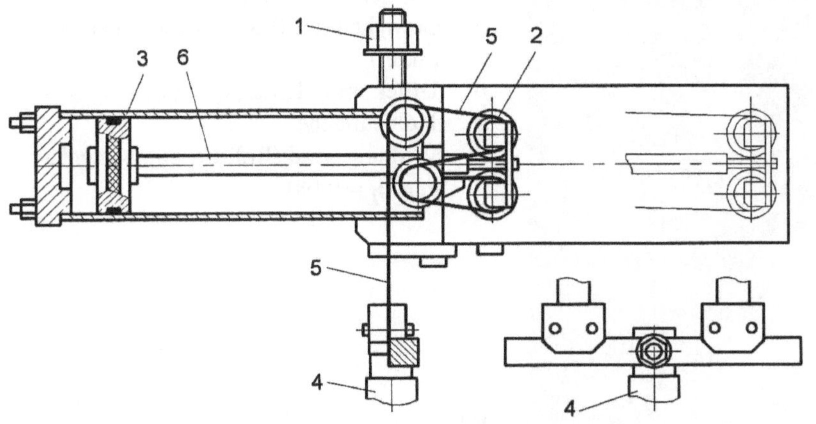

Bild 4-14 Aufbau eines Flachriemenbalancers (SCHMIDT-HANDLING)

Der Balancer arbeitet in folgenden Leistungsbereichen:

Typ	Tragkraft in N	Hub in mm	Eigenmasse in kg	Luftverbrauch in Normlitern
TR 05-12...	500	1200	12	etwa 40
TR 10-12...	1000	1200	14	etwa 40

Für die Steuerung gibt es verschiedene Varianten, die je nach Anforderungsbild eingesetzt werden können. Das sind:

Typ A: Steuerung für Heben und Senken über Bedientaster

Typ B: Balanciersteuerung mit 2 einstellbaren Lastzuständen; umschaltbar

Typ C: Balanciersteuerung mit automatischer Lasterkennung

Typ D: Balanciersteuerung wie Typ C aber mit einer Speicherfunktion (Betriebsart Montieren), also wenn am Werkstück gearbeitet wird. Die Krafteinleitung für die Hubbewegung erfolgt am Werkstück.

Zur Lastaufnahme sind alle gängigen Greifer und Lastaufnahmemittel verwendbar, wie Magnet-, Scheren-, Vakuumgreifer oder einfache Lasthaken. Müssen außermittige Kraftmomente aufgenommen werden, dann genügt der Flachriemen allein nicht, denn er kann nur Zugkräfte aufnehmen und keine Kippmomente. Es wird dann zusätzlich eine starre Linearführung gebraucht. Dieses Detail kann man in **Bild 4-15** sehen. Im Beispiel sind Gleitführungen eingebaut. Für diese Funktion sind aber auch berollte Schienen und Teleskopführungen einsetzbar.

Das physikalische Prinzip für die Kraft-Weg-Umsetzung ist einfach und eine Umkehrung des bekannten Faktorenrollenzuges. Es gilt, bezogen auf **Bild 4-16**, folgendes:

$$F_A = 4 \cdot F_G \cdot \eta = p \cdot A$$

F_A Ausgleichskraft zur Erzeugung des Lastschwebezustands
F_G Gewichtskraft (Last + Lastaufnahmemittel)
p Druck im Zylinder, geregelt
A Kolbenfläche
η Wirkungsgrad (Rollentrieb, wälzgelagert $\eta = 0,98$)

Bild 4-15
Starre Hubachse am Flachriemenbalancer
(SCHMIDT-HANDLING)

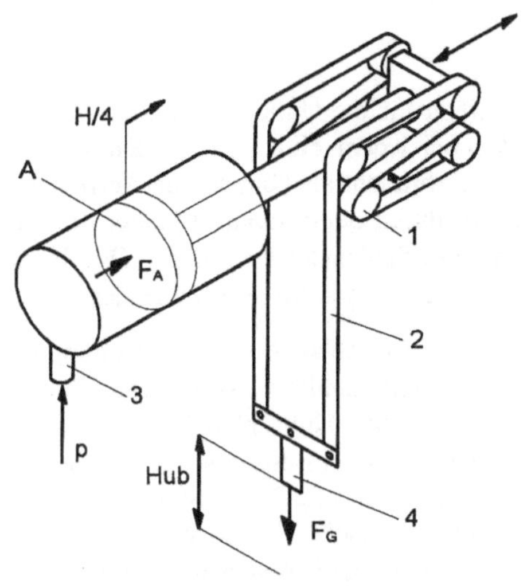

Das Kräftegleichgewicht zwischen F_A und F_G wird durch eine Regelung des Druckes erreicht. Die maximale Hubhöhe H ist das Vierfache des Kolbenhubs. Die Doppelanordnung der Flachriemen ist nicht nur ein Zugeständnis an die Belastbarkeit, sondern trägt auch zur Sicherheit bei, weil man davon ausgehen darf, dass nicht beide Riemen gleichzeitig versagen werden.

1 Umlenkrolle
2 Flachriemen
3 Druckluftanschluss
4 Anschluss Lastaufnahmemittel

Bild 4-16
Kräfte am Flachriemenbalancer

Bei der Installation von Druckluftleitungen ist zu beachten, dass es vom Kompressor bis zum pneumatischen Antrieb Druckverluste gibt. Verluste von 1 bis 3 bar sind keine Seltenheit. Weniger Druck bedeutet aber weniger Leistung beim Verbraucher. Wird der erforderliche Druck nicht erreicht, bleibt die Funktion des Balancers gesperrt.

Der Druckabfall entsteht durch:

❑ zu geringe Leitungsquerschnitte (hohe Strömungsgeschwindigkeiten)

❑ Strömungswiderstände in Fittings und Leitungszubehör

❑ Rauhigkeit der Wandungen (Leitung, Fittings)

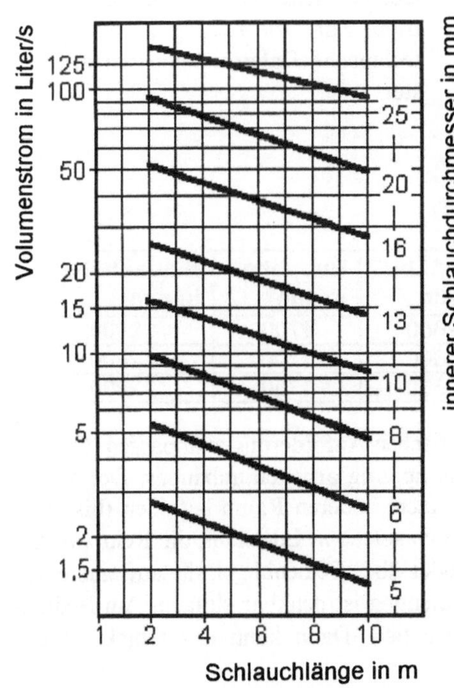

Als Richtwert gilt, dass 1 bar mehr Druck rund 10% mehr Energie erfordert, sprich mehr Verdichterleistung. Druckverluste sollten also konsequent vermieden werden [4-1].

Bei der Verwendung von Schläuchen wird oft der Fehler gemacht, dass man Leitungen aus Schläuchen unterschiedlichen Durchmessers zusammensetzt. Das mindert den Fliessdruck. Oft werden Schläuche auch zu lang gewählt. Spiralschläuche haben überdies einen höheren Druckabfall als normale gerade Schläuche. Das **Bild 4-17** zeigt den Druckabfall bei zunehmender Schlauchlänge am Beispiel des sinkenden Volumenstroms. Als feststehende Größen wurde ein Ausgangsdruck von 7 bar effektiv und ein Druckabfall von 0,2 bar zugrunde gelegt. Angenommen wurde ein PVC-Schlauch mit einer Tülle und mit einer Verschraubung an beiden Enden.

Bild 4-17
Volumenstromreduzierung in Schläuchen

4.3 Hubschlauchsysteme

Mit Vakuum Greifen und Heben ist verblüffend einfach, wenn für die Hubbewegung ein Faltenschlauch benutzt wird. Durch das Schlauchvolumen, das bei jedem Hub überwunden werden muss, wird allerdings mehr Energie zur Vakuumerzeugung verbraucht als bei anderen Antriebslösungen. Das notwendige Vakuum von 15 bis 20% kann z.B. durch Seitenkanalverdichter erzeugt werden. Das **Bild 4-18** zeigt die Bestandteile eines Vakuum-Schlauchhebesystems. Der Hub-Schlauch ist ein mehrlagiger Gewebefaltenschlauch mit aufvulkanisierten Manschettenenden.

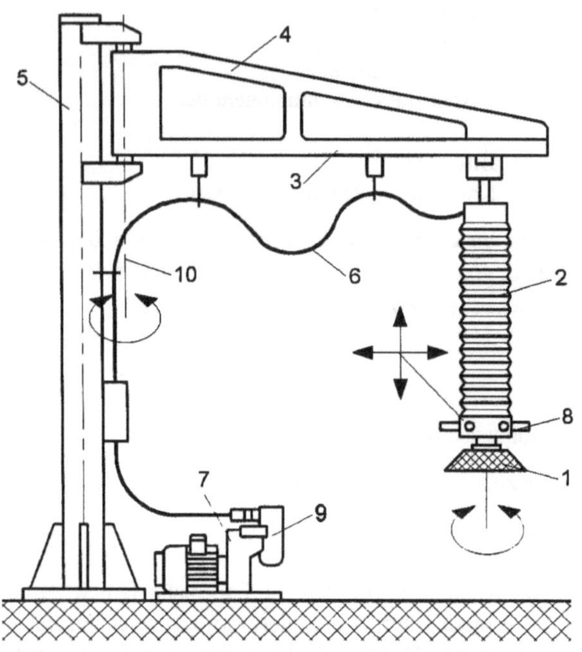

Der Hubschlauch wird oft noch mit einer Schutzhülle versehen. Die Verbindung zum Hubschlauch wird mit einem Vakuum-Spiralschlauch hergestellt. Großflächige Saugerfüße für Fässer, Säcke, Gehäuse, Kartons und Platten erlauben sicheres Greifen. Neben der Befestigung an Deckenlaufschienen sind auch bodenständige mobile Ausführungen (Fahrwerk sowie Standfußsäule mit Ausleger) möglich. Bei unzureichender Bauwerkhöhe hat man sogar schon liegende Varianten realisiert (siehe Bild 6-74). Der Hubschlauch befindet sich dann in einem Schutzrohr und als Effektor wurde eine Lose-Rolle-Seilzug-Kombination gewählt. Dadurch wird der große Hub untersetzt und die Hebekraft erhöht. Der Hubschlauch ist dann nur Seilantrieb. Zur Orientierung werden einige technische Daten tabellarisch aufgelistet.

Bild 4-18 Komponenten eines Vakuumschlauchhebers
1 Saugfuß, 2 Hubschlauch, 3 Laufschiene, 4 Schwenkausleger,
5 Standsäule, 6 Vakuumschlauch, 7 Vakuum-Hochleistungsgebläse, 8 Bediengriff, 9 ansaugseitiger Filter, 10 Schwenkachse

Tragkraft in kg, maximal	Hubschlauchdurchmesser in mm	Bauhöhe in mm	Hubhöhe in mm	Einbauhöhe in mm
30	100	2600	1700	2900
60	140	2600	1700	2900
125	200	2600	1700	2900

Die Bau- und Hubhöhen lassen sich natürlich an die spezifischen Anforderungen anpassen. Genauso sind auch mechanische Greifer, die kraft- und/oder formpaarig arbeiten, anbaubar. Der Vakuumerzeuger kann sich aus Schallschutzgründen auch in einem anderen Raum befinden (bis etwa 30 m). Es gibt explosionsgeschützte Ausführungen und auch solche in Edelstahl, die Reinraumanforderungen erfüllen. Die Bedienung erfolgt über Griffe oder über Bedienbügel, die auf eine ergonomisch günstige Bedienposition einstellbar sind. Die Bedienung ist denkbar einfach. Am Bediengriff wird das Heben bis zur gewünschten Höhe vorgegeben. Dann kann das Objekt in der Schwebe gehalten werden

Die Hubgeschwindigkeit liegt bei etwa 0,5 m/s. Bei Einschlauchgeräten reicht die Hubkraft bis etwa 2000 N und bis 6000 N bei einer Doppelschlauchanordnung. Die Hubleistung kann bei porösen Objekten beträchtlich absinken (bis auf 80%, beim Doppelschlauchgerät bis auf 60%).

Vakuumheber haben besonders im Bereich der Verpackung ein großes Anwendungsfeld gefunden. Sie sind sicher, weil das Lösen der Last erst im abgesetzten Zustand möglich ist. Der Hubschlauch wirkt quasi als Vakuum-Reservespeicher für den Saugergreifer. Bei Energieausfall schließt sich selbsttätig ein Rückschlagventil, so dass die Last langsam und kontrolliert absinkt.

Abschließend wird in **Bild 4-19** die Handhabung eines Objekts am Umkarton gezeigt. Zwei großflächige Sauger sorgen dafür, dass sich die Haftkraft nicht punktuell konzentriert, was der Karton eventuell nicht verträgt, sondern auf eine große Fläche verteilt. Allerdings bleibt bei waagerechter Saugerachse die Haltekraft meistens unter 50% gegenüber der Haltekraft bei senkrechter Saugerachse. Bei einem seitlichen Angriff der Sauger spielt der Reibungskoeffizient zwischen Karton und Saugerlippe eine große Rolle. Bei genau senkrechtem Angriff und senkrechter Bewegung nicht. Um die Last überhaupt bewältigen zu können, hat man 2 Hubschläuche in Parallelschaltung eingesetzt. Die Technik ist recht einfach und enthält fast keine beweglichen Konstruktionsteile. Diesen Vorteil erkauft man aber mit einem großen Luftstrombedarf, für dessen Erzeugung ständig mehrere Kilowatt Anschlussleistung für den Verdichter verbraucht werden.

Bild 4-19 Handhabung eines Objekts am umreiften Umkarton
mit einem Doppelschlauchheber (SCHMIDT-HANDLING)

4.4 Seilzugsysteme

Bei Hubeinheiten mit einem Seil als Tragmittel sind 3 Arten zu unterscheiden. Das sind:

Seilzüge

Sie sind meistens Kleinhebezeuge die in ihrem zulässigen Lastbereich per Knopfdruck Lasten heben. Es gibt hier keinen Ausgleich der Schwerkraft durch ständige Kompensation, die den Antrieb entlasten würde.

Federzüge

Das sind Geräte für die Aufhängung von Handwerkzeugen, z.B. ein Schweißgerät. Zum Gewichtskraftausgleich sind Federn eingebaut. Wegen der Federkennlinie werden die Rückzugskräfte mit
zunehmendem Auszug des Seils größer. Die Federzüge werden in einem Traglastbereich von z.B.
1 bis 12 kg ausgelegt. Sie verfügen übrigens über eine Federbruchbremse, damit ein Werkzeug im
Schadensfall nicht unkontrolliert gefährlich durchsacken kann.

Seilbalancer

Diese Geräte unterscheiden sich von den Federzügen dadurch, dass der Gewichtskraftausgleich
über den gesamten Hubbereich gleich groß ist und automatisch geregelt oder auf einen Fixwert
eingestellt wird.

Bei den Seilbalancern kann das Seil frei hängen, eventuell noch an einem Waagerechtgelenkarm
geführt (**Bild 4-20**), oder es ist verdeckt im Innern einer Profilrohr-Konstruktion und dient dann
nur als Hebekraft-Übertrager eines Effektors, der z.B. in einer starren Teleskopführung läuft. Seilbalancer weisen nur kleine bewegte Massen auf, weshalb sie sehr wendig und dynamisch zu handhaben sind. Die nicht exakte Führung und das Pendeln der Last können für genaues Positionieren
hinderlich sein.

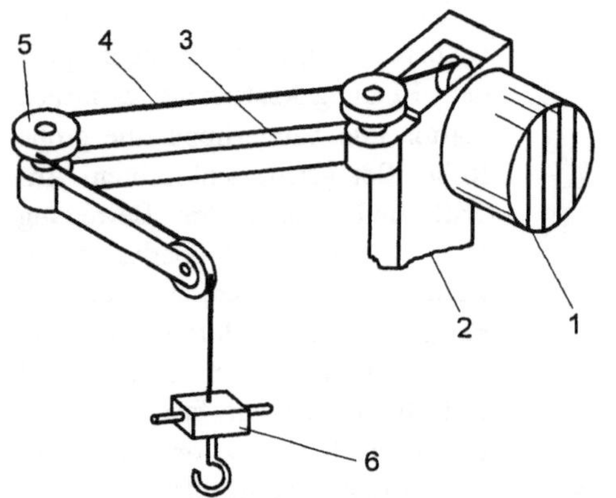

1 Seil-Balancereinheit
2 Säule
3 Gelenkarm
4 Seil
5 Seilrolle
6 Bedieneinheit mit Lastaufnahmemittel

Bild 4-20
Zweigelenk-Knickarm in Kombination mit
einem Seilbalancer (SCAGLIA)

Man kann mit dem bloßen Seil nur reine Zugkräfte aufnehmen und keine exzentrischen Lasten
(Kraftmomente). So ist es nicht möglich, einen am Seil aufgenommenen Behälter an einer definierten Position auszuschütten. In diesen Fällen muss die Lastführung steif gemacht werden. Das erreicht man z.B. mit einer senkrechten Geradführung, z.B. in einem Profilrohr. Aber auch Knickge-
lenke sind möglich. Ein Beispiel aus der Natur liefert die Stechmücke. Sie hat eine Lösung
ausgebildet, bei der die Stechborste gegen Ausknicken mit einer Drehgelenkführung abgestützt
wird (**Bild 4-21a**). Das ist notwendig, weil wegen einer großen Einstichtiefe auch eine große freie
Knicklänge vorhanden sein muss. Diese auf reine Druckkraft spezialisierte Lösung kann auch in
der Umkehrung für reinen Zug verwendet werden. Eine ähnliche Führung mit Knickarmversteifung
ist deshalb auch beim Seil- oder Bandbalancer möglich (**Bild 4-21b**). Der Knickarm lässt sich
spiegelbildlich noch verdoppeln, so dass eine ebene Viergelenkkette entsteht, wie es das **Bild 4-21c**
zeigt. Solche Knickarmvarianten sind außerdem dort interessant, wo man mit einer sehr geringen
Raumhöhe zurechtkommen muss und nach oben kein Freiraum für ausfahrende Bauteile einer Geradführung oder des Antriebs vorhanden ist.

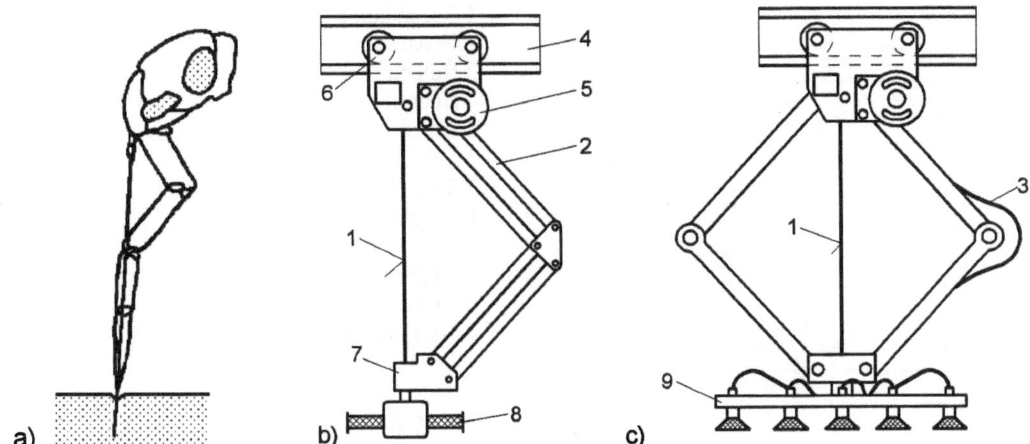

Bild 4-21 Starre Lastführung über einen Knickarm nach dem Vorbild der Stechmücke
a) Stechborstenbündel einer *Capside*, b) Seilzug-Knickarmgerät, c) Doppelknickarm, 1 Seil, 2 Parallelo-grammarm, 3 Versorgungsleitungen, 4 Gabelgreifer, 5 Sauger, 6 Laufwagen, 7 Seilführung, 8 Bedienein-heit, 9 Saugerrahmen

Die Motorleistung beim Heben ergibt sich, wenn man von einer Seiltrommel ausgeht, nach den in **Bild 4-22** aufgelisteten Formeln. Das trifft auf die Verwendung eines „normalen" Seilzugs zu.

Kraft F in N	Drehmoment M in Nm	Drehzahl n in min^{-1}	Leistung P in kW
$F = m \cdot g$	$M = F \cdot R$	$n = (P_{rot} \cdot 9550)/M$	$P_{rot} = (M \cdot n)/9550$
1 N = 1 kgms^{-2}	1 Nm = 1 N $\cdot$1 m	min^{-1} = Umdrehung/min	kW = Nm $\cdot$ min^{-1}/9550

Bild 4-22 Leistungsberechnung für das Heben mit Seiltrommel
Der Faktor 9550 ergibt sich, wenn in $P = M \cdot \omega$ die Winkelgeschwindigkeit durch $\omega = n \cdot \pi/30$ ersetzt wird.

Ein interessanter und kleinbauender Hubantrieb mit balancierenden Eigenschaften wird in **Bild 4-23** gezeigt. Er arbeitet rein pneumatisch und ist deshalb auch in allen Exschutz-Bereichen einsetzbar.

Zum Prinzip: Einströmende Druckluft bewegt einen Kolben. Dessen Verschiebung wird auf einen Kugelgewindetrieb übertragen, bei dem allerdings die Spindel feststeht. Das bedeutet, dass sich die Mutter verschieben muss und dabei dreht sich mit ihr die aufgesetzte Seiltrommel. Spindelsteigung und Abstand der Seiltrommelrillen sind so aufeinander abgestimmt, dass sich der Hubseilausgang stets an der gleichen Stelle befindet. Eine (nicht mit dargestellte) Lastsicherheitsbremse verhindert, dass das Seil bei plötzlich abfallender Last hochschnellt. Die Rückstellung des Kolbens wird durch die Seillast (Last und/oder Lastaufnahmemittel) bewerkstelligt.

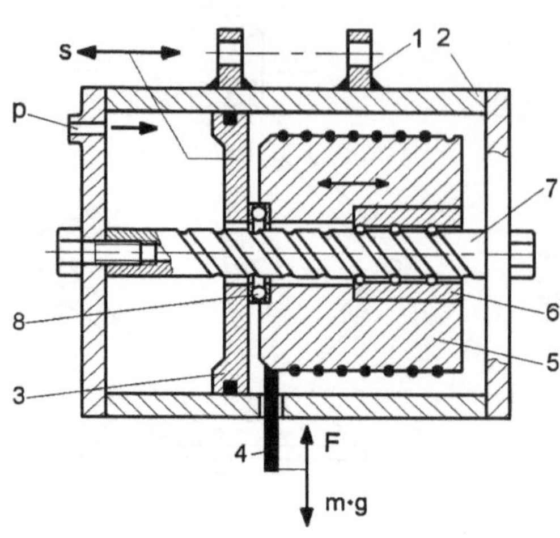

1 Aufhängung
2 Gehäuse
3 Kolben
4 Hubseil
5 Kunststoff-Seiltrommel
6 Mutter
7 feststehende Kugelrollspindel
8 Drucklager

F Hubkraft
p Druck
s Verfahrweg

Bild 4-23
Prinzip des Seilbalancers AIRTRONIC (INGER-SOLL RAND)

Die Bremse verhindert auch eine zu schnelle Hubgeschwindigkeit des unbelasteten Seils. Bei der Senk-Stopp-Funktion kann die Last maximal 15 cm absacken, wird aber dann durch eine mechanische Bremse gefangen. Die Regulierung der Luftströme ermöglicht das Schweben der Last („*Zero Gravity Technology*"). Der maximal mögliche Hub ist abhängig vom Umfang der Seiltrommel und der Anzahl der durch die Steigung der Kugelrollspindel erzeugten Trommeldrehungen.

Die Anwendung solcher Balanciersysteme erfolgt im Kleinlastbereich von 22 kg Nutzlast bis hin zu Baugrößen mit 900 kg Tragkraft. Dazu werden dann mehrsträngige Ausführungen und Tandemlösungen benutzt. Die verschiedenen Baugrößen weisen folgende technischen Hauptdaten auf:

Ausführung	Traglastbereich in kg	Hubwegbereich in mm	Eigenmasse in kg
einsträngig	22 bis 227	1524 bis 2032	9 bis 50
zweisträngig	181 bis 453	1016 bis 1524	30 bis 52
Tandemausführung	181 bis 453	2032 bis 3048	56 bis 100
zweisträngige Tandemausführung	360 bis 900	1016 bis 1524	59 bis 102

Die in der Tabelle benannten Ausführungen werden in **Bild 4-24** skizziert.

Es gibt auch für elektrisch angetriebene Seilheber Balanciersteuerungen. Man kann dann an der Bedieneinheit von der einfachen AUF-AB-Steuerung in Proportionaltechnik auf die gewichtskraftkompensierende Balanciersteuerung umschalten. Die Last wird dann automatisch erkannt und in jeder Hubhöhe im Schwebezustand gehalten.

Bremsen bei Hubseilwerken

Hubeinheiten sollen nicht nur heben. Auch an das richtige und selbstbremsende Absenken muss gedacht werden. Wird bei einem elektromotorisch angetriebenen Hubgerät verlangt, dass es innerhalb einer vorgegebenen Zeit zum Stillstand kommt, so ist neben den Komponenten Motor und Getriebe auch eine Bremse nötig. Eine interessante Lösung wird in **Bild 4-25** gezeigt [4-2].

Das Besondere ist hier, wie die Bremsfunktion wirksam gemacht wird. Die Bremsscheibe selbst ist über Bolzen beweglich und verdrehsicher am Gehäuse befestigt. Die Bremsbelagträger werden durch Federkraft gegen die Bremsscheibe gepresst. Damit diese Bewegung zustandekommen kann, sind die Bremsbelagträger axial verschiebbar. Am Umfang des inneren Bremsbelagträgers sind

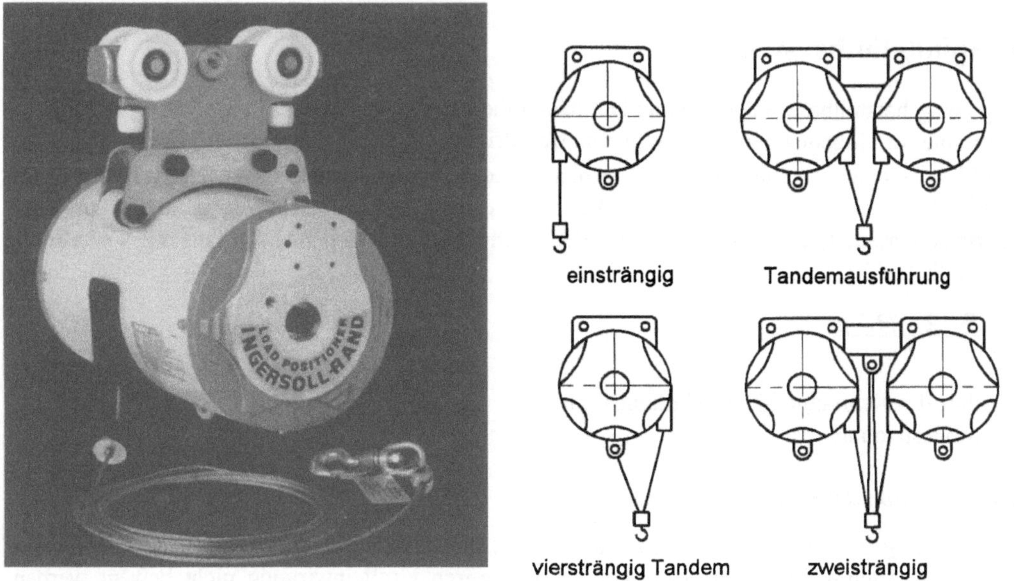

Bild 4-24 Der „*Zero Gravity Balancer*" ist ein reines Druckluftgerät (INGERSOLL RAND).

drei Kipp(winkel)hebel befestigt, deren Schäfte in Kegelbohrungen des Getrieberades stecken. Diese Kipphebel öffnen die Bremse, sobald es zu einer Verdrehung zwischen Getrieberad und Bremsbelagträger kommt. Beginnt sich das Getrieberad zu bewegen, stellen sich die Kipphebel schräg und drücken allmählich den inneren Bremsbelagträger von der am Gehäuse befestigten Bremsscheibe ab. Das geschieht aber erst dann, wenn der Motor das jeweilige Nennmoment zur Verfügung stellt. Wird der Motor abgestellt oder fällt die Elektroenergie aus, dann kommt die Last sicher zum Stillstand.

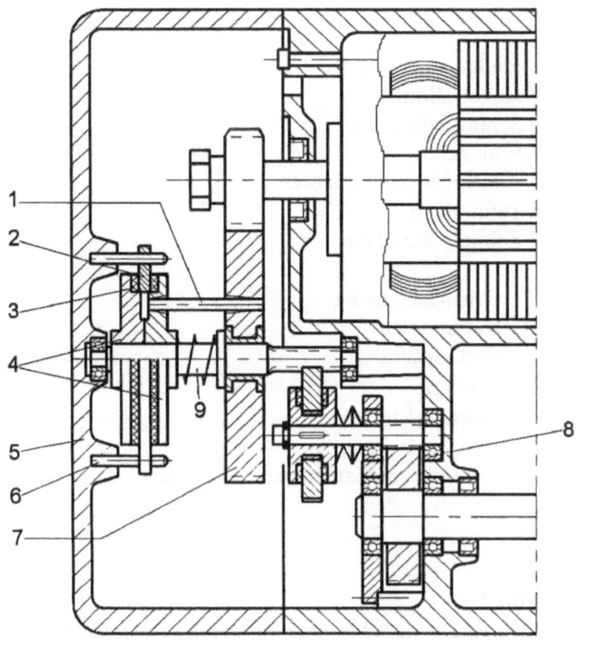

1 Kipphebel
2 Bremsscheibe
3 Bremsbelag
4 Bremsbelagträger
5 Gehäuse
6 Bolzen, Verdrehsicherung
7 Getrieberad
8 Kugellager
9 Getriebewelle

Bild 4-25
Selbstbremsendes Getriebe für
Seil-Hubwerke

4.5 Spindelhubsysteme

Preisgünstig herstellbare Kugelrollspindeln haben die Möglichkeit geschaffen, auch Spindel-Mutter-Systeme für Hubeinheiten zu konzipieren. Das Prinzip eines Spindeltriebs ist bekannt. Wie man aus **Bild 4-26** ersehen kann, wird die Hubspindel über ein vorgeschaltetes Getriebe, z.B. ein einfacher oder mehrfacher Zahnriementrieb, in Drehung versetzt. Die Mutter bewegt dann das aus- oder einfahrende Unterteil, an der sich auch der Bediengriff befindet. Bei einer Umfangskraft von F ergibt sich die Hubkraft F_H zu

$$F_H = \frac{F \cdot 2 \cdot R \cdot \pi}{h}$$

R Radius des Kraftangriffs der Umfangskraft
h Gewindesteigung

Wann ist ein Spindeltrieb selbsthemmend?

Selbsthemmung (*self-locking*) ist in der Statik die Bezeichnung für einen Vorgang, bei dem ein System ohne Krafteinwirkung zur Ruhe kommt oder durch Krafteinwirkung nicht bewegt werden kann. Das bedeutet bei einem Spindeltrieb, dass sich das Getriebe unter einer Belastung nicht von selbst rückwärts drehen kann. Die Gewindegänge der Schraubenmutter können unter dem Einfluss der Last F_G nicht in Drehbewegungen auf dem mit dem Winkel α geneigten Spindelgewinde abwärts gleiten. Steilgängige Spindeln und solche mit einem kleinem μ (Kugelrollspindeln) sind nicht selbsthemmend. Der Vorteil der Selbsthemmung ist, dass eine Bremse oder ein Sperrwerk unnötig ist. Nachteilig ist der schlechte Wirkungsgrad beim Heben. Die Selbsthemmung ist also nur bei wenig benutzten Hebezeugen akzeptabel.

Die Bedingung für die Selbsthemmung ist gegeben, wenn

$\alpha \leq \varrho$ wobei ϱ der Reibungswinkel ist und
$\tan \varrho = \mu$ (μ = Reibungskoeffizient).

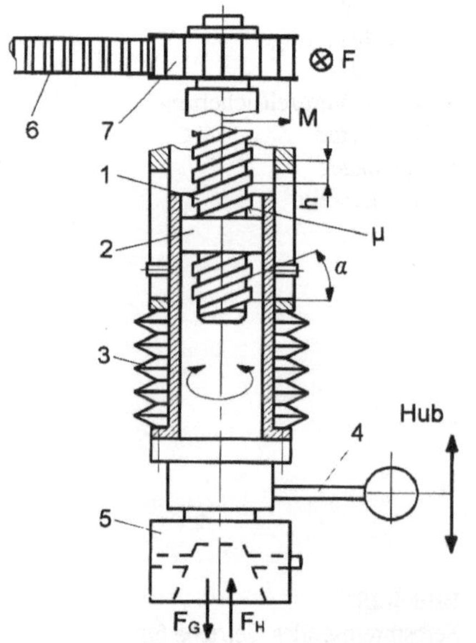

1 Steilgewindespindel
2 Kugelrollmutter
3 Schutzabdeckung
4 Handhebel
5 Anschluss für Effektoren
6 Zahnriemen
7 Zahnriemenscheibe

h Gewindesteigung
M Drehmoment
F Umfangskraft
F_H Hubkraft
F_G Gewichtskraft
α Steigungswinkel
μ Reibungskoeffizient Mutter/Spindel

Bild 4-26
Elektromotorische Spindelhubachse (vereinfacht)

Als Schutzabdeckung für den Spindeltrieb kommen synthetische Faltenbälge, Federbandhüllen oder chromgegerbtes Vollrindleder in Frage. Letzteres kann mit Drahtringen stabilisiert sein. Imprägniertes Leder ist gegen Öl, Fett, Wasser sowie verschiedene Chemikalien beständig und bis 150° C auch hitzeunempfindlich.

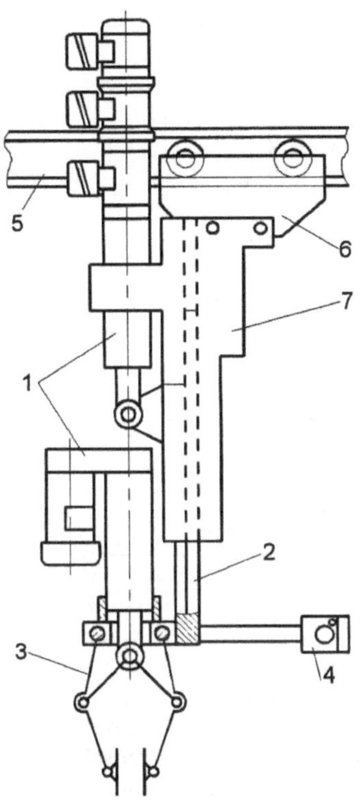

Einen vollelektrischen Manipulator mit Spindeltrieb erhält man, wenn handelsübliche Elektrozylinder einzeln oder in Kombination eingesetzt werden. Eine mögliche Ausführungsvariante sieht man im **Bild 4-27**. Basis des Funktionsprinzip ist ein Gewindetrieb (Trapezspindel mit Selbsthemmung oder Kugelgewindetrieb). Für größere Schalthäufigkeiten wird man allerdings aus Verschleißgründen den teureren Kugelgewindetrieb wählen.

1 Elektrozylinder
2 Linearführung
3 Greifer
4 Bedieneinheit
5 Deckenlaufschiene
6 Laufwagen
7 Basisgestell

Bild 4-27
Elektrozylinder (RACO) zur starren Hubachse kombiniert

Typisch sind für diese Antriebe die großen Verstellkräfte und das ruckfreie sanfte Verfahren. Im dargestellten Beispiel wird auch der Greifer mit einem solchen Elektro-Antrieb in Gang gesetzt. Ein exzellentes Bewegungsverhalten liegt vor allem auch bei gleichmäßig langsamen Verfahrgeschwindigkeiten vor. Das kann z.B. bei Montagearbeiten eine sehr nützliche Eigenschaft sein. Aus der Vielzahl der angebotenen Elektrozylinder soll zur technischen Charakteristik eine kleine Auswahl informatorisch angegeben werden.

Elektrozylinder in Schub-Zugstangenausführung					
Kraft in dN	30	80	200	500	1000	2000
Hub in mm	100 bis 300 (1000)		500 bis 1000		1000 bis 2000
Geschwindigkeit in mm/s	30 bis 200 (500)				

4.6 Kettenhubsysteme

Neben dem normalen Kettenzug, der mit einem Getriebemotor angetrieben wird (auch Pneumatik-Motoren werden bei Exschutz-Anforderungen eingesetzt), gibt es auch die Version für außermittige Belastungen. Die Hubachse kann dann eine einfache oder mehrfache Teleskopführung sein.

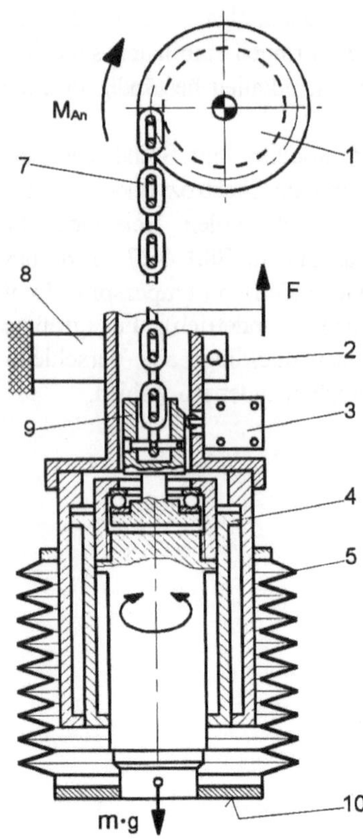

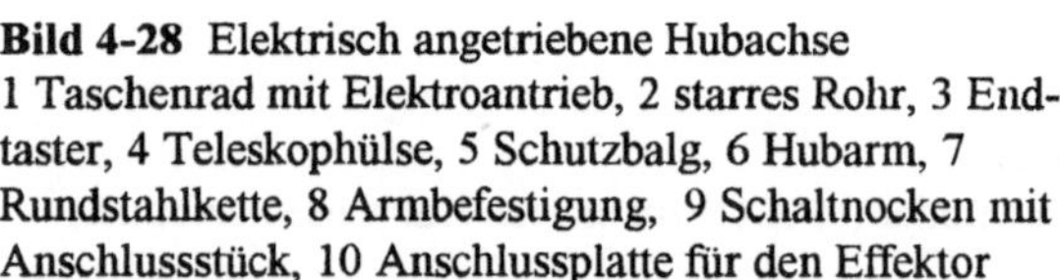

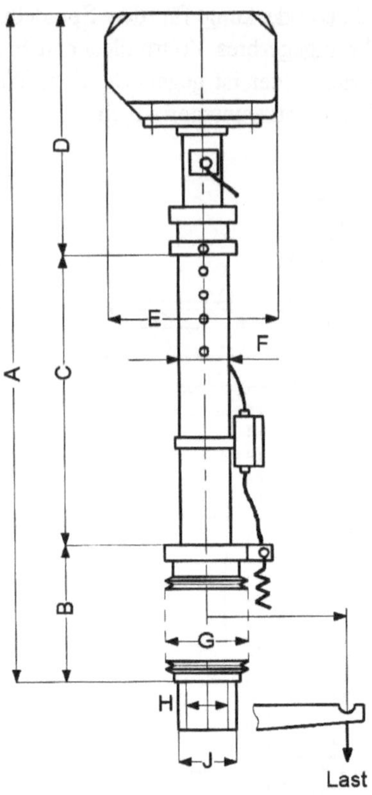

Bild 4-28 Elektrisch angetriebene Hubachse
1 Taschenrad mit Elektroantrieb, 2 starres Rohr, 3 Endtaster, 4 Teleskophülse, 5 Schutzbalg, 6 Hubarm, 7
Rundstahlkette, 8 Armbefestigung, 9 Schaltnocken mit
Anschlussstück, 10 Anschlussplatte für den Effektor

Bild 4-29 Maßbild einer elektromotorischen
Hubachse (ELKM 035) mit einem Kettenzug
im Teleskoprohr, auch für exzentrische Lastaufnahme geeignet (SCHMIDT-HANDLING)

Im Innern läuft dann als Zugmittel eine Rundstahlkette **(Bild 4-28)**. Die Kette wird von einem Taschenrad gezogen. Das freie (obere) Ende der Kette wird in einem Kettenkasten abgelegt, wie es
bei den Elektrokettenzügen üblich ist. Der innerste Teil des Teleskoparmes ist über Wälzlager
drehbar gelagert, so dass der Effektor um beliebige Winkel gedreht werden kann, bzw. um solche
Winkel, die die für den Effektorbetrieb notwendigen Steuer- und Versorgungsleitungen zulassen.
Ein Schutzbalg umhüllt die Teleskopführung. Die zulässige Kettenzugkraft ist übrigens kleiner als
$\frac{1}{10}$ der Kettenbruchlast. Zur Erfassung des Lastzustandes (Last JA - NEIN) für Steuerungszwecke
wird eine sogenannte Schlaffkettenabschaltung verwendet. Das Prinzip wurde bereits im Kapitel
4.1 erklärt (siehe dazu Bild 4-7). Der Hubmotor ist mit einer Motorbremse ausgestattet. Bei Energieausfall werden Bremsen gebraucht, die ein Abstürzen der Last verhindern. Wenn das Getriebe
nicht selbsthemmend ist, muss eine energieunabhängige Bremse vorhanden sein, die entweder
formpaarig arbeitet (ausfahrende Rastbolzen) oder reibpaarige Bremsscheiben sind, wie z.B. federkraftbetätigte Motorbremsen (siehe dazu auch Bild 4-25 und Bild 4-139). Die Hubgeschwindigkeiten erreichen etwa 24 m/min. Bei modernen Geräten ist das keine festeingestellte Größe. Das
Stellelement (Tasthebel) steuert die Geschwindigkeit von 0 bis 100% als Funktion des Tasterhubs,
z.B. von 0 bis 10 mm.

In **Bild 4-29** wird das Maßbild einer elektrisch angetriebenen Hubachse wiedergegeben. Eine solche Achse ist hochbelastbar, auch bei exzentrischer Lastaufnahme, weil die Achse als Starrachse ausgeführt ist (Hubkraft je nach Baugröße von 70 bis 720 kg). Der frequenzumrichtergesteuerte Drehstrom-Asynchron-Motor kann auch durch einen pneumatischen Motor ersetzt werden. Dann ist die Achse explosionsgeschützt. Die Hauptabmessungen (in mm) für eine elektrisch angetriebene Hubachse sind nachfolgend aufgeführt:

Hub in mm	A	B	C	D	E	F	G	H	J
bis 500		180							
550 bis 100		320				rund	rund	rund	Vier-kant
1000	1555		817						
1100 bis 1500		460		358	303	90	150	60	100
1500	2055		1177						
1600 bis 2000		600							
2000	2555		1537						

4.7 Elektrohydraulische Hubachsen

Elektrohydraulische Hubachsen zeichnen sich durch hohe Traglast und kleinen Bauraum aus. Der starre Arm erlaubt das Heben außermittiger Lasten. Bestandteile des Systems sind die vertikale Hubeinheit, das Motorgehäuse mit integriertem Steuergriff und ein Schnellkupplungssystem für diverse Lastaufnahmen. Ein Anwendungsbeispiel wird in **Bild 4-30** gezeigt. Für den Antrieb sorgt eine im Ölbad laufende Flügelzellenpumpe.

Elektrische Energie wird nur für die Aufwärtsbewegung gebraucht und eventuell für den Greifer und bzw. oder Greiferdrehachsen. Die Steuerung erfolgt stufenlos, präzise und ergonomisch günstig über den integrierten Steuergriff. Bei Energieausfall verharrt die Hubachse in ihrer Position und hält die Last auf Höhe. Die Hubachse kann an einem Deckenfahrwerk angebracht sein, wie es in **Bild 4-30** zu sehen ist, aber auch z.B. an einem Schwenk-Arm-Ausleger. Damit erreicht man einen Aktionsradius von z.B. 4 Meter.

Bild 4-30 Elektrohydraulische Hubachse für das Heben von 240 kg schweren Fahrzeugvorderachsen am Deckenlaufwerk (SCHMIDT-HANDLING/LANDERT)

Dazu noch einige technische Daten:

Hubgeschwin- digkeit in m/s	Tragkraft in N	Freiheits- grad max.	Hubhöhe max. in mm	Leistungsauf- nahme in kW	Systemdruck in bar
0,35 [1]	2500	5	2000	0,55	60

1) Es gibt auch Sonderausführungen mit größerer Hubgeschwindigkeit

Das Prinzip eines hydraulischen Kolbensystems ist allgemein bekannt. Der Gleichgewichtszustand der Kräfte ergibt sich aus folgender Beziehung:

$$F = F_N + F_R + F_{RA} + F_Ö + F_{dyn}$$

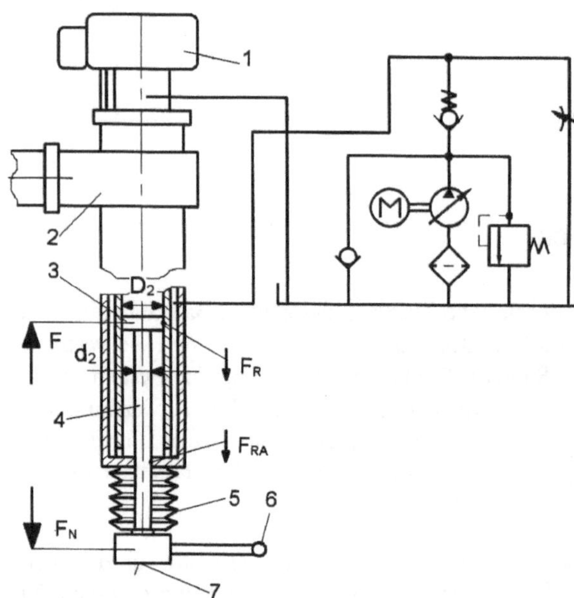

F Hubkraft an der Kolbenfläche A $(A = \pi(D_2 - d_2)/4)$

F_N Nutzgewichtskraft (Greifer, Last, Kolben und Kolbenstange)

F_R Reibungskraft Kolben/Zylinder

F_{RA} Reibungskraft Kolbenstan- ge/Dichtung

$F_Ö$ Gegenkraft durch das abfließen- de Öl

F_{dyn} dynamische Kraft durch Be- schleunigung bewegter Massen.

1 Elektromotor (0,55 kW) mit Pumpe
2 Achsenbefestigung
3 Kolben
4 Kolbenstange
5 Schutzbalg,
6 Bediengriff
7 Anschlussfläche für Lastaufnahme- mittel

Bild 4-31 Elektrohydraulische Hubachse

In **Bild 4-31** wird ein Hubsystem mit obenliegender Pumpe (6 l/min) gezeigt. Der Kolben läuft in einem Doppelwandzylinder. Das erlaubt, den Ölein- und -austritt von einer Seite aus durchzuführen, also von oben. Es müssen somit keine Leitungen zum anderen Ende des Zylinders geführt werden. Am Bediengriff werden über Taster die Befehle für Heben, Senken und für die Greiferaktionen vorgegeben.

Man kann nun Motor und Pumpe auch in die Bedieneinheit integrieren. Dadurch wird die Bedieneinheit schwer, was den antriebslosen Absenkprozess der Achse positiv unterstützt. Diese Ausführung zeigt das **Bild 4-32**. Es handelt sich auch hier um ein in sich geschlossenes System von Druckerzeuger und Verbraucher. Der Ölkreislauf entspricht dem Schema nach **Bild 4-31**. Der Hydraulikzylinder ist wiederum doppelwandig ausgeführt. Bei der Hubbewegung wird das Öl aus dem oberen Zylinderraum über das Innenrohr nach unten geleitet, beim Absenken wird es wieder nach oben gepresst. Das Öl im unteren Druckraum wird beim Absenken über ein Drosselventil wieder in den Ölsumpf zurückgeführt. Zwischen Effektorkoppelstelle und Greifer werden bei Bedarf noch Handdreh- bzw. -schwenkachsen eingebaut.

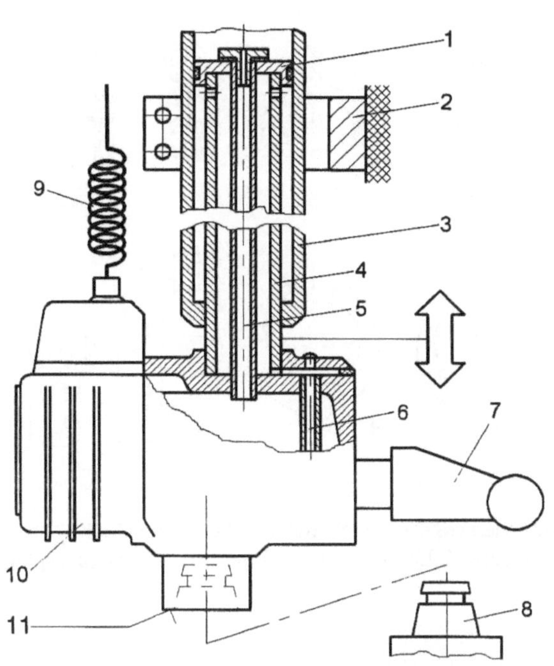

1 Hubkolben
2 Gestellbefestigung
3 Zylinder
4 Kolbenstange
5 Rücklaufrohr
6 Druckleitung
7 Handgriff zur Lastführung
8 Schnellkupplungssystem für Greifer
9 Anschlusskabel
10 Motor mit Flügelzellenpumpe
11 Anschlussfläche für Greifer

Bild 4-32
Elektrohydraulischer Antrieb
(Vitax-Levomat, LANDERT)

4.8 Deckenlaufwerke und Aufhängesysteme

Deckenlaufwerke ermöglichen es, einen Manipulator in einer Achse (Linienportal) oder in zwei Achsen (Kreuzportal) beweglich zu machen. In der Regel sind diese Achsen ohne Antrieb. Die Verschiebearbeit muss vom Bediener aufgebracht werden. Um eine hohe Akzeptanz zu erreichen, muss gesichert sein, dass

❑ die Rollwiderstände sehr klein sind,

❑ die Eigenmassen der bewegten Komponenten klein sind,

❑ die Krafteinleitung ergonomisch günstig ist und die

❑ Energieleitungen weder durch Störkonturen oder Schwergängigkeit hinderlich sind.

Deckenfahrwerke bestehen aus Schiene, Laufwagen und Befestigungselementen für die Hubeinheit oder den Balancer sowie die Deckenbefestigung. Die Laufwagen fahren leichtgängig auf oder besser in Aluminium- oder Stahlblechschienen. Beim Innenlauf sind die Rollflächen gegen Verschmutzung gut geschützt. Es sind Lösungen möglich, bei denen nur längs einer Geraden gefahren wird, in seltenen Fällen auch entlang einer bogenförmig geführten Schiene (siehe dazu auch Bild 3-2). Kreuzportalvarianten sichern eine Beweglichkeit in X-Y-Richtung. Die Fahrbahnlänge kann beliebig sein, die Querstrecke bei der Kreuzportallösung reicht üblicherweise bis 6 Meter. In **Bild 4-33** werden einige der verwendeten Schienenprofile gezeigt sowie die Anordnung der Laufrollen am Wagen.

In **Bild 4-34** kann man in die Laufschiene hineinblicken. Man sieht den auf Rollen laufenden Wagen, der über Rollen auch seitlich abgestützt wird. Im Beispiel wird die Energieübertragung über Stromschienen geführt, die an der oberen Innenseite der Laufschiene befestigt sind. Der Laufwagen trägt dann den Manipulator oder wiederum eine Laufschiene, wenn das Deckenlaufwerk zweiachsig ausgebildet wird.

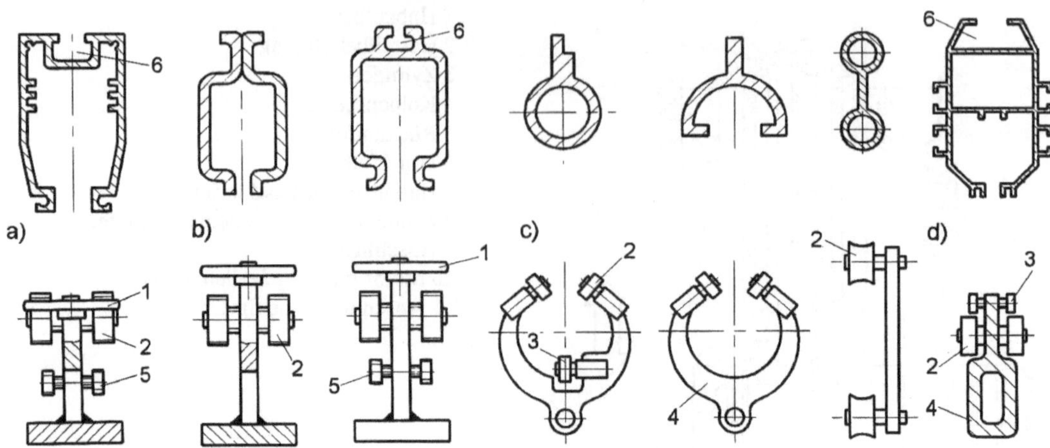

Bild 4-33 Laufschienenprofile und Laufwagen
a) Laufschiene (SCHMIDT-HANDLING), b) Kran-Schienen (KNIGHT), c) Außenlauf-Schiene (KNIGHT),
d) Einschienenbahn (MOVOMECH), 1 Seitenführungsrolle, 2 Laufrolle, 3 Antikipprolle, 4 Anschlussplatte, 5 Gegenrolle, 6 Aufhängekanal

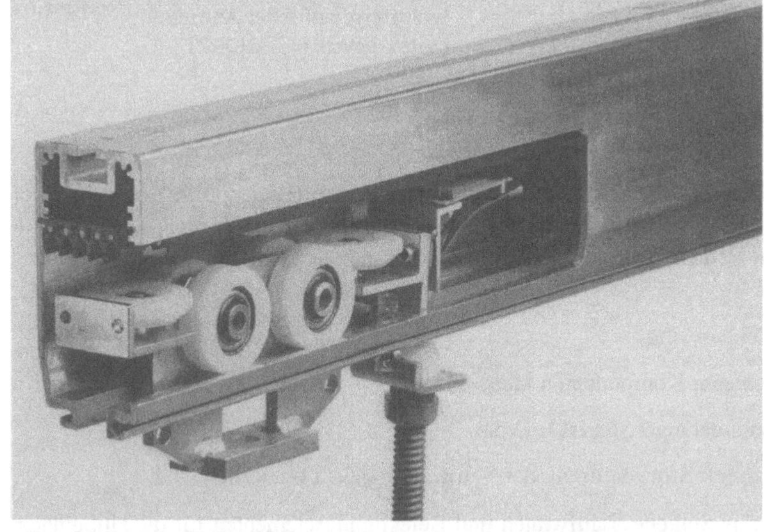

Bild 4-34
Fahrwerksystem mit
Stromschienen zur
Energieübertragung
(SCHMIDT-HANDLING)

Aus Gründen der Tragfähigkeit kann es notwendig werden, die Last auf eine Zweiträger-Schienenbrücke zu verteilen. Die Last am Manipulator und seine Eigenmasse, einschließlich Greifer bzw. Lastaufnahmemittel, wird bei der in **Bild 4-35** gezeigten Anordnung von 4 Laufwagen aufgenommen. Die Hubachse ist als starre Achse ausgebildet, d.h. sie kann exzentrische Lastmomente aufnehmen. Deshalb haben die Laufwagen zusätzlich außen angebaute Gegenrollen, die ein Kippen des Laufwagens verhindern. Das wird in **Bild 4-36** nochmals im Schema gezeigt.Bei einer pendelnden Last (Seil, Riemen), also ohne vertikale Starrführung, sind diese Gegenrollen nicht erforderlich, weil keine Kippmomente entstehen. Bei einer Starrachse jedoch gilt für den Gleichgewichtszustand, dass

$$F \cdot a = F^{c} \cdot b$$

a Abstand Lastwirkung bis zum Kipp-Punkt
b Abstand der Stützkraft bis zum Kipp-Punkt

Bild 4-35
Anbindung einer Starr-Hub-Achse an eine Zwei-Trägerbrücke (SCHMIDT-HAND-LING)

Wird zur Energieversorgung ein Schleppkabel benutzt, dann laufen in den Schienen zusätzlich Kabelwagen. Je nach Kabelwagentyp kann der Kabeldurchmesser 10...36 mm betragen. Mehradrige Flachbandkabel werden heute kaum noch eingesetzt. Je nach eingesetzter Technik sind auch Druckluft- und/oder Vakuumleitungen eingeschlossen (siehe dazu auch Bild 4-134).

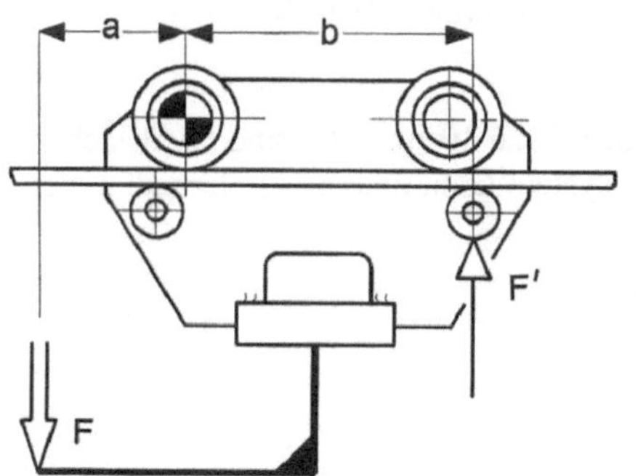

Bild 4-36 Fahrwerk mit Gegenrollen zur Lastabstützung

Bei rollenden Einrichtungen ohne Antrieb ist der Fahrwiderstand F_W zu überwinden. Er setzt sich aus folgenden Einzelwiderständen zusammen:

☐ Rollwiderstand im Rad-Schiene-System

☐ Lagerreibungswiderstand in den Laufrollen

☐ Gleitwiderstand bei schleifenden Stromabnehmern oder Widerstand zum Auf- bzw. Abrollen von Energieketten

☐ Beschleunigungswiderstand für Manipulator und Last

Der Fahrwiderstand ist bei Deckenlaufwerken gering, wenn die Durchbiegung der Laufschienen unter Last klein ist (siehe dazu Bild 4-44). Die Fahrwiderstandszahl μ_f wird am besten durch Versuche am Prototyp ermittelt. Es gilt

$$\mu_f = \frac{F_W}{F_N}$$

F_N Gewichtskraft des Manipulators samt Handhabungsobjekt

Bei dieser Gleichung wurde eine konstante Geschwindigkeit angenommen, d.h. der Anteil Beschleunigungswiderstand ist noch nicht enthalten.

Neben den rollenden Wagen setzt man auch gleitende Schlitten ein. Dazu zeigt das **Bild 4-37** einige Varianten. Die beweglichen Komponenten umschließen den Träger vollständig oder als offenes Schlittenprofil nur teilweise.

Bild 4-37 Laufschienenprofile mit Schlittenführung- bzw. Teleskopeffekt (MOVOMECH)
1 Schlitten, 2 Gleitschuh aus Robalon, 3 Schiene

Die Profile bestehen aus Aluminium und sind eloxiert (Schichtdicke 10 µm). Es sind Gleitflächen ausgebildet, in denen Gleitschuhe aus Robalon laufen. Das System kann man folgendermaßen belasten (Auszug):

MS	F_{max} in N	$F_a \cdot a$ in Nm	$F_c \cdot c$ in Nm
80 mm	1540	40	210
120 mm	1540	80	420

Die Belastungsangaben betreffen dynamische Lastfälle. Bei statischer Belastung (stiller Schlitten) kann die Belastung verdoppelt werden.

Die Realisierung großer Hübe ist bei kleinen Raumhöhen ein Problem, weil nach oben ausfahrende Antriebe nicht einsetzbar sind. Wenn durch außermittige Lasten zusätzlich große Drehmomente hervorgerufen werden, wie es beim Drehen und Schwenken von Lasten der Fall ist, braucht man eine gute Lastabstützung. Eine mögliche Lösung sind Teleskop-Achsen, z.B. unter Verwendung der oben beschriebenen ineinanderschiebbaren Aluminiumprofile. Solche Achsen rufen zwar einen wuchtigen Anblick hervor, sie sind aber leicht und können große Belastungen aufnehmen (**Bild 4-38**). Die Gleitführung besteht aus Kunststoffelementen, die sich mit von außen zugänglichen Schrauben so einstellen lassen, dass bei Wahrung der Leichtgängigkeit ein nur geringes Spiel auftritt.

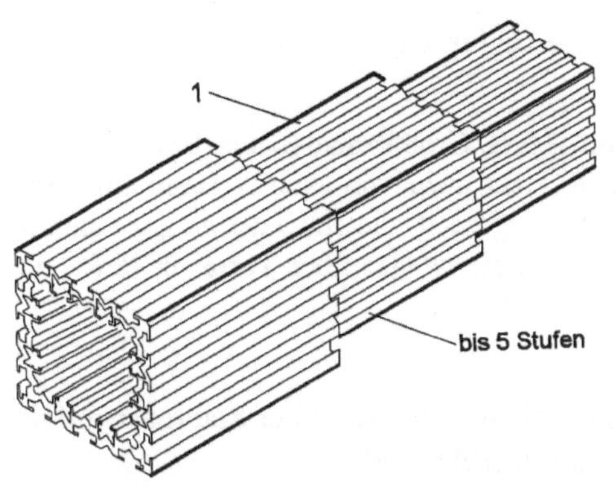

1 Aluminiumprofil

Bild 4-38
Umschließende Profile eignen sich gut für (senkrechte) Teleskopachsen (ELMAPO, MOVOMECH).

Mitunter erfordert der Anwendungsfall eine spezielle Anordnung der Laufschienen. Das soll an einem Beispiel gezeigt werden. Beim Einbau von Automobilbaugruppen am laufenden Band bestehen oft zwei Probleme:

❑ Der Manipulator muss eine gewisse Strecke in Förderbandrichtung mitgehen können, bis das Hineinbewegen und Einbauen in erster Stufe abgeschlossen ist.

❑ Die bereits vorhandenen fördertechnischen Einrichtungen schränken mit ihrer Außenkontur die Baufreiheit für den Balancer ein.

Das **Bild 4-39** zeigt ein dafür geeignetes Parallelschienensystem.

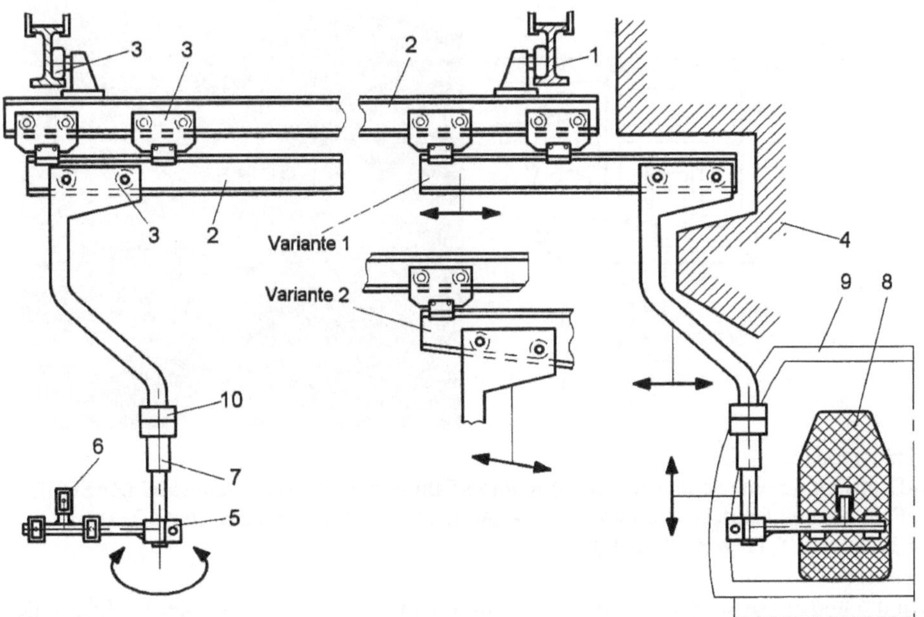

Bild 4-39 Balancer mit paralleler Schienenführung
1 Deckenträger, 2 Laufschiene, 3 Laufwagen, 4 Kontur des Gehänge-Transportsystems, 5 Bedieneinheit, 6 Saugplatte, 7 Teleskopführung, 8 Autositz, 9 Autokarosserie, 10 Drehgelenk

Das Platzproblem wurde hier so gelöst, dass 2 parallele Deckenfahrschienen eine überlagerte Bewegung wie bei einem Teleskop zulassen (Variante 1). Alternative kann man die 2. Schiene auch schräg ausführen (Variante 2), sodass sich in der Endstellung des Laufwagens bereits die Einbauhöhe von selbst ergibt. Das erleichtert manchmal die Einführung der Montagebaugruppe ins Innere der Karosserie.

Deckenlaufwerke ohne Antrieb sind bei großen Lasten,wie z.B. Großformat-Bleche bzw. -blechteile, die eine Masse von mehreren Tonnen haben können, nicht mehr von leichter Hand am Portal verschiebbar. Hier werden dann angetriebene Fahrwerke eingesetzt, die entweder adaptiv die manuell angestoßene Bewegung automatisch unterstützen oder sie werden über Taster in Bewegung versetzt. Man kann folgende Varianten anführen:

Reibradantrieb

Der Antriebsmotor fährt mit dem Laufwagen mit. Die Drehbewegung wird über Reibrollen auf die Fahrschiene übertragen. Die Verfahrweglänge ist unbegrenzt (**Bild 4-40**).

Synchronriemenantrieb

Der Laufwagen wird von einem Zahnriemen bewegt. Der Elektro-Getriebemotor ist stationär. Er ist am Tragwerk (Portal) befestigt. Verfahrwege von z.B. 10 m sind kein Problem.

Kugelspindeltrieb

Eine Spindel wird elektromotorisch angetrieben. Der Laufwagen verfügt über die Spindelmutter. Diese Lösung ist recht aufwendig und wird nur für kürzere Wege benutzt (bis 6 m), z.B. für eine Querbewegung.

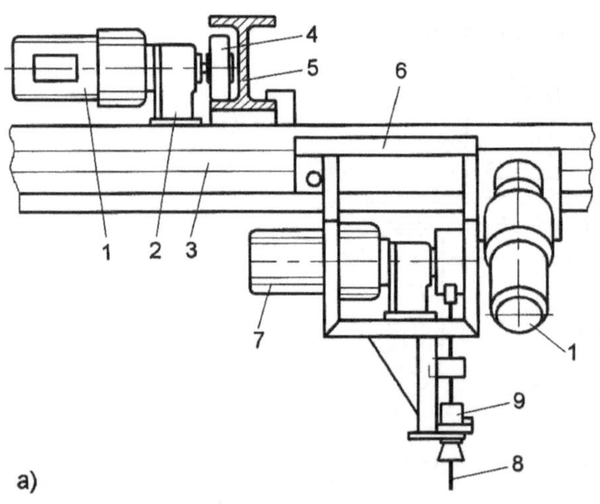

Bild 4-40 Reibradantrieb
a) Kreuzportal-Laufwerk für eine Seilhubeinheit, b) Reibrad-Fahrantrieb als Baukastenmodul (ZASCHE-DEMATIC), 1 Fahrmotor, 2 Getriebe, 3 Laufschiene, 4 Laufrad mit Reibrolle angetrieben, 5 Träger, 6 Laufwagen, 7 Hubmotor, 8 Tragseil, 9 Seilführung

Handelt es sich um immer wieder gleiche Bewegungsabläufe, kann zumindest das Deckenfahrwerk auch eine freiprogrammierbare Positioniersteuerung erhalten. Per Knopfdruck lassen sich dann Bewegungssequenzen abrufen, die ohne Beteiligung des Bedieners von selbst ablaufen.

Ein konstruktives Detail der Laufschienen ist die Gestaltung des Schienenendes. Die Begrenzung der Verfahrbewegung in den Endlagen kann mit verschiedenen Mitteln realisiert werden. Ein aufgeklemmter Sicherheitsanschlag ist allerdings nicht zum ständigen Absorbieren von Aufprallkräften geeignet. Gummiblöcke machen das Aufschlagen etwas sanfter. Werden die Endlagen öfters erreicht, sollte man einen Stoßdämpfer einsetzen (**Bild 4- 41**).

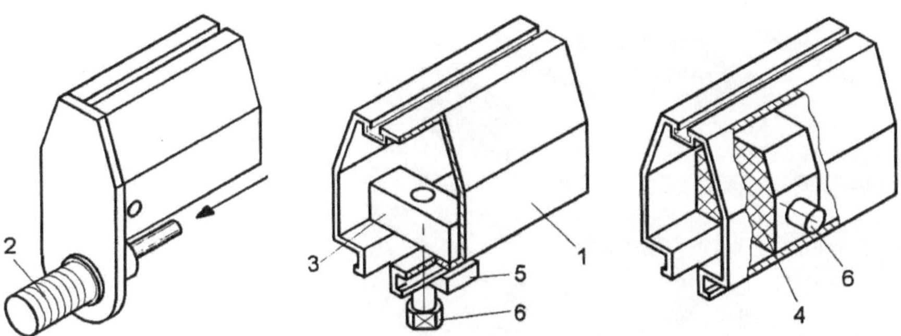

Bild 4-41 Endlagenbegrenzungen an Laufschienen
1 Laufschiene, 2 Stoßdämpfer, 3 Stopp-Anschlag, 4 Gummiblock, 5 Klemmstück, 6 Klemmschraube

Wird ein Stoßdämpfer eingesetzt, so ist dieser nach der aufzunehmenden Energie W auszuwählen. Diese erhält man aus

$$W = \tfrac{m}{2}v^2 + F \cdot s$$

m abzubremsende Masse
v Endgeschwindigkeit der Masse
F Antriebskraft mit der der Balancer verschoben wird
s Stoßdämpferhub

Berechnung eines Kreuzportallaufwerkes mit Zweiträgerbrücke

Für das in **Bild 4-42** dargestellte Portallaufwerk sollen die Abmessungen und die Größe des Laufschienenprofils bestimmt werden. Es liegen folgende Beispieldaten vor:

F_1 Hubmasse 250 kg (einschließlich Lastaufnahmemittel) $\stackrel{\wedge}{=} 2500$ N
F_2 Eigenmasse der Hubeinheit 42 kg $\stackrel{\wedge}{=} 420$ N
F_3 Eigenmasse Fahrwerksträger mit Fahrwerken 38 kg $\stackrel{\wedge}{=} 380$ N
S_x Längsweg 8000 mm
S_y Querweg 3000 mm

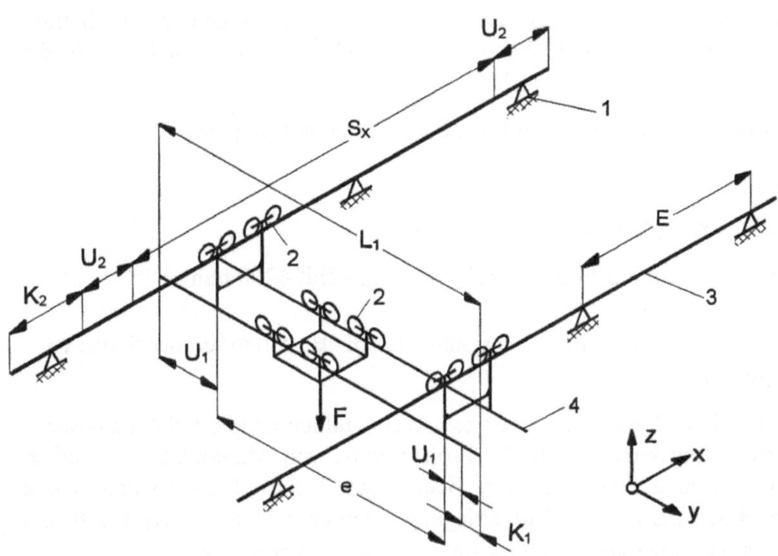

Die Zuführung der Energie erfolgt über Schleppkabel. Es sollen die in **Bild 4-43** gezeigten Schienen Verwendung finden.

1 Stütze bzw. Aufhängepunkt
2 Fahrwerk
3 Längswegschiene
4 Zweiträgerbrücke für Querbewegung

Bild 4-42
Beispielfall für die Berechnung eines Portalfahrwerkes

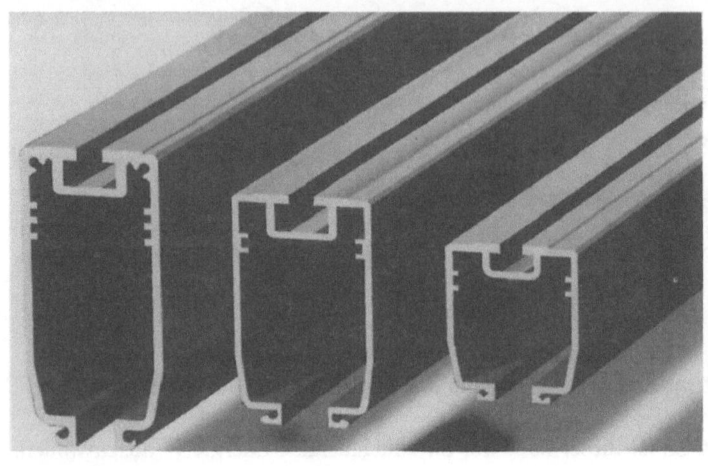

Bild 4-43
Laufschienenprofile aus Aluminium und Stahl gibt es in vielen Ausführungen und Abmessungen (SCHMIDT HANDLING)

Berechnungsablauf:

Die Gesamtkraft F am Angriffspunkt „Zweiträgerbrücke" beträgt für jeden der Querträger:

$$F = (F_1 + F_2 + F_3)/2 = (2500 \text{ N} + 420 \text{ N} + 380 \text{ N})/2 = \underline{1650 \text{ N}}$$

Die Querschiene muss etwas länger sein, als der zu garantierende Querweg von 3 m, weil der Wagen einen Überlauf braucht. Außerdem benötigen die Kabelwagen den sogenannten „Kabelbahnhof".

Die Querschienenlänge L_1 erhält man aus

$$L_1 = e + 2 \cdot U_1 + K_1$$

e Spannmittenabstand
U_1 Überstand an der Querschiene
K_1 Zusatzlänge für Kabelwagen

Zu beachten ist, ob die Hubeinheit über den Laufwagen hinaussteht. Dann kann sie nämlich die Längsschiene nicht unterqueren. Steht die Hubeinheit darüber hinaus, gilt $e = s_y + 550$ mm (vergleiche dazu Bild 4-35). Der Überstand U_1 hängt von der Größe der Laufwagens ab. Er beträgt (nach den technischen Unterlagen des Systems) 210 mm. Die Berechnung der Zusatzlänge für die Kabelwagen erfolgt nach den Formeln im Kapitel 4.13.

Es sind aufgerundet 2 Kabelwagen nötig. Damit wird nun bei einer Wagenlänge von 100 mm

$$K_1 = \underline{200 \text{ mm}}.$$

Die Querschienenlänge errechnet sich jetzt zu

$$L_1 = 3000 \text{ mm} + 550 \text{ mm} + 2 \cdot 210 \text{ mm} + 200 \text{ mm} = \underline{4170 \text{ mm}}; \quad \text{gewählt } 4200 \text{ mm}.$$

Für die Bestimmung der Profilgröße braucht man Diagramme für die Belastbarkeit der Schienen. Sie werden in **Bild 4-44** dargestellt.

Für andere Profilformen und andere Werkstoffe gelten selbstverständlich andere Belastungswerte. Die Diagramme zeigen 2 Belastungskurven. Für die Projektierung von Manipulatorlaufwerken nimmt man die Kurve „Durchbiegung 1/500". Höhere Belastungen bis zur Maximallast–Kurve sind zulässig, bedingen aber durch die größere Durchbiegung einen etwas höheren Kraftaufwand beim Verschieben der Last. Es wird die max. Durchbiegungsgrenze f_{max} vorgegeben.

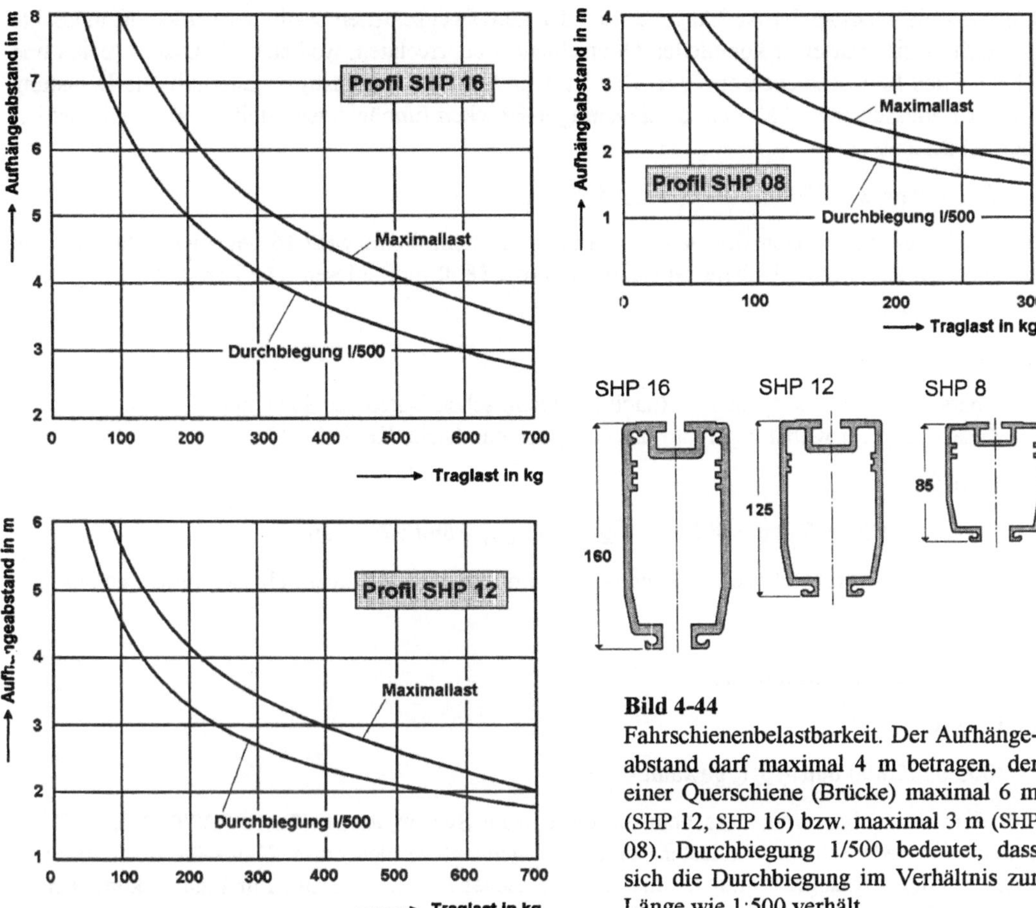

Bild 4-44
Fahrschienenbelastbarkeit. Der Aufhängeabstand darf maximal 4 m betragen, der
einer Querschiene (Brücke) maximal 6 m
(SHP 12, SHP 16) bzw. maximal 3 m (SHP
08). Durchbiegung 1/500 bedeutet, dass
sich die Durchbiegung im Verhältnis zur
Länge wie 1:500 verhält.

Das bedeutet:

$$f_{max} = l \cdot \frac{1}{500}$$

l Abstand der Aufhängepunkte

Bei den Diagrammen ist übrigens die Eigenmasse bereits mit einbezogen. Bei einem Abstand der
Aufhängepunkte von $e = 3,55$ m und einer Belastung von 1650 N je Schiene erhält man aus den
Diagrammen nach **Bild 4-44** die Profilgröße SHP 12.

Das Ritual der Berechnung wiederholt sich nun für die Bestimmung der Längsschienen. Die Masse F_4 der Querschienen erhält man aus

$$F_4 = L_1 \cdot M + F_5 \cdot 2$$

M Masse je Meter Fahrschiene (des ausgewählten Profils) in kg; im Beispiel 5,1 kg/m
F_5 Eigenmasse für ein Fahrwerk in kg; im Beispiel 1,7 kg

Für F_4 ergibt sich jetzt

$$F_4 = 4,2 \text{ m} \cdot 5,1 \text{ kg/m} + 1,7 \text{ kg} \cdot 2 = \underline{24,8 \text{ kg}} = 248 \text{ N}$$

Nun muss als nächstes der Aufhängeabstand der Längswegschienen bestimmt werden. Man könnte praktischerweise mit einer kompletten Querschiene weiterrechnen, weil sich die Last ja rechts und links auf den Längsschienen abstützt. Das ist aber nicht der ungünstigste Lastfall. Die Belastung F_6 einer Längsschiene erhält man bei Zweiträger-Brücken (ungünstigste Stellung als Punktlast betrachtet) deshalb zu

$$F_6 = 2 \cdot F + F_4 = 2 \cdot 1650\ \text{N} + 248\ \text{N} = \underline{3548\ \text{N}}$$

Aus den Diagrammen nach **Bild 4-44** kann man nun beim Profil SHP 16 bei einer Belastung von 355 kg einen zulässigen Aufhängeabstand von etwa 3800 mm ablesen. Die Länge der Längswegschienen ergibt sich wie folgt:

$$L_2 = S_x + 2 \cdot U_2 + K_2$$

U_2 Überstand an der Längsschiene (nach den technischen Daten des Systems)
K_2 Zusatzlänge für Kabelwagen auf der Längsschiene (siehe Kapitel 4.13)

Damit wird

$$L_2 = 8000\ \text{mm} + 2 \cdot 595\ \text{mm} + 425\ \text{mm} = \underline{9615\ \text{mm}};\ \text{gewählt } 9700\ \text{mm}.$$

Die Anzahl n der erforderlichen Aufhänge- bzw. Stützpunkte der Längsschiene ergibt sich aus

$$n = \frac{S_x}{E} + 1$$

E Abstand der Aufhängepunkte

Somit wird

$$n = 8000\ \text{mm}/3800\ \text{mm} = \underline{3,1};\ \text{gewählt } 4.$$

Außerdem ist zu beachten, dass beim beschriebenen System RAUMTRANSPORTER nach TÜV-Festlegungen jede Schiene mindestens dreimal abgehängt werden muss. Nun wäre noch zu überprüfen, ob die Aufhängegarnitur die maximale Traglast F_7 auch aushält. Zur Last F_4 kommt noch die Masse des anteiligen SHP-16-Schienenstücks hinzu. Also gilt

$$F_7 = M + F_6 = 7,9\ \text{kg/m} \cdot 3,8\ \text{m} + 354,8\ \text{kg} = \underline{384,8}\ \text{kg} \cong 3848\ \text{N}$$

Die Ausführung des projektierten Laufwerks wird abschließend in **Bild 4-45** wiedergegeben.

Technische Daten (Beispiel RAUMTRANSPORTER)			
Profilgröße	SHP 08	SHP 12	SHP 16
Profilhöhe in mm	85	125	160
Profilbreite in mm	69	71,5	161
maximale Traglast in daN	100	630	162
maximaler Querweg in mm	4000	6000	6000
maximaler Längsweg in mm	unbegrenzt		
Eigenmasse in kg/m	3,2	5,1	7,9

Die Aufhängegarnitur wird nur durch Bolzen vorgegeben, die in der oberen Schienennut stecken. Im weiteren soll nun darauf eingegangen werden, wie man das Schienensystem an der Arbeitsraumdecke anbringen kann. Reicht die Deckentragkraft für solche Anbauten nicht aus, dann muss ein bodenständiges Portal als Stahlträgerkonstruktion errichtet werden.

Der Anschluss der Laufschienen an die Deckenkonstruktion des Bauwerks hängt sehr von den baulichen Möglichkeiten ab. In **Bild 4-46** wird eine mögliche Variante gezeigt, bei der ein Doppel-T-Träger als Ausgangsbasis verwendet wird. Gleichzeitig sieht man, welche Verbindungsmittel in dieser oder in einer ähnlichen Form dazu benötigt werden. Zusätzliche Sicherheit gegen Herabfallen der Laufschiene wurde hier durch ein Fangseil geschaffen. Dazu wurde die Stahllaufschiene durchbohrt.

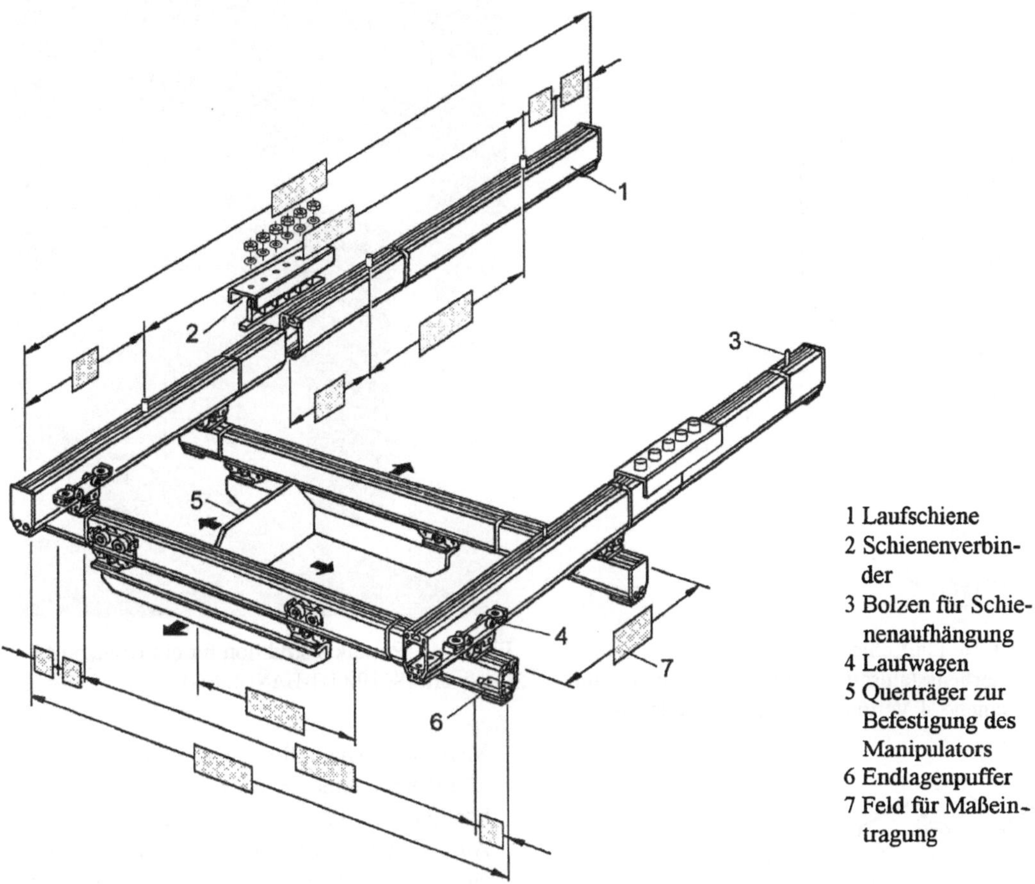

Bild 4-45 Deckenlaufwerk mit Zweiträger-Brücke (SCHMIDT-HANDLING)

Eine aufgeständerte Fahranlage mit Portalstützen wird abschließend dazu in **Bild 4-47** gezeigt. Die sich kreuzenden Laufschienen zeigen, dass es sich um eine Kreuzportalanlage handelt. Der grundsätzliche Stahlbau wurde in Doppel-T-Trägern errichtet. Die Laufschienen werden über Verbindungsmittel angeklemmt. Die Schienenprofil-Größe richtet sich, wie bereits gezeigt, nach der Belastung und somit nach der zulässigen Durchbiegung. Die Einhaltung der vorgegebenen Durchbiegung gewährleistet einen leichten Lauf der Fahrwagen.

Stützen und Trägerbaugruppen werden heute nicht mehr durch Verschrauben oder Schweissen zu einem Portallaufwerk oder ähnlichen Aufbauten verbunden. Verschrauben bedeutet das Durchbohren von Trägern, was deren Belastbarkeit infolge der Querschnittsschwächung mindert. Außerdem müssen die Bohrungen genau gesetzt werden. Nachträgliche Veränderungen sind nicht mehr möglich oder es wird erneut gebohrt. Schweißen, teilweise über Kopf, ist arbeitsaufwendig und erfordert während der Ausführung Maßnahmen zum Brandschutz (Brandwachen). Die Arbeit darf nur von einem geprüften Schweißfachmann ausgeführt werden. Häufig ist außerdem das Bohren und Schweißen an den Stahlträgern einer Halle aus statischen Gründen gar nicht erlaubt.

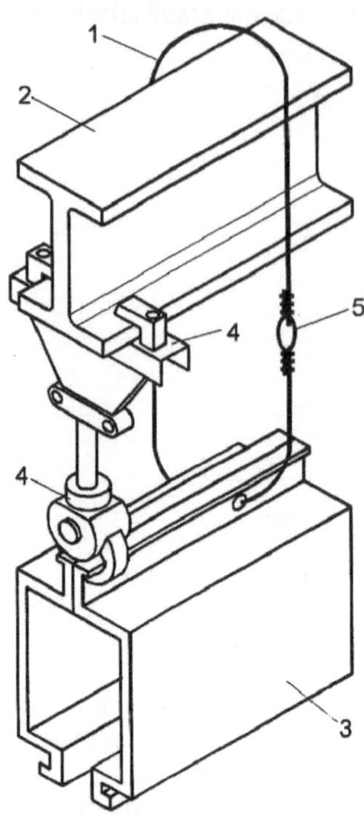

Bild 4-46 Laufschienenaufhängung
1 Sicherheitsstahlseil, 2 Hallen-Stahlbau, 3 Stahllaufschiene, 4 Verbindungsmittel, 5 Seilschloss

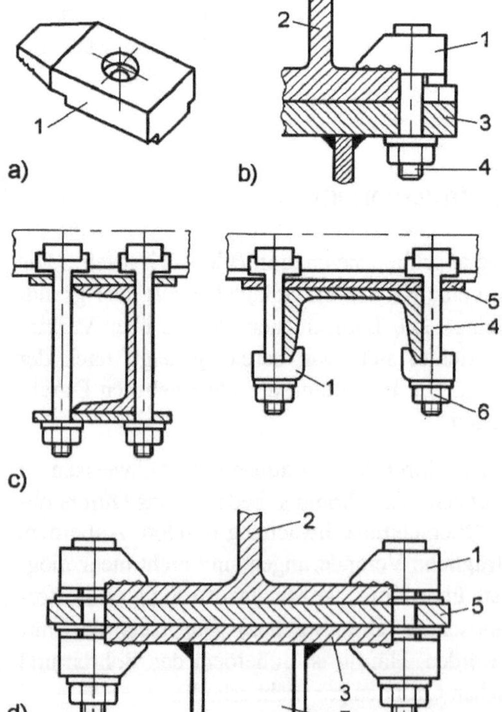

Bild 4-47 Portalkonstruktion für ein Kreuzportal-
Laufwerk (SCHMIDT-HANDLING)

Man hat deshalb für die Klemmbefestigung
Elementesysteme entwickelt, die einfach zu
handhaben sind und alle bauaufsichtlichen
Anforderungen erfüllen. In **Bild 4-48** werden
einige Beispiele gezeigt. Basiselement ist das
hier als *Lindapter* bezeichnete Teil.

1 Lindapter
2 Deckenträger
3 Kopfplatte
4 Schraube DIN 931-8.8
5 Zwischenplatte
6 Mutter DIN 934-8
7 Portalstütze

a) Verbindungsmittel
b) Trägerbefestigung
c) U-Eisen-Befestigung
d) Kopfplattenbefestigung

Bild 4-48
Befestigungsvarianten für Trägerverbindungen
(ENGEL, www.schrauben-engel.de)

Zur Montage ist lediglich ein Drehmomentschlüsssel erforderlich. Die Befestigung ist auch an geneigten Deckenträgern möglich. Der Anschluss von Trägern erfolgt dann über eine Stütze, die den Neigungswinkel berücksichtigt. Ein nicht zu unterschätzender Vorteil ist die Wiederverwendbarkeit vieler Bauteile und Verbindungsmittel, wenn die Einrichtung wieder abgebaut oder umgesetzt werden muss und wenn keine bauaufsichtlichen Bedenken bestehen.

Die Wandbefestigung eines Doppel-T-Trägers als Basis für die Anbringung von Laufschienen wird in **Bild 4-49** dargestellt. Der Auflagewinkel wird mit einer Ankerschraube gehalten und stützt sich gegen eine in die Wand eingelassene Stahlplatte ab.

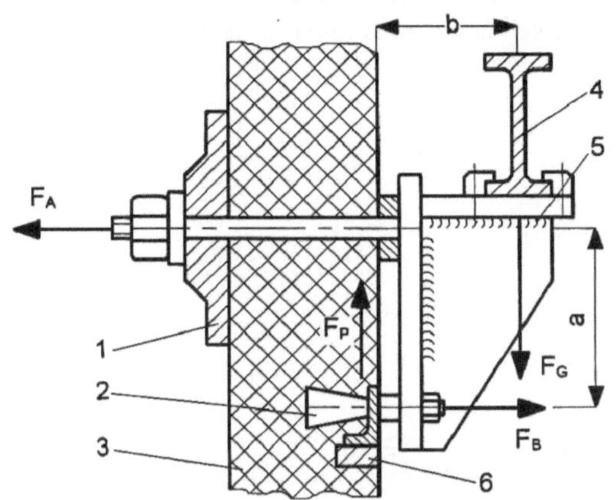

1 Druckplatte
2 Dübel
3 Wand
4 Träger
5 Konsole, Winkel
6 Auflageplatte

F_G Gewichtskraft

Bild 4-49
Befestigung eines Trägers in Wandnähe

Aus Gründen des Gleichgewichts der Kräfte und Momente gilt:

$$F_A = F_B \quad \text{und} \quad F_G = F_P$$

$$F_G \cdot b = F_A \cdot a \quad \text{bzw.} \quad F_G \cdot b = F_B \cdot a$$

Für die Deckenbefestigung gibt es universelle Baugruppen, die sich in die Distanzaufhängung **(Bild 4-50a, b)** und die V-Aufhängung unterscheiden lassen. Längs- und Querversteifungen gegen die Decke dienen zur Vermeidung von Pendelbewegungen. Die Gewindeansätze (Nivelliereinrichtung) dienen zum waagerechten Ausrichten des Trägers nach der Montage.

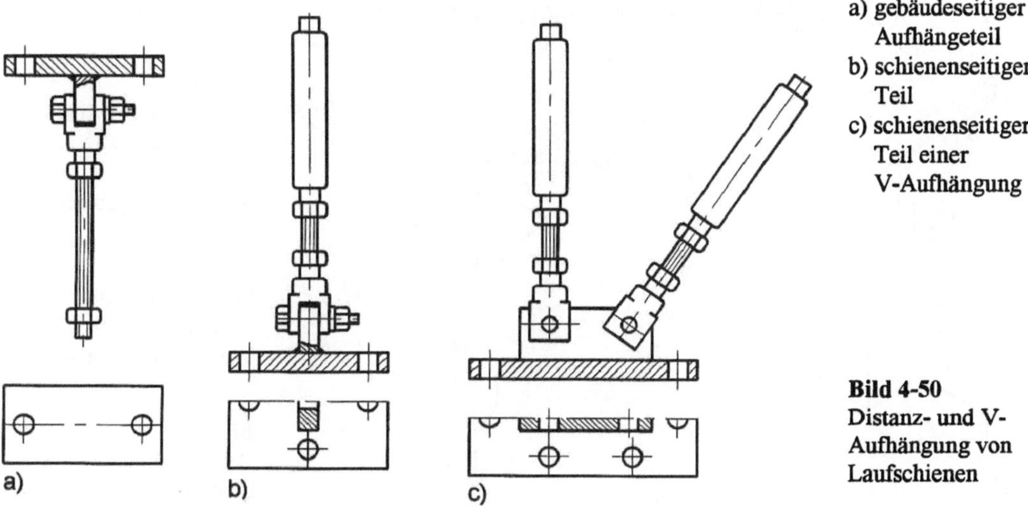

a) gebäudeseitiger Aufhängeteil
b) schienenseitiger Teil
c) schienenseitiger Teil einer V-Aufhängung

Bild 4-50
Distanz- und V-Aufhängung von Laufschienen

Eine V-Aufhängung mit 3 Zugstäben soll etwas näher betrachtet werden. Der Anschluss an das Bauwerk wird in **Bild 4-51** gezeigt. Geht man davon aus, dass die Belastung durch ein Deckenfahrwerk mit F_G gegeben ist, lassen sich folgende Beziehungen angeben, wenn sich die Summe aller vertikalen Kräfte im Gleichgewicht befindet. Es gilt:

$$F_1 \cdot \tfrac{1}{2}\sqrt{2} + F_2 + F_3 \cdot \tfrac{1}{2}\sqrt{2} - F_G = 0$$

Für die Bestimmung der unbekannten Stabkräfte reicht diese Gleichgewichtsbedingung nicht aus, d.h. es handelt sich um ein statisch unbestimmtes Problem. Man muss somit noch die bekannten Formänderungen der Zugstäbe einbeziehen, um aus den elastischen Formänderungen nach den Sätzen der Festigkeitslehre auf die ursächlichen Kräfte schließen zu können. In den Stäben kommt es unter Belastung zu folgenden Formänderungen:

$$\Delta l_2 = \Delta l_3 \cdot \sqrt{2} = \Delta l_1 \cdot \sqrt{2}$$

Dadurch ergeben sich nun mit

$$\varepsilon = \frac{\Delta l}{l} = \frac{\vartheta}{E} = \frac{F_S}{E \cdot A}$$

die folgenden Stabdehnungen

$$\varepsilon_1 = \frac{F_1}{E \cdot A_1} = \frac{\Delta l_1}{a \cdot \sqrt{2}} \qquad \varepsilon_2 = \frac{F_2}{E \cdot A_2} = \frac{\Delta l_2}{a \cdot \sqrt{2}} \qquad \varepsilon_3 = \frac{F_3}{E \cdot A_3} = \frac{\Delta l_3}{a \cdot \sqrt{2}}$$

Eingesetzt in die Gleichung für die Formänderungen erhält man jetzt

$$\frac{F_2 \cdot a}{A_2 \cdot E} = \frac{F_3 \cdot 2 \cdot a}{A_3 \cdot E} = \frac{F_1 \cdot 2 \cdot a}{A_1 \cdot E}$$

l_i Stablänge
E Elastizitätsmodul
A_i Stab-Querschnittsfläche
ε_i Dehnung
ϑ Zugfestigkeit des Werkstoffs

Durch Einsetzen in die Beziehung für die Senkrechtkräfte und Umstellen erhält man schließlich

$$F_1 = F_3 = F_G / (\sqrt{2} + 2\frac{A_2}{A_{1,3}}) \qquad F_2 = 2 \cdot A_2 \cdot F_G / ((\sqrt{2} + 2\frac{A_2}{A_{1,3}})A_{1,3})$$

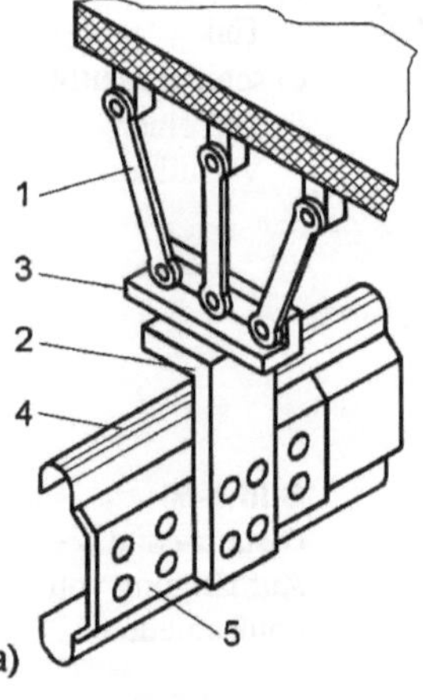
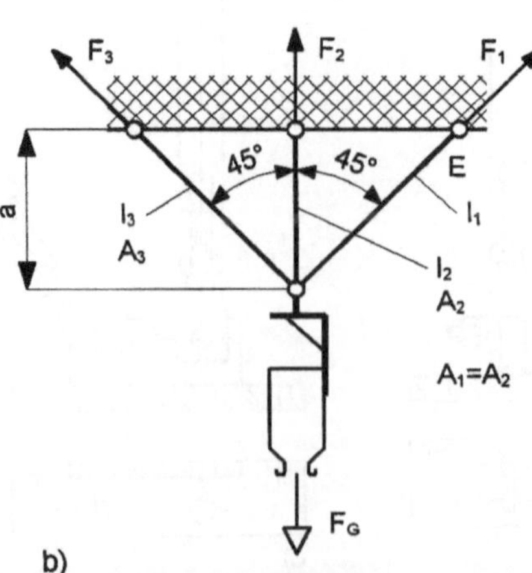

1 Zugstab
2 Befestigungswinkel
3 Anschlussplatte
4 Laufschiene
5 Verstärkungsblech

a) Anordnung der Aufhängestäbe
b) Kräftewirkungen

Bild 4-51
Deckenanbindung einer Laufschiene

Bei jeder Installationsart, ob Wand, Decke, Fußboden oder an Stützen, muss geprüft werden, ob die Bauwerksfunktionen gegeben sind, d.h. nachprüfen der Stützentragfähigkeit (Bauwerkelement in Hallenbauten), Decken- und Fußbodentragfähigkeit. Letztere berechnet sich aus

$$q = \frac{m_E + m_L}{l \cdot b} \cdot n$$

q Flächentragfähigkeit in kg/m^2
m_E Eigenmasse des Manipulators in kg
m_L Masse des Handhabungsgutes und Lastaufnahmemittel in kg
n Lastfaktor (berücksichtigt statische oder dynamische Flächenpressung)
l, b Länge und Breite der Bodenplatte des Manipulators in m

4.9 Steuerung von Hubsystemen

Manipulatoren und Hubeinheiten, die manuell geführt werden, haben keine Programmsteuerung. Befehle z.B. für Greifer-EIN/AUS werden mit Tastern vorgegeben. Bei einer Teilautomatisierung, z.B. zum Verfahren am Deckenlaufwerk, werden mit dem Taster (Druckknopfsteuerung) definierte Bewegungssequenzen absolviert. Bei Balancern ist jedoch ein Kräftegleichgewicht herzustellen, um den Schwebezustand der Last herzustellen. Dazu muss die Hublast bekannt sein, d.h. sie muss gemessen werden (zumindest bei Mehrlastsystemen).

Bei Balancern und Hubeinheiten verfolgt man mit der Messung der Hublast folgende Ziele:

1. Gewinnung von Daten für die „Schwerelos-Steuerung" der Last
2. Schutz vor Überlastung durch Vergleich mit dem zulässigen Grenzwert
3. Bei Umschlagarbeiten Gewinnung von dokumentierbaren Daten für die Nachweisführung zu den umgesetzten Lasten
4. Besonders bei Kran-Hubwerken werden die Lastspiele gebraucht, um einen Nachweis zur verbrauchten Lebensdauer führen zu können.

Für die Erfassung einer Hublast werden meistens Sensoren eingesetzt, die nach dem Prinzip der Dehnungsmessung mit Dehnmessstreifen (DMS) arbeiten. Einige Ausführungen werden nachfolgend in **Bild 4-52** dargestellt.

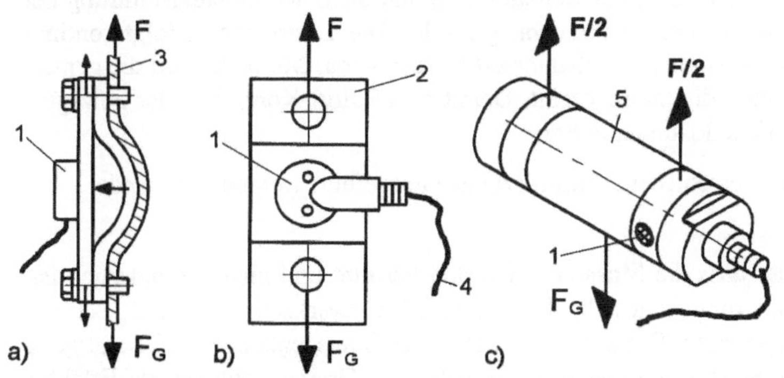

Bild 4-52
Bauformen von Lastsensoren

Die „Lastmessachsen" sind als Querkraftsensoren ausgebildet und werden auch an Gelenken oder Umlenkrollen, sofern diese der aktuellen Last ausgesetzt sind, eingebaut. Der kleinste Achsdurchmesser liegt bei etwa 20 mm. Die Lasten können beliebig sein, d.h. die Sensorbemessung wird nach dem Messbereich ausgelegt.

Häufig werden Zugkraftsensoren verwendet, deren Verformungskörper als Lasche mit Anschlagpunkten versehen sind. Die Dehnung wird mit Dehnungsmessstreifen abgetastet, die in eine Wheatstone'sche Vollbrücke messtechnisch eingebunden sind (**Bild 4-53**). Das Prinzip ist beim Seilkraftsensor nicht anders. Lediglich die Kraftübertragung ist verändert. Wie man sieht (Bild 4-52a), muss das Seil nicht getrennt werden, um den Sensor in den Kraftfluss zu bringen.

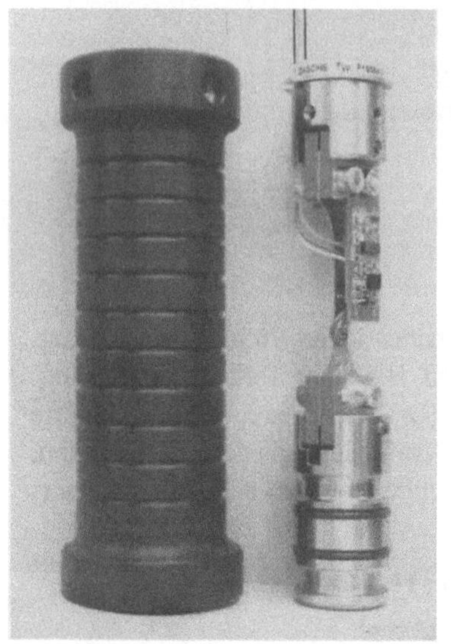

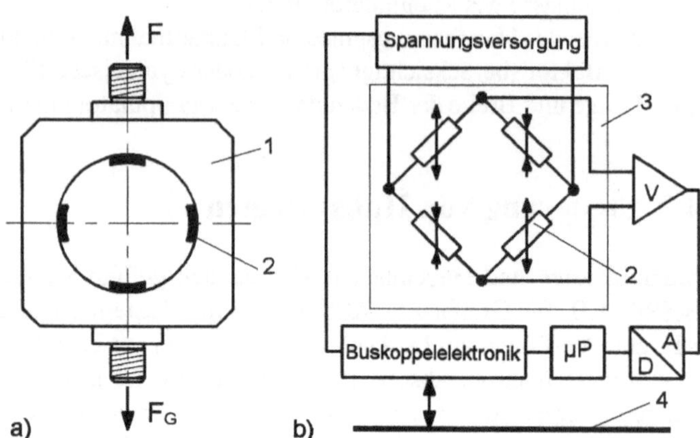

Bild 4-53 Prinzip einer Wägezelle
a) Verformungskörper, b) Brückenschaltung, 1 Metallkörper, 2 Dehnungsmessstreifen, 3 Sensor, 4 Feldbus, µP Mikroprozessor, V Verstärker

Bild 4-54 In den Bediengriff integrierte
Wägezelle zur Hublasterfassung (ZASCHE/DEMATIC)

Eine Vollbrückenschaltung bedeutet, dass unter Last je zwei DMS gedehnt und zwei DMS gestaucht werden. Außerdem müssen Vorkehrungen getroffen werden, um den Temperatureinfluss zu kompensieren. Ändert sich nämlich der Widerstand nicht aufgrund der Dehnung sondern durch eine Temperaturänderung, dann wird der Messwert verfälscht.

Eine Wägezelle kann auch direkt in den Steuergriff eingebaut werden. Eine solche Lösung zeigt das **Bild 4-54**. Der vertikale Griff ist Teil eines Seilbalancers und dient der Einhand-Führung der Last, wobei gleichzeitig eine automatische Lasterkennung erfolgt. Das Lastmessen erfolgt kontinuierlich, so dass die Last ständig automatisch ausbalanciert werden kann. Mitunter wird die gemessene Last auch an der Bedieneinheit digital angezeigt. Damit sind Sofort-Kontrollen der bewegten Lasten möglich und bei Bedarf auch dokumentierbar.

Balanciersteuerungen können für verschiedene Anforderungen ausgeführt werden. Das sind:

Einlast-Steuerung

Typisch ist bei dieser Steuerung, dass die Masse der Objekte bekannt und nicht veränderlich ist. Auf diese eine Last wird die Steuerung eingestellt. Das sind oft Handwerkzeuge, wie z.B. Schrauber, Schweißzangen und Bohraggregate. Die Last wird automatisch ausgeglichen. Die Betätigung von Bedientastern ist bei der Einlast-Steuerung nicht erforderlich. Greifer kommen als Effektor nicht infrage, weil diese Last- und Leerhübe bedingen. Das erfordert aber die Zweilaststeuerung.

Zweilast-Steuerung

Diese Art der Steuerung ist kennzeichnend für Beschickungs-, Belade-, Umlade- und Ausladevorgänge, bei denen im ständigen Wechsel Leer- und Lastfahrten auszuführen sind. Die zwei Lastgrößen sind die Leerlast (Greifer, Lastaufnahmemittel) und die Volllast (Greifmittel + Greifobjekt). Beide Gewichtskräfte sind gegen die Schwerkraft auszubalancieren. Die Volllast ist unveränderlich. Die Umschaltung erfolgt automatisch und erfordert keine Bedienhandlung. Die Steuerung erkennt den Lastfall am Greiferzustand (offen-geschlossen). Handelt es sich um einen pneumatischen Antrieb, bedeutet das, zwischen zwei Druckstufen umzuschalten. Der Pneumatikplan wird in **Bild 4-55** gezeigt.

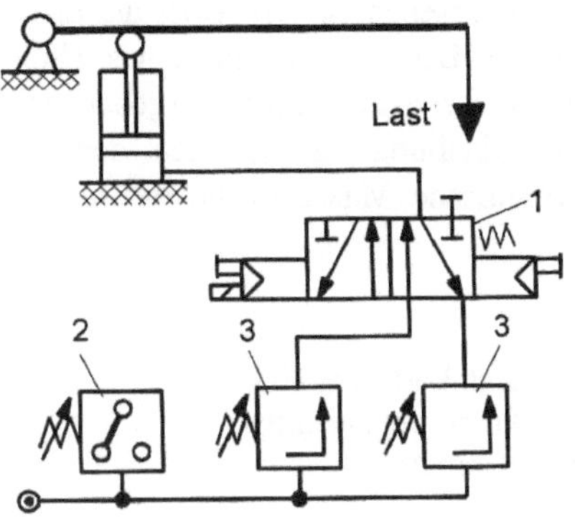

1 5/2 Wegeventil
2 Druckschalter, sperrt Funktion bei einem Druck < 5 bar
3 Balancierventil

Bild 4-55
Pneumatikplan für eine Zweilaststeuerung

Dreilast-Steuerung

Diese Steuerung wird verwendet, wenn 2 Objekte mit unterschiedlichen Massen zu heben sind. Es gibt also 2 Voll-Lastwerte. Der Bediener (bzw. ein Sensor) hat jeweils auf die zutreffende Masse umzuschalten. Die Wirkungsweise entspricht der einer Zweilast-Steuerung.

Lasterkennungs-Steuerung

Bei dieser Steuerungsart wird die Last gewogen und danach der Gewichtskraftausgleich berechnet. Es können in beliebiger Folge Gegenstände mit beliebiger Masse (im Rahmen des Betriebsbereiches) gegriffen werden. Eine solche Wägezelle wird in **Bild 4-56** dargestellt. Die Last bleibt auch dann in der Schwebe, wenn man einen Behälter aufgenommen hat, der in der Schwebestellung allmählich geleert oder gefüllt wird. Über die ständige Lastmessung kann auch gesichert werden, dass man den Greifer erst öffnen kann, wenn die Last vollständig abgesetzt ist. Die Last kann zusätzlich digital angezeigt werden. Auch die Weitergabe der Daten an einen Rechner bzw. Drucker ist möglich.

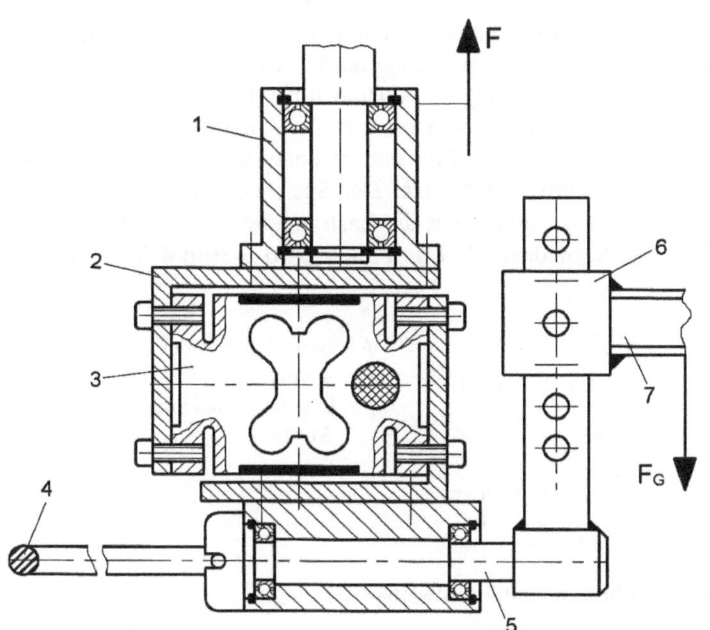

1 Hubachse mit Handdrehmöglichkeit
2 Anschlusswinkel
3 Wägezelle
4 Bediengriff
5 Greifer-Schwenkachse
6 Einstellschiene
7 Greiferanschluss

Bild 4-56
Die Wägezelle liegt im Kraftfluss zwischen Hubachse und Greifer.

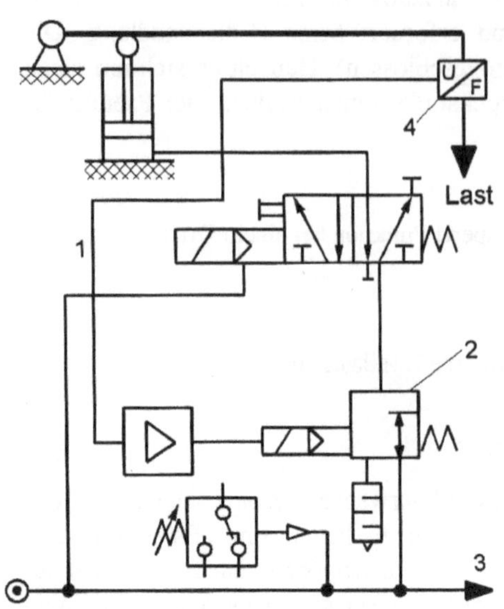

Bei pneumatischen Antrieben wird die automatische Last-Tarierung nach dem Pneumatikplan in **Bild 4-57** durchgeführt. Es wird ein Druckregelventil mit kombinierter Betätigung eingesetzt und zwar mit Elektromagnet und pneumatischem Vorsteuerventil. Die Druckregelung orientiert sich am bereitgestellten Sollwert und am gemessenen Istwert. Über die Elektronik lässt sich die Bewegungsqualität des Hub- und Senkvorganges einstellen. Dadurch ergeben sich ausgezeichnete Handhabungseigenschaften, denn es werden auch dynamische Massenkräfte mit ausgeglichen.

1 Sollwertvorgabe durch Lastmesszelle
2 Druckregelventil, Proportionalventil
3 Luftleitung für die Greiferbetätigung
4 Lastmesszelle

Bild 4-57 Pneumatikplan für eine Pneumatiksteuerung mit automatischer Last-Tarierung

Die Lastmessung muss nicht unbedingt in der Nähe des Lastaufnahmemittels erfolgen. Es ist prinzipiell auch möglich, bei Manipulatoren mit Auslegerarm am Arm oder in einem Drehgelenk Belastungsmessungen vorzunehmen. Dazu muss dann aber am sich unter Last biegenden Arm eine Stelle gefunden werden, die die Belastung mit möglichst kleinem Messfehler widerspiegelt. Die Kalibrierung des Systems erfolgt durch das Aufbringen einer bekannten Kraft.

Lasterkennungsteuerung mit Lastwertspeicherung

Diese Steuerung entspricht der schon beschriebenen Lasterkennungsteuerung, bei der die Lasten beliebig sein können. Der momentane Lastzustand kann jetzt über einen Tastendruck elektronisch gespeichert werden. Das ist vor allem bei der Montage eine wichtige Funktion, z.B. wenn Einbau- und Montagekräfte wirken, die aber nicht ausgeglichen werden dürfen, weil sich sonst Positionsveränderungen ergeben würden. Durch die Speicherung ist es nämlich möglich, direkt an der Last anzufassen, um sie belastungsfrei feinpositionieren zu können, z.B. bei Anfädelvorgängen bei einer Bolzen-Loch-Montagestelle. Allerdings darf sich im Moment der Lastwertspeicherung die Last wegen der dynamischen Kräfte nicht verändern, erst danach. Der Speicherbetrieb wird automatisch aufgehoben, wenn sich der Greifer öffnet und damit die Last abgesetzt wurde. Über einen Taster kommt man wieder zurück in den Normalbetrieb. Das Prinzip wird in **Bild 4-58** im Blockschaltbild gezeigt.

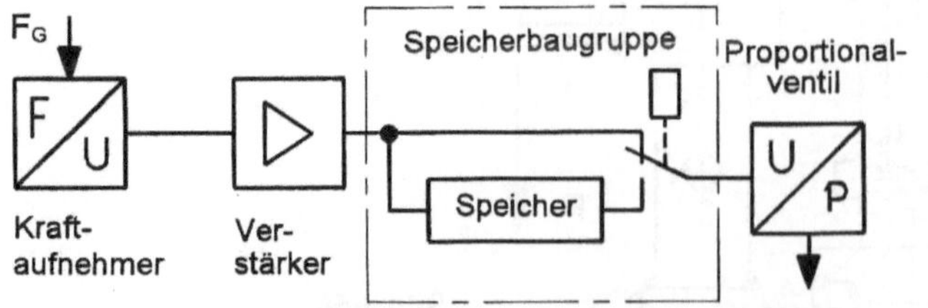

Bild 4-58 Blockschaltbild der elektrischen Steuerung mit Lastwertspeicherung

Manipulatoren können bei Notwendigkeit auch mit den Mitteln der Fernwirktechnik aus sicherem Abstand gesteuert werden. Die Fernwirktechnik ist ein Teilgebiet der Nachrichtentechnik. Sie erlaubt räumlich entfernte Objekte, auch Handhabungseinrichtungen, mit signalumsetzenden Verfahren zu überwachen und zu steuern. Für die Datenübertragung kommen z.B. Funk-, Infrarot- und Ultraschallsender infrage, für die Befehlseingaben Joysticks oder Tastaturen. So gibt es einfache Seilhebezeuge, bei denen das Auf und Ab mit einem kabellosen Handsender per Infrarotstrecke gesteuert werden kann. Die Reichweite eines solchen Senders kann z.B. 4 Meter betragen. Sind mehrere solcher fernbedienbaren Geräte in unmittelbarer Nachbarschaft installiert, dann muss die Adressierung des Infrarot-Handsenders unterschiedlich sein. Auch die Eingabe von Befehlen über den akustischen Kanal in natürlicher Sprache (Kommandosprache) wird künftig eine größere Rolle bei fernbedienbaren Systemen spielen.

Eine andere interessante Möglichkeit zur Anbindung von Handhabungsaktionen an den Informationsfluss besteht in der Integration von opto-elektronischen Lesegeräten für z.B. Strichcodes in den Greifer. Das bedeutet, dass beim Balancer mit geeichter Wägezelle die Lastdaten erfasst und durch den Strichcodeleser (Laserscanner, CCD-Kamera) auch Art und Menge des Handhabungsgutes erkannt werden. Damit lässt sich der Materialfluss an dieser Stelle vollständig nachweisen und ausdrucken, ohne dass die Arbeitskraft dadurch mehr Bedienhandlungen ausführen muss.

4.10 Bedieneinheiten

Bedienelemente sind die unmittelbare Schnittstelle zwischen Mensch und Maschine. Dazu gehören Griffe, Taster, Anzeigen, Tastaturen und Bildschirme. Gute Ergonomie und einfache Bedienung sind ein wesentlicher Grund für eine Kaufentscheidung. Ergonomie kann man als Wissenschaft von der Anpassung der Arbeit an den Menschen verstehen. Ergonomische Gestaltung ist ein Teil des Design-Prozesses, der auf folgendes abzielt:

❑ das physische und psychische Wohlbefinden des Nutzers einer technischen Ausrüstung anzuheben

❑ die Aufmerksamkeit, Reaktionsfähigkeit und Irrtumsfreiheit zu verbessern

❑ die Unfallsicherheit zu gewährleisten und gesundheitliche Dauerschäden, wie sie bei Hebearbeiten typisch sind, zu vermeiden.

Um diese Ziele zu erreichen, muss der Konstrukteur einiges beachten. Dazu gehören eine Abstimmung von Blickwinkeln, Griffhöhen, Zugänglichkeiten, Bedienbarkeit, haptischen Eigenschaften und die Verständlichkeit von Aufschriften und Bediensymbolen. Bediengriffe sollten sich auf die Körpergröße des Bedieners einstellen lassen. Analoge Anzeigen und Kontrollelemente lassen sich leichter überwachen als digitale Anzeigen und erlauben schnelleres Reagieren des Bedieners.

Drucktasten sollten eine Druckpunktrückmeldung aufweisen. Das Handhabeobjekt sollte gut sichtbar und nicht durch Bauteile verdeckt sein. Bediengriffe sollten auch bei Dauerbenutzung eine ermüdungsfreie Körperhaltung sicherstellen. Fehlbedienungen sollten durch farbliche Tastenmarkierungen und funktionsblockweise Gliederung vermindert werden.

Wie bei den Handwerkzeugen bestehen auch für die Handgriffe der Balancer-Bedieneinheiten hohe Anforderungen an die Ergonomie. Die Griffe dürfen nicht unhandlich sein, sollen die führende Hand nicht ermüden, Vibrationen fern halten und haptisch sein. Sie sollen sich also auch angenehm anfühlen und Handschweiß möglichst absorbieren. Zu beachten ist somit bei den Bediengriffen:

❑ Handgriffe sollen elastisch, rutschfest, abriebfest, nicht zu hart und nicht zu weich sein. Sie sollen wärmeisolierend sein.

❑ Die Bedienelemente sollen für alle Handgrößen passen oder es werden Einstellmöglichkeiten vorgesehen.

❑ Die Bedienelemente sollen für Rechts- und Linkshänder möglichst ohne Umbau geeignet sein. Oft werden Taster doppelt (rechts und links vom Griff) angeordnet.

❑ In allen Hubhöhen soll die Bedienung ohne Gelenkbelastung und ohne Gefahr für Sehnenscheiden- und Gelenkentzündungen möglich sein. Notfalls müssen mehrere Griffe (**Bild 4-59**) oder z.B. ein Rundumgriff angebracht werden.

❑ Die Werkstoffe der Bedienteiloberflächen sollen hautsympathisch sein, die Farbgebung soll mit der Bedeutung harmonieren (Warnfarben).

❑ Schaltpunkte sollen gut definiert und wahrnehmbar sein. Der Kraftverlauf beim Schalten soll weich sein.

Der haptische Sinneskanal hat für die menschliche Wahrnehmung besonders dort große Bedeutung, wo das Blickfeld auf andere Dinge gerichtet ist. Man versteht darunter die Kombination von Haltungs- und Hautsinnen. Die Haltungssinne liefern uns Informationen zur Orientierung des menschlichen Körpers und seiner Gliedmaßen. Das ist in der folgenden Tabelle grob gegliedert.

Haptisch-somatisches (berührend-körperliches) System						
Hautsinne (Somato-Sensorik)			*Haltungssinne*			
taktile Wahrnehmung	Temperaturempfinden	Schmerzempfinden	vestibuläre (Gleichgewichts-) Wahrnehmung	kinästhetische (bewegungsempfindliche) Wahrnehmung	propriozeptive (aus den eigenen Körper kommende) Wahrnehmung	Kraftwahrnehmung

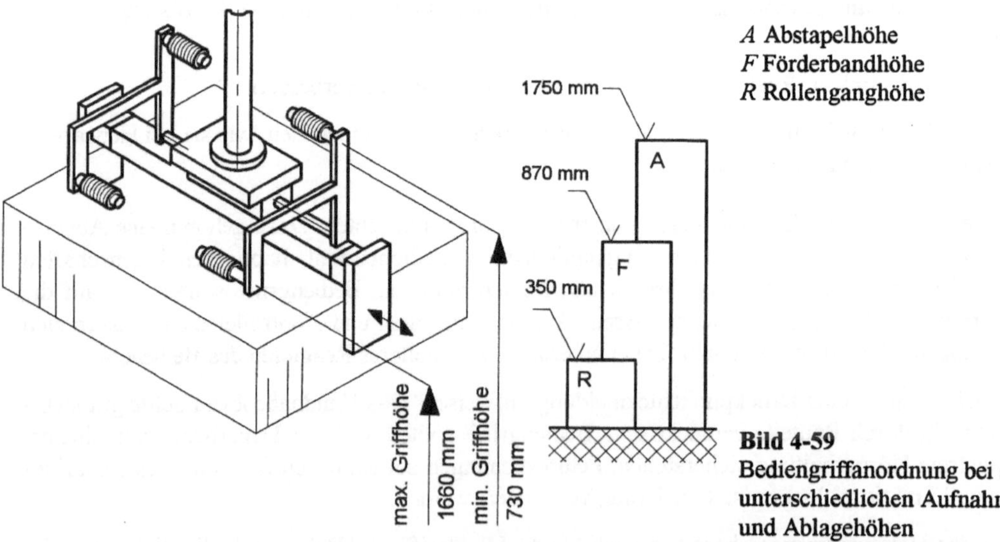

Bild 4-59
Bediengriffanordnung bei sehr unterschiedlichen Aufnahme- und Ablagehöhen

Gerade beim Heben verändern sich die Hand-Arm-Stellungen fortwährend über den Hub. Mit verdrehtem Handgelenk lässt sich schlecht arbeiten. Aber gerade dieser Fall tritt beim Heben und Senken der Bedieneinheit am starren Handgriff auf. Der Griff müsste diese Bewegungen mitmachen, wie es in **Bild 4-60a** angedeutet wird. Es wird also ein anatomisch richtiger Griff gebraucht.

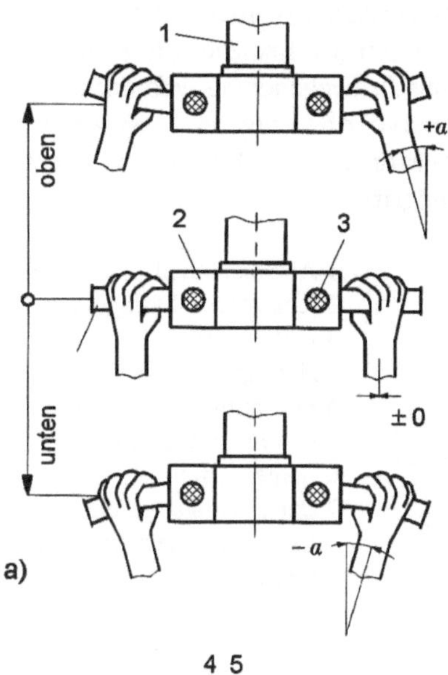

Erst dann ist auch eine feste Kopplung zwischen Hand und Griff gesichert. Der Innenteil des Griffs könnte z.B. eine Flachbandfeder sein, umhüllt von einem elastomeren Führungsgriff (**Bild 4-60b**).

Durch die sehr unterschiedlichen Anwendungsbedingungen haben sich auch verschiedene, mehr oder weniger gelungene Handgriff-Formen eingeführt. Eine kleine Auswahl wird in **Bild 4-61** vorgestellt. Man sieht, dass es auch Griffe mit Servofunktionen gibt. Durch Drehen des Griffs, wie beim Motorrad der Gasgriff (rechts), lässt sich die Bewegung bzw. das Lastverhalten beeinflussen.

1 Balancer
2 Bedieneinheit
3 Taster
4 Flachbandfeder
5 Griffhülle

a) Bewegungsverhältnisse Arm-Hand
b) nachgiebiger Griff

Bild 4-60
Beim Führen eines Balancers nehmen Hand und Arm in der vertikalen Bewegung verschiedene Stellungen ein.

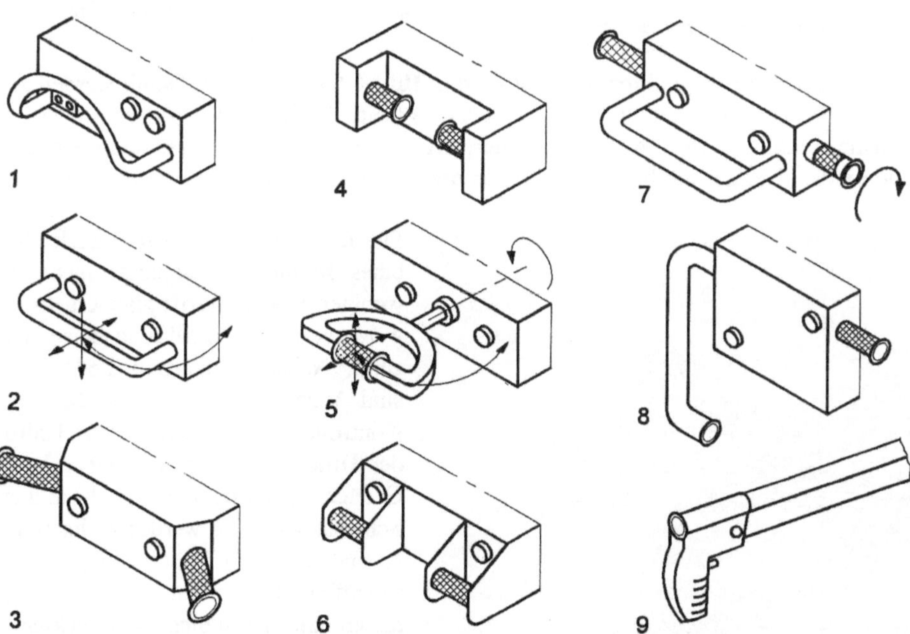

Bild 4-61 Handgriff-Formen für Balancer-Bedieneinheiten

1 Bogengriff, 2 Bügelgriff, 3 Einzelgriff, 4 und 6 Griffe für größere Handabstände, 5 Drehgriff kombiniert mit AUF/AB-Funktion, 7 Griff mit Servofunktion (meist rechts, analog zum Motorradgriff), 8 Griffkombination, 9 Pistolengriff zur Werkzeughandhabung

Eine bewährte Griffanordnung wird in **Bild 4-62** vorgestellt. Bedientaster wurden in Daumennähe installiert. Ein eingebauter Infrarottaster erkennt automatisch, wenn der Bediener die Hand auflegt. Dadurch wird die Pneumatik eingeschaltet, ohne dass eine Bedienhandlung erforderlich ist. Anstelle fester Handgriffe können wie bereits erwähnt auch Servogriffe eingesetzt werden. Das sind solche, in die Befehlsgeber für die AUF-AB-Bewegung eingearbeitet sind. Eine andere interessante Lösung ist die Beeinflussung der Wägezelle über den Handgriff.

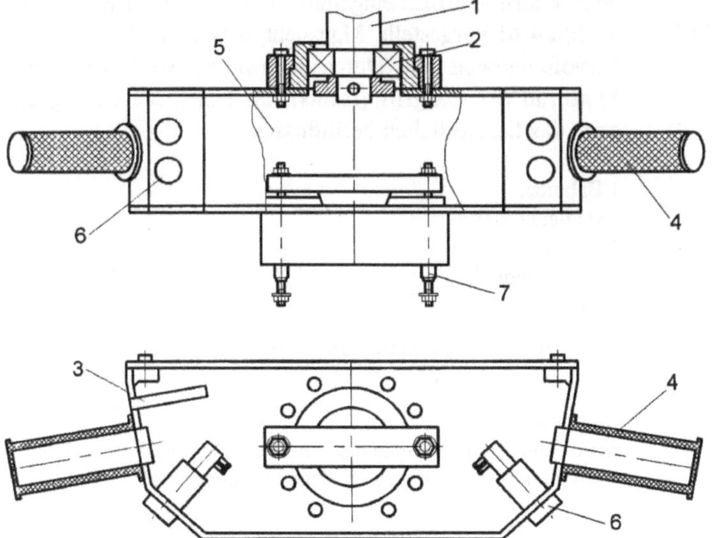
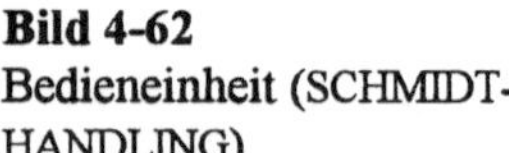

1 Anbauelement
2 Kugellager, Drehgelenk
3 Lichttaster
4 Handgriff
5 Freiraum für den Einbau
  von Steuerelementen
6 Bedientaster
7 Befestigungselement für
  Lastaufnahmemittel bzw.
  Greifer

Bild 4-62
Bedieneinheit (SCHMIDT-
HANDLING)

Ein robuster Steuergriff für das Führen der Last wird in **Bild 4-63** vorgestellt. Damit werden auch die verschiedenen Steuerbefehle erteilt. Das sind AUF-AB (seitlicher Taster), Greifer AUF-ZU, automatische Lasttarierung und NOT-AUS. Der Steuergriff ist auch hier als Werksstandard eingeordnet und kann in vielen Geräteausführungen nach den praktischen Erfordernissen angebaut werden.

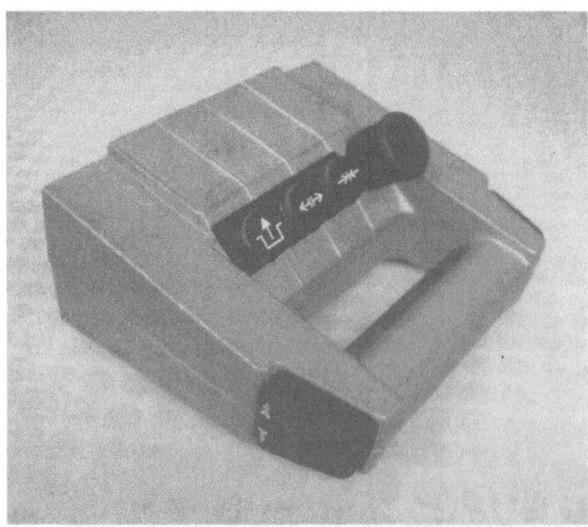

Bild 4-63 Steuergriff für Seilbalancer und Hubeinheiten
(ZASCHE/DEMATIC)

Die Bedieneinheiten sind je nach Größe eines Manipulationsobjekts mehr oder weniger nahe am Griff platziert. In **Bild 4-64** wird ein Ausführungsbeispiel gezeigt. Neben Bediengriff und Tastern sind Anzeigen zu sehen. Sie dienen zur Kontrolle von Vakuum, Betriebsdruck der Druckluft und Vorspanndruck. Der Greifer verfügt über eine Dreh- und eine Schwenkachse. Es werden 45 kg schwere und hochempfindliche Siliziumstäbe gegriffen. Sie werden mit Vakuum gehalten und zusätzlich noch geklemmt. Die Saugplatten sind in die Greifbacken integriert. Die dargestellte Bedieneinheit wurde mit 2 Handgriffen ausgestattet, um den Manipulator in Beidhand-Technik führen zu können.

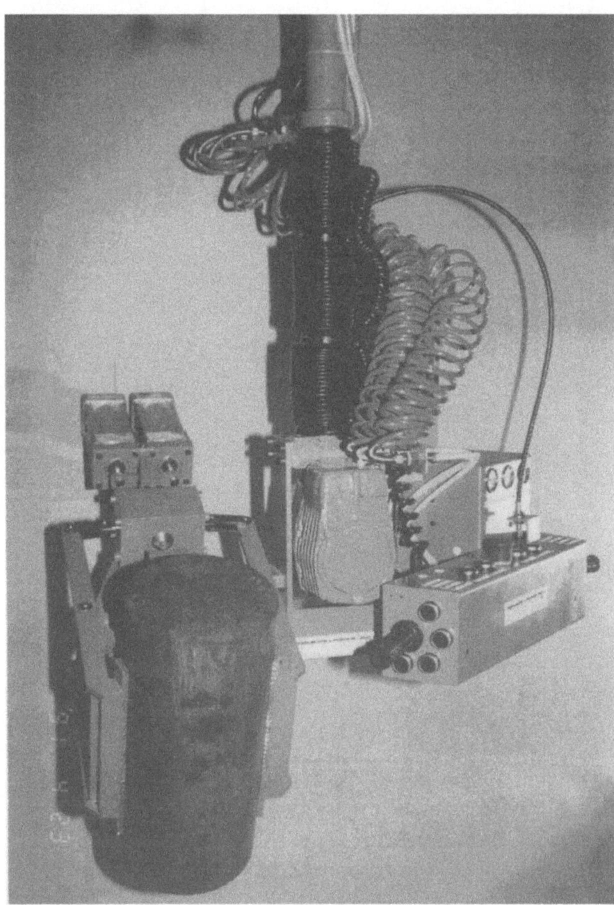

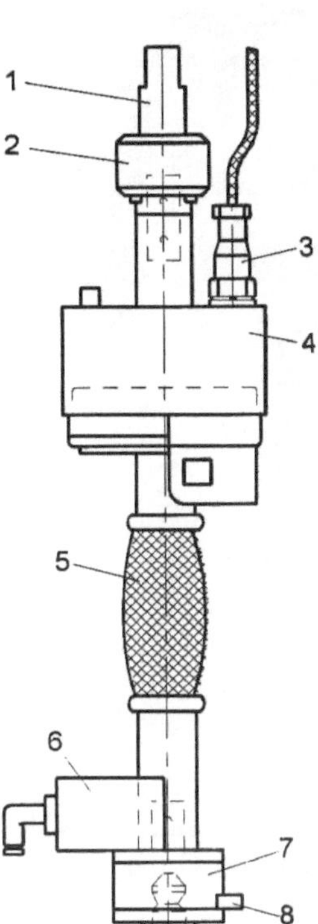

Bild 4-64 (links)
Greifer mit Bedieneinheit an einer elektrohydraulischen Hubachse mit Starrführung
(SCHMIDT-HANDLING/LANDERT)

Bild 4-65 (rechts) Bedieneinheit mit baukastenmäßigem Aufbau (KAHLMAN)
1 Anschlussstück für Hubseil, 2 Drehgelenk, 3 Kabeleinlauf, 4 Steuereinheit mit Piezofühler, 5 Führungsgriff, 6 Leitungsausgang, 7 Lastaufnahmemittel-Anschluss, 8 Entriegelungsschieber für den Greiferwechsel

Ergonomisch günstig ist natürlich auch die Einhandbedienung. Sie wird häufig bei Seilbalancern verwendet und ergibt bei senkrechter Handgriffachse auch eine sehr schlanke Bedieneinheit. In **Bild 4-65** kann man eine solche Einheit sehen. Sie ist zwecks vielfacher Verwendbarkeit baukastenmäßig ausgebildet. Die Komponenten werden je nach Bedarf zusammengesetzt und haben angepasste Koppelflächen. Der Handgriff ist in vertikaler Richtung verschiebbar. Damit lässt sich die Hubgeschwindigkeit steuern. Die Handgriffverschiebung wird dazu mechanisch auf einen Piezofühler übertragen. Dabei wird auch die beabsichtigte Bewegungsrichtung erkannt (siehe dazu auch Bild 4-54).

In **Bild 4-66** ist die Bedieneinheit eines anderen Seilbalancers zu sehen. Sie hat einen vertikalen Führungsgriff für die Hub- und Senkbewegung, sowie einen Taster für die Lastwertspeicherung. Die Schutzbügel sollen Handverletzungen beim Bewegen verhindern. Auch die in **Bild 4-67** dargestellte Bedieneinheit ist für die Einhand-Bedienung vorgesehen. Hier ist die Bediengriffachse allerdings waagerecht angeordnet, was beim Führen über größere Hübe als angenehmer empfunden wird. Die Bedientaster sind griffgünstig angeordnet. In den Kraftfluss kann eine Wägezelle eingefügt sein.

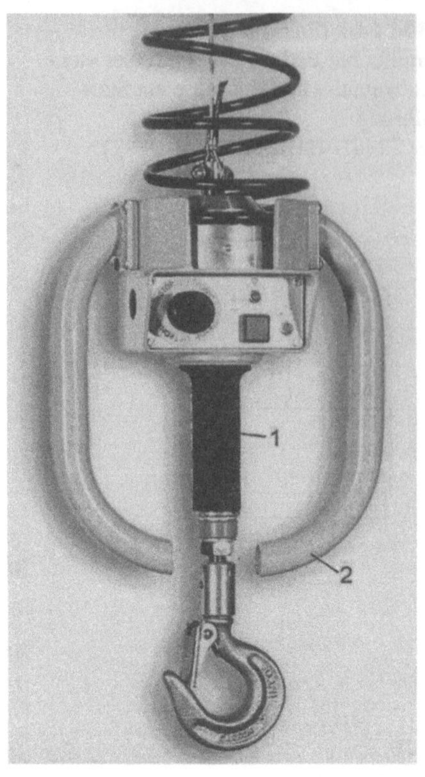

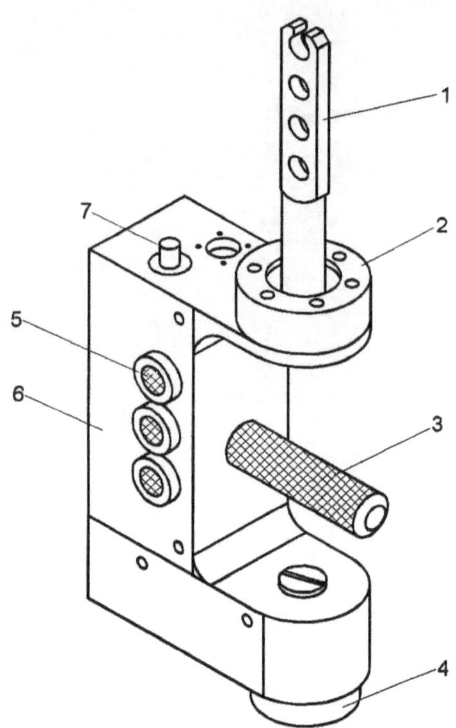

Bild 4-66 Bedieneinheit an einem Seilbalancer mit senkrechter Griffachse
(SCAGLIA)
1 Einhand-Führungsgriff
2 zweiseitiger Schutzbügel

Bild 4-67 Bedieneinheit mit waagerechter Griffachse
(SCHMIDT-HANDLING)
1 Anschlussstück, 2 Wägezelle, 3 Führungsgriff, 4 Anschluss
für Lastaufnahmemittel oder Greifer, 5 Bedientaster, 6 Gehäuse, 7 Kabeleinführung

Abschließend dazu werden in **Bild 4-68** die Grundbewegungen angegeben, die zur Bewegungsbe-
schreibung gebraucht werden. Aus Gründen der Einheitlichkeit sollte nicht davon abgewichen werden (siehe dazu auch Bild 2-2 und Bild 4-2). Natürlich werden nicht in jedem Fall alle Beweglichkeiten gebraucht. Die Darstellung repräsentiert den maximal möglichen Freiheitsgrad F eines Objekts mit $F = 6$. Das sind 3 Schiebebewegungen (X, Y, Z) und Drehungen um diese Achsen mit A,
B, C.

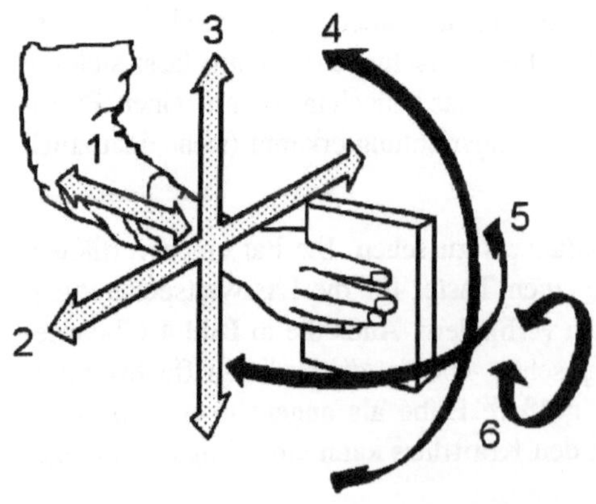

1 Vor-Zurück
2 seitlich Links-Rechts
3 Auf-Ab
4 Beugen, Nicken
5 Schwenken, Gieren
6 Drehen, Rollen

Bild 4-68
Definition der Grundbewegungen

4.11 Lastaufnahmemittel und Greifer

Der Greifer oder ein Lastaufnahmemittel ist irgendwie Ersatz für die menschliche Hand im Handhabungsprozess. Ein technischer Ersatz ist aber schwierig. Immerhin werden Hand und Unterarm beim Menschen mit 39 Muskeln in Bewegung versetzt, was eine unglaubliche Anzahl verschiedener Einzelgriffe möglich macht. Bei Balancern und Hubeinheiten werden vom Bediener nur die Bedienelemente angefasst. Die Vielfalt der Griffe muss deshalb auf einen oder auf mehrere Greifer übertragen werden. Die Bewegungsplanung und Steuerung basiert jedoch beim Handhaben noch auf dem Zusammenspiel von Hand, Auge und Hirn. Das gestattet die Reproduktion von komplizierten Bewegungsmustern. Übrigens sind den Händen des Menschen besonders große Hirnareale zugeordnet [4-3]. Hinzu kommt eine fein ausgeprägte Tastsensorik. Aus dieser Situation ist leicht begreifbar, dass technische Hände in vielen unterschiedlichen Varianten vorliegen müssen, wenn die riesige Zahl von Werkstückformen und -eigenschaften erfolgreich bewältigt werden soll.

4.11.1 Begriffe und Einteilung

Der Begriff „Lastaufnahmemittel" ist ein Sammelbegriff für alle fest angebauten oder wechselbaren Konstruktionsteile und Vorrichtungen, die eine zeitweilige Verbindung zwischen Fördermitteln und Hebezeugen und einen Transportgut herstellen (Aufnehmen und Halten). Als „Anschlagmittel" bezeichnet man die nicht zum Hebezeug gehörenden Hilfsmittel, die eine Nutzlast mit bzw. ohne Zwischenschaltung von Lastaufnahmemitteln halten. Für die Stückguthandhabung interessieren vor allem Zangen, Klemmen, Lasthaftgeräte und Greifer. Man kann aus der Sicht der Hebetechnik einteilen in

Formpaarige Lastaufnahme
Dazu gehören Haken, Gabeln, C-Gabeln, Lastösen, Klauen, Gehänge u.a.

Kraftpaarige Lastaufnahme
Das sind alle Bauarten von Klemmen, Zangen, Greifern, Klemmdornen u.a.

Lasthaftgeräte
Sie arbeiten mit Kraftfeldern, die durch Magnethalter und Vakuumhaftgeräte erzeugt werden.

Anschlagmittel
Sie dienen zur Verbindung von Lastaufnahmemitteln mit dem Hebegerät. Es sind meistens Seile, Ketten und Traversen. In **Bild 4-69** wird ein Überblick über gebräuchliche Lastaufnahme- und Anschlagmittel gegeben.

In der Stückguthandhabung mit dem Manipulator sind für Werkstücke, Werkzeuge, Behältnisse, Montage-Baugruppen, Rohteile und Fertigprodukte viele Greifer entwickelt worden, deren Ausführung heute zum Kernwissen der balancergestützten Handhabung gehören.

Wie definiert man Greifer?

> **Greifer:** Teilsystem einer Handhabungseinrichtung, das für den Kontakt zwischen einem Greifobjekt und der Handhabungseinrichtung zuständig ist und vorübergehend das Objekt in Position und Orientierung exakt sichert.

In der folgenden Tabelle wird eine Gliederung nach dem Greifprinzip (oben) und nach der Greiforganausführung (unten) vorgenommen. Es sind drei prinzipielle Möglichkeiten erkennbar [4-4]:

❑ Spannen (mit Punktkräften)
❑ Haften (mit Kraftfeldern)
❑ Verhaken (mit Formschluss)

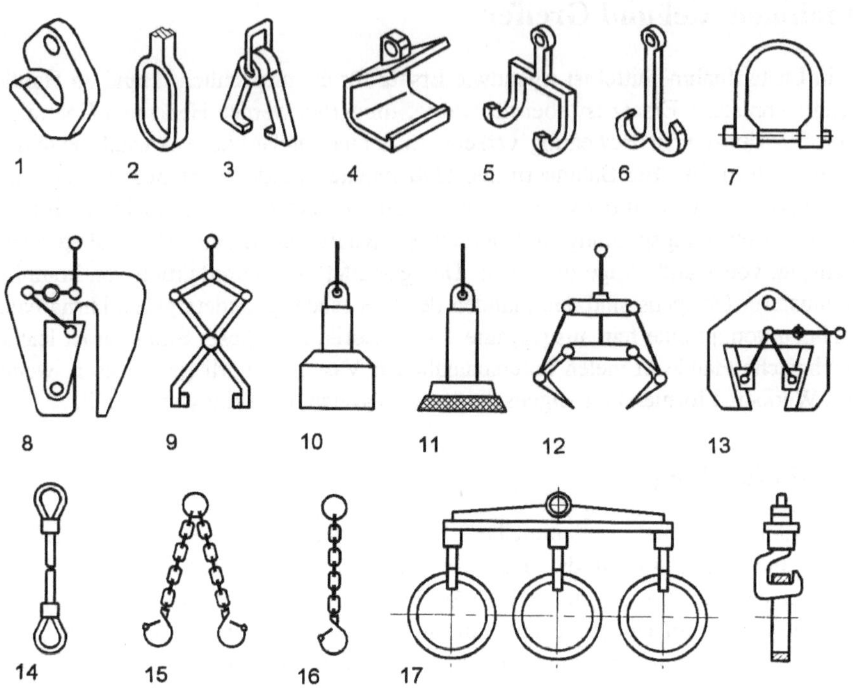

Bild 4-69 Einige Lastaufnahme- und Anschlagmittel
1 Lasthaken, 2 Öse, 3 Gehänge, 4 Lastgabel, 5 Klaue, 6 Doppelhaken, 7 Schäkel, 8 Klemme, 9 Hebezange, 10 Magnethaftgerät, 11 Vakuumhaftgerät, 12 Greifer, 13 Keilklemme, 14 Anschlagseil, 15 Kettengehänge, 16 Hakenkette, 17 Traverse

Getriebe-greifer	Überdruck-greifer	Vakuum-greifer	Magnetgrei-fer	Adhäsivgreifer	Nadelgreifer
Klemmgreifer			Haftgreifer		Sondergreifer
GREIFER					

Getriebegreifer	Überdruckgreifer	Unterdruckgreifer	Magnetgreifer
Parallelbackengreifer Schwenkgreifer Scherengreifer Radialgreifer	Beugefinger Lochgreifer Zapfengreifer Schrumpfringgreifer	**pneumostatisch** - Scheibensauger - Saugplatten **pneumodynamisch** - Luftstromgreifer	Dauermagnetgreifer (D) Elektromagnetgreifer (E) kombinierte D/E-Greifer Magnetpulvergreifer

Ein sehr großer Teil der Anwendungen wird mit Getriebegreifern ausgefüllt. Aus kinematischer Sicht lassen sich Unmengen von kinematischen Getriebebildern auflisten, bei denen sich die Greiforgane geradlinig oder bogenförmig schließen. Einige Beispiele sind in **Bild 4-70** enthalten. Sie schließen alle bogenförmig. Durch entsprechende Gestaltung der Greifbacken lassen sich Anpassungen an die Objektform vornehmen. Der Antrieb kann pneumatisch, hydraulisch oder elektrisch erfolgen. Gerade im Bereich der Balancer und Hubeinheiten sind aber auch Greifer interessant, die ohne Energieleitungen auskommen, also von Hand betätigt werden. Das **Bild 4-71** zeigt ein Beispiel. Der Greifer wird z.B. für gepresste Schrottpakete, gebündelte Altpappe oder textile Abfallballen eingesetzt. Die Greifbacken sind deshalb mit Spitzen versehen um eine gute formpaarige Verhakung mit dem Greifobjekt sicherzustellen. Am Bediengriff muss eine gewisse Handkraft

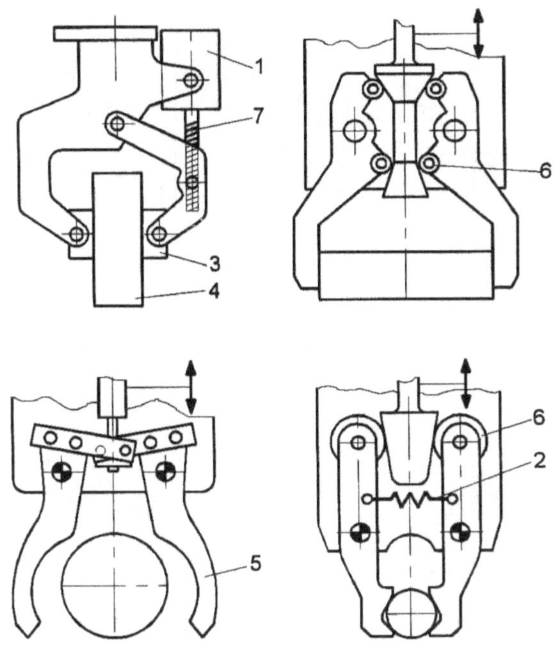

aufgebracht werden. Die handbetätigten mechanischen Greifer werden aber auch für die Manipulation hochwertiger Greifobjekte verwendet, wenn das sinnvoll ist.

1 Elektromotor
2 Zugfeder
3 Greifbacke
4 Greifobjekt
5 Greiferfinger
6 Rolle
7 Gewindespindel

Bild 4-70
Einige Beispiele für Getriebegreifer

Backengreifer mit großem Greifweite-Bereich werden benötigt, wenn im Wechsel z.B. Packstücke unterschiedlicher Größe anzufassen sind. Das ist mit Greifern möglich, deren Backen mit Parallelogrammgetrieben geführt werden (Bild 4-97), aber auch mit dem in **Bild 4-72** dargestellten Langhubgreifer.

Bild 4-71
Handbetätigter Greifer für ballenartige Abfallpakete

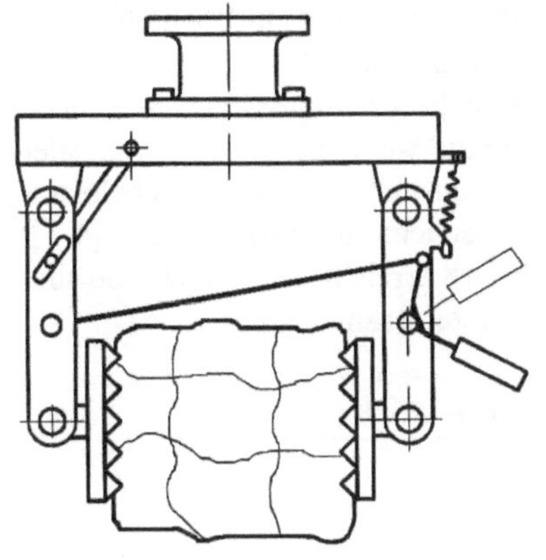

1 Pneumatikzylinder
2 Seil, Kette, Zahnriemen
3 Geradführung
4 Greifbacke auf Greifweite einstellbar
5 Greifobjekt
6 Anschlussflansch
7 Umlenkrolle
8 Grundplatte, Gehäuse
9 Lochfeld zur Backenbefestigung
10 Innengriff
11 Außengriff

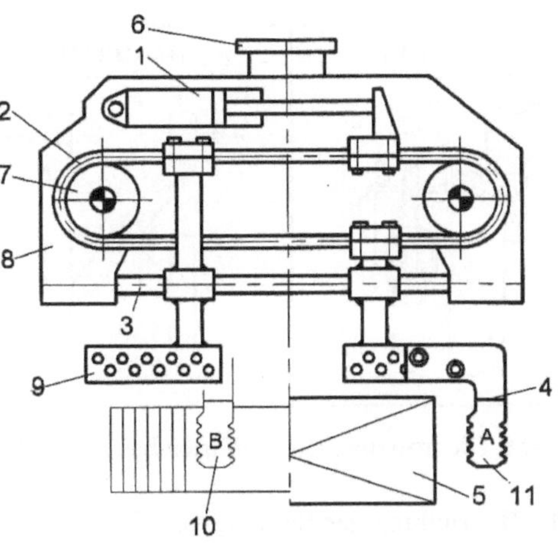

Bild 4-72 Langhubgreifer mit Parallelbacken

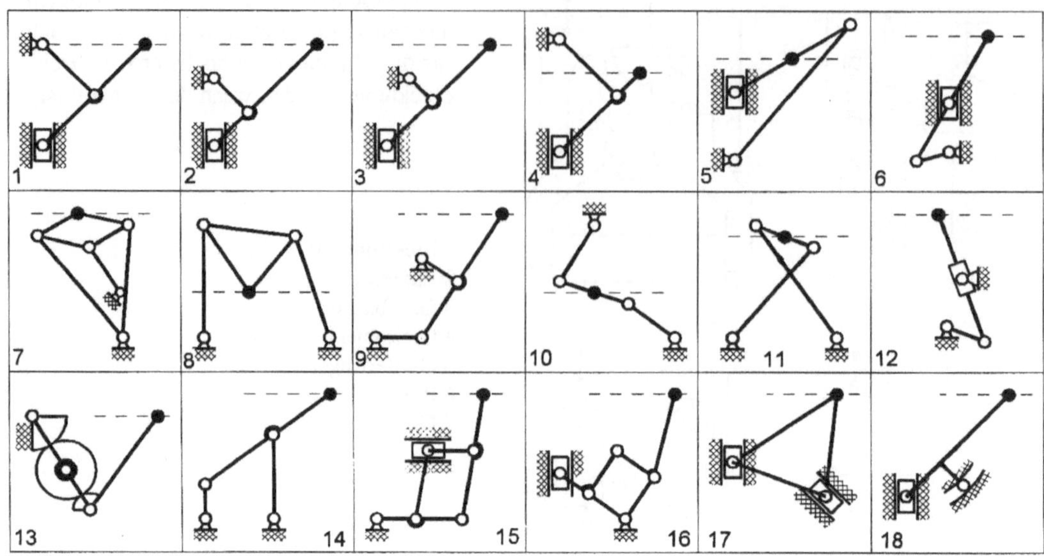

Bild 4-73 Kinematische Schemata für Geradführungsgetriebe
1 gleichschenklige zentrische Schubkurbel, 2 zentrische Schubkurbel, 3 allgemeine Schubkurbel,
4 bis 6 zentrische Schubkurbel, 7 Inversor von Peacellier, 8 Roberts'scher Lenker, 9 Evans-Lenker, 10
Watt'scher Lenker, 11 Tschebyschew-Führung, 12 Konchoidenlenker, 13 Gelenkarm, 14 Lemniskaten-
Lenker, 15 Pantograph, 16 Plagiograph, 17 Doppelschieber, 18 kurvengeführter Lenker

Die gegenläufige Bewegung der Greifbacken wird hier über einen Zahnriementrieb erreicht. Der
Antrieb wird von einem Pneumatikzylinder besorgt. Die Greifbacken sind über ein Lochfeld ebenfalls nochmals einstellbar und können sowohl in der Anordnung A als auch B angeschraubt werden. Die Greifkraft ist konstant, also unabhängig vom Hub. Anstelle geriffelter Backen können
auch Gummi-Reibbeläge aufgeklebt werden. Der Greifer ist weitaus weniger sperrig als Greifer
mit Parallelogrammgetriebe. Die Getriebetechnik hält natürlich noch viele andere Getriebelösun-
gen bereit. In **Bild 4-73** sind die wichtigsten Getriebe in einer Übersicht zusammengestellt [4-5].
Eine exakte Geradführung wird von den Getrieben 1, 7, 13, 15 bis 18 erreicht. Diese Getriebe sind
übrigens auch für die konstruktive Auslegung von Balancerarmen interessant.

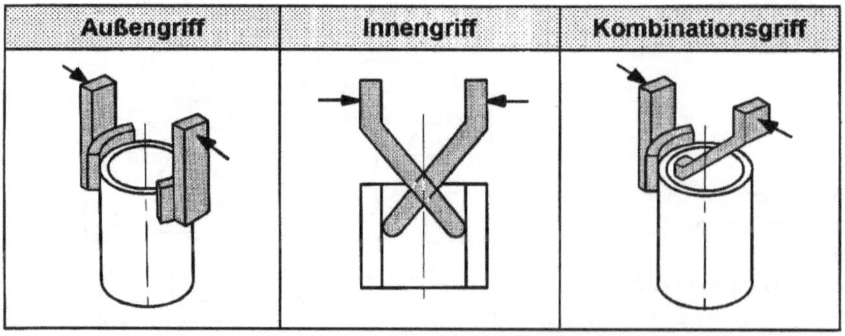

Bild 4-74 Die prinzipiellen Griffarten beim Einsatz von Backengreifern

Für die Beurteilung der Eignung von Greifern spielen Objektabmessungen, -zustand, -form, -werk-
stoff und Bereitstellart eine wichtige Rolle. Aber auch wie man die Objekte überhaupt anfassen
kann (welche Kontaktstellen sind möglich und zulässig), muss geklärt werden. Das wird umso

schwieriger, je mehr verschiedene Teile mit *einem* Greifer zu bewältigen sind. Die typischen Greifarten sind in **Bild 4-74** dargestellt.

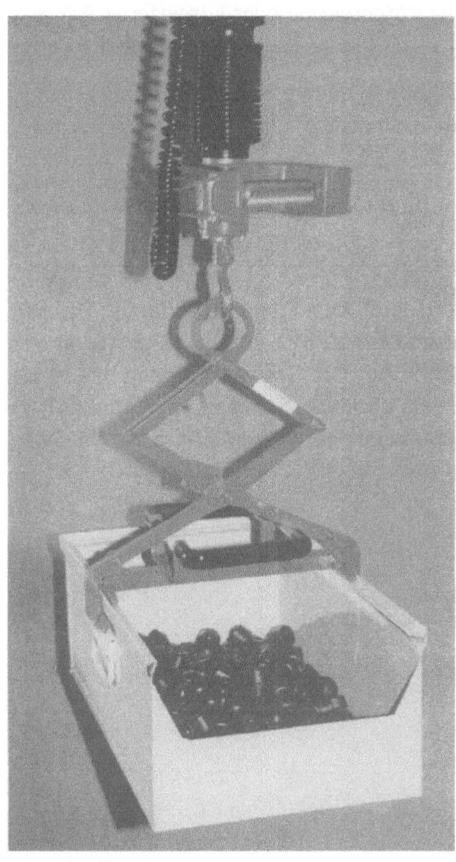

Bild 4-75 Greifzange für das Handhaben von Teilebehältern

Die Ausführung des Innengriffes ist für Hohlteile und Körper mit Bohrungen typisch. Der Kombinationsgriff wird oft für Blechkörper bzw. Blechformteile verwendet, wobei die Greifbacken noch zusätzlich mit Meißelspitzen belegt sein können, die nochmals ein Halten durch Mikro-Formschluss bewirken.

Der Außengriff mit angepassten Greifbacken wird in **Bild 4-75** als Beispiel gezeigt. Diese Greifzange ist ein sehr einfaches und altes Lastaufnahmemittel und sie kann ohne Steuerung und ohne Kraftantrieb genutzt werden. Der Halteeffekt wird allein durch die Schwerkraft des Greifobjekts erzeugt (siehe dazu auch die Bilder 4-99 und 4-100). Die Anpresskraft ist von der Öffnungsweite abhängig. Das ist bei reiner Klemmung zu beachten. Im Beispiel liegt eine Form- und Kraftpaarung vor.

Außer der Greifoperation selbst, ist oft auch entscheidend, welche Handgelenkachsen zu installieren sind. Die Orientierung des Greifers im Raum ist durch 3 Winkel beschreibbar. Zur Einstellung einer beliebigen Orientierung sind folglich Beweglichkeiten im Freiheitsgrad 3 erforderlich. Oft kommt man natürlich mit einer oder mit zwei Handachsen aus. Um z.B. einen gegriffenen Behälter ausschütten zu können wird eine Drehachse gebraucht, die von 0° bis 100° stufenlos stellbar ist. Das Bild **4-76** gibt eine Übersicht über die Technik der Handachsen.

Handachsenstruktur	RR	RT		RTR	RRT	
Achsenkonfiguration (Auswahl)						
Drehwinkel	0°...100°	90°	+90°...-90°	180°	360°	beliebig
Achsenantrieb	manuell	pneumatisch		hydraulisch	elektromotorisch	
Bewegungsausführung	einzeln nacheinander	gleichzeitig überlagert			gleichzeitig mechanisch verkoppelt	

Bild 4-76 Technische Charakteristik typischer Handgelenkachsen, R Rotationsgelenk, T Torsionsgelenk

Zur Beschreibung der Objektbewegungen werden die Begriffe Wenden, Schwenken und Neigen benutzt. Sie werden wie folgt definiert:

> **Wenden:** Drehen oder Schwenken eines Objekts um eine körpereigene oder körperferne Achse, um die Unterseite des Objekts zur Oberseite zu machen. Es ist immer eine 180°- Bewegung.
>
> **Drehen:** Bewegen eines Körpers aus einer bestimmtem in eine andere bestimmte Orientierung um eine durch einen körpereigenen Bezugspunkt verlaufende Achse. Die Position des körpereigenen Bezugspunktes bleibt dabei unverändert.
>
> **Schwenken:** Drehen eines Objekts in eine neue Position und Orientierung durch Bewegen um eine körperferne Achse.

Ein Ausführungsbeispiel für eine Handschwenkachse wird in **Bild 4-77** gezeigt. Es werden Antriebsrad-Baugruppen eines Gabelstaplers aufgenommen und um 180° zum Zweck der Montage nach oben geschwenkt. Die Masse der Baugruppe beträgt 42 kg. Der Schwenkvorgang dauert etwa 6 Sekunden. Er muss nicht schneller ablaufen, weil er als parallele Bewegung zur Manipulation der Baugruppe von einer Gitterbox bis zum Montageplatz eingeordnet ist. Die Schwenkachse des hydraulisch bewegten Greifers ist an einer Hubeinheit mit starrer Vertikalachse angebaut.

Bild 4-77
Greifer mit Handgelenkachse
(SCHMIDT-HANDLING)

4.11.2 Gestaltung von Anschlagpunkten

Obwohl mit dem Balancer häufig die Teile mit einem Greifer oder Sauger aufgenommen werden, gibt es auch Anwendungen, bei denen andere Anschlagmittel eingesetzt werden, z.B. beim Heben von Vorrichtungen oder Umformwerkzeugen an Werkzeugmaschinen. Dann müssen die Vorrichtungen über geeignete Einhängevorrichtungen verfügen. Es geht also um die richtige Auswahl der Anhängepunkte und die zulässigen Belastungen je Strang (Kette, Seil, Band). So ist u.a. zu beachten, dass bei einer 4-Strang-Aufhängung (**Bild 4-78**) nur 2 Stränge als tragend angesehen werden dürfen (UVV 18.4 -VGB 9a 530 (3)).

Beispiel: Wie groß ist die Belastung F_A der Anschlagkette bei der Aufhängung nach Bild 4-78? Ausgangsdaten: m = 150 kg, 4-Punkt-Aufhängung, Last symmetrisch verteilt.

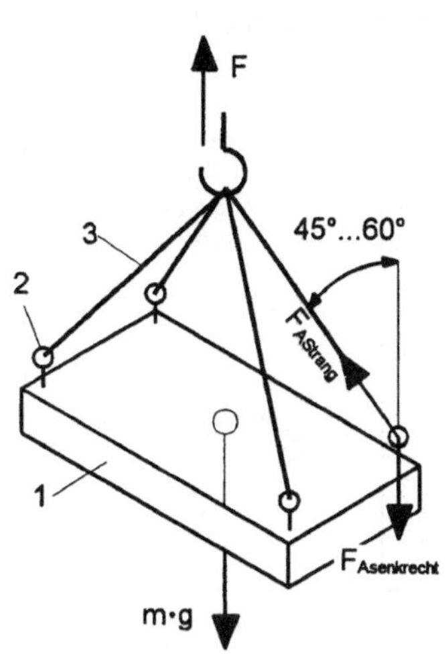

Es ergibt sich

$$F_{\text{Asenkrecht}} = (150 \text{ kg} \cdot 9,81 \text{ m/s}^2)/3 = \underline{500 \text{ N}}$$

weil ein 4-Strang wie ein 3-Strang zu behandeln ist. Nun kommt aber ein Neigungswinkel von max. 60° vor. Deshalb entsteht eine Belastung von

$$F_{\text{AStrang}} = F_{\text{Asenkrecht}}/\cos 60° = 500 \text{ N}/0,5 = \underline{1000 \text{ N}}$$

Es muss deshalb vom Konstrukteur ein Anschlagpunkt gewählt werden, der eine allseitig zulässige Tragfähigkeit von 1000 N aufweist.

Bild 4-78
Standardfall beim Heben
1 Hebeobjekt, 2 Anschlagpunkt, 3 Hebestrang, F_A zulässige Tragfähigkeit *eines* Anschlagpunktes in kg

Bei der Gestaltung von Anschlagpunkten werden oft Fehler gemacht, die aus sicherheitstechnischen Gründen kritisiert werden müssen. Das sind (nach RUD-Kettenfabrik) vor allem folgende Sünden:

- ❏ Falsche Lastrichtung bei Verwendung von Ringschrauben nach DIN 580 aus dem Werkstoff C 15. Sie dürfen nur senkrecht oder bis zu 45° Schräge zur Ringebene belastet werden. Besser sind in Lastrichtung einstellbare, drehbare und schraubbare Anschlagpunkte (**Bild 4-79**). Als Faustregel gilt übrigens, dass die Tragfähigkeit des **einzelnen** Anschlagpunktes, auch bei Mehrstrangeinsatz, der Gesamtgewichtskraft der Last entsprechen soll (**Bild 4-80**).

- ❏ Selbstgefertigte Anschlagpunkte sind ein hohes Sicherheitsrisiko. Anschlagpunkte sind Lastaufnahmemittel und müssen gemäß den Richtlinien geprüft sein. Man setzt also von vornherein geprüfte und zertifizierte Anschlagpunkte ein. Bei angeschweißten Anschlagpunkten sollte die Schweißung nur von einem nach EN 287-1 geprüften Schweißer vorgenommen werden.

- ❏ Aus Grobblechen selbst hergestellte Anschlagpunkte genügen oft nicht den Anforderungen. Sie lassen es mitunter nicht zu, dass Haken mit einer kleiner Maulweite oder Schäkel richtig eingehängt werden können. Man sollte nur geprüfte Mittel verwenden, z.B. Ringböcke. Die geschmiedeten Ringlaschen werden beim Hersteller z.B. elektromagnetisch auf Risse geprüft.

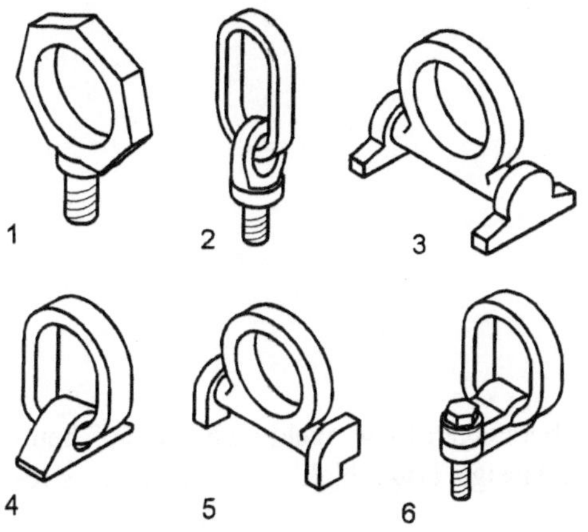

1 Ringschraube
2 Wirbelbockgewinde
3 Ringbock
4 Lastbock
5 Ringbock-Kante
6 Lastbockgewinde

Bild 4-79
Einige gebräuchliche Anschlagpunkte

❏ Hebe- bzw. Anschlagketten werden unter Missachtung der zulässigen Neigungswinkel verwendet. Hier sind die Richtlinien zu beachten und selbstverständlich nur geprüfte Anschlagketten zu verwenden.

Gewichtskraft in N	Masse in kg	Ein-Strang	2-Strang 45°...60°	3- und 4-Strang symmetrisch, 45°... 60°	3- und 4-Strang unsymmetrisch 45°... 60°
F	m	$F_A = m{\cdot}g$	$F_A = m{\cdot}g$	$F_A = 0{,}7{\cdot}m{\cdot}g$	$F_A = m{\cdot}g$
500	50	50	50	35	50
1000	100	100	100	70	100
2500	250	250	250	175	250
5000	500	500	500	350	500
7500	750	750	750	500	750
10000	1000	1000	1000	700	1000
15000	1500	1500	1500	1000	1500
20000	2000	2000	2000	1400	2000

Bild 4-80 Erforderliche Tragfähigkeit F_A in kg des *einzelnen* Anschlagpunktes in allen Richtungen

Bei der Verwendung von drei- und mehrsträngigen Seil- und Kettengehängen für das Anschlagen starrer Güter sind nur zwei Stränge als tragend anzunehmen, wenn nicht durch die Art der Befestigung eine eindeutige Beanspruchung der einzelnen Stränge gewährleistet ist. Außerdem ist bei Gehängen die Minderung der Tragfähigkeit in Abhängigkeit vom Spreizenwinkel zu beachten.

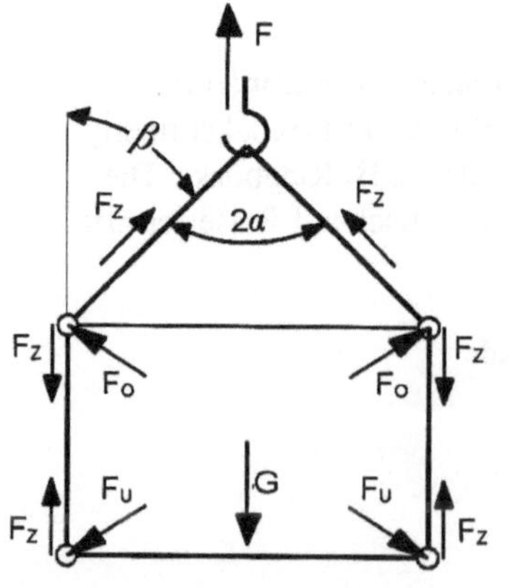

Werden Objekte mit einer Gewichtskraft F durch Anschlagmittel umschlungen, dann treten infolge der Zugkraft F_Z die Druckkräfte F_O und F_U auf. Das wird in **Bild 4-81** gezeigt.

Für diese Kräfte gilt:

$$F_Z = \frac{F}{2} \cdot \frac{1}{\cos\alpha}$$

$$F_O = 2 \cdot F_Z \cdot \sin\frac{\alpha}{2}$$

$$F_U = \sqrt{2} \cdot F$$

2α Spreizwinkel
β Neigungswinkel

Bild 4-81 Kräfte am Objekt bei einem umschlingenden Anschlagmittel

Der Spreizwinkel 2α soll einen Winkel von 120° nicht übersteigen (bzw. nicht mehr als 60° beim Neigungswinkel β). Ist das nicht zu umgehen, muss die zulässige Tragfähigkeit des Lasthakens reduziert werden.

4.11.3 Vakuumgreifer

Vakuumgreifer werden sehr häufig eingesetzt. Das liegt am einfachen Prinzip und den sich daraus ergebenden Vorteilen. Die wichtigsten Vorteile sind:

❑ Es ist nur eine Grifffläche erforderlich

❑ Die Haltewirkung ist von den Werkstoffeigenschaften des Greifobjekts weitgehend unabhängig. Auch mäßig poröse Stücke lassen sich noch festhalten.

❑ Die Greifkraft ist über den Unterdruck gut steuer- und regelbar.

❑ Das Lösen des Greifobjekts vom Sauger kann durch einen Überdruck-Luftimpuls unterstützt werden.

❑ Das Greifen des Greifobjekts ist sehr schonend, was besonders bei fertigen Produkten und schon verpackten Gegenständen wichtig ist.

Als Wirkelement werden elastische Sauger mit verschiedenen Formen verwendet, aber auch Düsenplatten, Rasternutplatten mit Abdichtungsschnüren und Sintermetallplatten mit geeigneter Vakuumdurchlassfähigkeit. Die verschiedenen Sauger-Bauformen sind in **Bild 4-82** in ihren Haupteigenschaften aufgeführt [4-6].

Bauform	übertragbare Kraft		elastischer Vertikalhub	Restvolumenstrom	Anwendung
	vertikal	horizontal			
A 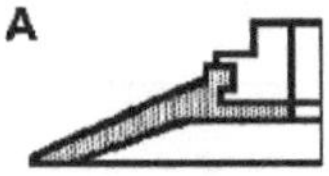	◔	◑	◑	◕	glatte Werkstücke wie z.B. Blechtafeln, Karton, Glasscheiben, Holzplatten, beschichtete Spanplatten
B 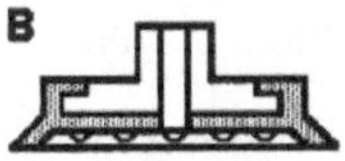	●	◕	●	◑	dünne Bleche aus Stahl oder Aluminium, Teile mit leicht rauer (verzunderter) Oberfläche
C 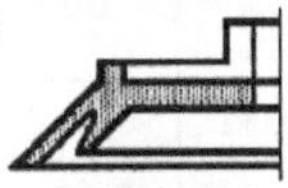	◕	◑	◑	●	Teile mit stark strukturierten Oberflächen, wie z.B. Ornamentglas, Riffelblech, gebrochener Naturstein
D 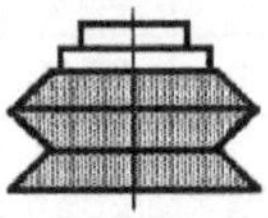	◑	○	◔	○	unebene Werkstücke oder bei erforderlichem Höhenausgleich; 1,5 bis 3,5 Falten, großflächige, biegeschlaffe Teile

Bild 4-82 Einsatzeigenschaften von Vakuumsaugern
voll-schwarzer Kreis = sehr gut geeignet, Leerkreis = völlig ungeeignet

Die Bauform A zeigt trotz relativ einfacher Konstruktion bei allen Kriterien gute Ergebnisse. Die vergleichsweise große Flexibilität in vertikaler Richtung bei zunehmender Vertikalkraft beschränkt die Eignung nur in wenigen Anwendungsfällen. Bei der Bauform B können sehr hohe Vertikalkräfte erreicht werden, weil der Saugraum auch bei hohem Unterdruck erhalten bleibt, unterstützt durch Abstandshalter und kleine schmale Dichtlippen. Bei der Bauform C ergibt die doppelte Dichtung einen sehr kleinen Restvolumenstrom. Das aufwendige Dichtungssystem braucht aber mehr Platz und schränkt damit den wirksamen Saugelementedurchmesser ein. Die Bauform D ist charakterisiert durch die geringen übertragbaren Vertikalkräfte, die mangelnde geometrische Stabilität bei Querkräften, sowie einen sehr großen elastischen Vertikalhub. Das schränkt die Anwendung für eine Vielzahl von Handhabungsaufgaben ein.

Eine interessante Form von Vakuum-Saugelementen sind Sauggreiferkästen mit spezieller Dichtmatte (SCHMALZ). Eine Rechteckmatte wurde in viele einzelne Vakuumzellen aufgeteilt, die alle fest mit dem Vakuumspeicher verbunden sind. In jede einzelne Vakuumzelle hat man ein Strömungsventil integriert, sodass auch bei einem geringen Belegungsgrad der Zellen ein hohes Vakuum bereitsteht. Mit einem solchen Großflächensauger kann man z.B. Bretter, Leisten und Holzbohlen auch bei unterschiedlichen Abmessungen, Massen und Oberflächenzuständen schonend anpacken und manipulieren. Das können auch sägerauhe, unbesäumte und verwundene Bretter sein.

Allgemein hängen die mit Vakuumsaugern erzielbaren Haltekräfte F davon ab, wie hoch das anliegende Vakuum ist. Es gilt (bei horizontaler Werkstücklage, siehe dazu auch Bild 6-7).

$$F = 0,01 \cdot v_{relmax} \cdot 0,01 \cdot p_0 \cdot A_{wirk} \cdot S^{-1} \quad \text{in N}$$

A_{wirk} wirksame Saugfläche in cm^2
S Sicherheitsfaktor (Mindestwert S = 2)
v_{relmax} erreichbares maximales relatives Vakuum in Prozent
p_0 äußerer Luftdruck in hPa (1 hPa $\cong$ 1 mbar)

Das maximal mögliche Vakuum hängt natürlich stark von den Leckverlusten des Systems und damit auch von der Ebenheit der Auflagefläche sowie der Weichheit der Dichtlippen ab.

Die Umrechnung von Vakuumprozentangaben kann nach der folgenden Tabelle vorgenommen werden. Ein Vakuum von 60% bedeutet z.B. einen Druck von - 608 mbar.

Umrechnungstabelle									
Restdruck absolut in mbar	900	800	700	600	500	400	300	200	100
relatives Vakuum in %	10	20	30	40	50	60	70	80	90
bar	-0,101	-0,203	-0,304	-0,405	-0,507	-0,608	-0,709	-0,811	-0,912
N/cm²	-1,01	-2,03	-3,04	-4,05	-5,07	-6,08	-7,09	-8,11	-9,12
kPa	-10,1	-20,3	-30,4	-40,7	-50,7	-60,8	-70,9	-81,1	-91,2

Übrigens ist der Energieeinsatz bei hohen Unterdrücken dementsprechend hoch. Er steigt ab etwa 60% Vakuum überproportional an. Außerdem erhöht sich dann auch die Evakuierungszeit.

Da der Luftdruck von der Höhe der Luftsäule abhängt, geht auch die geographische Höhe in die Haltekraft mit ein. Der Normaldruck bezieht sich immer auf die Meereshöhe (= 0 m = NN - Normalnull) und beträgt 1013 mbar (DIN 1343). Mit steigender geographischer Höhe nimmt somit auch die Tragkraft von Vakuumhaltesystemen ab. Es gilt die nebenstehende Tabelle.

Höhe über NN	relative Tragfähigkeit
0...........250 m	100 %
250........500 m	96 %
500........750 m	92 %
750......1000 m	88 %
1000....1250 m	84 %
1250....1500 m	80 %

In **Bild 4-83** wird ein Vakuumlastaufnahmemittel gezeigt, mit dem die Last senkrecht gestellt, aber auch gewendet werden kann. Je nach Baugröße sind Tragfähigkeiten bis zu 2 Tonnen möglich. Der Schwenkantrieb arbeitet stufenlos, sodass auch Zwischenstellungen angesteuert werden können, z.B. beim Ablegen in ein stehendes Lager. Die Saugluft wird unmittelbar „vor Ort" erzeugt. Günstig ist, wenn zwischen Vakuumerzeuger und -verbraucher noch ein Vakuumspeicher eingeordnet wird. Er verhindert bei Energieausfall das plötzliche Lösen des angesaugten Werkstücks, dient aber auch zur Deckung des Spitzenbedarfs im Moment des Ansaugens. Dadurch kann die Pumpe etwas kleiner gewählt werden. Mitunter wird die Traverse - ein Hohlprofil - gleich als Vakuumspeicher ausgenutzt.

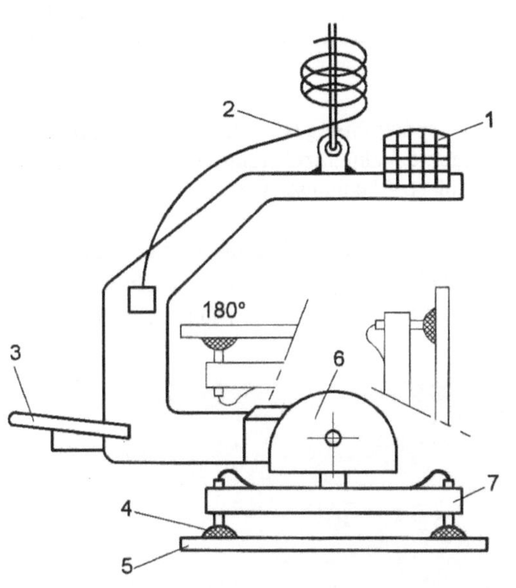

1 Vakuumpumpe
2 Elektrokabel
3 Führungsgriff
4 Sauger
5 Werkstück, z.B. Glasplatte
6 Elektrogetriebemotor
7 Traverse

Bild 4-83
Saugergreifer mit 180°-Handachse (SCHMALZ)

Die Auswahl der Sauger geschieht nach folgenden Kriterien:

Werkstückeigenschaften

Oberflächenempfindlichkeit, Porösität bzw. Dichtheit, Größe, Masse, Steifigkeit, Ebenheit, Verschmutzung (Staub, Nässe, Öl, trocken), elektrostatische Aufladung, Temperatur, Rauheit im Greifbereich

Einsatzanforderungen

Umgebungsbedingungen, z.B. chemisch-aggressiv, erwartete Lebensdauer, Handhabungsbedingungen (Geschwindigkeiten, Beschleunigungen, Drehen, Schwenken), federnde Nachgiebigkeiten, vorhandene Energieart (Druckluft, Saugluft), Lösezeit (Belüften des Saugers), Schnittstellen zur Befestigung

Aus diesen Eigenschaften bestimmt man nicht nur die Bauform des Saugers und seine Größe, sondern auch den Werkstoff. Sauger aus Vulkollan erreichen z.B. gegenüber den Gummisaugern die 20-fache Standzeit. Es gibt Anwendungsfälle, bei denen keine Spuren eines Gummiabdrucks auf dem Objekt verbleiben dürfen.

Vakuumsauger können starr, ein- oder beidseitig gefedert angebracht sein. Dafür zeigt das **Bild 4-84** einige Beispiele. Durch die Federung wird zum einen ein sehr schonendes Aufsetzen auf das Handhabeobjekt erreicht und zum anderen eine optimale Lastverteilung beim Transportieren sichergestellt. Das ist besonders bei biegeschlaffen und welligen Teilen ein Vorteil.

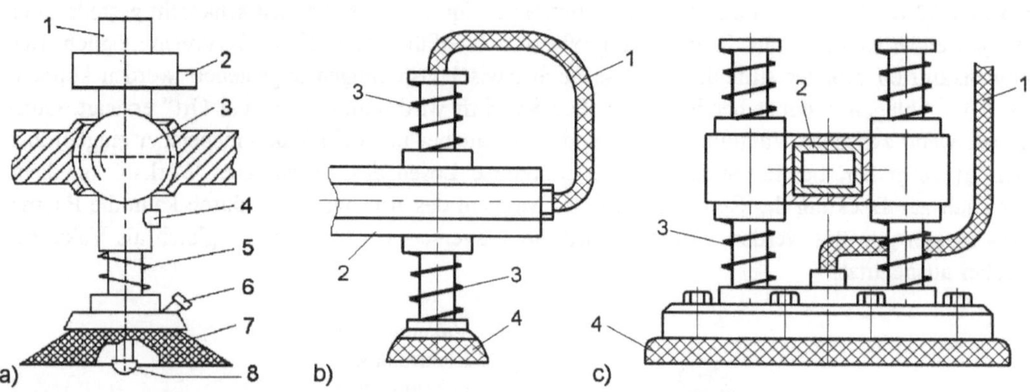

Bild 4-84 Saugerbefestigungen
a) kugelbewegliche Befestigung, b) beidseitige Federung, c) Doppelführung bei großen Scheibensaugern,
1 Vakuumschlauch, 2 Traverse, 3 Druckfeder, 4 Scheibenfeder, 5 Vakuumzuleitung, 6 Druckschalter,
7 Winkelfehlerausgleich, 8 Sauger-Schnellwechseltaste, 9 Aufsetz-Vakuumschalter

Besonders bei der Handhabung von Metallplatten kann es um die Aufnahme beträchtlicher Gewichtskräfte gehen. Das in **Bild 4-85** gezeigte Vakuumhebegerät kann je nach Ausführung z.B. Platten bis zu einer maximalen Abmessung von 6000 x 4000 mm und einer Masse von bis zu 2 t aufnehmen.

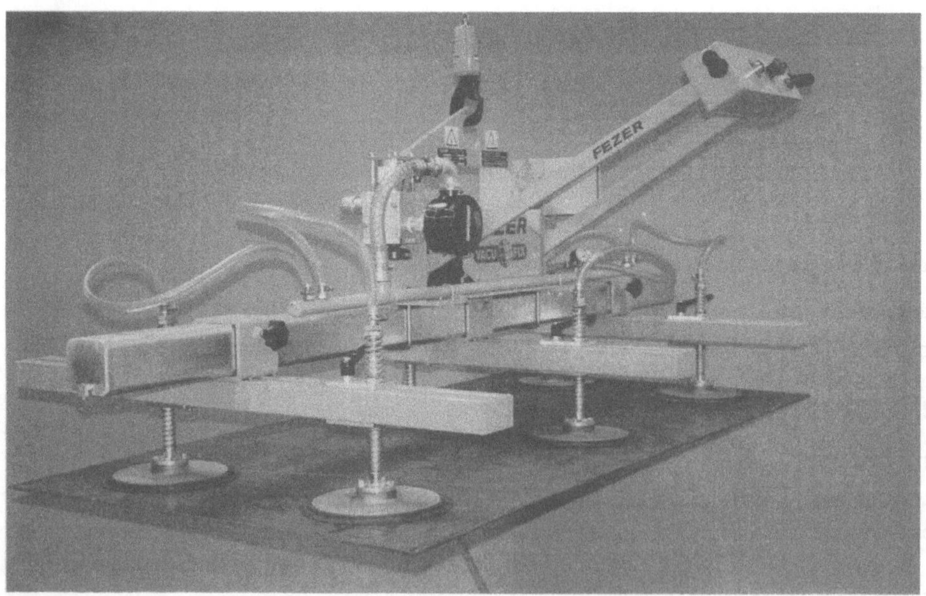

Bild 4-85 Vakuum-Lasthebegerät in Traversenbauform (FEZER)

Auch Riffel- und Tränenbleche, sogar mit verzunderter oder rostiger Oberfläche kann man mit Saugluft halten. Die Sauger sind in Achsrichtungen einstellbar und können der Plattengröße angepasst werden. Die seitlich herausragende Bedieneinheit ist für eine Beidhandbedienung ausgelegt. Der Unterdruck wird überwacht und über ein Rückschlagventil zwischen Saugluftspeicher und Pumpe auch bei einem Energieausfall gesichert. Als Hebezeug werden meistens elektromotorische Seilzüge eingesetzt. Es ist aber auch eine Kombination mit Manipulatoren möglich, die bei Bedarf unter Verwendung von Deckenlaufwerken bewegt werden können.

Es gibt auch Vakuumhaltegeräte, die ohne Vakuumpumpe oder Ejektor auskommen. Sie werden als Vakuumhaftgeräte bezeichnet. Vakuumhaftgeräte erzeugen ihre Haftkraft durch mechanischen Antrieb, z.B. mit Hilfe eines Balges. Bei einem wirksamen Durchmesser von 164 mm kommt man auf eine Tragfähigkeit von 600 N. Der große Vorteil der Haftsauger besteht darin, dass man ohne Energieleitungen auskommt. Leckverluste lassen sich praktisch kaum kompensieren, was die Verwendbarkeit auf glatte, saubere Oberflächen einschränkt. Das **Bild 4-86** zeigt ein Ausführungsbeispiel.

Hat man Greifsysteme mit mehreren Saugern im Einsatz, dann kann es vorkommen, dass ein Sauger nicht vollflächig am Objekt anliegt. Damit dann das Vakuum nicht unnötig absinkt, werden in Saugernähe Vakuumströmungsventile eingebaut, wie es in **Bild 4-87** im Schaltplan zu sehen ist.

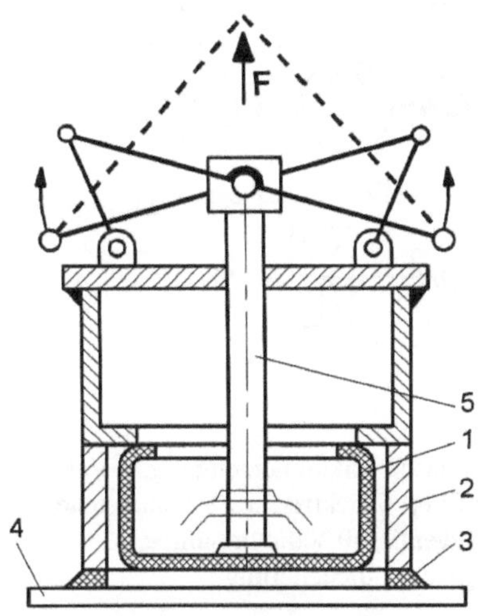

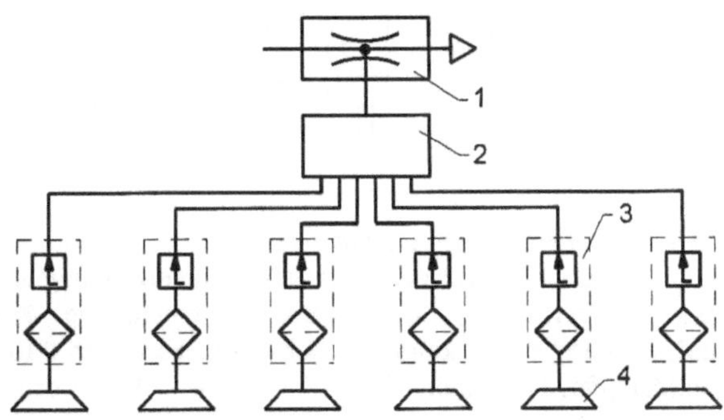

Bild 4-86 Vakuumhaftgreifer
1 Gummibalg, 2 Stützkörper, 3 Dichtlippe
4 Werkstück, 5 Membranhubstange,
F Hebekraft

Bild 4-87 Funktionsschema für den Saugeranschluss über Vakuumsaugventile
1 Vakuumerzeuger, 2 Verteiler, 3 Vakuumsaugventil,
4 Sauger

Strömungsventile bieten zusätzliche Sicherheit bei Vakuuminstallationen, wenn in einer Gruppe von Saugern einer oder mehrere nicht belegt sind, z.B. wenn der Saugergreifer ungenau aufgesetzt wird oder das Greifobjekt eine unebene Haltefläche hat (Umreifungsband, Querleiste u.ä.). Ist ein Vakuumsauger defekt oder sitzt nicht sauber auf der angesaugten Fläche, dann wird ein Schwimmer durch den Luftstrom gegen eine Dichtkante gedrückt und sperrt diesen ab. Durch eine kleine Düsenbohrung im Schwimmerboden strömt nur noch wenig Luft nach, was den Unterdruck im System kaum verschlechtert. Dadurch wird auch vermieden, zu große, überdimensionierte Pumpen einzusetzen, um die ansonsten vorhandene Leckluft abzuführen, damit das Vakuumniveau gehalten werden kann. Ein solches Strömungsventil (auch als Vakuumsaugventil bezeichnet) sieht man in **Bild 4-88** in einer Schnittdarstellung.

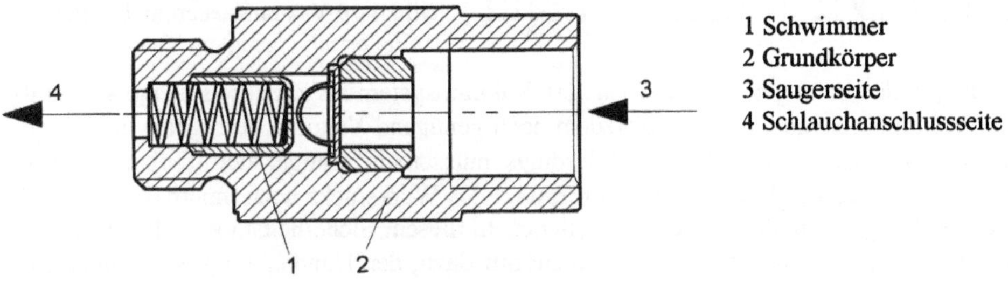

1 Schwimmer
2 Grundkörper
3 Saugerseite
4 Schlauchanschlussseite

Bild 4-88 Schnitt durch ein Vakuumsaugventil (FESTO)

Ein komplettes Vakuumsystem wird in **Bild 4-89** dargestellt. Als Vakuumerzeuger kann wahlweise ein Ejektor (Einstufen-, Mehrstufenejektor) oder ein elektrischer Saugluftlieferant (Pumpe, Gebläse) eingesetzt werden. Ein Sicherheitsspeicher kann das Vakuum kurzzeitig bei einem Strombzw. Pumpenausfall aufrechterhalten. Außerdem verkürzt das zusätzliche Speichervolumen die Ansaugzeit erheblich.

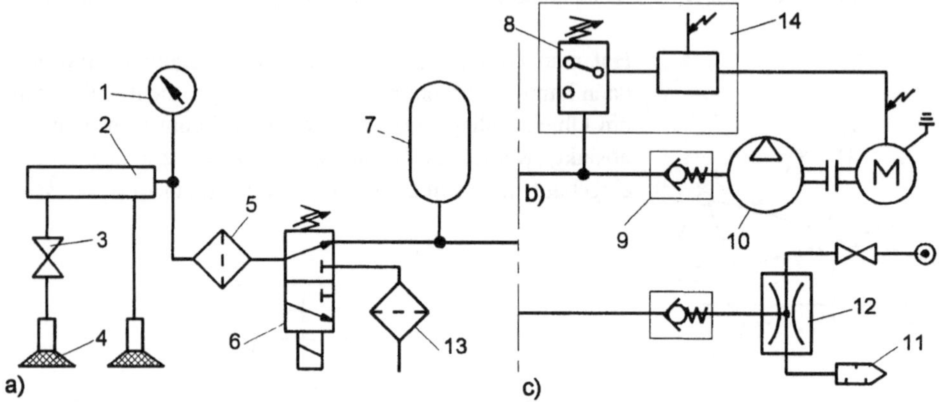

Bild 4-89 Vakuumschaltplan mit zwei Bereitstellungsvarianten
a) Vakuumverbraucher, b) elektrische Vakuumerzeugung, c) pneumatische Vakuumerzeugung, 1 Vakuummeter, 2 Verteiler, 3 Absperrventil, 4 Scheibensauger, 5 Vakuumfilter, 6 elektrisches Vakuumsteuerventil, 7 Sicherheits-Vakuumspeicher, 8 Druckschalter, 9 Rückschlagventil, 10 Vakuumpumpe, 11 Schalldämpfer, 12 Ejektor, 13 Belüftungsfilter, 14 unterdruckabhängige Motorsteuerung

Bei motorisch erzeugtem Vakuum kann über einen Druckschalter der Erzeuger automatisch abgeschaltet werden, wenn ein Vakuumgrenzwert erreicht ist. Dadurch wird Energie gespart. Die Vakuumsteuerung dazu wird in **Bild 4-90** an einem Handhabungsablauf von 20 s dargestellt. Man sieht im Diagramm Bild 4-90b, dass etwa alle 5 Sekunden der Vakuumerzeuger kurz zugeschaltet wird, um den eingestellten Grenzwert zu halten. Das Umschalten auf Blasluft muss nicht zwingend vorgesehen werden. Es verkürzt aber die Zeit beim Ablegen des Greifobjekts.

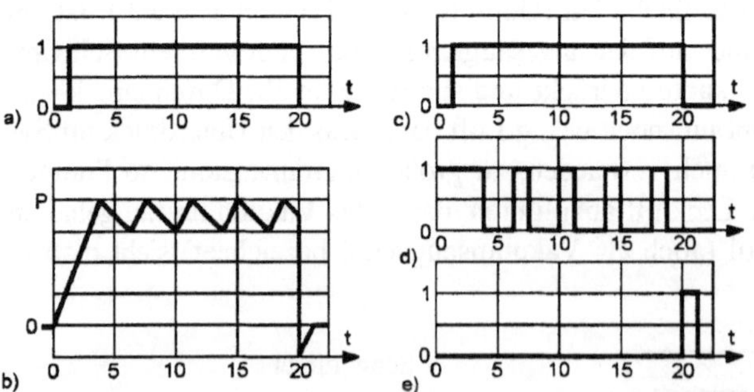

a) Steuersignal für Vakuum EIN-AUS,
b) automatisches Nachregeln des Vakuums zum Ausgleich von Leckageverlusten, c) Abfragesignal für die Teileanwesenheit am Saugergreifer, d) Steuersignal zur Nachregelung des Vakuums, e) gesteuertes Abblasen des Teils vom Sauger

Bild 4-90 Vakuumsteuerung bei elektromotorisch erzeugtem Vakuum

Aus Sicherheitsgründen kann gefordert werden, das Vakuumsystem als Zweikreisanlage auszubilden. Fällt ein Vakuumkreis aus, dann ist trotzdem noch genügend Vakuum verfügbar, um die gerade aufgenommene Last noch zu halten. Allerdings müssen die Sauger derart über „Kreuz" angeschlossen werden, dass sich der Masseschwerpunkt des Werkstücks noch innerhalb des durch die verbleibenden Sauger gebildeten Vielecks befindet. In diesem Sicherheitsmodus darf trotzdem nicht unbedenklich weitergearbeitet werden. Er dient nur dazu, den Handhabungszyklus ohne Gefahr für den Bediener und die Umgebung abschließen zu können. Die Vakuumsteuerung wird für diesen Fall in **Bild 4-91** gezeigt.

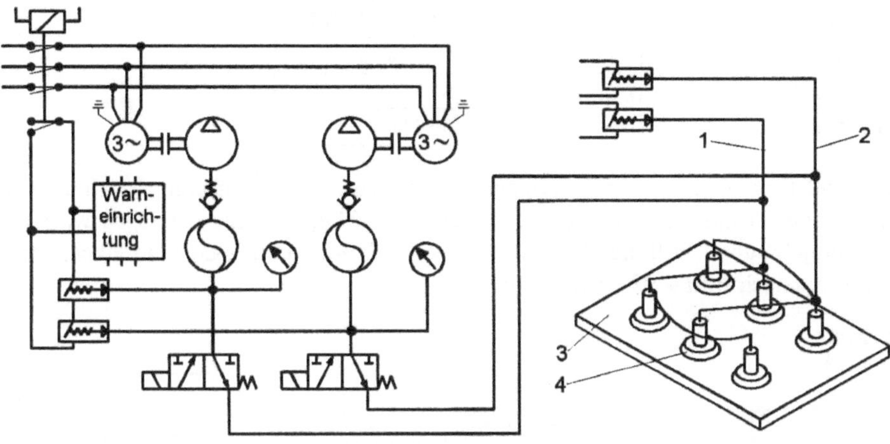

Bild 4-91 Vakuumsteuerung bei einem Zweikreissystem
1 Saugerkreis I, 2 Saugerkreis II, 3 Werkstück, Last, 4 Scheibensauger

4.11.4 Magnetisch wirkende Greifer

Magnetgreifer nutzen die magnetische Kraft zur Herstellung des Kraftflusses zwischen den zu
handhabenden ferromagnetischen Objekt und dem Greifer aus. Die Kraft F, die sich dabei einstellt,
ergibt sich nach der Maxwell'schen Zugkraftformel zu

$$F = B^2 \cdot \frac{A}{2 \cdot \mu_0} \quad \text{in N}$$

A Berührungsfläche in m^2
B Flussdichte in $Vs/m^2 = T$ (Tesla)
μ Induktionskonstante für Vakuum in Vs/Am

Bei einer vorgegebenen Haltekraft und der Berührungsfläche A lässt sich die Flussdichte B bestimmen. Es muss aber noch ein Sicherheitsfaktor hinzugenommen werden und auch Luftspaltwirkun-
gen (Schichten von Rost oder Zunder, Formsand, Kunststofffolien oder Farbschichten, Verpak-
kungspappe) sind zu beachten. Der Luftspalt kann verheerende Wirkungen auf die Haltekraft haben. Die Auswirkungen des Luftspaltes werden in der folgenden Tabelle angegeben. Sie beziehen
sich auf einen runden Gleichstrommagnet mit betriebswarmer Wicklung bei 90% der Nennspan-
nung. Es wird die senkrecht wirkende Haftkraft in kN angegeben.

| Durchmesser in mm | Luftspalt in mm | | | | | | | |
des Magneten	0	0,2	0,5	1	2	3	4	5
80	2,3	0,9	0,2	-	-	-	-	-
130	5,3	3,9	2,4	1,1	0,37	0,2	0,13	-
200	14,7	11,8	7,3	4,4	1,4	0,88	0,58	0,39

Zu beachten ist weiterhin, dass die seitliche Abschiebekraft eines Objekts vom Magneten je nach
Oberflächenrauheit und Adhäsion nur 15 bis 30% der senkrecht wirkenden Haftkraft beträgt. Je
glatter die Oberfläche, um so größer die Haftkraft. Die besten Werte der senkrechten Abreißkraft
werden mit einer geläppten Oberfläche quasi ohne Luftspalt erreicht.

Einfluss der Oberflächengüte eines Greifobjekts	
geschruppte Oberfläche	20% bis 50% der Abreißkraft
gedrehte Oberfläche	50% bis 70%
geschliffene Oberfläche	70% bis 80%
geläppte Oberfläche	80% bis 90%

Es lassen sich sowohl Dauer- als auch Elektromagnete einsetzen. Dauermagnetgreifer sind zwar einfach aufgebaut, doch für das Trennen des Werkstücks vom Magneten beim Ablegen wird ein zusätzliches Element gebraucht. Will man keinen schaltbaren Permanentmagneten einsetzen, dann ist eventuell die Lösung nach **Bild 4-92** verwendbar.

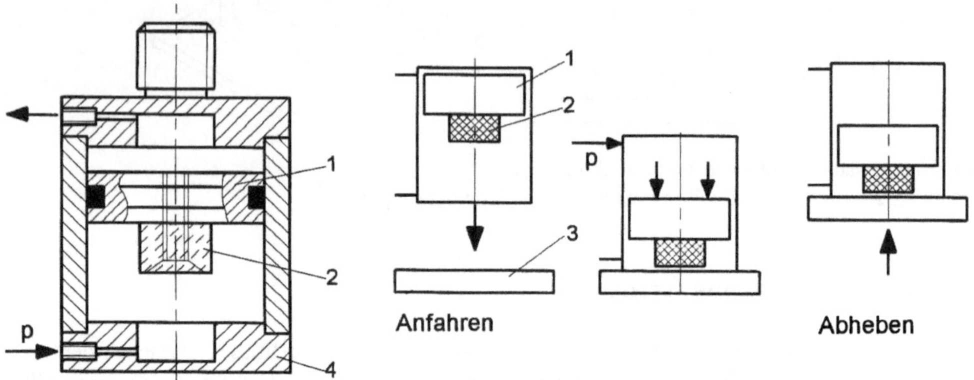

Bild 4-92 Magnetgreifer
1 Kolben eines Pneumatikzylinders, 2 Dauermagnet, 3 Werkstück, 4 Zylinderboden, p Druckluft

Der Magnet wurde am Kolben befestigt und mit dessen Bewegung wird auch das Magnetfeld verschiebbar. Zuerst setzt der Greifer auf dem ferromagnetischen Greifobjekt auf. Dann fährt der Kolben vor und liefert damit die Haftkraft. Beim Ablegen läuft alles umgekehrt ab. Erhält der Zylinderboden zusätzliche Düsenbohrungen, dann kann das Ablegen des Teils durch eine Blasluft zusätzlich unterstützt werden. Von Vorteil ist, dass das Werkstück bei Annäherung des Magnetgreifers den Dauermagneten nicht anspringt. Auch beim Ablegen des Objekts kann präziser gearbeitet werden.

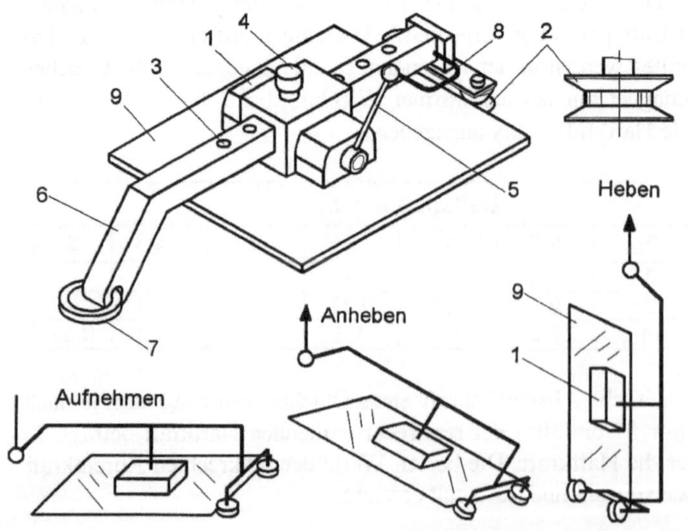

1 Permanentmagnet
2 Auflage
3 Rastloch
4 Indexbolzen
5 Schaltarm für Magnetein-
  schaltung
6 Hebearm
7 Anhängöse
8 Bediengriff

Bild 4-93
Magnet-Lasttraverse

Permanentmagnete erreichen heute durch den Einsatz von Hochenergie-Magneten aus Neodym enorme Tragkräfte, auch bei einem Luftspalt, der z.B. bei beschichteten Blechen nicht vermeidbar ist. Das Ein- und Ausschalten des Magneten erfolgt manuell und ist leichtgängig. Die Magnete sind äußerst kompakt, wartungsarm und sie eignen sich sehr gut für Flachmaterial, Stangen und Rohre aus Eisen. Wird ein solcher Magnet an einem Hebearm befestigt, dann ergibt sich eine Lasthebeeinrichtung, die an Elektrokettenzügen, Balancern und anderen Hubeinheiten befestigt werden kann. Ein Ausführungsbeispiel ist in **Bild 4-93** zu sehen. Ein Neodym-Permanentmagnet der Größe 246 x 120 x 168 mm hält z.B. bei 3-facher Sicherheit eine Last von 500 kg (Abreißkraft).

Magnetsysteme können übrigens im magnetischen Kraftlinienfluss so optimiert werden, dass man damit auch in Folie oder Wellpappe verpackte Teile sicher heben kann. Die Polleisten lassen sich auch mit einem Kunststoffbelag verkleiden, wenn man polierte oder lackierte Gegenstände heben will und ein Zerkratzen der Oberflächen unbedingt vermieden werden muss. Zur Orientierung sollen noch einige technische Angaben für Neodym-Permanentmagnete folgen:

Außenabmessungen in mm	Höhe in mm	Abreißkraft in kN	Nennhaltekraft in kN Flachteile	Rundteile	Eigenmasse in kg
180 x 95	100	3	1	0,5	12
330 x 95	100	7,5	2,5	1,25	16
245 x 120	120	15	5	2,5	26

Ebene Greifflächen sind für Magnetgreifer ideal. Es gibt aber auch viele ferromagnetische Objekte, wie z.B. Gussformstücke, Kurbelwellen, Felgen, abgesetzte Wellen und andere unregelmäßig geformte Stücke, die mit ebenflächigen Polschuhen nicht zu packen sind. Deshalb hat man Magnete entwickelt, deren Polschuhe in einzeln bewegliche Magnete aufgelöst sind (**Bild 4-94**). Sie können sich beim Aufsetzen auf das Objekt anpassen, ehe die Magnetkraft eingeschaltet wird. Dann werden auch die Stäbe in ihrer Position fixiert. Der im Beispiel gezeigte Greifmagnet kann mit 12 oder 24 V betrieben werden (Gleichspannung). Der Einsatz eines solchen Profil-Hebemagneten ist nur an dickem Material zulässig, welches sich beim Hebevorgang nicht biegen oder dehnen kann. Zur Ergänzung der Ausrüstung gehören eine batteriegepufferte Stromversorgung, welche die Aufrechterhaltung der Haltekraft selbst bei einem plötzlichen Netzausfall sicherstellt sowie eine Entmagnetisierungseinrichtung. Üblich sind Baugrößen für Haltekräfte von 250...2700 N. Der Ausfall der Netzversorgung muss optisch und/oder akustisch zur Warnung angezeigt werden. Auch der Ladezustand der Pufferbatterie muss beobachtbar sein bzw. es muss das Aufnehmen einer neuen Last automatisch unterbunden werden, wenn die Restladung der Batterie die Mindestgrenze unterschreitet.

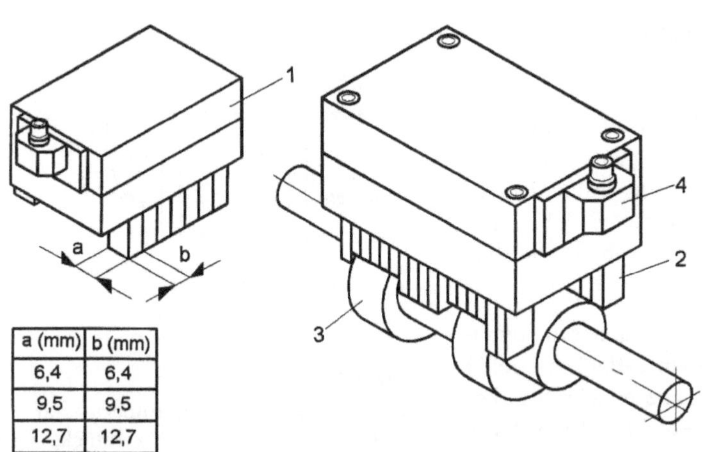

a (mm)	b (mm)
6,4	6,4
9,5	9,5
12,7	12,7

1 Magnetgehäuse aus Edelstahl
2 stabartige Polschuhe
3 Greifobjekt
4 Energieanschluss

Bild 4-94
Profilmagnet (KNIGHT)

Eine interessante Anwendung sei abschließend dazu in **Bild 4-95** vorgestellt. Es werden Blechzuschnitte aufgenommen und mit einen Balancer mit ausladendem Unterarm an einer starren Hubachse in das Biegegesenk einer Presse eingelegt.

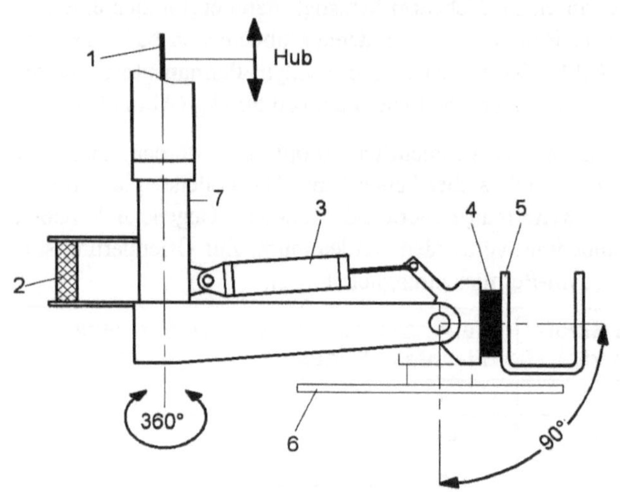

Nach dem Biegen in die U-Form bringen die Auswerfer im Biegegesenk das Teil in eine greifbare Position. Nun kann der Magnetgreifer um 90° hochgeschwenkt werden. Das Teil wird nun entnommen und kann wahlweise in zwei Orientierungen abgelegt werden. Trotzdem bleibt die Greiftechnik recht einfach.

1 Seil
2 Führungsgriff
3 Pneumatikzylinder
4 Elektromagnet
5 Fertigteil
6 Rohteil, Platine

Bild 4-95 Unterarm eines Manipulators für Beschickungsaufgaben

4.11.5 Mechanisch wirkende Greifer

Diese Greifer halten ein Teil durch Reibpaarung, Formpaarung oder einer Kombination von beiden. Klemmkraftgreifer stehen an der Spitze der eingesetzten Effektoren. Die Schließkraft F_n der Backen erzeugt eine Reibungskraft F_R zwischen Objekt und Greifbacke, die das Objekt gegen die Schwerkraft und gegen Trägheitskräfte festhält. Die Situation wird in **Bild 4-96** gezeigt. Als Gleichung erhält man:

$$F_n = \frac{m \cdot g}{\mu \cdot n} \quad \text{in N}$$

F_n erforderliche Mindestgreifkraft in N
m　Werkstückmasse in kg
g　Erdbeschleunigung in m/s^2
n　Anzahl der Finger bzw. Greifbacken
μ　Reibungskoeffizient

Die Gleichung berücksichtigt noch nicht die durch eine Bewegung im Raum entstehenden Trägheits- und bzw. oder Zentripetal- oder Zentrifugalkräfte. Außerdem ist noch ein Sicherheitsfaktor für das Greifen einzubeziehen. Weitere Ausführungen zur Berechnung von Greifkräften finden sich in [4-4], [4-6] und [4-7].

Der konstruktive Aufbau der Greifer kann sehr unterschiedlich sein. In **Bild 4-97** wird ein 2-Backen-Greifer gezeigt, dessen bewegte Elemente eine gleichschenklige zentrische Schubkurbel darstellen, kombiniert mit Parallelkurbeln. Bei einer solchen Form des Greiferantriebs

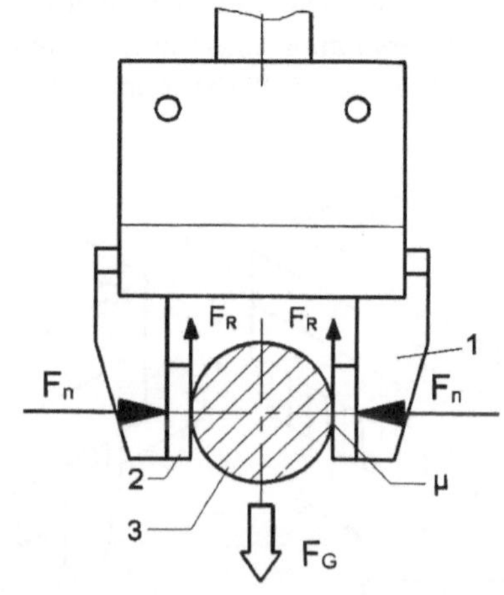

Bild 4-96
Kräfte am Greifobjekt im Ruhezustand
1 Finger, 2 Greifbacke, 3 Werkstück,
F_G Gewichtskraft = m · g

wächst die Greifkraft mit der Öffnungsweite. Das entspricht im Normalfall den werkstückseitigen Erfordernissen und ist ein Vorteil: Große Greifkraft bei großen Teilen und kleinere Greifkraft bei kleineren Objekten. Ein solcher pneumatisch angetriebener Greifer sollte mit Sicherheitseinrichtungen ausgestattet werden, die auch bei Druckabfall die Spannkraft aufrechterhalten. Der Greifbereich kann z.B. von 25 mm bis 170 mm reichen.

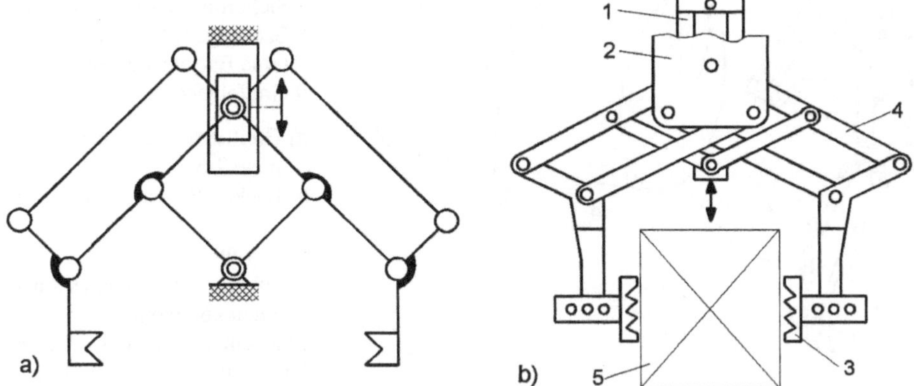

Bild 4-97 Zweibackengreifer
a) kinematisches Schema, b) Ausführungsbeispiel, 1 Aktor, z.B. Pneumatikzylinder, 2 Gehäuse, 3 Greifbacken, 4 Koppelgetriebe, 5 Werkstück

Der in **Bild 4-98** dargestellte Greifer hält die Greifobjekte ebenfalls kraftpaarig. Greifobjekte können z.B. schwere Gußstücke, Formkästen und Formkerne in der Gießereitechnik sein. Das gesamte Greifergetriebe enthält nur Drehgelenke. Die Greifbacken sind auswechselbar und lassen sich zur Werkstückform passend anbringen.

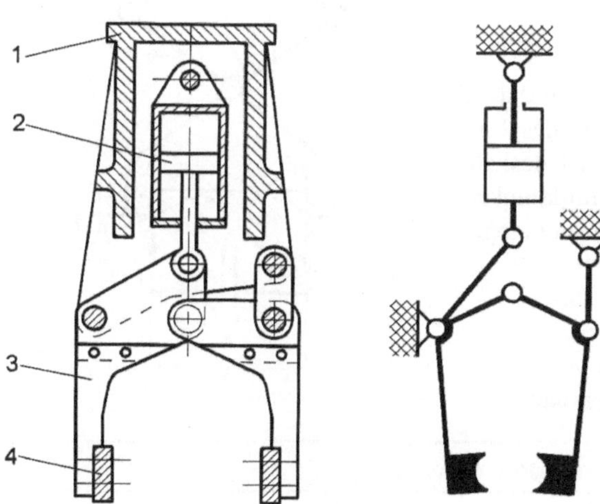

1 Anschlussplatte
2 Pneumatik- oder Hydraulikzylinder
3 Greiffinger
4 Greifbacke, austauschbar

a) Greiferaufbau
b) kinematische Kette

Bild 4-98
Mechanischer Backengreifer

Einfache Greifzangen arbeiten ohne Antrieb. Eine Ausführung wird in **Bild 4-99** gezeigt. Der Halteeffekt ergibt sich durch die Eigenmasse des Greifobjekts, die über ein Hebelgetriebe umgewandelt wird. Eine Verriegelungsmechanik sorgt dafür, dass beim Absetzen eines Objekts die Greiferoffenhaltung von selbst bestehen bleibt. Damit kann der Greifer ohne eine Bedienhandlung entfernt werden. Zur erneuten Gutaufnahme muss nach dem Aufsetzen der Zange der Sperrhebel manuell aus der Arretierung gelöst werden. Theoretisch ist die Tragfähigkeit unbegrenzt, weil sich die Anpresskraft proportional zur Gewichtskraft des Handhabegutes einstellt.

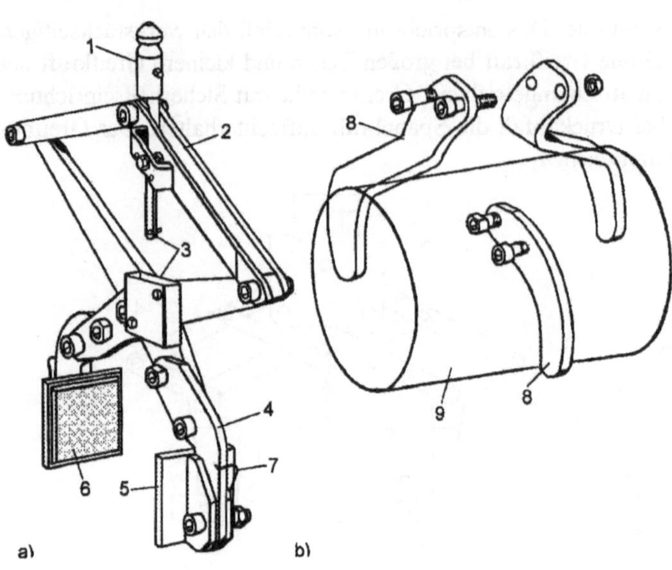

1 Kupplungszapfen
2 Parallelogramm-Mechanik
3 Verriegelungsmechanik
4 Wechselfinger
5 Greifbacke
6 Gummiauflage
7 Sicherungsdraht für Mutter
8 Backenpaar für Rundteile
   (eine Backe ist zweiteilig)
9 Greifobjekt

a) Greifbacken für quaderförmige Teile
b) Backen für runde Teile

Bild 4-99
Greifzange für schnelles Auf-
nehmen kompakter
Stückgüter, wie Fässer, Säcke,
Kisten und Halbzeugprofile

Praktisch gibt es natürlich Grenzen, die durch die Belastbarkeit der einzelnen Bauteile des Greifers gegeben sind. Allerdings ist sicheres Greifen nur erreichbar, wenn folgende Ungleichung erfüllt ist **(Bild 4-100)**:

$$F_n \geq \frac{F_G}{2 \cdot \tan \rho}$$

F_G Gewichtskraft
F_n Normalkraft, Greifkraft
ρ Reibungswinkel ($\mu = \tan \rho$)
μ Reibungskoeffizient

Damit bestimmt die zwischen Greifobjekt und Greifbacke vorliegende Reibungszahl μ die zulässige Größe des Reibungswinkels. Beim Einsatz von Hebelzangen ist deshalb streng darauf zu achten, dass die angegebene Tragfähigkeit nicht überschritten und die zulässige Öffnungsweite eingehalten wird.

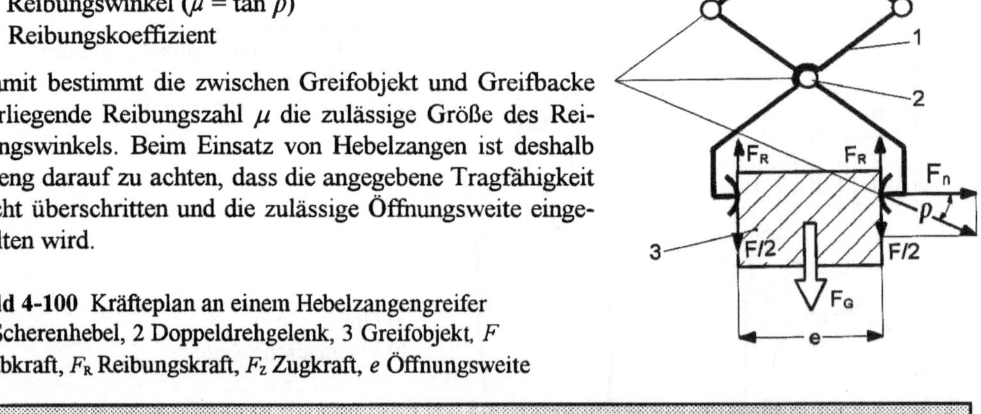

Bild 4-100 Kräfteplan an einem Hebelzangengreifer
1 Scherenhebel, 2 Doppeldrehgelenk, 3 Greifobjekt, F Hubkraft, F_R Reibungskraft, F_Z Zugkraft, e Öffnungsweite

Reibungskoeffizient (Haftreibung)			
geriffelte Anpressbacken/metallisches Greifgut	0,15...0,25	Stahl/Stahl	0,25
Metallbacke/Holz, trocken	0,6	Stahl/Aluminium	0,35
Backe mit Gummiauflage/Stahl, trocken	0,25...0,43	Stahl/Kunststoff	0,50
Metallbacke mit Bremsbelag/Stahl, trocken	0,45	Aluminium/Aluminium	0,49
Stahlbacke/Stahlwerkstück, trocken	0,15	Kunststoff/Kunststoff	1,00

Die in Bild 4-99 gezeigte Zange wird als *ungesteuerte* Zange bezeichnet. Es gibt noch andere Zangengreifer, die sich selbst steuern. Der Greifer nach **Bild 4-101** gehört dazu. Er ist für gebündeltes Stabmaterial, Wellen, Rohre u.ä. gedacht. Die Schwerkraft erzeugt die Schließbewegung der Greifbacken. Nach der Entlastung sorgt eine Feder für das Öffnen der Backen.

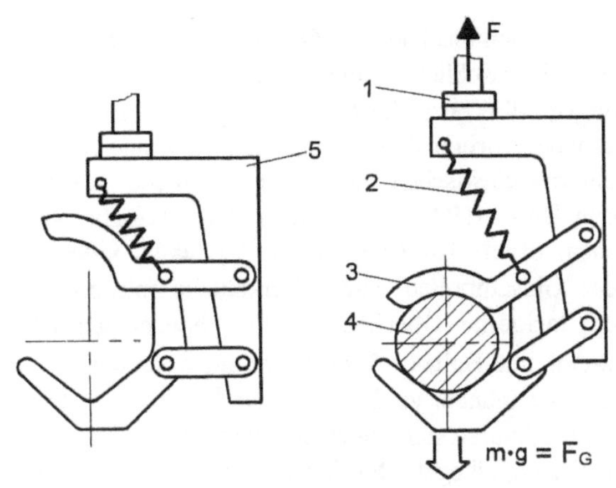

1 Drehgelenk
2 Zugfeder
3 Greifbacke
4 Greifobjekt
5 Grundplatte
F Hebekraft

m Masse
g Erdbeschleunigung
F_G Gewichtskraft

Bild 4-101
Zangengreifer mit Selbsthalteeffekt bei Gewichtskraftbelastung

In **Bild 4-102** wird ein Lastaufnahmemittel für flache Kisten und ähnliche Gegenstände gezeigt. Sie kann an Kettenzügen eingesetzt werden. Beim Anheben senken sich die Zangenarme und halten den Gegenstand, ohne dass jemand nochmals anfassen muss. Der Greifbereich ist gegen die unteren Auflagen einstellbar.

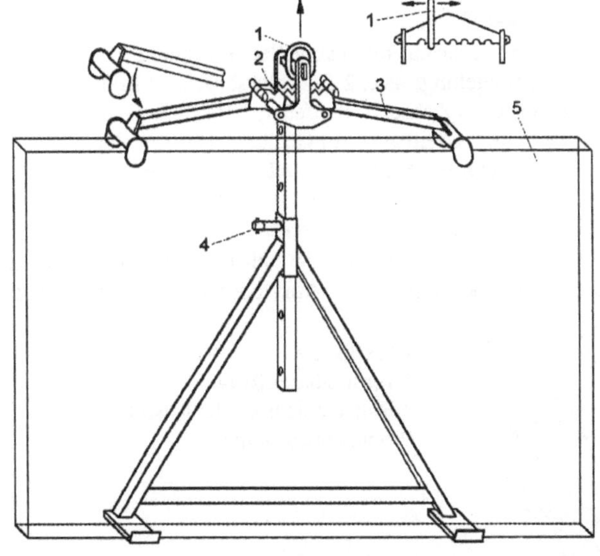

1 Anhängeöse
2 Zugfeder
3 Schwenkarm
4 Rastbolzen für Höheneinstellung
5 Greifobjekt

Bild 4-102
Aufbau eines halbautomatischen Lastaufnahmemittels (BUS-METALLBAU)

Auch die Schräglage nach dem Heben ist wählbar. Dazu ist die Anhängeöse in die entsprechende Nut zu legen. Das ist wichtig, wenn das Greifobjekt in Regalen stehend eingelagert werden soll. Das Prinzip ist mit kleinen konstruktiven Anpassungen der Schwenkarme auch für den schnellen und einfachen Transport von Kisten und Paketen verwendbar.

Moderne Greifer öffnen die Greifbacken auf Knopfdruck und sichern automatisch die Last, sodass schwebende Lasten nicht versehentlich freigegeben werden. Es gibt natürlich auch Greifer, die vollständig manuell bedient werden. Ein Beispiel etwas älteren Datums wird in **Bild 4-103** gezeigt. Der Greifer lässt sich für den waagerechten oder senkrechten Zugriff einrichten. Ein gefederter Rastbolzen fixiert die jeweilige Winkelstellung des Hakengreifers. Ein Handhebel dient zum Bewegen der Greifbacken. Die Stellungen *offen* und *geschlossen* werden auch hier durch einen Rastbolzen gesichert. Die Bedienung ist nicht sehr komfortabel. Dafür hat der Greifer den Vorteil, dass keinerlei Leitungen bis zum Greifer geführt werden müssen.

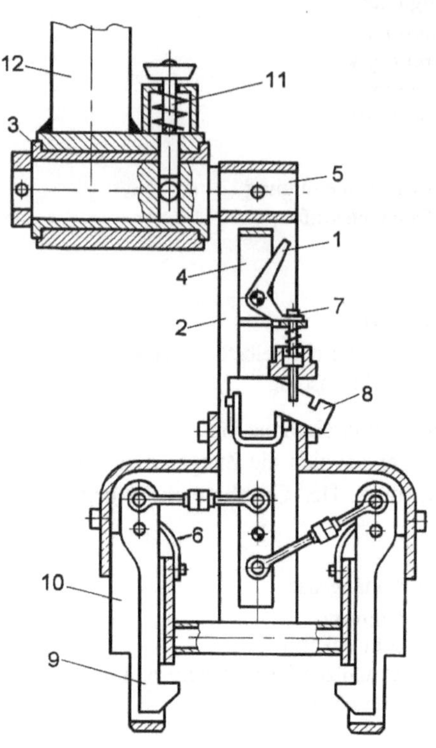

Es gibt auch mechanische Greifer, die ein Objekt umfassend umschließen und deshalb auch als Umfassungsgreifer bezeichnet werden können. Bei einem besonders originellen Greifer sind 2 Ringe mit riemenartig elastischen Elementen verbunden, wie man es in **Bild 4-104** sieht. Damit können Langhals-Flaschen, offene Kunststoffsäcke, Drehteile, Glasrohre oder Glasampullen, auch Werkstücke mit polierter oder lackierter Oberfläche, sehr schonend gegriffen werden. Die Haltekraft wird erzeugt, wenn die beiden Ringe zueinander verdreht werden. Die Kunststoffelemente schnüren sich dabei ein. Beim Halten bilden sie einen Doppelkegel. Der Greifdurchmesser kann zwischen 15 und 200 mm liegen. In der Draufsicht ähnelt der Schließvorgang der Bewegung einer Irisblende.

Bild 4-103
Hakengreifer mit rein manueller Bedienung
1 Entriegelungstaste, 2 Anschlussbrücke, 3 Rohr, 4 Bediengriff, 5 Achse, 6 Blattfeder, 7 Rastbolzen, 8 Fixierrastung, 9 Greifbacke, 10 Gehäuse, 11 Winkeleinsteller, 12 Anschluss an Hebezeug, z.B. Starrarm-Balancer

Die Greifobjekte müssen übrigens nicht unbedingt rund sein. Die anschmiegsamen Elemente verkraften auch Objekte mit beliebiger Außenform. Nachteilig ist, dass der seitliche Zugriff durch die rundum geschlossene Bauform nicht ausgeführt werden kann. Das Auf- oder Hineinstecken lässt sich leider nicht umgehen.

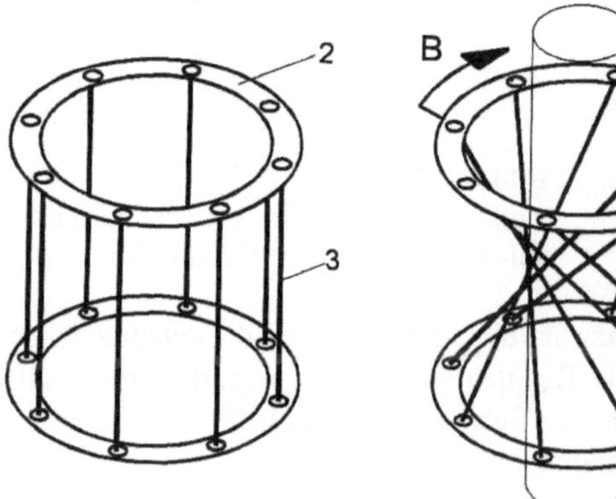

1 Werkstück
2 verdrehbarer Ring
3 Halteelement aus Kunststoff
B Schließbewegung

Bild 4-104
Prinzip des Umfassungsgreifers
(KNIGHT)

Eine andere Variante wird in **Bild 4-105** im Kinematikschema dargestellt. Die um 120° versetzt angeordneten Finger führen auch hier beim Greifvorgang eine Bewegung zur Achsmitte aus, wobei sich die Finger tangential an ein Rundteil anlegen und dieses festhalten. Das Rückstellen des Systems erfolgt durch Zugfedern.

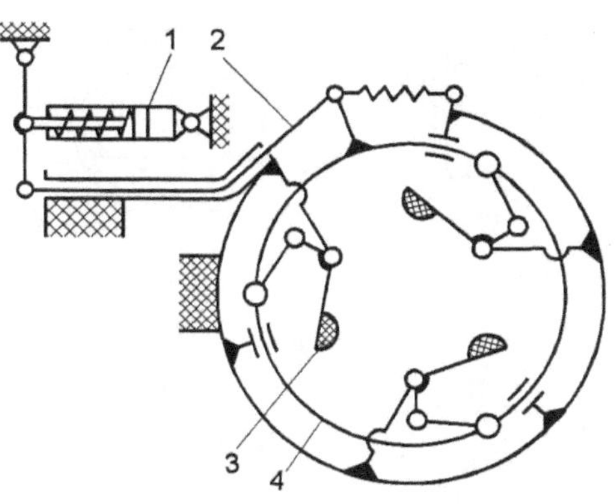

1 einfachwirkender Pneumatikzylinder
2 Bowdenzugseil
3 Greifbacke
4 Drehring

Bild 4-105
Umfassungsgreifer mit Kraftübertragung durch
Bowdenzug oder Zug-Druck-Elemente

4.11.6 Pneumatische Klemmgreifer

Damit sind solche Greifer gemeint, die eine Greifkraft direkt durch aufblasbare Membranen erzeugen. Der Aufbau dieser Greifer ist äußerst einfach, die Flächenpressung durch die großflächige Wirkung klein und die Greifkraft groß. Sie ist über den Druck gut steuerbar. In der einfachsten Form hat man einst dafür auch Gummischläuche eingesetzt. In **Bild 4-106** wird dazu ein interessanter Rundteilgreifer gezeigt.

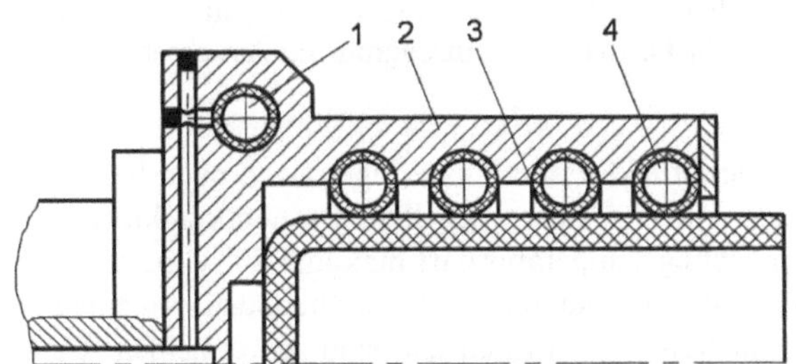

1 Drucklufteinspeisung
2 Rundgehäuse
3 Greifobjekt
4 Druckschlauch

Bild 4-106
Schlauchgreifer für Rundteile

Er ist besonders für Teile geeignet, die keine sehr große Flächenpressung vertragen. Das Teil wird mehrfach rundum festgehalten, wenn der Schlauch mit Druck beaufschlagt wird. Das Schlauchstück ist wendelförmig in das Gehäuse eingebracht. Durch die natürliche Elastizität des Schlauches nimmt dieser im drucklosen Zustand wieder eine Ausgangsform ein und das Werkstück kann abgesetzt werden. Die Werkstücke können z.B. auch leicht konische Behälter aus Kunststoff oder aus Dünnblech sein. Sie werden äußerst oberflächenschonend behandelt.

Das Prinzip des Druckluftkissens ist auch für den Klemmgriff großformatiger und oberflächenempfindlicher Objekte gut geeignet, wie z.B. Kartons oder Kisten (**Bild 4-107**). Ein Rahmen wurde hier mit leistenförmigen Druckluftkissen bestückt. Man kann solche aufblasbaren Gummileisten übrigens bis 20 m Länge bekommen. Um den Datenfluss mit einzubinden, lassen sich z.B. Barcodeleser in das Greifmittel mit integrieren. Der Greifer könnte auch aus zwei L-förmigen Schenkeln bestehen, die sich diagonal verschieben lassen (Bild 4-107b). Er wäre dann werkstückgrößenvariabel. Die Einstellung kann manuell erfolgen, ist aber auch automatisierbar.

Für den Innengriff von Röhren sind Druckluftkissen ebenfalls gut geeignet. In **Bild 4-108** wird der Aufbau eines solchen Greifers gezeigt. Es geht um das Anfassen von Röhren oder anderen Hohlkörpern mit glatter Innenfläche.

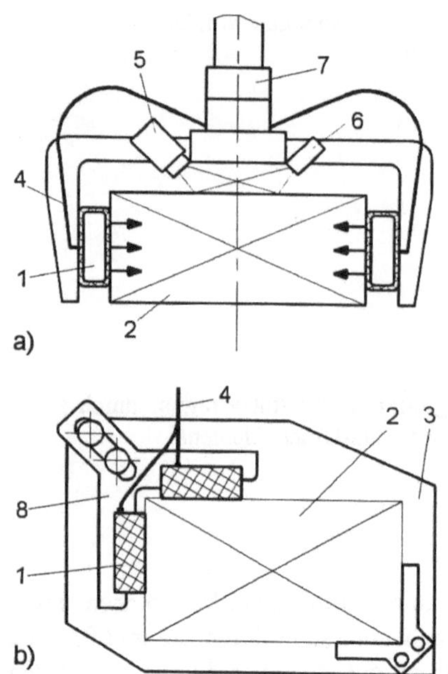

a)

b)

Bild 4-107 Klemmgriff mit Druckluftkissen (PRONAL)
a) Prinzipaufbau, b) Größeneinstellung, 1 Kissen, 2 Greifobjekt, 3 Rahmen, 4 Druckluftleitung, 5 Kamera (Barcodeleser), 6 Beleuchtung, 7 Drehgelenk, 8 einstellbarer Winkel

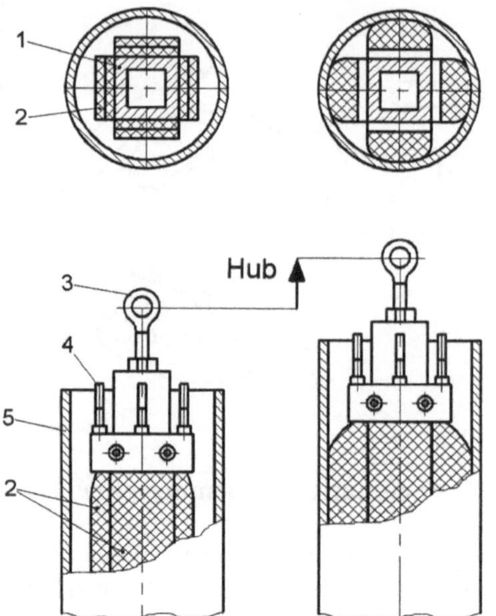

Bild 4-108 Innengreifer auf der Basis von Druckluftkissen (STI ITS)
1 Innenkörper, 2 Druckluftkissen, bis 7 bar belastbar, 3 Anhängeöse, 4 Druckluftanschluss, 5 Greifobjekt, z.B. ein Steinzeugrohr für Abwasser

Die Kissen sind an einem Tragprofil befestigt. Die Druckluftanschlüsse ragen nach oben heraus. Nach dem Aufblasen wird das Greifobjekt geklemmt und sicher gehalten. Die Anpresskraft ist über den Druck (bis 10 bar) regulierbar. Die Umgebungstemperatur darf maximal 70° C betragen. Zwischen Druckkissen und Greifobjekt darf sich kein scharfkantiger Schmutz befinden. Auch einschneidend scharfe Ränder am Greifobjekt können Risse hervorrufen und sind zu vermeiden. Die Druckluftkissen sind wartungsfrei, erfordern jedoch eine Sichtkontrolle in regelmäßigen Abständen.

Es gibt übrigens auch Rundkissen. Dann wäre der Kern des Dorngreifers keine Rechteckkonstruktion, sondern ebenfalls ein Rohrstück mit Anhängeöse.

Außerdem lassen sich auch Membranantriebe in der Art des Fluid-Muskels (FESTO) in der Greiferkonstruktion verwenden. Aufbau und Funktion des Muskels wurde bereits in Kapitel 4.1 (Bilder 4-11 bis 4-13) behandelt. Zu beachten ist, dass diese Antriebe nur auf reinen Zug und ohne Achsversatz zwischen den Aufhängepunkten beansprucht werden dürfen.

Klemmgreifer lassen sich mit pneumatischen Membranantrieben besonders für große bzw. großvolumige Objekte vorteilhaft gestalten. Zwei Ausführungsbeispiele sind in **Bild 4-109** zu sehen. Die Greifer sind einfach aufgebaut und leicht. Der Energieverbrauch ist geringer als bei vergleichbaren Arbeitszylindern. Die Antriebe sind unempfindlich gegenüber Schmutz, Wasser, Staub und Sand. Die Greifkraft ist deutlich größer als bei Arbeitszylindern mit vergleichbarem Durchmesser. Die elastomere „Greifbacke" (**Bild 4-109a**) ist als Verschleißteil ausgebildet und kann nach der Abnutzung leicht ersetzt werden.

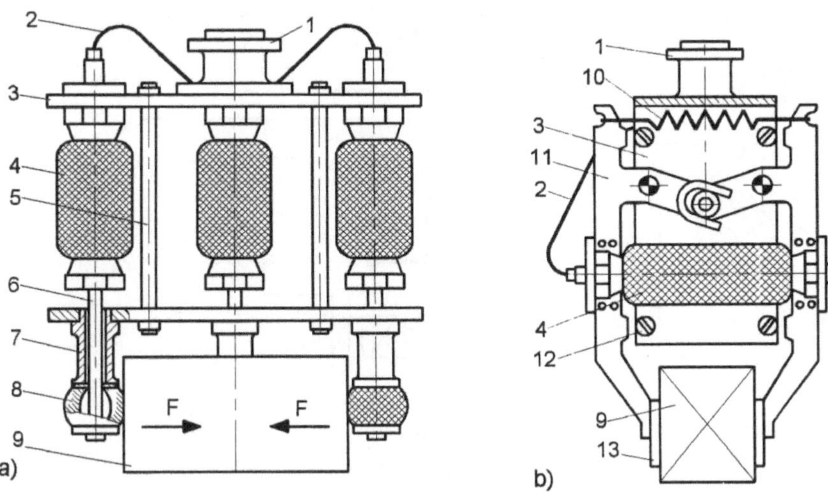

Bild 4-109 Klemmgreifer mit pneumatischen Muskeln (FESTO)
a) Vierfingergreifer, b) Backengreifer, 1 Greiferflansch, 2 Druckluftleitung, 3 Basisplatte, 4 Fluid-Muskel, 5 Abstandsbolzen, 6 Zugstange, 7 Führungshülse, 8 Gummikörper, 9 Werkstück, 10 Rückholfeder, 11 Greiferfinger, 12 Endanschlagbolzen, 13 Greifbacke

Wer mit der pneumatisch erzeugten Haltekraft nicht zufrieden ist, kann zur Kraftverstärkung mit einem pneumohydraulischen Antrieb arbeiten. Die Bewegung eines Pneumatikkolbens wird auf einen Hydraulikzylinder übersetzt. Der dazu erforderliche Fluidkreislauf wird in **Bild 4-110** gezeigt. Für den Rückhub der Greiferbacken kann es bei der Pneumatik bleiben. Es gibt auch Luft-Luft-Druckerhöher (Druckbooster), die aber technisch aufwendiger sind. Damit kann der Druck der Druckluft von 6 bar auf 10 bar erhöht werden.

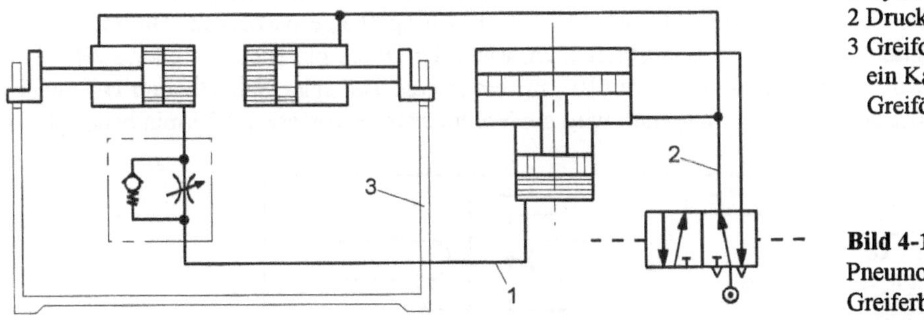

1 Hydraulikkreis
2 Druckluftkreis
3 Greifobjekt, z.B.
  ein Kasten mit
  Greiföffnung

Bild 4-110
Pneumohydraulischer
Greiferbackenantrieb

4.11.7 Hydraulische Greifer

Wenn pneumatische oder elektrische Greiferantriebe samt kraftverstärkendem Kniehebelgetriebe nicht mehr ausreichen, muss man hydraulische Antriebe einsetzen. Hat man bereits für den Hubantrieb einen Hydraulikzylinder in Anwendung, dann wird man ebenfalls die ohnehin vorhandene Hydraulikpumpe mit fürs Greifen nutzen. Bei vielen Kraftmanipulatoren, z.B. für die Langholzmanipulation, geht es ohnehin nicht ohne Hydraulik, weil die Kräfte bzw. die Kraftmonente für Heben, Halten und Bewegen zu groß sind. Durch die hohe Energiedichte des Drucköls sind die Komponenten kleiner als bei der Pneumatik. Das **Bild 4-111** zeigt den Hydraulikkreislauf eines einfachen Klemmgreifers. Man braucht zur Erzeugung der Stellenergie eine Ölpumpe und steuerbare Ventile sowie einen hydraulischen Akuator an der Wirkstelle.

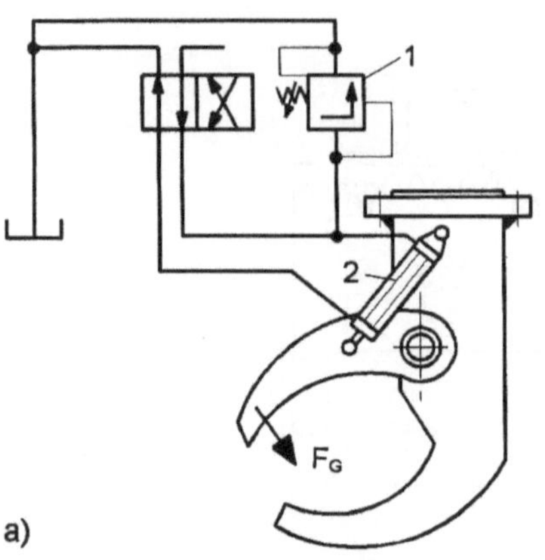

Bild 111 Hydraulische Greifer
a) Greifkraftbegrenzung, b) Steuerung, 1 einstellbares Druckbegrenzungsventil, 2 Hydraulikzylinder, 3 Druckschalter, 4 Drosselrückschlagventil, 5 Greifbacke

Das Bild 4-111b zeigt einen Ölkreislauf, bei dem man die Geschwindigkeit der Backenbewegungen einstellen kann. Außerdem führen *beide* Backen eine Schließbewegung aus.

Vorteile: große Kräfte, mittlere Geschwindigkeit, keine schlagartige Wirkungsentfaltung

Nachteile: unangenehm laut, Platzbedarf für das Hydraulikaggregat, Viskosität ist temperaturabhängig und erlaubt keine besonders guten Reaktionszeiten (ist bei den handgeführten Manipulatoren aber vernachlässigbar), Verunreinigungsgefahr für die Umgebung durch Leckage

Abschließend wird zur Hydraulik in **Bild 4-112** ein Greifer mit 120 mm Hub gezeigt, der bei 60 bar Öldruck eine Greifkraft F von 1,65 kN bei 100 mm Fingerlänge entwickelt. Die Greifkraft wird durch integrierte Tellerfedern aufrechterhalten, wenn der Druck plötzlich ausfallen sollte. Als Druckmedium wird gefiltertes Hydrauliköl (10 µm) eingesetzt. Bei einer Schließ- und Öffnungszeit von 1,3 s über den gesamten Fingerhub wird ein Volumenstrom von etwa 2,5 l/min benötigt.

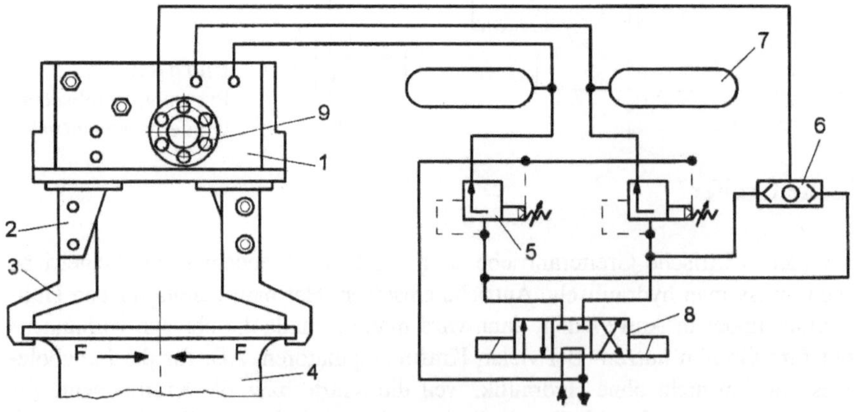

Bild 4-112 2-Finger-Parallelgreifer mit hydraulischem Antrieb (SCHUNK)
1 Greifergehäuse, 2 Greiferfinger, 3 Greifbacke, 4 Greifobjekt, 5 Druckschaltventil als Folgeventil eingesetzt, 6 Wechselventil (ODER-Funktion), 7 Speicher, 8 4/3-Wegeventil, 9 Zahnstange-Ritzel-Getriebe

4.11.8 Elektrische Greifer

Elektromotorisch angetriebene Klemmgreifer werden oft auch als Motorgreifer bezeichnet. Es kommen häufig kurzbauende Gleichstrommotoren zum Einsatz. Je nach Konstruktion kann ein großer Greifhub erreicht werden, bei Schließgeschwindigkeiten von 50 bis 100 mm/s. Der Elektromotor treibt über Zahnrad, Zahnriemen oder Kugelrollspindel die Greifbacken an. Einige Anbaumöglichkeiten für den Antrieb zeigt das **Bild 4-113**. Bei Spindel-Mutter-Getrieben kann sich die Spindel drehen und die Mutter bewegt sich, aber auch die Umkehrung ist möglich, d.h. die Spindel steht still und verschiebt sich infolge der Mutter-Drehung. Elektrische Greifer haben dort Bedeutung, wo man ohne Druckluft und Hydraulik auskommen will.

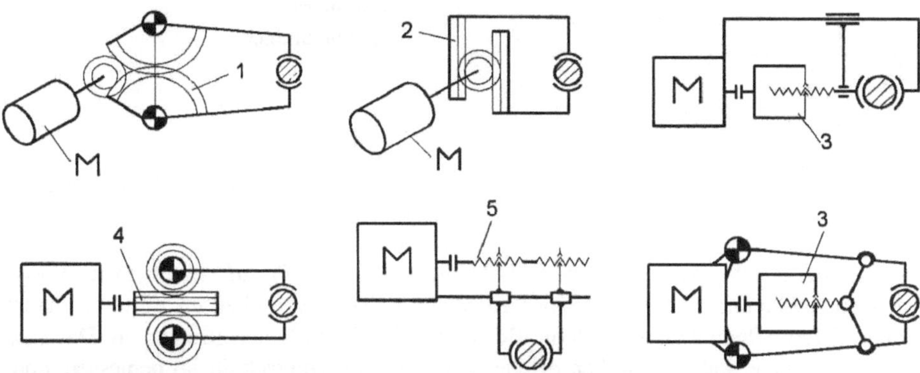

Bild 4-113 Greiferkonstruktionsprinzipe für elektromotorischen Antrieb
1 Stirnradtrieb, 2 Zahnstange-Ritzel-Getriebe, 3 rotierende Mutter, 4 Schneckentrieb, 5 Rechts-Links-Gewindespindel, M Elektro-Motor bzw. Getriebemotor

Um Kleinmotoren einsetzen zu können, sind große Getriebeübersetzungen erforderlich. Das verlängert aber die Schließzeit, erfordert kostspielige Getriebe und vergrößert den Bauraum. Zur Aufrechterhaltung der Spannung müsste der Motor eingeschaltet bleiben, es sei denn, es wird ein formpaariges Greifprinzip verwendet oder die Spindel bzw. ein Zwischengetriebe ist selbsthemmend. Auch die Greiferfinger können bei entsprechender Auslegung selbsthemmend sein. Das **Bild 4-114** zeigt einen Motorgreifer mit folgendem Kraftfluss:

Motor-Planetengetriebe-Zahnriementrieb-Spindel-Greifbacke

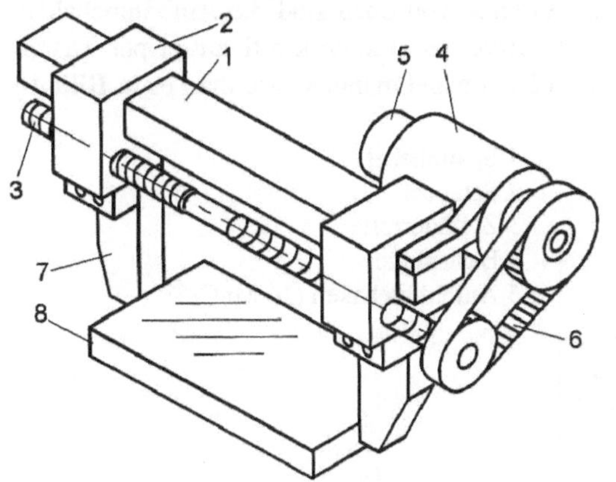

1 Führung
2 Schlitten
3 Rechts-/Linksgewindespindel
4 Motor
5 Planetengetriebe
6 Zahnriemen
7 Backen
8 Greifobjekt

Bild 4-114
Greifer mit elektrischem Antrieb und freiprogrammierbarer Fingerposition

Eine recht interessante Möglichkeit besteht in der Verwendung von Kniehebelspannern (siehe dazu Bild 6-32), die es mittlerweile nicht nur mit Pneumatikantrieb, sondern auch mit Elektromotor gibt, z.B. elektro-hydraulisch, ohne dass mehr Bauraum beansprucht wird.

4.11.9 Kombinationsgreifmittel

Bei solchen Greifern werden aufgabenspezifisch Greiforgane ausgebildet, mit denen verschiedene Greifobjekte nacheinander und ohne Greiferwechsel angefasst werden können, z.B. Kombination von Dorngreifer und Sauger (siehe Bild 6-60).

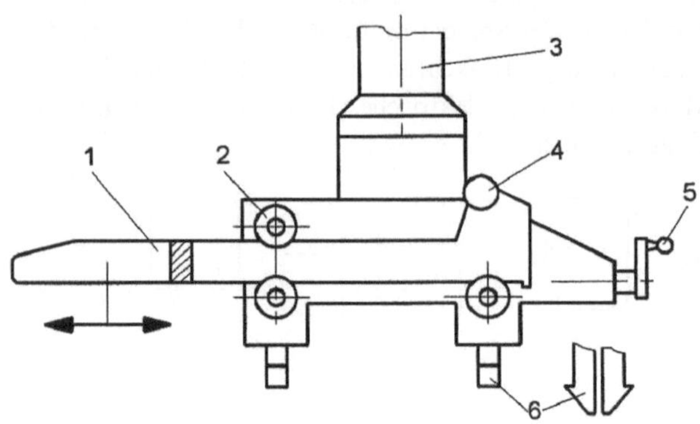

1 Untergriffgabel
2 Führungsrolle für U-Gabel
3 Balancerarm
4 Handgriff zum Ausfahren der
  Untergriffgabel
5 Handgriff zum Spreizen der Spannklammern
6 Spannklammer

Bild 4-115
Kombinationsgreifer für Kleinladungsträger

Der in **Bild 4-115** dargestellte Greifer kann Kleinladungsträger (KLT) auf verschiedene Weise greifen. Mit den Spannklammern kann man einen einzelnen Behälter von oben im Vertikalschacht anfassen. Mit der Untergriffgabel lassen sich die Behälter in Horizontalnuten aufnehmen. Das sind zwei längsseits angeordnete und nach außen offene Nuten, die im Querschnitt so bemessen sind, dass auch bei voller Last (50 kg) der Träger schnell und sicher gegriffen werden kann. Auch mehrere übereinander gestapelte Behälter können aufgenommen werden. Die Kleinladungsträger sind genormt (DIN 30820, VDA 4500). Hauptabmessungen sind:

Kurzzeichen (Auswahl)	6428	6421	6417	6414	4328	4321	4317	4314
Abmessungen in mm Länge x Breite	600 x 400 (KTL 64...)				400 x 300 (KTL 43...)			
Höhe	280	213	174	147	280	213	174	147
Innenvolumen in dm³	43	30	23	18	19	14	11	9

Außerdem gibt es noch die Größe KLT 32...Für das Greifen von oben sind die Aufnahmehaken entsprechend konstruktiv ausgelegt. Das „Spannen" (Greifvorgang) kann kraftbetätigt per Taster ausgelöst werden oder es geschieht mit einem einfachen Handhebel manuell, wie man es in **Bild 4-116** sieht (patentierte Lösung).

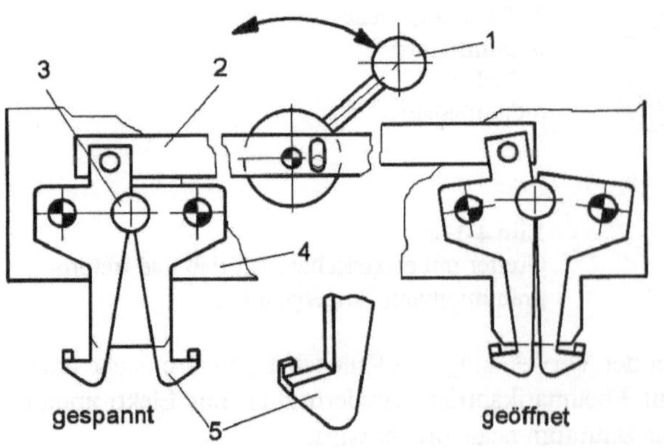

1 Spannhebel
2 Schieber
3 Zylinderrolle
4 Basisplatte
5 Aufnahmehaken (16 MnCr5)

Bild 4-116
Gestaltung von Aufnahmehaken für
KLT-Greifer (SCHMIDT-HANDLING)

Es gibt nun auch Greifer, die sich von Hand oder automatisch auf Knopfdruck auf die verschiedenen KLT-Behältergrößen einstellen lassen. Bei automatischer Verstellung verfügt der Greifer über
entsprechende Antriebe und Positionsanschläge. Die Anwendung solcher Greifer wird in **Bild 4-
117** gezeigt. Außer diesen genormten Behältern befinden sich inzwischen ganze Familien von ähnlichen Behältern auf dem Markt, die ebenfalls mit vertikalen Greifschächten und/oder Seitenaus-
sparungen fürs Greifen bzw. Aufnehmen mit Lastgabeln versehen sind (KLT`s aus verzinktem
Stahlblech, Klapp- oder Falt-KLT zur Transportvolumeneinsparung beim Leertransport).

Bild 4-117 Handhabung von Kleinbehältern
links: Greifer mit automatischer Einstellung auf zwei Behältergrößen mit integrierter Sicherheitsabfrage
(SCHMIDT-HANDLING), rechts: manuell bedienbarer Greifer für Schäfer-Kästen an einem Elektrokettenzug (FRITZ SCHÄFER)

4.11.10 Wechselsysteme

Besonders im allgemeinen Werkstattbereich werden Manipulatoren meistens für mehrere Aufgaben eingesetzt. Typisch ist das auch bei den Manipulatoren, die in den heißen Zellen der Kerntechnik eingesetzt werden, wobei in diesem Fall der Wechsel vollständig fernbedient zu erfolgen hat.
Deshalb müssen in vielen Fällen geeignete sichere Wechselsysteme für Effektoren bereitgestellt
werden. An Balancern sowie Hubwerken werden die austauschbaren Greifer, Lastaufnahmemittel
und Werkzeuge manuell gewechselt. Dafür hat man verschiedene Wechselsysteme entwickelt, die
sich nach Tragfähigkeit, Präzision und Verbindungssystem unterscheiden. Nur bei den einfachen
Greifzeugen wie Haken und Aufnahmegabeln genügt allein eine mechanische Kopplung. In man-
chen Fällen sind auch Druckluft-, Elektrik- und Signalleitungen zu verbinden. Dafür werden konstruktiv verschiedene Funktionsträger verwendet. Man kann diese wie folgt unterteilen:

Funktionsträger von Wechselvorrichtungen					
Halteelement	**Zentrierelement**	**Trennelement**	**Koppelelement**	**Trägerkörper**	**Adapter**
Kugel	Hirth-Verzah-	Feder	elektrisch	Platte	rund
Haken	nung	Zylinder	pneumatisch	(Rechteck)	recht-
Keil	Bolzen	Metallbalg	hydraulisch	Dosenform	eckig
Bajonett	Kegel		mechanisch	(Rundteil)	Quadrat
Bolzen	Zylinder		optisch		

Eine handbetätigte Schnellwechselkupplung wird in **Bild 4-118** vorgestellt. Sie ist Verbindungsstück zwischen Manipulator und Greifer. Jedes Greifmittel muss mit dem Unterteil der Kupplung versehen sein. Nach dem Zusammenstecken wird der Einsteckzapfen durch Formpaarung verriegelt, indem der Handhebel entsprechend geschwenkt wird.

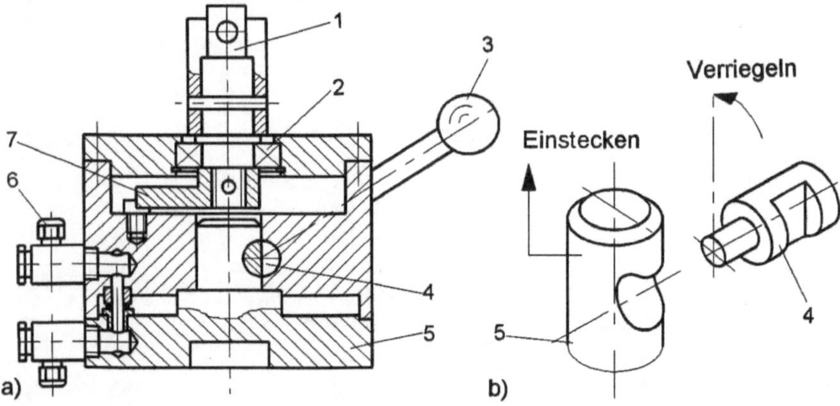

Bild 4-118 Schnellwechselkupplung für Greifmittel
a) Schnittdarstellung, b) Geometrie der Verriegelungselemente, 1 Koppelstück, 2 Wälzlager, 3 Handrasthebel, 4 Verriegelungsachse, 5 Unterteil für den Greifer, 6 Luftdurchführung, 7 Drehbegrenzung

Bei diesem Wechselsystem ist auch eine Koppelstelle für die Druckluft integriert. Die gesamte Kupplung ist gleichzeitig als Drehachse ausgebildet. Mehrfachumdrehungen sind durch einen Anschlag unterbunden.

Bei einer anderen Kupplung dient eine Bajonettverriegelung zum schnellen Wechsel von Greifmitteln. Das **Bild 4-119** zeigt diese Konstruktion, die relativ flach baut. Ein großer Einführkegel unterstützt das schnelle Finden der Koppelteilmitte. Auch hier ist eine Luftdurchführung vorgesehen. Am Umfang lassen sich auch noch andere Koppelelemente einbauen. Der Handhebel für die Verriegelung wird gegen unbeabsichtigtes Entriegeln durch eine Klinke gesichert.

Ein patentiertes Wechselsystem in Baukastenausführung wird in **Bild 4-120** gezeigt. Die Koppelelemente bestehen hier aus Rundflansch-Stücken, die aus hochfestem Aluminium oder Stahl C45 gefertigt sind. Eine von Hand angetriebene Spannwelle wird nach den Zusammenstecken verdreht. Sie verriegelt dann den Werkzeugflansch. Sind auch Energie- und Informationsleitungen (Sensorik, Steuerung) zu verbinden, dann gibt es eine aufgerüstete Variante mit satellitenartig am Umfang angeordneten zusätzlichen Kupplungen **(Bild 4-120b)**.

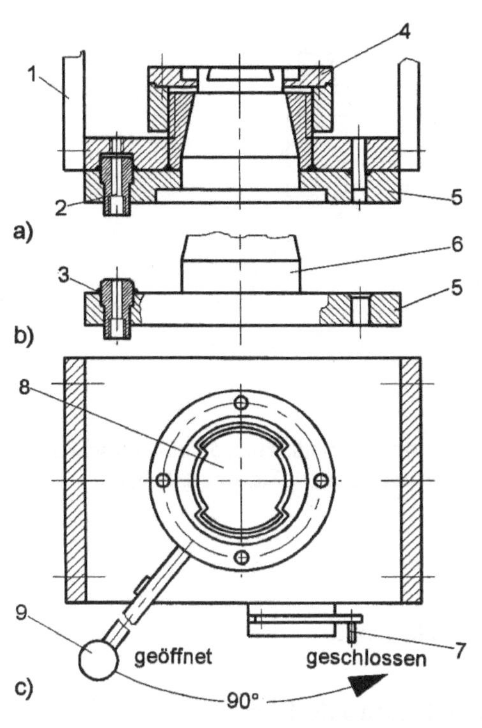

1 Befestigung an Oberteilplatte
2 Drucklufthindurchführung
3 O-Ring
4 Schwenksegment
5 Kupplungsplatte mit konischer Aufnahme
6 Anschlusskonus
7 Klinkensicherung
8 Verriegelungsprofil
9 Schwenksegmenthebel

a) Schnittdarstellung Oberteil
b) Ausführungsbeispiel für ein Unterteil
c) Verriegelungsmechanismus in der Draufsicht

Bild 4-119
Schnellwechselsystem für Greifmittel

Eine andere recht einfache mechanische Kupplung ist in **Bild 4-121** dargestellt. Der Kupplungszapfen hat einen Einführkegel und wird in das Oberteil eingesteckt. Dabei ist der Querschieber eingedrückt. Beim Loslassen des Schiebers wird der Kupplungszapfen durch Federkraft verriegelt. Seitliche Stifte im Zapfen verhindern eine Verdrehung des Greifers bzw. eines Lastaufnahmemittels. Wird der Querschieber nach links bewegt, erlaubt die größere Mittelbohrung das Herausziehen des Greifers mit dem angebauten Kupplungszapfen. Diese Kupplung ist aber nicht für Effektoren geeignet, die außermittigen Kraftmomenten standhalten müssen. Jeder Effektor, wie z.B. der dargestellte Lasthaken oder auch Greifhaken, Tragbänder oder selbstgefertigte Spezialgreifer, muss mit einem solchen Kupplungszapfen (Tragkraft z.B. bis 250 kg) ausgestattet sein. Es gibt für diese Zapfenausführung auch noch andere Konstruktionen für die Kupplungsoberteile, z.B. solche, die eine Verriegelung mit Querstiften vornehmen.

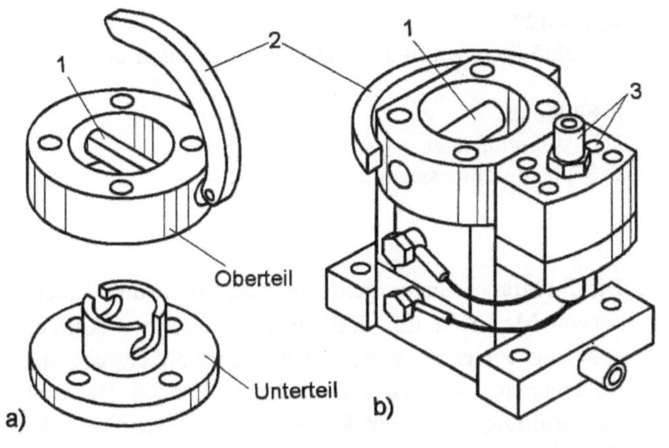

1 Spannwelle
2 Handbügel
3 Energie- und Signalkoppel-
  elemente

a) mechanische Koppelelemente
b) Multi-Energie-Kupplung

Bild 4-120
Manuelles Schnellwechselsystem
(GRIP GmbH)

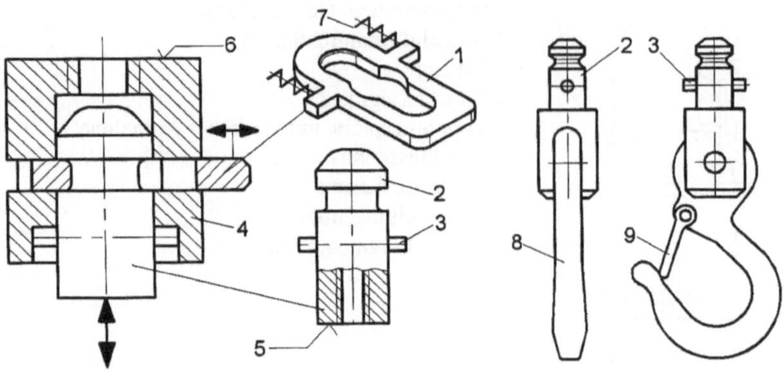

Bild 4-121 Schnellwechselkupplung (LANDERT)
1 Verriegelungsschieber, 2 Kupplungszapfen, 3 Verdrehsicherung, 4 Grundkörper, 5 Greiferanschluss
M12, 6 Manipulator- bzw. Hebezeuganschluss, 7 Druckfeder, 8 Lasthaken, 9 Sicherungsbügel

4.12 Bodenbaugruppen

Manipulatoren und Hubeinheiten (am Ausleger) werden üblicherweise

☐ fest im Boden (oder an der Wand) verankert,
☐ transportabel ausgeführt, d.h. auf nicht verankerbaren Platten aufgebaut
☐ oder auf frei- bzw. schienenverfahrbaren Wagen (Plattformen) befestigt.

In jedem Fall müssen die im Betrieb entstehenden Kräfte und Kraftmomente so abgeleitet werden, dass sich das System bei Berücksichtigung von Sicherheiten im Gleichgewichtszustand befindet, und zwar so, wie es die Standsicherheitsbestimmungen nach DIN 15019 (Krane; Standsicherheit für gleislose Fahrzeugkrane [4-8]) und prEN N70E CEN/TC 147 WGP12 (Hebezeuge - Sicherheit handgeführter Manipulatoren) vorschreiben.

Um die Standsäule kippsicher aufstellen zu können, muss der Säulenfuß genügend schwer sein und auch einen ausreichend großen Abstand der Säulenmitte zur Kippkante haben (siehe dazu Bild 4-125). Der Säulenfuß kann aus einer Blechhülle bestehen, die man mit z.B. mit Stahlkies, Schrott oder Beton füllt (**Bild 4-122**). Er ist auf einer Flachpalette aufgebaut und mit dem Gabelstapler oder Hubwagen unterfahrbar und damit samt Manipulator transportabel.

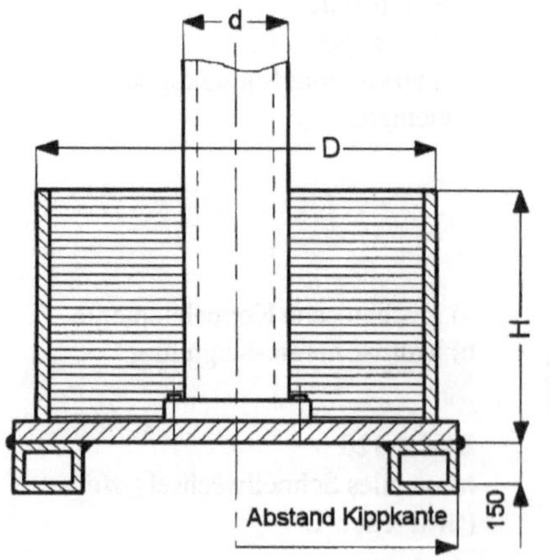

Bild 4-122
Standfuß für einen transportabelen Säulenbalancer

H Füllhöhe
D Fussdurchmesser
d Säulendurchmesser

Die Fußabmessungen gehen aus der folgenden Tabelle hervor. Man kann die Säule übrigens auch mit Aufhängebolzen versehen, wenn die Möglichkeit besteht, den Balancer mit dem Kran umsetzen zu können. Bei einer Betonfüllung des Fußes kann man von etwa folgenden Daten ausgehen:

Durchmesser D in mm	Säulendurchmesser d in mm	Fußhöhe H in mm	Füllung in kg	Betonfüllung in m^3
900	170	750	990	0,45
1100	180	750	1540	0,70
1300	240	820	2310	1,05
1500	320	960	3540	1,61

Die Betondichte wurde hier mit 2,2 t/m³ angenommen. Die Daten sind natürlich nur eine orientierende Größe. Es kommt immer auf den konkreten Manipulator (Auslegerlänge), die maximale Nutzlast und den Abstand zur Kippkante an. Ein Ausführungsbeispiel wird in **Bild 4-123** gezeigt.

Eine andere Ausführung für einen transportablen Balancer in Standsäulenbauart ist die in **Bild 4-124** gezeigte Konstruktion mit Bodenscheibe. Das Umsetzen kann auch hier mit dem Gabelstapler vorgenommen werden. Die Basisplatte muss einen Radius L_1 haben, der Standsicherheit bei maximaler Belastung (plus Sicherheitszuschlag) gewährleistet. Wichtig: In der Kraft F muss auch die Gewichtskraft eines Menschen (800 N) enthalten sein, der sich am Hubelement festhalten könnte!

Bild 4-123
Flachriemenbalancer in transportabler Ausführung (SCHMIDT-HANDLING)

Standsicherheit ist allgemein gegeben, wenn die Summe der aufrichtenden Drehmomente um mindestens 1,4 mal größer ist als die Summe der Kippmomente. Gemäß Skizze (Bild 4-124) gilt:

$$\text{Standsicherheit} = \frac{(L_1 \cdot m_2 \cdot g) + (L_3 \cdot m_1 \cdot g)}{(L_2 - L_1) \cdot F} \geq 1,4$$

Bei einer Standsäule mit Auslegerarm muss sichergestellt sein, dass die Gleichgewichtsbedingungen (plus Sicherheitszuschläge) nicht verletzt werden. Die Situation wird in **Bild 4-125** gezeigt. An Stelle des in der Statik üblichen Kräfteansatzes der drei Gleichgewichtsbedingungen

$$\Sigma F_x = 0, \ \Sigma F_y = 0 \ \text{und} \ \Sigma M = 0$$

können auch die noch unbekannten Stützkräfte F_A und F_B, die man ja wissen möchte gleich mit einbezogen werden. Man macht einen dreimaligen Ansatz der Momentengleichgewichtsbedingung für drei nicht auf einer Geraden liegende Punkte. Demnach gilt für das dargestellte Beispiel:

I. $\Sigma M_{(I)} = 0 = -F_A \cdot l_1 - F \cdot l_2$

II. $\Sigma M_{(II)} = 0 = F_{Bx} \cdot l_1 - F \cdot l_2$

III $\Sigma M_{(III)} = 0 = F_{Bx} \cdot l_1 - F_{By} \cdot l_2$

Damit hat man 3 Gleichungen und 3 Unbekannte. Nach dem Einsetzen der realen Werte können die Unbekannten bestimmt werden. Bei einer Wandmontage der Standsäule müssten dann die Wandverankerungen die gleichgroßen aber entgegengesetzt gerichteten Reaktionskräfte F_A und F_B aufnehmen. Die statische Berechnung von Balancern hat übrigens nach den deutschen Kranvorschriften (DIN 15018) zu erfolgen.

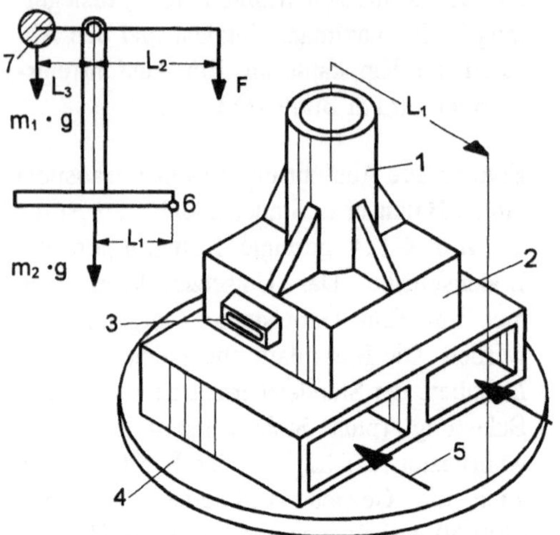

Bild 4-124 Standsäule, mit Hubwagen oder Gabelstapler umsetzbar
1 Standsäule, 2 Säulenfuß-Block, 3 Steckerfeld, 4 Bodenscheibe, 5 Einfahrrichtung der Gabelstaplergabeln, 6 Kipppunkt, 7 Gegengewicht

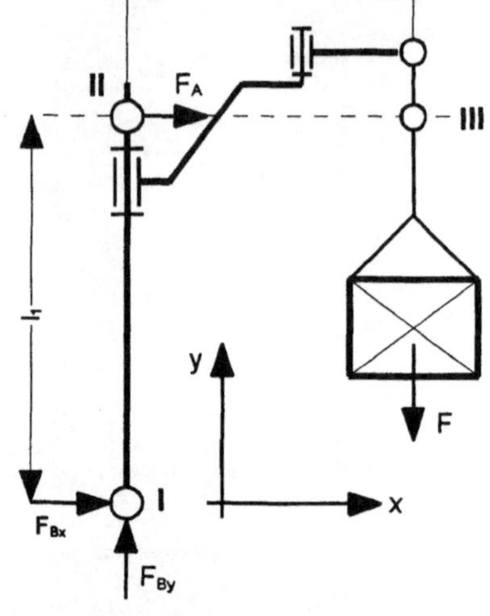

Bild 4-125 Berechnung der Gleichgewichtsbedingungen am Manipulator mit Auslegerarm
F Gewichtskraft, F_A, F_B Reaktionskräfte, l Länge

Manipulatoren können auch auf Schienenfahrwerken oder auf Bodenplatten mit Bockrädern verfahrbar gemacht werden. Ein entscheidender Unterschied besteht darin, ob der Manipulator mit oder ohne Last bewegt werden soll.

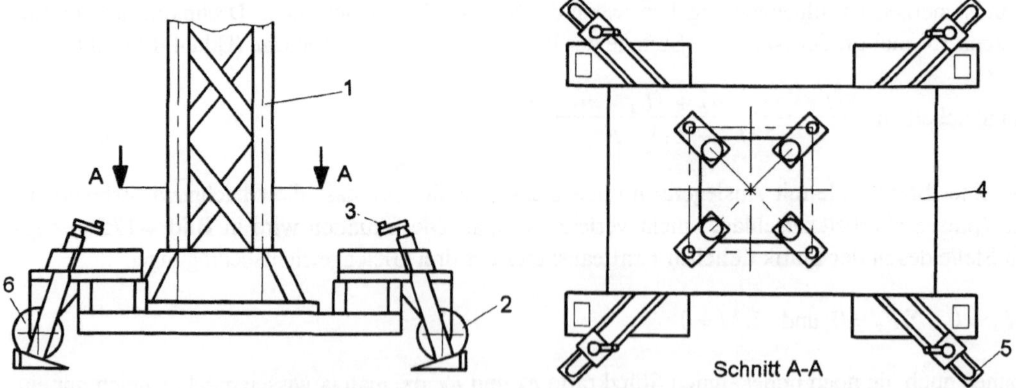

Bild 4-126 Fahrwerk für Bodenplatte
1 Standsäule, 2 Lenkrolle, 3 Spindeltrieb, 4 Bodenplatte, 5 Fußplatte, 6 Starrrolle

Das **Bild 4-126** zeigt ein Fahrwerk, um einen Manipulator im Werkstattbereich umsetzen zu können. Am Standort werden die Fußplatten wieder ausgefahren, so dass sich ein sicherer Stand ergibt. Der Aufbau muss natürlich gegen Kippung berechnet werden. Daraus ergeben sich die Abmessungen der Bodenplatte. Am Boden bewegbare Manipulatoren, z.B. für das Schrauben oder Einbauen von Teilen am Förderband, können auf Rollen laufen. Es sind aber auch Luftkissenelemente für das Umsetzen verwendbar. In **Bild 4-127** wird zunächst ein Beispiel für die Überkopf-Schrauberhandhabung gezeigt. Der Balancer kann auf eigenen Rollen weggefahren werden oder man plaziert ihn z.B. in Reparaturbetrieben an einem anderen Einsatzort.

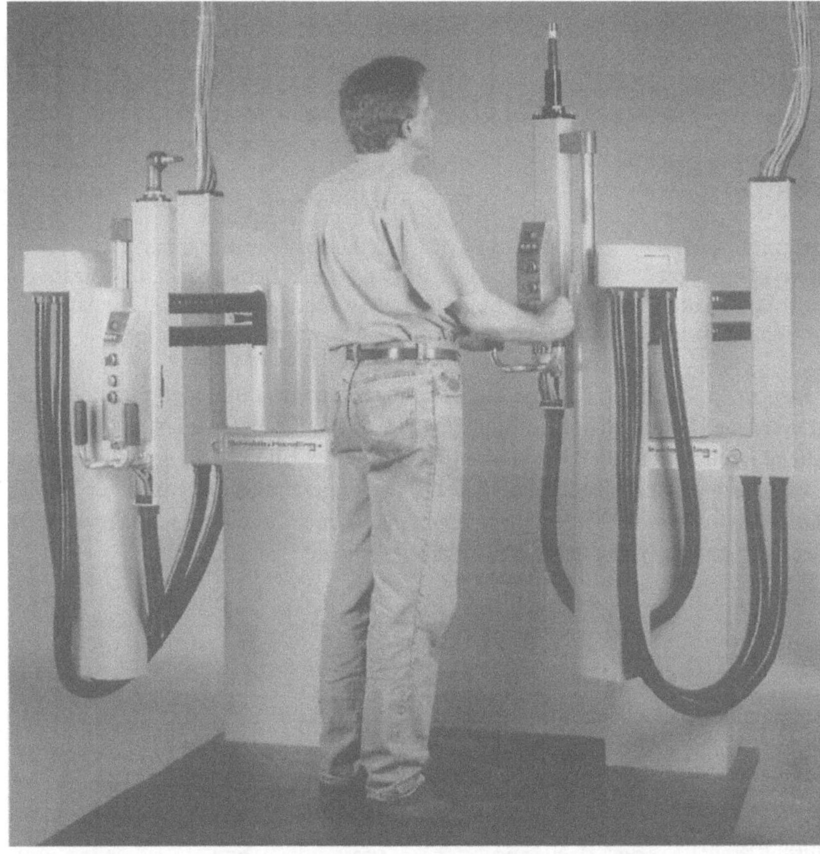

Bild 4-127
Arbeitsplatz in der
Automobilmontage
oder -reparatur für
Schraubarbeiten
von unten
(SCHMIDT- HAND-
LING)

Die Basisplatte kann aber auch auf einem Luftkissenelement ruhen. Damit lässt sich bei Bedarf der Balancer insgesamt in den Schwebezustand versetzen und kann dann leicht von einer Person verschoben werden. Das Prinzip ist einfach. Zwischen einer Gummimembran und dem Fußboden wird ein Luftfilm von etwa 0,1 Millimeter aufgebaut. Die Luft entweicht am Rande der Membrane und hält die Last schwebend (**Bild 4-128**). Die Bodenreibung wird bei einem Reibungskoeffizienten von etwa $\mu = 0,001$ faktisch aufgehoben. Eine Last von 1000 kg lässt sich mit einer Kraft von 10 N bewegen. Allerdings müssen einige Mindestvoraussetzungen an die Fußbodengüte erfüllt sein (siehe dazu DIN 18202). Natürlich wird auch eine Pneumatikschleppleitung gebraucht, der wohl einzige Nachteil.

Eine interessante Ausführungsvariante ist der in **Bild 4-129** gezeigte Luftkissen-Flurtransporter. Er vereinigt Luftkissen, Reibrollenantrieb mit lenkbarer Rolle und Hubkissen. Dieser Aufbau ist extrem flach, sodass man Paletten unterfahren und anheben kann. Die lenkbare Reibrolle erlaubt die Fortbewegung wobei die Fahrrichtung vom Handbedienpult aus vorgegeben werden kann.

Übrigens lassen sich auch extrem flache Luftkissen-Dreheinheiten mit sehr großer Auflast, z.B.
3000 kg, in ähnlicher Weise gestalten. Die geringe Bauhöhe ermöglicht es, diese direkt auf den
Hallenboden zu stellen.

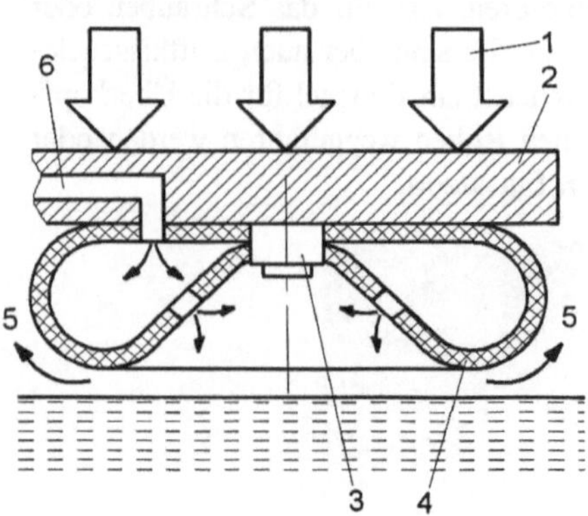

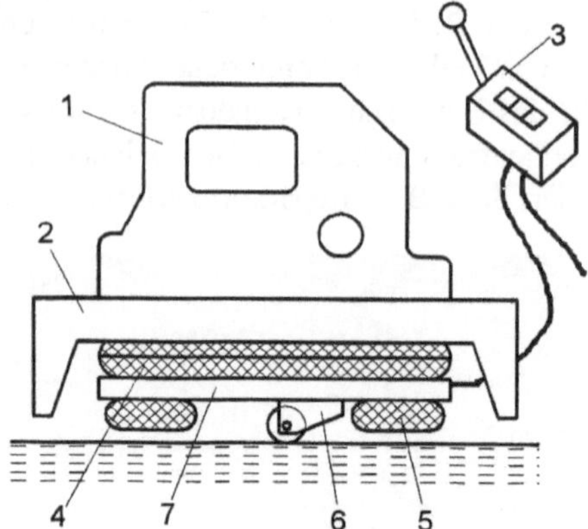

Bild 4-128 Prinzipaufbau eines Luftkis-
senelements für den Schwerlasttransport
1 Belastung, 2 Tragplatte, 3 Stützplatte, 4 Gummimembran, 5 Luftfilm, 6 Druckluftzufuhr

Bild 4-129 Luftkissen-Flurtransporter
1 Last, 2 Flachpalette, 3 Bedienpanel,4 Hubkissen,
5 Lufttragkissen, 6 Reibradantrieb, 7 Tragplatte, an
der auch das Fahrwerk befestigt ist

Damit der Luftkissentransport funktioniert, müssen die Dehnungsfugen im Fußboden mit einer elastischen Masse verfüllt werden. Dadurch wird verhindert, dass das Luftpolster nicht abbricht. Es
können z.B. gummiähnliche Urethanmassen oder Silikonfüller mit einer Shorehärte von 80 verwendet werden. Damit die Fuge gut verfüllt werden kann, sollte die Fugenbreite nicht weniger als 10
mm sein. Die beste Lösung ist, wenn die Fugenmasse etwas nach oben heraussteht (**Bild 4-130**).
Einige Richtwerte zeigen die Leistungsfähigkeit der Luftkissenelemente (Auswahl).

Bild 4-130
Fugenfüllung zur Vorbereitung des Hallenbodens
für den Luftkissentransport

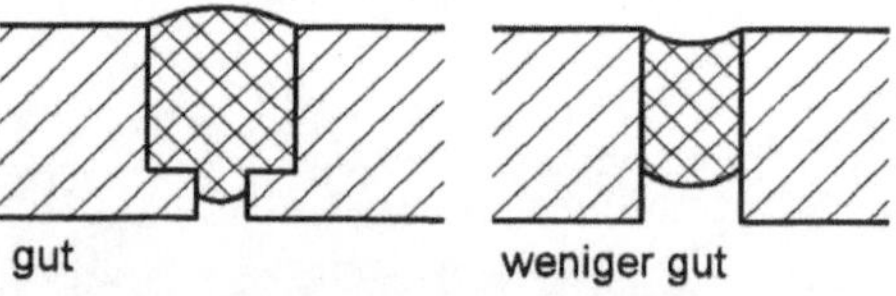

Parameter	Baugrößen				
Außenabmessung eines Ele-ments (quadratisch) mm	150	300	450	850	1400
Druck im Kissen in bar	1	1	2	2	2
Nutzlast in kg	150	500	2600	9000	30000
Luftverbrauch in Nl/min	40	65	270	400	490

Balancer und Hubeinheiten werden in der Regel als Deckenfahr- oder Ständerbalancer ausgeführt,
seltener in der Bauform eines bodengestützten Fahrständers (**Bild 4-131**). Ein Hinderungsgrund ist
meistens die Bodenschiene, die ein Überqueren mit anderen Flurfördermitteln sehr erschwert. Es
gibt jedoch ein Rundschienensystem (**Bild 4-132**), welches diesen Mangel behebt. Die Rundschiene (Durchmesser 25 oder 40 Millimeter) ist in den Boden flureben eingelassen und vergossen oder
aufgeschraubt. Die Rolle berührt die Stange auf 2 Linien. Das Rollenprofil wurde so gewählt, dass
eine hohe Tragfähigkeit und ein kleiner Rollwiderstand erreicht werden. Mit diesem Rollsystem
kann *eine* Person auch 10 Tonnen schwere Objekte bewegen. Die Rundschiene ragt nur 3 bzw. 4,5

mm aus dem Boden. Auch Fahrzeuge mit kleinen Rädern überqueren dieses Hindernis problemlos. Für Personen besteht kaum eine Stolpergefahr.

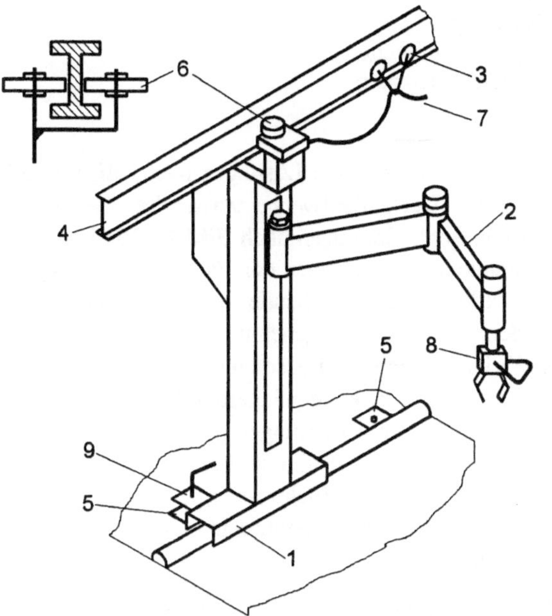

1 Fahrwerk
2 Auslegerarm-Balancer
3 Kabelschlepp
4 Deckenschiene
5 Verriegelungsposition
6 Seitenführungsrolle
7 Schleppkabel
8 Greifer
9 Bodenverriegelung

Bild 4-131
Balancer mit bodengestützter Fahrrolle

Wird öfters an einer definierten Stelle gearbeitet, z.B. an einer Werkzeugmaschine, dann lassen sich Bodenverriegelungen anordnen. Die Fahreinheit ist dann örtlich fixiert. Das ist auch mit z.B. magnetischen Festhaltebremsen erreichbar. Außerdem gibt es verschiedene Schmutzabstreifer, mit denen die Schiene beim Verfahren gesäubert wird.

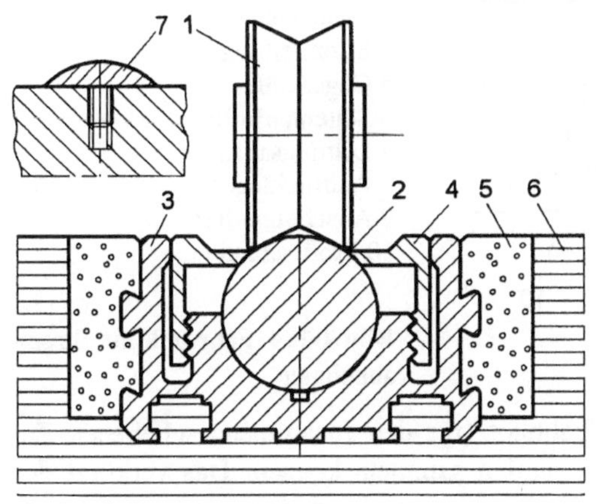

1 Profillaufrolle
2 Rundstange, gehärtet und geschliffen
3 Halteprofil
4 Klemmprofil
5 nicht schrumpfender Mörtel
6 Fußboden
7 Variante mit aufgeschraubter Rundsegment
  schiene

Bild 4-132
Rundschienensystem (STROTHMANN)

4.13 Energiezuführung

Die Versorgung fahrender Einheiten mit Energie kann auf verschiedene Art erfolgen. Es sind Elektroenergie, Druckluft und/oder Saugluft bereitzustellen. Bei großen Verfahrwegen und vielachsigen Manipulatoren ist das nicht einfach erreichbar. Was überlicherweise genutzt wird, ist in **Bild 4-133** dargestellt.

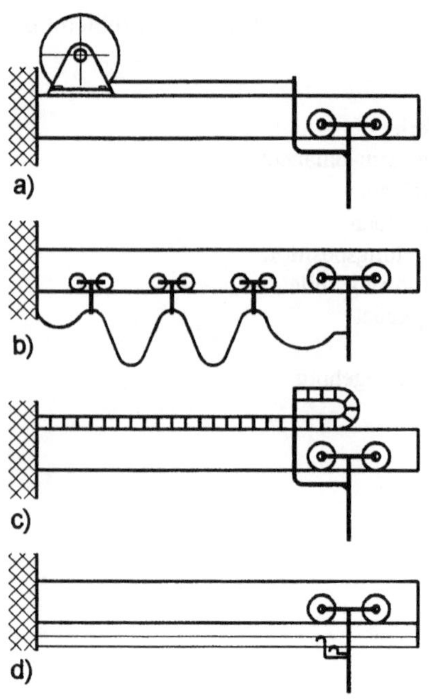

Bild 4-133
Energieversorgung verfahrbarer Einheiten

a) Kabeltrommel
b) Kabelschlepp
c) Energieführungskette
d) Stromschienensystem

Üblicherweise werden die Lösungen nach **Bild 4-133 b und c** für Deckenlaufwerke verwendet. Bei einem Einsatz von Schleifleitungen nach **Bild 4-133d** kann bei einem manuellen Verschieben der Fahreinheit der durch die Schleifkontakte entstehende bewegungshemmende Fahrwiderstand als unangenehm empfunden werden. Diese Wirkung macht sich besonders beim Start störend bemerkbar, weil die kugelgelagerten Laufwagen sehr leichtgängig sind. Schleifleitungen garantieren aber eine hohe Betriebsbereitschaft und sind extrem pflege- bzw. wartungsarm. Man kann Elektroenergie bis 100 A Dauerbelastung und Betriebsspannungen bis 500 V problemlos übertragen.

Das **Bild 4-134** zeigt den Einbau eines Stromabnehmers in das Deckenfahrwerk. Es werden z.B. 5 Schleifleitungen verwendet (Neutralleiter, L1, L2, L3, PE). Die Leitungen sind berührungsgeschützt im Innern der Profilschiene angebracht. Bei aggressiven Umgebungseinflüssen und der Übertragung von Kleinspannungen sind weitere Maßnahmen erforderlich.

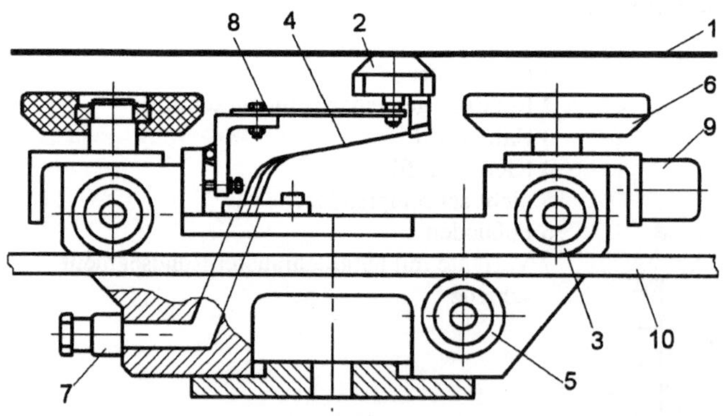

1 Stromschiene
2 Stromabnehmer
3 Laufrolle
4 Stromleitung
5 Gegenrolle
6 Seitenlaufrolle
7 Leitungsabgang
8 Andruckfeder
9 Anschlagpuffer
10 Profilschiene

Bild 4-134 Fahrwerk mit Stromabnehmer

Für die Kabelwagen (**Bild 4-135**) wird ein Kabelbahnhof (für den zusammengeschobenen Zustand) gebraucht, wo sich die Wagen samt Kabelschlaufen sammeln können. Das verkürzt den Funktionsweg des Manipulators bzw. die Schienen müssen entsprechend länger ausgeführt werden. Die Kabelschlaufen dürfen auch nicht an Ausrüstungen, Schutzzäunen u.ä. hängenbleiben. Durch die ständige Biegung der Leitungen muss mit Kabelbrüchen gerechnet werden. Anstelle von rollfähigen Kabelwagen hat man bei einfachen Anlagen auch schon Kabelgleitschuhe eingesetzt (ELMAPO), die im Führungsprofil gleiten und nicht rollen.

Anstelle von Nur-Elektrokabeln lassen sich auch Hybridkabel einsetzen. Sie enthalten in einer Hülle (verseilt oder als Kombileitung hergestellt) neben den Elektroleitungen auch Druckluft-, Signal- und Lichtleiter-Leitungen. Manchmal wird die Druckluft auch von einem Kleinprozessor erzeugt, der am Decklaufwerk mitfährt. Das ergibt weniger Schlauchsalat, macht aber den bewegbaren Teil schwerer und schränkt die Bewegungsdynamik ein. Bei mehrachsigen Systemen können auch mehrere Energieversorgungsarten kombiniert verwendet werden. Werden Kabelwagen eingesetzt, dann steht die Frage, wie viele es sein müssen.

Bild 4-135 Ausführung einer Kabelwagenanlage

In **Bild 4-136** wird eine Kabelaufhängung nochmals abmessungsorientiert skizziert. Die Anzahl der Kabelwagen hängt von der Fahrweglänge s (in Meter) und dem Kabeldurchhang K ab. Empfohlen wird ein Kabeldurchhang von $K = 0,8$ m.

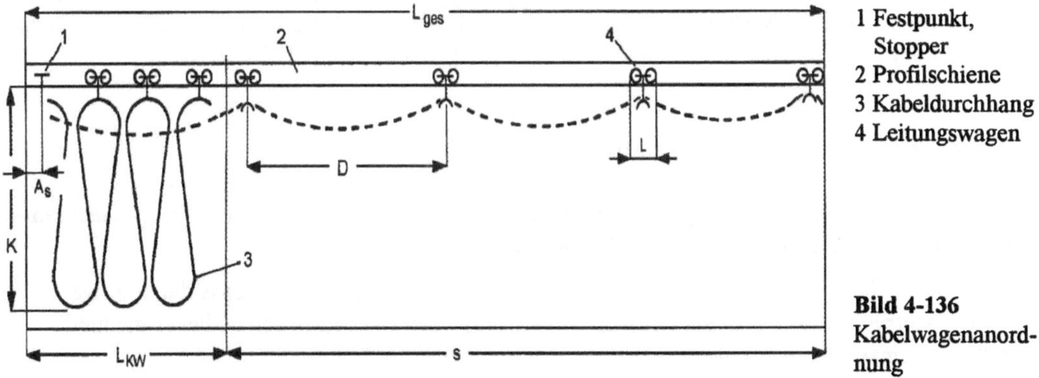

Bild 4-136 Kabelwagenanordnung

Die Anzahl der Kabelwagen ergibt sich aus

$$A_{KW} = \frac{s \cdot 1,1}{2 \cdot K} - 1$$

Die Länge des Kabelbahnhofes L_{KW} bei einer Kabelwagenlänge L von z.B. 100 mm

$$L_{KW} = A_{KW} \cdot L$$

Schließlich ist noch die Kabellänge bzw. die Schlauchlänge L_s zu bestimmen. Sie ergibt sich aus

$$L_s = (s \cdot 1,1) + 2 \text{ m}$$

Den Abstand D zwischen 2 Leitungswagen erhält man aus

$$D = (L_{KW} - A_s)/A_{KW}$$

Die maximale Zugbelastung F im Kabel hängt von der Masse der Leitungswagen m (in kg) ab. Sie ergibt sich zu

$$F = D \cdot m \cdot 0,95$$

Es gibt auch die Möglichkeit zur berührungslosen Energieübertragung zum mobilen Verbraucher. Ein solches System liefert elektrische Energie nach dem Induktionsprinzip, ähnlich wie bei der Primär-Sekundär-Übertragung eines Transformators. Beide Wicklungen befinden sich auf einem gemeinsamen und in sich geschlossenen ferromagnetischen Kern. Das bewirkt einen hohen Kopplungsgrad, lässt aber keine Relativbewegung der beiden Wicklungen zueinander zu (**Bild 4-137a**).

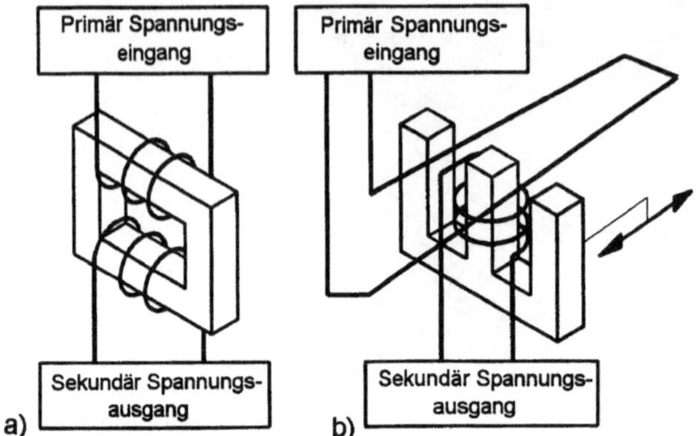

a) normaler Transformator
b) CPS-Transformator
   (CPS *Contactless Power System*)

Bild 4-137
Berührungslose Elektroenergieübertragung (VAHLE Stromzuführungen)

Beim CPS-System (**Bild 4-137b**) ist die Primärwicklung dagegen zu einer langen Leiterschleife „gestreckt". Die Sekundärwicklung ist auf einem offenen ferromagnetischen Kern untergebracht, der die Primärwicklung umschließt und im mobilen Teil einer Kran-, Balancer- oder Hubeinrichtung angeordnet ist. Das System ist besonders für große Verfahrwege interessant. Es gibt keine Begrenzung der Fahrgeschwindigkeit und Beschleunigung des mobilen Verbrauchers.

4.14 Schwenkwiderstandsregulierung

Moderne Balancer mit mehrteiligen Auslegerarmen werden heute mit einer einstellbaren Nachlaufhemmung ausgestattet. Sie erfüllt drei funktionelle Anforderungen:

❑ Beim Schwenken des Armes mit aufgenommener Last möchte man nicht, dass die in Folge der Massenträgheit auftretenden Nachlaufeffekte entstehen bzw. dass der Bediener manuell größere Bremskräfte aufnehmen muss.

❑ Befindet sich der mehrteilige Auslegearm an einem nichtangetriebenen Deckenlaufwerk, möchte man nicht, dass durch unterschiedliche Reibungsverhältnisse beim Verschieben des Deckenfahrwagens der Auslegerarm einknickt und das Verschieben am Laufwerk ausbleibt.

❑ Eine Bremse verhindert das unbeabsichtigte Nachlaufen eines Manipulatorarmes, wenn dieser in einer Warteposition angehalten wird. Unbemerktes Nachlaufen kann den arglosen Bediener ernsthaft schädigen, wenn der seinen Blick in eine andere Richtung gelenkt hat.

Üblicherweise werden zuschaltbare pneumatische Industrie-Scheibenbremsen eingesetzt. Eine solche Bremse wird in **Bild 4-138** gezeigt. Das Bremsmoment hängt vom Bremsscheibendurchmesser und dem Druck im System ab. Über den Druck kann der Bremseffekt feinfühlig eingestellt werden.

Mitunter werden die Bremsscheiben mit Bohrungen versehen, in die man Endanschläge zur Begrenzung des Schwenkbereiches einsetzen kann.

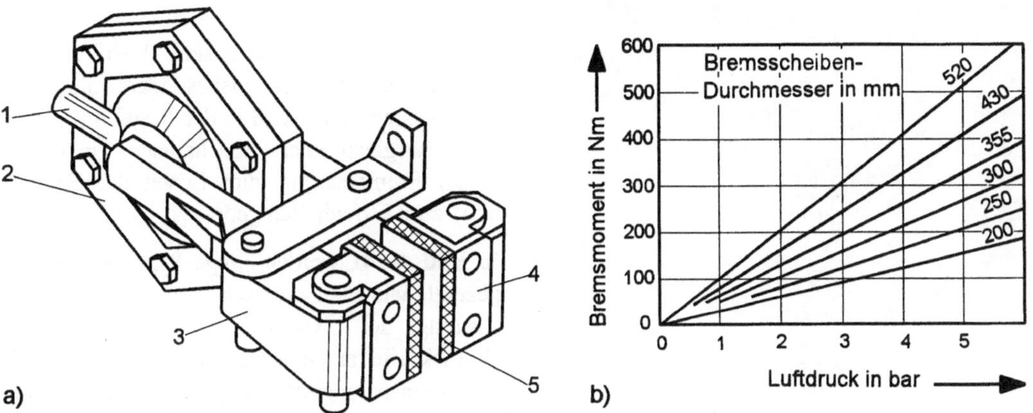

Bild 4-138 Industrie-Scheibenbremse mit Druckluftantrieb (RINGSPANN)
a) Gesamtansicht, b) Bremsmomentdiagramm, 1 Druckluftanschluss, 2 Membrangehäuse, 3 Kipphebel, 4 Bremsbacke, 5 Bremsbelag

Es gibt auch Bremsen, die mit Druckluft geöffnet werden und mit (Teller-) Federkraft bremsen. Man verwendet sie oft als Failsafe-Bremse. Bei Energieausfall wird sofort der Stopp-Effekt ausgelöst. In dieser Wirkungsart arbeitet auch die in **Bild 4-139** gezeigte Scheibenbremse. Sie wird nicht am Scheibenrand als "Zange" angesetzt, sondern koaxial zu einem Gelenkzapfen montiert. Für Manipulatoren mit Waagerecht-Gelenkarmausleger ist das oft günstiger. Sobald eine Armdrehung eingeleitet wird, erhält der Zylinder Druckluft und öffnet die Bremse. Beim Loslassen des Armes wird die Bremse wieder wirksam und verhindert gefährliches Nachschwenken des Armes.

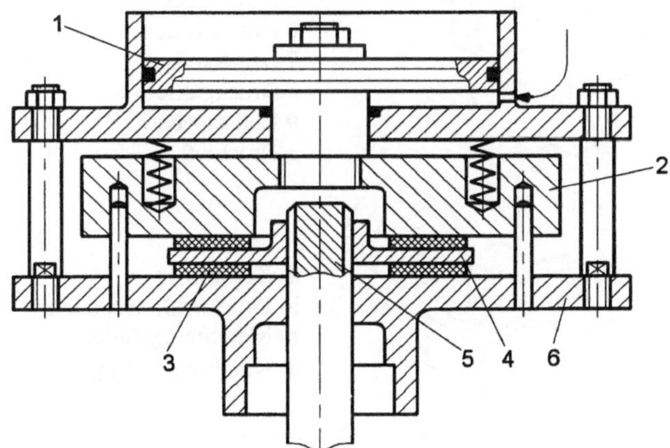

1 Pneumatikkolben
2 Andruckscheibe
3 Reibbelag
4 Bremsscheibe mit Zahnnabe
5 Gelenkzapfen mit Verzahnung
6 Grundplatte mit Gegenreibbelag

Bild 4-139
Pneumatische Scheibenbremse für den koaxialen Einbau

Einen ähnlichen Aufbau haben auch elektromagnetische Haltebremsen, nur dass dann beim Lüften der Bremse eine Ankerscheibe elektromagnetisch angezogen wird. Dadurch wird die Federkraftwirkung der Bremse aufgehoben. Der Einbau solcher Bremsen muss sehr sorgfältig erfolgen, damit der maximal zulässige Arbeitsluftspalt nicht überschritten wird. Das **Bild 4-140** zeigt eine elektromagnetische Haltebremse im angebauten Zustand. Sie ist für eine relative Einschaltdauer von 100% ausgelegt.

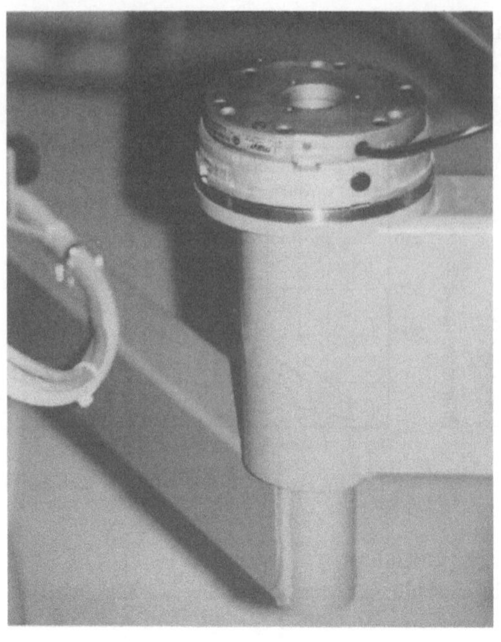

Bild 4-140
Elektromagnetische Gleichstrom-Haltebremse
(MAYR)

Es kann auch notwendig sein, Vertikalbewegungen zu bremsen, insbesondere als Notbremssystem. Das wird in der Regel mit einem Federenergiespeicher mechanisch gemacht, wobei Fremdenergie zum Lösen der Bremse bzw. zum Offenhalten gebraucht wird.

In **Bild 4-141** werden einige Prinzip-Beispiele gezeigt, wie man bremsen kann. Für eine Bewertung der Systeme ist wichtig, welche Bremskräfte erzeugt werden und wie schnell die Bremse reagiert. Einige Systeme sind als Baugruppe handelsüblich. Die Kontaktstücke lassen sich an die zur Verfügung stehenden Profile der Linearführungen (auch Rohre und Stangen) anpassen. Geklemmt wird nicht gegen die Laufbahn eines Schlittens, sondern gegen andere Flächen. Bremsen geschieht im Gegensatz zum Klemmen aus der Bewegung. Dabei wird Energie in Wärme umgesetzt. Das bedeutet Verschleiß der Kontaktstücke, vorausgesetzt es wird öfters gebremst, was bei Notbremssystemen jedoch nicht der Fall ist.

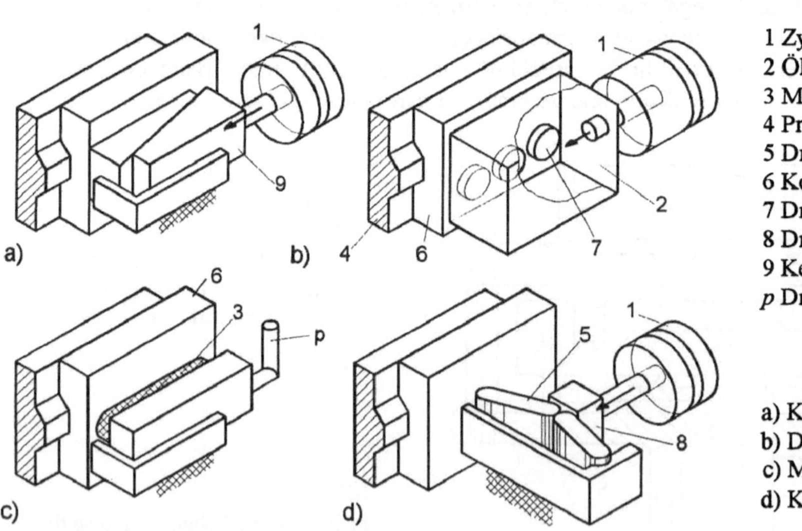

Bild 4-141 Einige Möglichkeiten zur Erzeugung von Klemmkräften mit Fremdenergie

4.15 Sicherheitstechnik

Das allgemeine Ziel des Einsatzes von Handhabungsgeräten besteht ganz wesentlich in der Vermeidung von Berufskrankheiten und der Verhinderung von Verletzungen beim Manipulieren von Lasten. Jede Medaille hat aber 2 Seiten. Mensch und Technik sind als Gefahrenträger in entsprechende Wechselbeziehungen eingebunden (**Bild 4-142**). Im Klartext heißt das, dass auch noch so wohlgemeinte technische Hilfen wieder neue Gefahrenherde entstehen lassen.

Arbeit	Arbeitsfolgen	Technik	Technikfolgen	Arbeit
→	→ →	→	→ →	→ →
Heben Positionieren Tragen Stapeln Verpacken Umsetzen Auslagern	Skelettschäden Handverletzungen Muskelüberlastung Wirbelsäulendefekte Lastabsturzunfälle	Balancer Manipulatoren Hubeinheiten	Quetschgefahren Lastabsturzfolgen Abdriften des Greifers Energieausfallfolgen Bauwerkfestigkeit Bedienfehler	Arbeitserleichterung Einsparung von Handarbeit genaues Positionieren durch Lastschweben Unfallvermeidung Leistungssteigerung

Bild 4-142 Mensch und Technik sind Gefahrenträger

Greifer müssen ein Objekt derart rutschsicher halten, dass sich ein unbeabsichtigtes Lösen nicht einstellt. Andererseits muss gesichert sein, dass der Bediener den Greifer erst öffnen kann, wenn die Last vollständig abgesetzt ist, um insbesondere Quetschgefahren auszuschließen. Zur Lösung des Problems werden folgende Wege beschritten:

Zwei-Hand-Schaltung

Beide Hände sind bei der Bedienung an Loslass-Schalter gebunden. Es wird dabei unterstellt, das die Hände nicht gleichzeitig unter der Last sein können. Trotzdem gibt es in der Praxis damit Fehlhandlungen. Die Zwei-Hand-Schaltung ist nur bedingt sicher.

Vollautomatische Lastbeobachtung

Der Greifer bleibt solange geschlossen, wie eine Wägezelle noch eine Gewichtskraft feststellt. Die Verriegelung des Greifers wird erst dann aufgehoben, wenn das exakte Absetzen der Last erfolgt ist. Für das Lösen genügt dann ein Taster.

Ein erhebliches Gefahrenpotential entsteht aber nicht nur punktuell, sondern z.B. durch Deckenfahrwerke variabel über den gesamten Arbeitsbereich. Deshalb müssen die gesetzlichen Bestimmungen, die Mindestforderungen enthalten, unbedingt beachtet werden. Welche Gefahrenquellen kann es geben?

Die mechanische Festigkeit ist nicht gegeben.

Dieser Fakt tritt nicht auf, weil die Geräte zur TÜV-Baumusterprüfung vorgestellt werden müssen und nur geprüfte Technik verkauft werden darf. Die statisch ertragbare Last soll wenigstens das 2-fache der angegebenen maximalen Last betragen. Gegen Bruch soll das 3-fache der Belastung zugrunde gelegt werden.

Die Vorort-Montage erfolgte nicht vorschriftsmäßig.

Montagefehler lassen sich ausschließen, wenn der Aufbau vom Hersteller oder von unterwiesenen Monteuren vorgenommen wird. Der Aufstellort muss die erforderlichen Bedingungen erfüllen, z.B. Deckentragfähigkeit, was aber bereits bei der Projektierung zu besprechen ist.

Eine Überprüfung vor der ersten Inbetriebnahme wurde unterlassen.

Überprüfungen sind nach dem Aufstellen oder nach wesentlichen Veränderungen, z.B. nach dem Wechsel von Verschleißteilen, vorzunehmen und auch in regelmäßigen Zeitabständen. Die Personen (Sachkundige), die das durchführen, müssen nicht nur mit allen technischen und gesetzlichen Details vertraut sein, sondern auch über die technischen Hilfsmittel verfügen (Drehmomentschlüssel, Rissprüfgeräte u.a.). Ist das nicht gegeben, so sind die Servicefirmen oder der Hersteller einzubeziehen. Bediener und Instandhaltungspersonal sind mit unterschiedlichen spezifischen Inhalten einzuweisen und zu schulen.

Die Überlastsicherungen und Wägezellen arbeiten nicht ordnungsgemäß.

Auch diese Einrichtungen sind in einen Kontrollrhythmus einzubeziehen. Im übrigen gilt für die Tragmittel, dass Ketten mindestens das 4-fache zur angegebenen Last aushalten, Seile sollen das 5-fache der Last verkraften.

Die Lastaufnahmemittel bzw. Greifer sind für die Last zu schwach.

Um das zu vermeiden, sollen Vakuumsauger das 1,5-fache der Nennlast bei allen Betriebszuständen, z.B. schnelles Heben oder Schwenken, halten können. Magnethalter sollen das 2-fache der Nennlast halten, ebenfalls unabhängig vom Betriebszustand (Achtung: Die Abreisskraft ist deutlich größer als die Kraft fürs seitliche Abschieben!). Für Manipulatoren und Hubwerke gelten insbesondere folgende Vorschriften und Richtlinien:

EG Maschinenverordnung

Die Geräte müssen dazu konform sein, was schriftlich zu erklären ist. Das CE-Zeichen muss angebracht sein (EG-Konformitätserklärung). Siehe dazu auch [4-12, 4-13].

Berücksichtigung nationaler Normen

Dazu gehören: Krane DIN 15018, Standsicherheit DIN 15019, Hebezeuge/Seiltriebe DIN 15020, Hebezeuge VDE 0100 T 726, Serienhubwerke FEM 9751, Überlastsicherungen VDI 3570, Sicherheit handgeführter Manipulatoren prEN N70E CEN/TC 147 WGP 12.

Beachtung von Unfallverhütungsvorschriften

Das sind folgende: UVV Winden, Hub- und Zuggeräte (neue Kurzbezeichnung BGV D 6), UVV Lastaufnahmeeinrichtungen im Hebezeugbetrieb VGB 9a, Grundsätze für die Prüfung von Kranen (Kurzbezeichnung B 66905).

Beachtung der Schutzart

Die Schutzarten für elektrische Antriebe sind in DIN 40050 zu EN 60529/VDE 0470 Teil 1 festgelegt. Die international vereinbarten Schutzarten für Elektromotoren sind in der **Tabelle 4-1** enthalten.

Für die konstruktive Ausführung einer Manipulatoranlage ist die Angabe eines Schutzgrades erforderlich. Dadurch wird verhindert, dass schädigende Einwirkung von Wasser, Fremdkörpern und Staub das Betriebsverhalten elektrischer Komponenten, insbesondere von Motoren verändern. Es muss auch das Berühren rotierender oder spannungsführender Teile verhindert werden. Für die Schutzart steht die Abkürzung IP...(*international protection*), gefolgt von 2 Kennzahlen und 2 Buchstaben. Die erste Ziffer gibt den Personen- oder Fremdkörperschutz an, die zweite Ziffer den Wasserschutz. Die ersten beiden Ziffern müssen vorhanden sein, der 3. und 4. Buchstabe ist wahlfrei (**Tabelle 4-1**).

Häufig sind Schutzverkleidungen an bewegten Konstruktionsteilen anzubringen, insbesondere wenn Quetsch- und Schergefahrstellen vorhanden sind. Die verbleibenden Öffnungen und die Abschirmhöhen sind so zu gestalten, dass sie den Vorschriften der DIN EN 294 entsprechen. In **Bild 4-143** wird auszugsweise gezeigt, wie zur Verhinderung solcher Gefahrenstellen beigetragen werden kann. Sie sind für Personen ab 14 Jahre gültig.

erste Kenn-ziffer	Erklärung Schutz gegen...	zweite Kenn-ziffer	Erklärung Schutz gegen...	dritter Buch-stabe	Erklärung Geschützt gegen...	vierter Buch-stabe	Erklärung
IP 0...	kein Schutz	0	kein Schutz				
IP 1...	...zufälliges großflächiges Berühren; ...Eindringen von Fremd-körpern größer als 50 mm	1	...senkrecht fallendes Wasser	A	...Zugang mit dem Hand-rücken (50 mm)	M	Betriebsmittel geprüft auf die schädliche Wirkung durch Eintritt von Was-ser, wenn die bewegli-chen Teile des Betriebs-mittels in Betrieb sind.
IP 2...	...Berühren durch Finger; Schutz gegen Eindringen von Fremdkörpern > 12,5 mm	2	...Tropfwasser bei Schräg-stellung des Gerätes bis zu 15°	B	...Zugang durch Fin-ger (12 mm Durch-messer, 80 mm Länge)	W	Geeignet zur Verwen-dung unter festgelegten Wetterbedingungen und ausgestattet mit zusätzli-chen schützenden Maß-nahmen oder Verfahren
IP 3...	...Berühren mit Werkzeugen oder gegen Eindringen von Fremdkörpern von einer Dicke >2,5 mm	3	...Sprühwasser aus einem Winkel bis zu 60°	C	...Zugang mit Werkzeug (2,5 mm Durchmes-ser, 100 mm Länge)	H	Hochspannungsbe-triebsmittel
IP 4...	...Berühren mit Werkzeugen oder gegen Eindringen von Fremdkörpern von einer Dicke >1 mm	4	...Spritzwasser aus beliebigen Richtungen	D	...Zugang mit Draht (1,0 mm Durch-messer, 100 mm Länge)	S	Betriebsmittel geprüft auf schädliche Wirkung durch Eindringen von Wasser, wenn die be-weglichen Teile im Still-stand sind
IP 5...	...Berühren ist vollständig ...schädliche Staubablage-rungen	5	...Strahlwasser aus allen Richtungen				
IP 6...	...Berühren ist vollständig ...Eindringen von Staub	6	...vorüberge-hendes Über-fluten, z.B. schwere See				
IP 7...		7	...schädli-ches Eindrin-gen von Wasser beim Eintauchen				
IP 8...		8	...jegliches Eindringen von Wasser				

Tabelle 4-1 International vereinbarte Schutzarten für Elektromotoren

Weitere Festlegungen zu Kennziffern gibt es u.a. für Kühlungsarten von Motoren (DIN IEC 34 Teil 6), für Isolierstoffklassen (DIN VDE 0530) und für Betriebsarten [4-14].

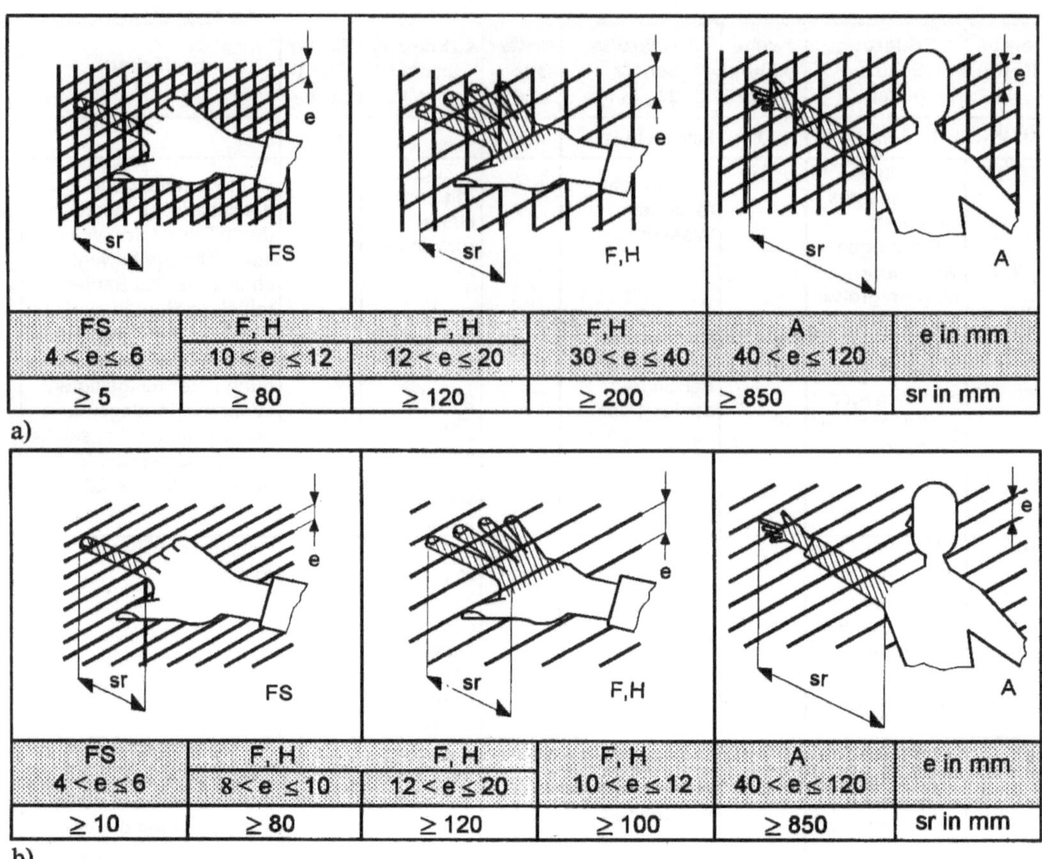

Bild 4-143 Sicherheitsabstände gegen das Erreichen von Gefahrstellen (nach DIN EN 294)
a) quadratische oder kreisförmige Öffnungen, b) schlitzförmige Öffnungen, e Öffnungsgröße, sr Sicherheitsabstand, A Arm bis Schultergelenk, F Finger bis Fingerwurzel, FS Fingerspitze, H Hand bis Handballen

Wichtig ist natürlich auch, ob eine Person eine schützende Umwehrung übergreifen und mit der Hand bis zu einer Gefahrstelle vordringen kann. In **Bild 4-144** ist der Sicherheitsabstand grafisch dargestellt. Die Werte sind gültig, wenn ein geringes Risiko vom Gefahrbereich ausgeht. Bei hohem Risiko sind andere Werte zu verwenden, die man in der DIN EN 294 findet.

Die Tabellenwerte darf man übrigens nicht interpolieren. Bei Zwischenwerten ist stets das höhere Sicherheitsniveau (die nächst höheren Werte) zu wählen. Es gibt auch Festlegungen, welche freie Höhe vorhanden sein muss, damit ein Werker nicht senkrecht nach oben mit Arm und Hand einen Gefahrbereich erreichen kann. Vom Fußboden (Bezugsebene) bis zum Gefahrbereich soll die Mindesthöhe 2500 mm betragen, wenn das Risiko gering ist und 2700 mm bei hohem Risiko. Alternativ können sicherheitstechnische Maßnahmen angewendet werden, die die Gefahr beseitigen, wie z.B. Verkleidungen.

Bei der Erfüllung von Sicherheitsanforderungen spielen die Risiken eine bedeutende Rolle, die beim Versagen von Sicherheitseinrichtungen verbleiben. Nach der Norm EN 954-1 kann man das Risiko mit Hilfe des Schemas in **Bild 4-145** abschätzen. Es wird zwischen hohem und niedrigem Risiko unterschieden.

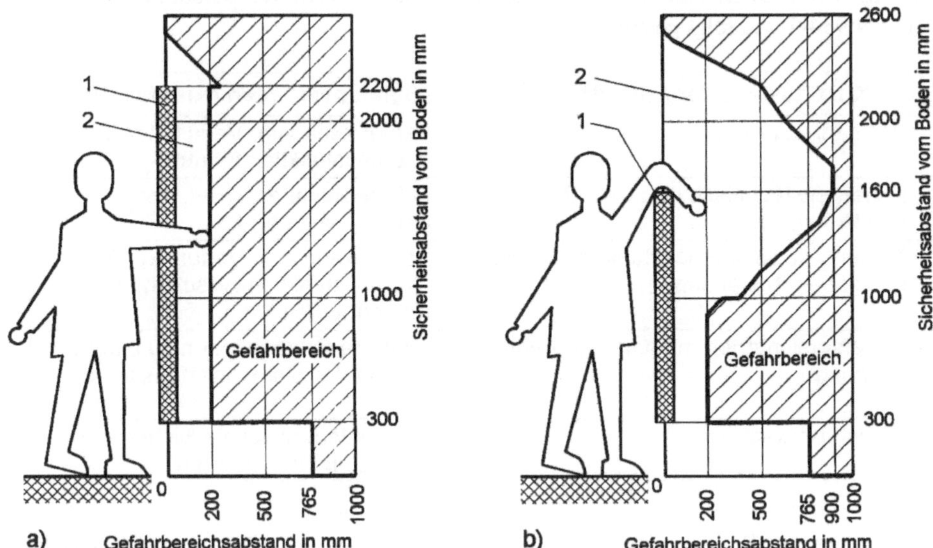

Bild 4-144 Sicherheitsabstände bei Übergreif-Situationen
a) obere Gliedmaßen, Gefahrstellenabstand für die Abschirmhöhe 2200 mm, b) Gefahrstellenabstand für die Rahmenhöhe 1600 mm, 1 Schutzeinrichtung, 2 Sicherheitsabstand

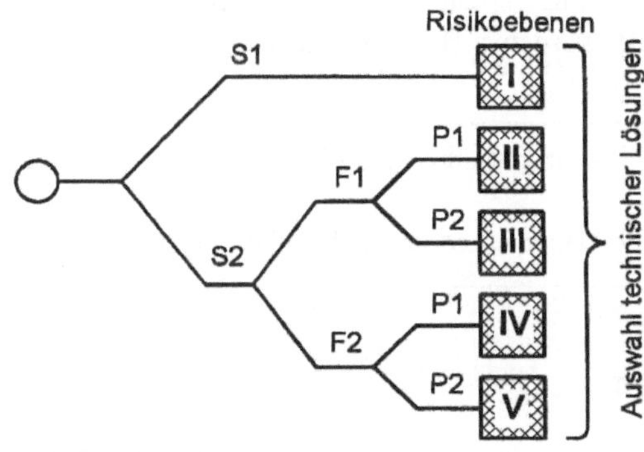

Die Risikobewertung gibt darüber Aufschluss, wie wahrscheinlich und wie gefährlich ein Fehler sein kann, unter Berücksichtigung von Häufigkeit und Dauer einer Gefährdungsexposition.

Bild 4-145
Abschätzung des Risikos mit dem Risikograph

Im Bild bedeuten:

S Schwere der Verletzung;
>   **S1**   leicht, heilt wieder aus
>   **S2**   schwere irreversible Verletzung einer oder mehrerer Personen, auch mit tödlicher Folge

F Häufigkeit und Aufenthaltsdauer;
>   **F1**   selten bis öfter, z.B. 1 Werkzeugwechsel je Woche
>   **F2**   häufig bis dauernd, z.B. zyklusbedingtes Beschicken

P Möglichkeit zur Vermeidung von Gefährdungen
>   **P1**   möglich unter bestimmten Bedingungen, z.B. Flucht noch möglich,
>   **P2**   keine Möglichkeit, sich der Gefahr zu entziehen.

Im nächsten Schritt wird man die Kategorie für sicherheitsbezogene Teile von Steuerungen bestimmen. Sie sind in EN 954-1 wie folgt gestuft:

Kategorie	Kurzfassung der Anforderungen	Systemverhalten (Kurzfassung)
B	Basisanforderungen	Fehler kann zum Verlust der Sicherheitsfunktion führen
1	sicherheitstechnisch bewährte Bauteile und Prinzipien	höhere Zuverlässigkeit, aber bei Fehler wie unter „B"
2	Testung der Sicherheitsfunktion in angemessenen Abständen	Fehler kann zum Verlust der Sicherheitsfunktion zwischen den Prüfungen führen
3	Einfehlersicherheit mit partieller Fehlererkennung	mehrere Fehler können zu einem Verlust der Sicherheitsfunktion führen
4	Selbstüberwachung	Bei Fehlern bleibt die Sicherheitsfunktion immer erhalten

Besondere Risiken können z.B. auch entstehen, wenn sogenannte Gefahrstoffe mit dem Manipulator bewegt, palettiert und kommissioniert werden. Da es keine technischen Einrichtungen mit der Risikowahrscheinlichkeit Null gibt, kann auch bei einem Manipulatoreinsatz das Risiko nicht zu Null werden. Es müssen also auch die "Manipulationsgefahren" berücksichtigt werden.

Die Begriffe Risiko und Grenzrisiko sind unscharfe Begriffe, weil sie sich meistens nicht exakt quantifizieren lassen. Trotzdem muss man sich in der Planungsphase damit auseinandersetzen. Der Risikobegriff muss gegebenenfalls weiter spezifiziert werden z.B. in Versagens-, Betriebs- und Missbrauchsrisiko (nichtbestimmungsgemäßer Gebrauch).

> **Gefahr:** Sachlage, bei der das Risiko größer ist als das Grenzrisiko (das für einen speziellen Fall noch vertretbare Risiko).
> **Sicherheit:** Sachlage, bei der das Risiko kleiner ist als das Grenzrisiko (DIN VDE 31 000).

4.16 Manipulatoren für den Reinraumbereich

Unter einem Reinraum versteht man eine Produktionsstätte, deren Luft besonders wenig Stoffpartikel enthält. Der Anteil von Produkten, die im Reinraum herzustellen bzw. zu montieren sind, nimmt ständig zu. Das sind einmal alle Produkte, bei denen man gesundheitliche Gefährdungen durch Kontaminationen ausschließen muss, zum anderen technische Produkte, deren Funktion und Eigenschaften beeinträchtigt wird. In der Lebensmittel- und pharmazeutischen Industrie können Nahrungsmittelrückstände, Staub, Mikroorganismen oder Reinigungs- bzw. Desinfektionsmittelrückstände zur Kontamination führen.

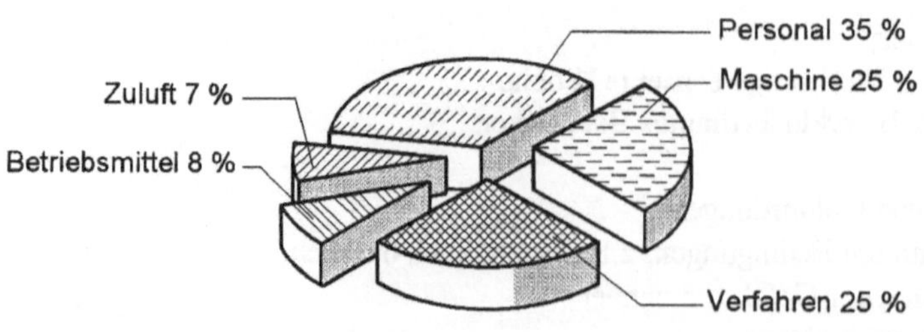

Bild 4-146
Kontaminationsquellen in der Produktion

In der Feinwerktechnik, z.B. bei der Montage von Festplattenlaufwerken oder in der Halbleiterindustrie (Handhaben von Einkristall-Stäben) müssen besondere Anforderungen an die Raumluft gestellt werden. Die Kontaminationsquellen und durchschnittlichen Emissionsanteile werden in **Bild 4-146** angegeben. Im allgemeinen ist danach der Mensch am meisten an der Gesamtemission von Staubpartikeln beteiligt.

Die Luftreinheit wird in der Reinraumtechnik nach der VDI-Richtlinie 2083 in die Klassen 1 bis 6 eingeteilt und zwar nach der zulässigen Partikelkonzentration unter Beachtung der Partikelgröße. Danach ergibt sich folgender Vergleich verschiedener Reinraumklassen:

Reinraumklasse Federal Standard 209 b (c)			100.000	10.000	1.000	100	10	1
VDI 2083			6	5	4	3	2	1
maximale Partikel- anzahl in m^{-3}	Durchmesser	5,0 µm	30 000	3 000	300	-	-	-
		0,5 µm	4 000 000	400 000	40 000	4 000	400	40
		0,3 µm	-	-	-	12 000	1 200	120
		0,2 µm	-	-	-	30 000	3 000	300
		0,1 µm	-	-	-		12 000	1 200

Ein Reinraum der Klasse 6 ist bereits zehnmal sauberer als die „normale" Büroatmosphäre. Die Reinraumklassen < 3 können auch als Reinstraum bezeichnet werden. Der Reinheitsgrad eines Raumes wird übrigens mit dem im Raum befindlichen Partikelzähler überwacht.

Aus diesen Anforderungen ergeben sich einige Vorgaben für die Konstruktion von Balancern und Hubeinheiten (siehe auch EN 1672-2). Zu beachten sind:

Oberflächengüte von Bauteilen

Produktberührende Teile, z.B. Greifbacken, müssen zur Verhinderung von mikrobiellen Verunreinigungen eine mittlere Rautiefe von R_a = 0,8 µm (ISO 468) aufweisen. So können Mikroorganismen und Sporen mit einer Größe von 1 µm bei einer Strömungsgeschwindigkeit des Reinigungsmittels von 2 m/s von der Oberfläche gelöst werden.

Spaltfreiheit

Spalten und Nischen sind zu vermeiden oder müssen notfalls mit einer Gummidichtung mit 70° Shore Härte und bei einer Kompression von 15% sicher abgedichtet sein.

Gewinde

Offene Gewinde sind sehr schlecht zu reinigen und bilden Infektionsherde. Notwendige Gewinde sind deshalb mit geeigneten Hutmuttern plus Dichtungen zu verschließen.

Toträume und Schattenflächen

Toträume sind zu vermeiden, weil sie der Reinigung nicht zugänglich sind und zwangsläufig zur Kontamination führen. Kritische Anlagenteile müssen deshalb völlig offen gestaltet werden oder sie werden vollständig verschlossen (**Bild 4-147**).

Radien

Sehr kleine Radien ($\leq$ 3 mm) sind zu vermeiden, weil sonst die Strömungsgeschwindigkeit von Reinigungsmedien zu stark herabgesetzt und der gewünschte Reinigungseffekt ausbleibt.

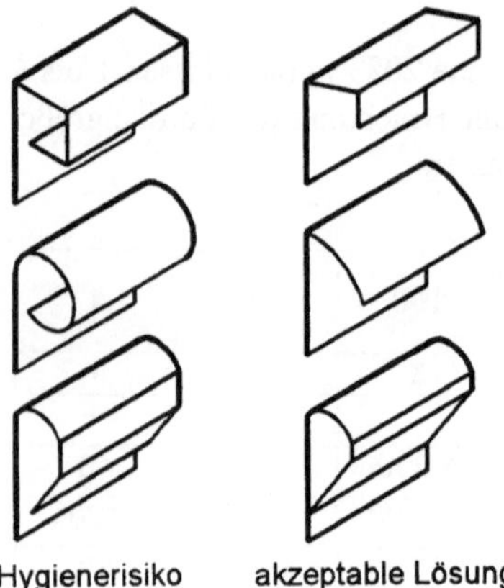

Bild 4-147
Beispiele für hygienegerechtes Gestalten (Hygiene-Design)

Beim Einsatz der Balancer im Reinraum sind Kenntnisse über die Partikelemission von Bauteilen wie Lager, Materialpaarungen, Dichtungen und den Einfluss von Schmierstoffen erforderlich. Die entstehenden Partikel müssen durch die Luftströmung gut abgeführt werden. Als weitere Maßnahmen sind nennen:

- ☐ Kapselung von Antrieben sowie Verwendung von bürstenlosen Elektromotoren
- ☐ Verwendung abriebfester und nicht ausgasender Anstriche
- ☐ Verlegung von Versorgungsleitungen ins Innere einer Konstruktion
- ☐ Verwendung polierter Außenteile sowie Befestigungsmittel aus Edelstahl
- ☐ Einsatz von Greifern mit gekapselten Achsen

Nicht alle Materialien dürfen für den konstruktiven Aufbau eingesetzt werden. Eisenwerkstoffe (Stahl, Grauguss) sind unzulässig, weil durch Korrosionsprozesse Rostschichten entstehen. Pulverbeschichtete Stahlteile sind jedoch verwendbar. Nicht einsetzbar sind auch alle Edel- und Buntmetalle sowie alle Legierungen mit Kupfer-, Zink- und Zinnanteilen, ebenso Aluminiumlegierungen mit Bestandteilen aus Kupfer, Blei, Mangan, Zink u.a. Beim Aluminium mit solchen Legierungsbestandteilen ist eine Neutralisierung auch nicht durch Eloxierung oder Hartanodosieren erreichbar. Grundsätzlich sind Bauteile mit sich lösenden oder abreibenden Schichten zu vermeiden. Dazu zählen:

Lackierte Bauteile

Abriebfestigkeit der Lacke sowie geringe chemische Beständigkeit

- • spröde bzw. versprödende Lackschichten sind nicht spannungsstabil
- • Farben auf Lösungsmittelbasis gasen aus

Teile mit Schweißnähten

Schweißnähte sind korrosionsanfällig und müssen unbedingt nachbehandelt werden, insbesondere durch Beizen, Schleifen, Bürsten oder Polieren. Gas- und Vakuumleitungen müssen beim Schweißen mit Formiergas gespült werden.

Verbindungsteile

Beschichtete Schraubverbindungsteile sind nicht einsetzbar.

Bauteile mit galvanischen Beschichtungen

Grundsätzlich besteht die Gefahr des Abplatzens von Schichten, z.B. unter ungünstiger Druckbelastung. Eine Verzinkung ist grundsätzlich ausgeschlossen. Nickel- und Chromschichten sind bedingt zugelassen, z.B. wenn auf eine Kupfer-Trägerschicht verzichtet wird.

Bauteile mit Klebestellen

Dafür sind nur Klebestellen zulässig, die mit ausdrücklich reinraumgerechten Klebemitteln ausgeführt wurden.

Über die einsetzbaren und zu empfehlende Werkstoffen und Materialien gibt die folgende Tabelle Auskunft.

Im Reinraum einsetzbar sind:			
Rostbeständige Stähle	X5CrNi 18-10 X5CrNi 18-12 X6CrNi MoTi 17-12-2	(1.4301) (1.4303) (1.4571)	V2A V2A V4A

Aluminiumlegierungen
 	
nach alter Norm
	Al 99,8
	AlMg 1
	    AlMgSi 0,5
	    AlMg 3
	    AlMgSi 1
	    AlMg 5
		(3.0285)
		(3.3315)
		  (3.3206)
		  (3.3535)
		  (3.2315)
		  (3.3555)	

Titan	Ti (gute Korrossionsbeständigkeit)		
Zusatzwerkstoffe beim Schweißen	1.4302; 1.4316; 1.4551; 1.4430; 1.4576		
Thermoplastische Kunststoffe	PVC-hart PP PA PC PE PU/PUR POM PVDF PFA PTFE PEEK PI PBT FEP EPDM FPM/FKM FFKM	(Polyvinylchlorid) (Polypropylen) (Polyamid) (Polycarbonat) (Polyethylen) (Polyurethan) (Polyacetal) (Polyvinylidenfluorid) (Perfluoroalkoxy) (Polytetrafuorethylen/Teflon) (Polyetheretherketon) (Polyimid) (Polybutylenterephtelat/gefüllt) (Tetrafluorethylen/Hexafluorpropylen) (Ethylen-Propylen-DienKautschuk) (Fluor-Kautschuk/Viton) (Perfluor-Kautschuk/Kalrez)	
Kunststoffe	EP PF	Epoxidharze Phenol-Formaldehyd	
Bauteile	- geschlossene oder gekapselte Kugellager aus Edestahl - Gleitlager aus selbstschmierenden Kunststoffen - Teile aus selbstschmierenden Teflon (kleine Reibwerte = geringe Partikelemission)		

4.17 Manipulatoren für explosionsgefährdete Bereiche

In Räumen, in denen explosive Gemische entstehen können, explosionsgeschütze Balancer eingesetzt werden [4-15]. Solche Gefahrenbereiche finden sich in chemischen Fabriken, Tauchanlagen, Raffinerien, Flughäfen, Kraftwerken, Fahrzeugwerkstätten, Farblagern, Holzbearbeitung, Lackieranstalten, Kornmühlen und Zementwerken u.a. Es gibt auch Orte, wo man die Notwendigkeit für einen Ex-Schutz nicht ohne weiters erwartet. Das sind z.B. Kläranlagen. Vergärungsprozesse setzen explosionsfähige Gase frei, die in Verbindung mit Sauerstoff und einer Zündquelle eine potentielle Gefahr darstellen. Nach der EG-EX-Rahmenrichtlinie 76/117/EWG ist eine Kennzeichnung der elektrischen Betriebsmittel durchzuführen. Und zwar so (Beispiel):

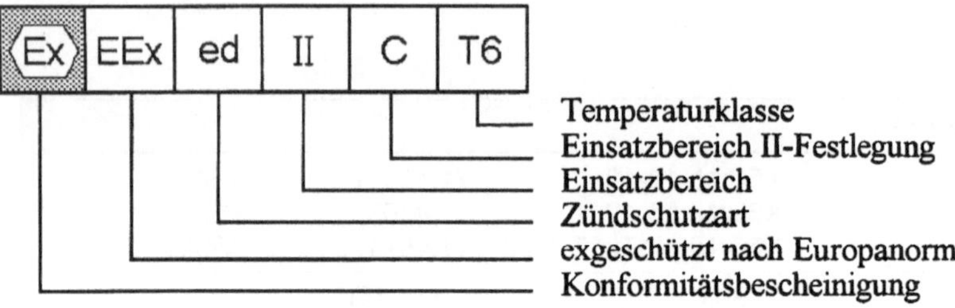

Bei Balancern werden folgende technische Maßnahmen praktiziert:

❑ Verwendung rein pneumatischer Antriebe oder Einsatz explosionsgeschützter Elektromotoren, Schaltteile und Sensoren

❑ Wägesysteme, die entweder rein pneumatisch arbeiten oder elektronische Wägesysteme mit Explosionsschutz

Obwohl pneumatische Antriebe und Steuerungen schon immer als unproblematisch und für explosionsgeschützte Zonen geeignet gelten, weil Elektrizität fehlt, ist Vorsicht geboten. Es kann statische Elektrizität entstehen. Sie entsteht durch Ladungstrennung an Berührungsstellen zweier verschiedener Materialien. Sind diese Materialien Isolatoren, so können sich durch häufiges Berühren (Reiben) Ladungen ansammeln. Auf diese Weise entstehen hohe Spannungen, die sich als potentielle Zündquelle erweisen können. Man muss deshalb darauf achten, dass Schläuche und Verschraubungen aus antistatischen Werkstoffen verwendet werden.

Druckluftmotoren sind sehr robuste Antriebe. Im Vergleich zum Elektromotor sind sie kleiner und leichter. Das Verhältnis beim Platzbedarf liegt bei etwa 1:6, bei der Masse bei 1:4. Druckluftmotoren können ohne Schaden bis zum Stillstand überlastet werden. Ständiges Anfahren und Halten bewirken keine Nachteile. Da keine Funken entstehen, lassen sie sich gefahrlos in feuer- und explosionsgefährdeten Räumen einsetzen. Für den Antrieb von Hubwerken werden solche mit zwei Drehrichtungen gebraucht. Das **Bild 4-148** zeigt dazu ein Schaltbeispiel. Ohne Signaleingabe befinden sich die Arbeitsventile durch ihre Federfixierung in Nullstellung. Der Motor steht. Durch Signaleingabe setzt sich der Motor in Bewegung. Er läuft solange, wie ein Signal S anliegt. Die hohen Drehzahlen (bis etwa 10 000 min$^{-1)}$ müssen allerdings über ein Getriebe gewandelt werden. Deshalb gibt es kompakte Antriebe, die den pneumatischen Motor samt Getriebe (Stirnrad-, Planetengetriebe, Schneckengetriebe,) enthalten.

Für sensorische Aufgaben verwendet man in explosionsgefährdeten Bereichen als induktive Näherungssensoren den sogenannten NAMUR-Sensor. Das ist ein gepolter 2-Draht-Sensor. Er ändert bei Betätigung den Stromfluss im Stromkreis. Das analoge Signal wird in der Auswerteeinheit mit

Hilfe eines Komparators in ein digitales Ein-Aus-Signal umgesetzt. Als Ansprechbereich, in dem der Schaltzustand geändert wird, ist ein Stromfluss zwischen 1,2 und 2,1 mA definiert. Das **Bild 4-149** stellt eine mögliche Auswerteeinheit für NAMUR-Sensoren und eine Weg-Strom-Kennlinie eines induktiven Sensors dar. Bei Einsatz von NAMUR-Sensoren sind nur die dafür zugelassenen Trennschaltverstärker mit eigensicheren Steuerstromkreisen zu verwenden.

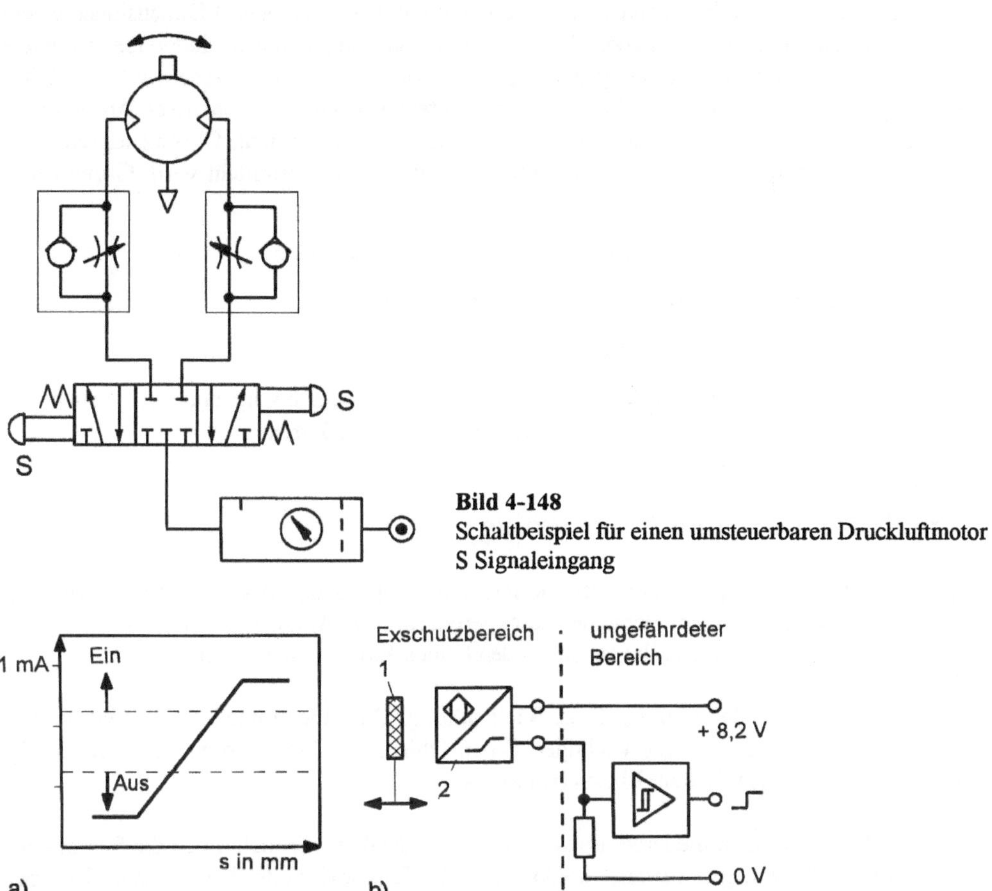

Bild 4-148
Schaltbeispiel für einen umsteuerbaren Druckluftmotor
S Signaleingang

Bild 4-149
Beispiel einer NAMUR-Beschaltung (NAMUR = Normenarbeitsgemeinschaft Mess- und Regeltechnik der chemischen Industrie)
a) Signalverlauf des NAMUR-Sensors, b) Komparatorbeschaltung, 1 Objekt, 2 Zweidraht-Gleichspannungsquelle, s Weg

5 Projektierung und Auswahl

Der Begriff „Projektierung" wird im Besonderen für die vorbereitenden Arbeiten des Analysierens, des Vorausdenkens, des Entwerfens und Darstellens von Anlagenkomplexen angewendet, die sich vorwiegend in zeichnerischen, konstruktiv-bildlichen Darstellungen in 2 oder 3 Dimensionen einerseits sowie in textlichen Bezeichnungen, Erläuterungen und Berechnungen andererseits niederschlagen. Über jeder Projektierung hängt aber sprichwörtlich das „Damoklesschwert der Zeit". Was heute projektiert wird, muss auch morgen noch den technischen und kapazitiven Anforderungen genügen, ohne dass uns eine präzise Auskunft aus der Zukunft erreicht. Gleichzeitig wird erwartet, dass von der Idee bis zur Realisierung immer weniger Zeit verbraucht wird. Grundforderungen sind deshalb:

1. Die Projektierungs- und Realisierungszeit ist möglichst kurz zu halten.

2. Ausgewählte Technik muss dem Entwicklungstrend gerecht werden.

3. Die Gesamtlösung ist anpassbar zu gestalten.

4. Projektänderungen sollten nur bei Projektierungsfehlern nachträglich vorgenommen werden oder wenn sich Zielgrößen verändert haben (Grundsatz der Projekttreue).

5.1 Aufgabenstellung und Präzisierung

Grundlage jeder Projektierung, Produktentwicklung oder -anpassung ist eine Aufgabenstellung. Sie wird als Kundenwunsch an den Hersteller herangetragen. Eine Aufgabenstellung ist mehr oder weniger präzise ausgearbeitet und sollte zwischen den beiden Extremfällen liegen:

1. Fall: Die Aufgabe ist äußerst kurz gefasst. Vielleicht so: „Ihre Idee finde ich gut. Machen Sie mal!" Das reicht natürlich nicht. Alle wichtigen Daten fehlen. Zur Präzisierung sind viele Rücksprachen nötig. Oft entstehen deshalb Missverständnisse.

2. Fall: Die Aufgabe ist bis in die letzte Einzelheit fixiert. „Sollten wir nicht auch die Schraubengröße noch vorgeben?" Es liegt zwar alles konkret vor, der Entwickler oder Konstrukteur hat aber kaum einen Entscheidungsspielraum und kann sich oft auf bessere Details, die er vielleicht hat, nicht einlassen.

Die Aufgabenstellung sollte folgende Aufgaben enthalten:

☐ Beschreibung des Produkts in den wichtigsten Eigenschaften

☐ Grundlegende technische Anforderungen

☐ Zulässiger Aufwand

☐ Realisierungszeitraum

☐ Abnahmebedingungen

Zeigen sich einige Informationslücken während der Definitionsphase, so müssen sie akribisch geschlossen werden. Grundsätzlich gilt immer:

> **Erst präzisieren, dann konstruieren bzw. projektieren!**

Für die Planung von Manipulatorsystemen hat sich ein aus der praktischen Arbeit heraus entstandenes Ebenenmodell bewährt. Der Raum, in dem eine Installation vorgesehen ist, wird gedanklich in „Höhenschichten" unterteilt. Jede Schicht soll hier als Ebene bezeichnet werden. Nicht bei jedem Vorhaben müssen natürlich alle Ebenen ausgestaltet werden. Ausschlaggebend sind die Aufgabenstellung und die Bedingungen vor Ort. Das Ebenenmodell (**Bild 5-1**) ist somit eine räumliche Gliederung von oben nach unten. Es stellt sicher, dass nichts vergessen wird und unterstützt die systematische Durcharbeitung des Problems.

Ebene	Gebäude	Beschreibung								
1	Stahlbau	Kragarmausführung	Portalausführung			Deckenausführung				
2	Aufhängesystem	Koordinaten-Schienen-Ausleger	mobile Einheit als Radialausleger			Schwenk-Knickarm				
2-1	Querweg	Einträgerbrücke	Zweiträgerbrücke		Stahl	Aluminium				
3	Fahrwerkträger	für Zweiträgerbrücke								
3-1	mit Integralweg	manuell	motorisch		X- und/oder Y-Richtung					
4	Hubsystem	exzentrisch belastbar starr	pendelnd		nicht balancierend	balancierend				
5	Bedieneinheit	Bedienelemente für Greifer	Einhandbedienung	Zweihandbedienung		höhenverstellbare Bedieneinheit				
6	Lastaufnahmemittel	**Greifer** — Kraft- oder Formpaarung / Kraft- und Formpaarung: Traggabel	pneumatisch / hydraulisch	mechanisch	elektrisch	Vakuum-Sauger	**Magnet**: permanent	Elektro	Scherenzange	Ausschüttvorrichtung / Transportvorrichtung
7	Kundenprodukt, Handhabegut	Stückgut Metallkörper Holzteile Kartonagen	Werkzeuge Werkstücke Vorrichtungen			Schüttgut im Behälter	Fässer Kanister Coils			Säcke
8	Bodenanschluss	Bodenplatte	Transportbodenplatte	Bodenschiene		Bodenfahrwerk	Fahrwerk, z.B. Flurförderzeug			

Bild 5-1 Ebenenmodell für Manipulatorsysteme (SCHMIDT-HANDLING)

Für die Planung des Materialflusses in einem Fertigungssystem gilt allgemein eine Untersuchung des Istzustandes in den Hauptkomponenten einer Wirkzone. Die verallgemeinerte Form einer Wirkzone wird in **Bild 5-2** sichtbar gemacht.

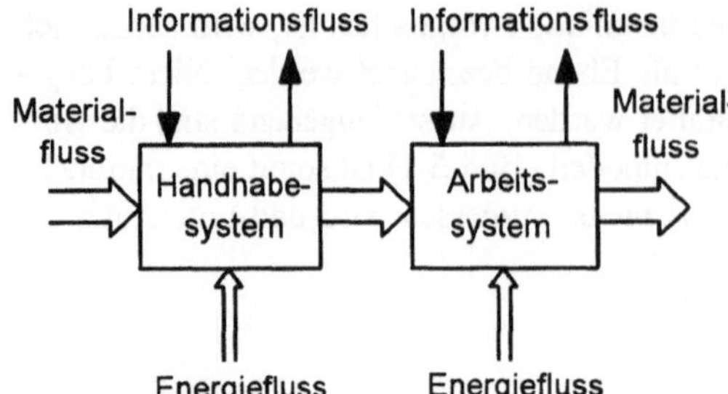

Bild 5-2
Wirkzonen sind Knotenpunkte von
Informations-, Material- und Energiefluss.

Eine Beurteilung hat nach Zeit, Raum und Wert zu erfolgen. Nach dem Ritual der Wertanalyse
(VDI Richtlinie 2800, 2801, 2803) kann wie folgt vorgegangen werden:

❏ **Ermittlung des Istzustandes**
   Was ist es? Was verspricht den größten Erfolg? Was tut es? Was kostet es?

❏ **Kritik des Istzustandes**
   Was soll es tun? Was darf es kosten? Eine Sollkosten-Abschätzung ist meist schwierig.

❏ **Ausarbeitung von Alternativen**
   Wie könnte die Aufgabe sonst noch erfüllt werden? Ausgliederung der offensichtlich un-
   möglichen Varianten ist anzuraten.

❏ **Bewertung alternativer Konzepte**
   Wie gut würde die Aufgabe damit erfüllt werden? Was würde das kosten?

❏ **Auswahl der optimalen Lösung der Aufgabe**
   Wird das technisch-wirtschaftliche Optimum erreicht? Konnten die Kosten für die Funktionsträger minimiert werden?

Bei der Beurteilung der Grundbewegungen, die eine Arbeitskraft am Arbeitsplatz ausführt, sind
folgende Bewegungen relevant:

❏ **Finger-, Hand-, Armbewegungen**
   Hinlangen, Bringen, Greifen, Loslassen, Drehen, Drücken, Trennen, Fügen, Kurbeldrehen

❏ **Blickfunktionen**
   Blickkonzentration, Blickverschiebung, Auge-Hand-Koordination

❏ **Körperbewegungen**
   Fuß- und Beinbewegungen, Seitenschritt, Körperdrehung, Gehen, Setzen, Aufstehen,
   Bewegen, Bücken, Aufrichten.

Hieraus ergeben sich auch Anforderungen an den Arbeitsplatz, die man als mitarbeitergerechte
Gestaltung bezeichnen kann. Deshalb ist es gut, wenn bereits in der Projektierungsphase die späteren Arbeitskräfte mit in die Präzisierung der Aufgabenstellung einbezogen werden.

Beratungsgegenstände sind:

❏ **Bedienelemente**
   Dazu gehören bewährte, aber auch neue oder modifizierte Elemente für Bedienzwecke, z.B.
   Tastaturen oder Hilfsmittel.

❑ **Anzeigeelemente**
Es geht um übersichtliche Anzeigen, sowohl optischer als auch akustischer Art, z.B. für Warnungen.

❑ **Steuerungsfunktionen**
Welche Steuerfunktionen unterstützen die manuelle Führung, wie z.B. Sensoren oder Wägezellen? Welche Vorgänge laufen halbautomatisch ab, wie z.B. Verfahr- oder Drehoperationen?

❑ **Einstellhilfen**
Dazu zählen die Justierung von Wägezellen, Endschaltern und Sicherheitsmitteln wie z.B. Überlastschutz und Wegbegrenzungen.

❑ **Schutzeinrichtungen**
Sie betreffen die Maßnahmen, die primär dem Schutz des Bedieners von Hubeinheiten und Balancern dienen, sowie allgemein Unfallgefahren abwehren.

❑ **Peripherie**
In der Regel werden Bereitstell- und Ablageplätze benötigt. Bei Greiferwechselmöglichkeiten sind Ablagegestelle für die Greifer erforderlich. Die Peripheriegeräte können auch umfangreichere Aufbauten sein.

❑ **Organisation**
Meistens wird der organisatorische Ablauf verändert. Aufgabenverteilung und Organisation der Abläufe müssen neu durchdacht werden.

Damit beim Zusammentragen der Ausgangsdaten zum Handhabungsobjekte, zum Bewegungsablauf und zum Bauwerk nichts vergessen wird, gibt es Checklisten (siehe Seite 148), die alle erforderlichen Betrachtungsbereiche anschneiden.

5.2 Auswahlschritte

Das Endziel einer Projektierung ist nicht schlechthin eine technische Lösung mit irgendeiner wirtschaftlichen Auswirkung, sondern eine technische Bestlösung mit den bestmöglichen Arbeitsbedingungen und den höchsterreichbaren wirtschaftlichen Nutzeffekt. Es wird eine zur Aufgabenstellung optimale Gesamtlösung erwartet.

Wie läuft der Entscheidungsprozess ab? In **Bild 5-3** wird ein allgemeines Modell vorgestellt.

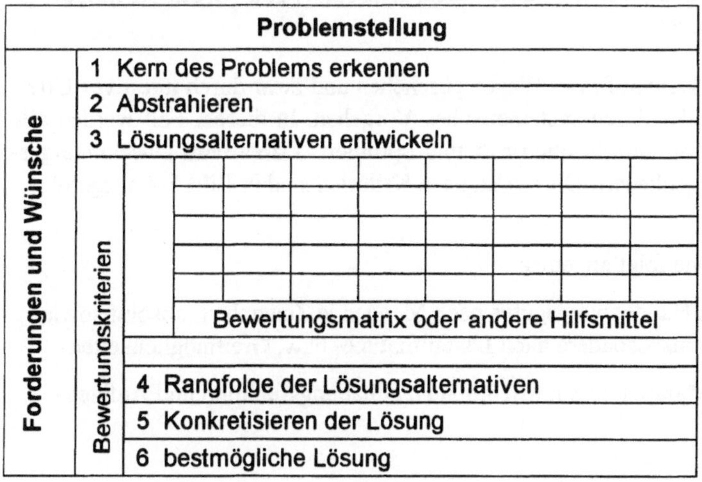

Problemstellung

1 Kern des Problems erkennen
2 Abstrahieren
3 Lösungsalternativen entwickeln

Bewertungsmatrix oder andere Hilfsmittel

4 Rangfolge der Lösungsalternativen
5 Konkretisieren der Lösung
6 bestmögliche Lösung

(Seitliche Beschriftungen: Forderungen und Wünsche; Bewertungskriterien)

Bild 5-3
Allgemeines Modell eines Entscheidungsprozesses

Jede Entscheidungssituation erfordert immer dreierlei Aussagen und zwar:

❑ Durch Abstraktion des Aufgabenkerns entstehen Lösungsalternativen, die prinzipiell fehlerbehaftet sind, da sie praktisch orientiert sind und keine Antwort auf „reine" Abstraktionen darstellen.

❑ Man braucht Bewertungskriterien als „Vergleichsnormale". Die Kriterien sind aber nicht gleichgewichtig (Wertigkeit). Es wird also noch eine Rangfolge der Kriterien gebraucht.

❑ Es müssen Bewertungsmethoden zur Verfügung stehen, z.B. die Nutzwertanalyse nach der VDI-Richtlinie 2225.

Beim manuell geführten Manipulator spielen natürlich die menschbezogenen Faktoren eine besondere Rolle. Deshalb sollen dazu einige Anmerkungen folgen:

❑ **Wirtschaftliche Kategorien**
Das sind Veränderungen z.B. bei der Entlohnung oder bei Zuschlägen. Auch die zeitliche Auslastung der Manipulatortechnik gehört dazu.

❑ **Technische Kategorien**
Neue Zeitvorgaben zum Führen oder Positionieren sowie Effektorwechsel sind eventuell nötig. Wer führt Funktionsproben durch und wartet das Gerät?

❑ **Ergonomische Kategorien**
Entsprechen die geforderte Beweglichkeit (Anthropometrie, Kräfte), Sinne (Sehen, Hören) und Physiologie (Klima, Lärm, Haptik, Reizstoffe) den modernen technischen Stand bzw. den Erwartungen?

❑ **Psychologische Kategorien**
Gewährleistet die Lösung eine anforderungsgerechte Nutzung (Denkleistungen, Verantwortung, Konzentration) und ist das subjektive Befinden, wie Arbeitszufriedenheit, Anspruchsniveau und Situationskontrolle voraussichtlich positiv?

❑ **Soziologische Kategorien**
Hier geht es um soziale Beziehungen, wie Hierarchien, Isolation, Gruppenarbeit und Kommunikationsmöglichkeit.

❑ **Pädagogische Kategorien**
Ist eine Qualifikation erforderlich (Wartung, Bedienung, Reparatur) und werden die mitgebrachten Fähigkeiten ausgenutzt?

Die Auswahl von Manipulatoren kann auf zwei Wegen geschehen und zwar durch intuitives Urteilen von sachkundigen Personen oder durch systematisches Vorgehen. In diesem Fall werden alle Anforderungen und deren Erfüllung einzeln überprüft und optimiert. Dabei wird zweckmäßigerweise in Muss- und Wunschziele gegliedert. Die wichtigsten Kriterien sind in **Bild 5-4** aufgeführt.

Die Auswahlschritte lassen sich wie folgt angeben:

❑ Untersuchen und Einteilen des Handhabungsgutes nach Mengen je Zeiteinheit, absolut sowie nach Ähnlichkeiten des Gutes, insbesondere nach Lastaufnahme- bzw. Greifmöglichkeiten.

❑ Bestimmen der Bauform des Manipulators hinsichtlich Handhabungsfunktion und Aufstellbedingungen am Arbeitsort

❑ Bestimmen der Baugröße nach Arbeitsraum- und Tragfähigkeitsbedarf. Dabei spielt auch die Größe des Arbeitsgutes eine Rolle, ebenso die Bodentragfähigkeit des Baukörpers.

❑ Detailauswahl nach technischen Kenngrößen an Hand von z.B. Katalogdaten und Spezifizierung der erforderlichen Greiftechnik oder Lastaufnahmemittel.

❑ Bewertung des Aufwand-Nutzen-Verhältnisses aus ganzheitlicher Prozess-Sicht mit eventuell nachfolgender Aufwandsminimierung.

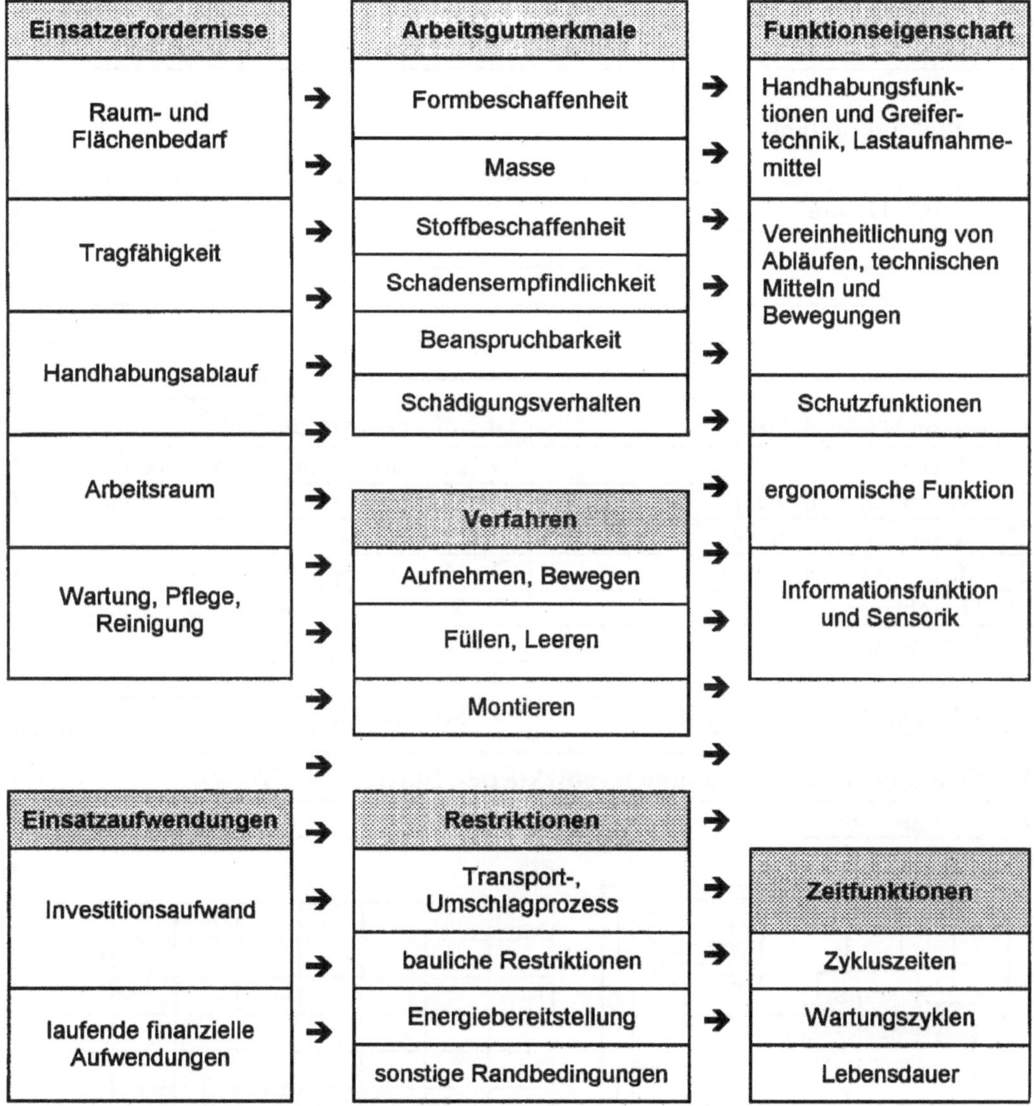

Bild 5-4 Auswahlkriterien für Manipulatoren

Checkliste für die Projektierung von Manipulatorarbeitsplätzen

1 Anwender

Firma	
Postfach	Postleitzahl
Straße	
Ort	Postleitzahl
Ansprechpartner	
Abteilung	Tel. Fax eMail

2 Handhabungsaufgabe

Kurzbeschreibung

Industriebereich/Branche	Grund der Anfrage
O...Montage oder Demontage	O...Einsparung von Hilfspersonen
O...Werkzeughandhabung	O...Verbesserung Arbeitsbedingungen
O...Verpacken, Einwickeln	O...Erhöhung der Produktivität
O...Maschinenbeschickung	O...Vermeidung Krankheit/Unfälle
O...Umschlagen und Lagern	O...Reduzierung von Produktschäden
O...Lebensmittel-/Pharmaziebranche	O...Senkung von Kosten
O...Exschutzbereich	O...Senkung von Stillstandszeiten
O...Holzbau, Militär, Sonstige	O...Sonstige Gründe

Bezeichnung des/der Handhabungsobjekte und Skizze

Zeichnungsnummer: Benennung:

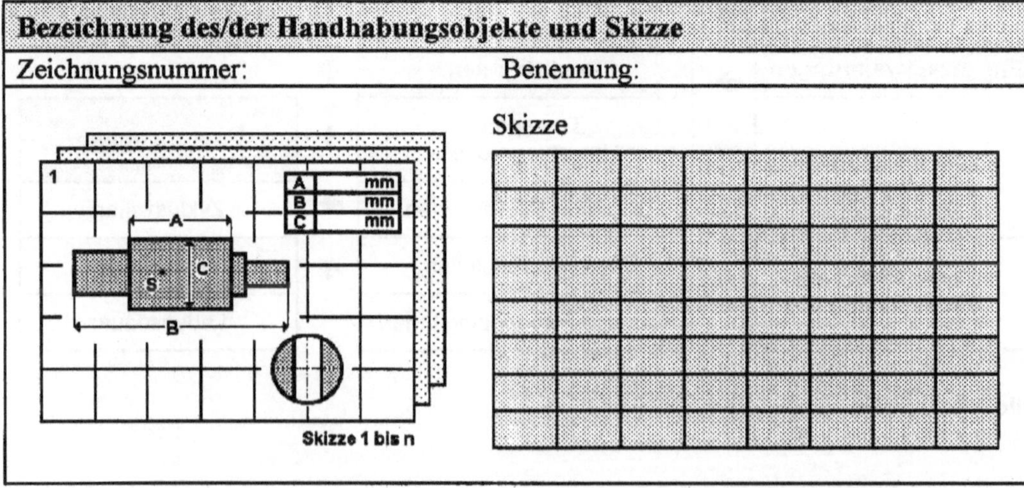

3 Beschreibung des Ist-Zustandes der Handhabung

O.....manuell mit 1 Person	O......mit Kettenzug-Hubwerk
O.....manuell mit mehreren Personen	O......mit Industrieroboter
O.....mit Stapler	O......mit anderer Technik

Vorteile der Istlösung	Nachteile der Istlösung

Arbeitskraft

O   Frau, Alter in Jahren.........Größe in cm..............Jugendlicher
O   Mann, Alter in Jahren.......Größe in cm..............Rekonvaleszent
O   häufige gesundheitliche Ausfälle
    - Wirbelsäulenschäden   - Fingerverletzungen
    - Behinderungen   - Anzahl der Erkrankungstage im Jahr
    - Erkrankungen im Arm-/Handbereich - nachteilige gynäkologische Befunde

Umgebungs- und Arbeitsplatzbedingungen

O   starke Korrosion, Freigeländeeinsatz, Freilandbedingungen
O   Schmutz, Staub, Spritzwasser, Temperatur, Hitze, Wärmestrahlung
O   Exschutzbereich
O   Reinraumbedingungen (Reinraumklasse nach VDI 2083)
O   Strom   O 230 V   O 400 V
O   Druckluft...........bar

Aufstellort

O   Boden, Bodentragfähigkeit........kg/m²
O   Decken- oder Wandbefestigung
     ⇨ baulicher Zustand, Ebenheit
     ⇨ Belastbarkeit
O   Störkonturen (statisch), wie Säulen, Rohrleitungen, Maschinenstrukturen u.a.
O   Störkonturen (dynamisch) wie Fahrzeuge, Kräne u.a.

Losgrößen

O   Anzahl unterschiedlicher Objekte......................
O   Anzahl unterschiedlicher Losgrößen...................
O   Anzahl der Teile innerhalb einer Losgröße..........

Zykluszeiten/Taktzeiten

O   Losgröße 1..............sec/min/h/Tag(e)
O   Losgröße 2..............sec/min/h/Tag(e)
O   Losgröße 3..............sec/min/h/Tag(e)

Handhabungsvorgang

Aufnahme- und Zielposition

A minimale Aufnahmehöhe (Unterkante).........mm
B maximale Aufnahmehöhe.............................mm
C horizontaler Verschiebeweg.......................mm
D minimale Ablagehöhe (Unterkante)..............mm
E maximale Ablagehöhe...............................mm
F freie Raumhöhe......................................mm
G Störkantenhöhe......................................mm
T Zeitdauer für Handhabeaktion.................... ...s

Einsatzdauer

O   stundenweise........h
O   einschichtig
O   zweischichtig

Aufgaben der Bedienperson innerhalb der angegebenen Taktzeit

O   Sichtkontrollen   O   Zählaufgaben
O   Sortieren   O   Sonstige

4 Beschreibung des Handhabungsobjekts

Objekteigenschaften

O   kratzempfindlich   O   biegeschlaff, instabil   O   aggressiver Stoff
O   naß oder ölig   O   porös, durchbrochen   O   wenig Flächenpressung
O   ferromagnetisch   O   erhitzt auf......Grad   O   Explosionsgefahr
O   Kontaktzeit bei Objekten > 100° C......s   O   sonstige Eigenschaften

Objekthauptform

O rund   O rechteckig   O sperrig-groß   O Langgut

Werkstoff

Abmessungen   maximal/minimal
Formtoleranzen   maximal/minimal
Masse   maximal/minimal

Produktausgangsmasse............kg
Produktendmasse...................kg

Schwerpunktlage (S)   siehe Skizze

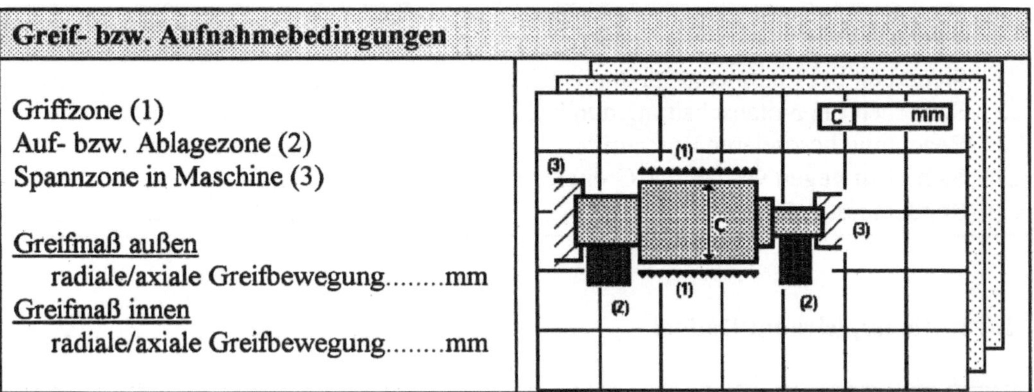

Greif- bzw. Aufnahmebedingungen

Griffzone (1)
Auf- bzw. Ablagezone (2)
Spannzone in Maschine (3)

<u>Greifmaß außen</u>
   radiale/axiale Greifbewegung........mm
<u>Greifmaß innen</u>
   radiale/axiale Greifbewegung........mm

5 Manipulation von Objekten

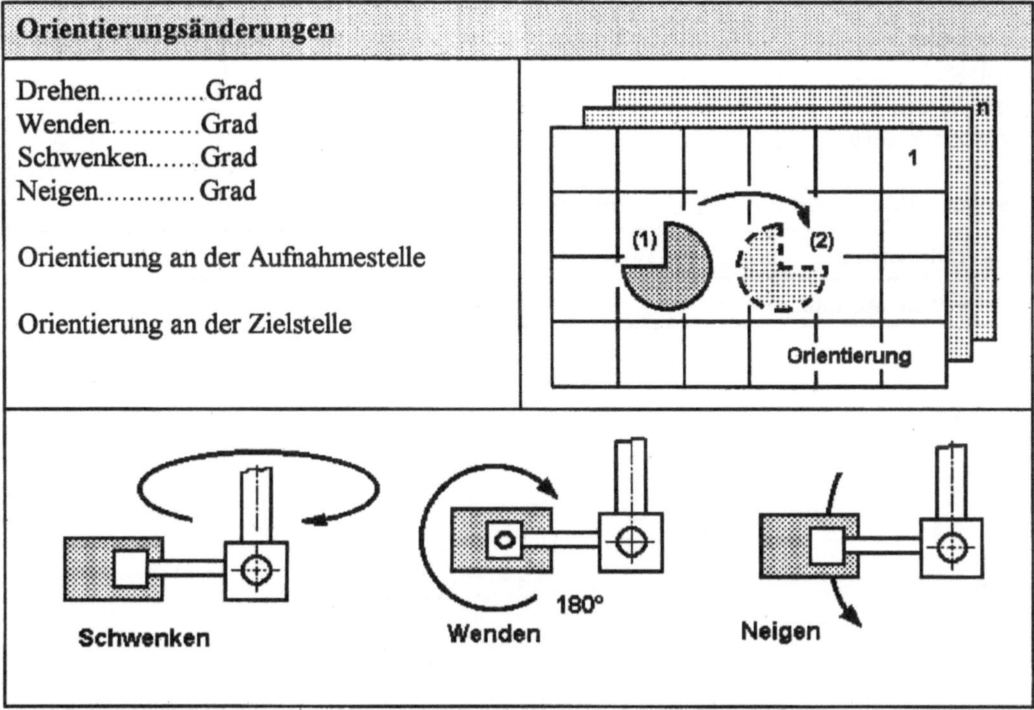

Orientierungsänderungen

Drehen..............Grad
Wenden...........Grad
Schwenken.......Grad
Neigen............Grad

Orientierung an der Aufnahmestelle

Orientierung an der Zielstelle

Gewünschte Greiferfunktion	Gewünschte Greiferart
○ Saugluftgreifer	○ Einstückgreifer
○ Haftgreifer	○ Mehrstückgreifer
○ Hydraulikgreifer	○ Mehrstellengreifer
○ Backengreifer, mechanisch	○ Kombinationsgreifer
○ Backengreifer, elektromechanisch	○ Sondergreifer
○ Backengreifer, pneumatisch	○ Sonstiges Lastaufnahmemittel

Sicherheitsvorstellungen
O   Sicherheit bei Energieausfall durch...
O   Sicherheit bei Notabschaltung durch..
O   Beachtung besonderer Vorschriften..
O   Sicherheit gegen vorzeitiges Greiferöffnen..
O   Sonderausstattung...

6 Investitionsspielraum/Budget

Zulässige Investitionssumme gesamt.......................Euro, davon in Euro:
Manipulator......................................
Stahlbau..
Greifer...
Peripherie...
Projekt...
Installation.......................................
Ersatzteilreserve..............................
Geplante Rückflussdauer der Investmittel.................Jahre
Angebotstermin:
Realisierungstermin:

Datum............   Ort...............   Verfassername.....................

Anlagen
O   Werkstückzeichnungen bzw. Skizzen oder digitale Dateien des Objekts
O   Musterwerkstück
O   Layout vom Einsatzort mit Maßangaben
O   Objektfotos, Foto vom Aufstellort
O   Videofilm vom Istzustand
O   Statikunterlagen zum Installationsort

5.3 Gesamtprojekt

Eine effiziente Handhabungsanlage entsteht durch gute Planung. Das beginnt bereits bei der Bedarfsanalyse. Entscheidungen für ein unterstützendes System basieren z.B. auf einer Arbeitsplatzanalyse nach dem Arbeitsschutzgesetz („roter Arbeitsplatz = Gefährdung für den Mitarbeiter). Aber selbst wenn eine solche Analyse keinen Handlungsbedarf signalisiert, können Fluktuation und dauernde Beschwerden der Mitarbeiter eine Anschaffung von Manipulatoren rechtfertigen. Auch empfindliche oder gefährliche Werkstücke (heiß, Werkzeugschneiden, Gratkanten) können Anlass für eine positive Investitionsentscheidung sein.

Im nächsten Schritt ist zu definieren, welches Gerät den Anforderungen genügen wird. Der Spannbogen der Ideen sollte von der höhenverstellbaren Werkbank, der Anwendung von Werkstück-Transporthilfen bis hin zum Industrieroboter reichen. Dabei können Checklisten (Kapitel 5.2) und Computerprogramme (Kapitel 3.4) hilfreich sein. Es kann im Ausschlussverfahren eingegrenzt werden, welche Syteme im jeweiligen Fall verwendbar sind. So lassen sich bodenverfahrbare Manipulatoren ausschließen, wenn der Hallenboden durch Schwellen und andere Störkonturen strukturiert ist. Vakuumgreifer scheiden aus, wenn das Handhabungsobjekt in starkem Maße luftdurchlässig ist.

Die Auswahl eines Lieferanten basiert auf der angestrebten Lösung. Es gibt Spezialisten für den eher rauen Betrieb auf Baustellen (im Freien) und genauso finden sich Firmen, die sich den komplizierteren und anspruchsvollen Montageaufgaben der Automobilindustrie verschrieben haben.

Das Gelingen des Projekts hängt auch von der exakten Terminkoordination ab, wobei die Projektlaufzeiten aufgabenabhängig sehr unterschiedlich sein können. Es gibt SE-Projekte (*simultaenous engineering*; gleichzeitiges Entwickeln von Produkt und Fertigungsmitteln), die über viele Monate oder gar Jahre laufen. Für Aufgaben mit Standardcharakter sind natürlich auch kurzfristig passende Geräte zu erhalten.

Bei Bestellung eines Handhabungssystems muss eine exakte Definition der Anforderungen vorliegen, was Kunde wie Lieferant gleichermaßen zu beachten hat (siehe auch Bild 1-8). Oft ist eine Besichtigung der Situation vor Ort durch den Projektplaner bzw. Konstrukteur erforderlich. Immer häufiger werden auch neue technische Hilfen mit einbezogen, wie Digitalkameras, elektronischer Daten- bzw. Zeichnungsaustausch und Videoclips. Trotzdem werden auch Produktmuster in der realen Form gebraucht, ehe die Konstruktion beginnt. Wichtig sind die zulässigen Griffstellen am Produkt, die Abmessungen und Massenschwerpunkte, die Kraftmomente bewirken. Die eigentliche Konstruktion nähert sich einerseits von „oben", das heißt von der Hallendecke, andererseits von „unten", also vom Produkt aus. Es sind u.a. Störkonturen, Belastungsgrenzen der Decken und des Bodens wichtige Parameter. Trotz aller Hilfsmittel bleibt aber die langjährige Erfahrung (*know-how*) ein ganz wesentlicher Erfolgsfaktor.

Beispiel: Erhöhte Sonneneinstrahlung am Aufstellort eines Manipulators mit Deckenlaufwerk kann die Anlage durch starke Temperaturveränderung zum Stillstand bringen. Durch übermäßige Ausdehnung der Stromschienen für die Elektroenergiezuführung (siehe dazu Bild 4-34) kann es zur Unterbrechung kommen, weil sich die Wärmeausdehnungskoeffizienten der Kupferschienen und der dazugehörigen Trägerschienen aus Kunststoff unterscheiden. Durch Ausgleichselemente an den Stoßstellen der einzelnen Schienenstücke kann dieses Problem gelöst werden.

Außer der reinen Funktion müssen auch Sicherheit und Akzeptanz einer Anlage gewährleistet sein. Dazu sind die Gefahr- und die Risikoanalyse konstruktionsbegleitend durchzuführen.

Gefahranalyse EN 292-1	Risikoanalyse EN 1050
⬇	⬇
Strategie zur Risikoverminderung EN 292-1, Paragraph 5	
Definition der erforderlichen Sicherheit EN 954-1, Paragraph 4.2 und 5	
Auffinden der Sicherheitkategorie EN 954-1, Paragraph 6	
Sicherheitstechnische Lösung EN 954-1, Paragraph 6	
Inkraftsetzung EN 254-1, Paragraph 8	

Bereits ab Lösungsfindung sind die Arbeitskräfte des jeweiligen Arbeitsplatzes mit einzubeziehen, um Akzeptanz und geplanten Nutzen sicherzustellen. Um Differenzen in den Auffassungen und maßlichen Gegebenheiten frühzeitig zu erkennen, ist eine Entwurfszeichnung der Lösung mit Darstellung des Arbeitsumfeldes dem Auftraggeber zur Verfügung zu stellen.

Neben der Mechanik der Anlage gewinnen die Steuerungskomponenten zunehmend an Bedeutung. Das betrifft z.B. die Teilautomatisierung von Abläufen und Bewegungen, Werkstückabfragen zum Schwerkraftausgleich und zur Verhinderung von Bedienfehlern bei der Greifersteuerung (vorzeitiges Öffnen). Selbst die Synchronisation mit einer Montagelinie kann bei handgeführten Anlagen erforderlich werden, um Zusammenbauarbeiten z.B. am „laufenden Band" zu ermöglichen. Damit man keine Überraschungen erlebt, sollten solche Vorgänge beim Lieferanten simuliert werden. Es ist anzustreben, möglichst seriennahe Verhältnisse für einen Probebetrieb zu erreichen, wie Auf- und Abgabehöhen und horizontale Positionen. Auch hier empfiehlt sich, die späteren Bediener der Anlage in die Beurteilung mit einzubeziehen.

Beim Aufbau der Anlage am eigentlichen Einsatzort sind die Übergabepunkte für die Energie zu klären, um z.B. im Vorfeld die Kabellängen bestimmen zu können. Wie ist die Stromzuführung abgesichert? Wieviel Strom darf über die vorhandene Leitung fließen? Welchen Querschnitt hat die Druckluftzuführung? (siehe dazu auch Bild 4-17). Nach der Installation sind in jedem Fall die Bediener und das Instandhaltungspersonal einzuweisen und zu schulen, auch bei scheinbar einfacher Gerätetechnik.

SE-Projekte am Beispiel der Automobilproduktion

Durch die immer kürzer werdenden Produktlaufzeiten und den damit verbundenen reduzierten Entwicklungszeiten, müssen auch die Produktionsmittel sehr frühzeitig geplant und entwickelt werden. Das gilt auch für die Manipulatoren. Schon während der Entwicklung der Module und Komponenten wird der Verbau derselben mitgeplant und geprüft bei welchen Arbeitsgängen eventuell zu hohe Belastungen der Arbeitskräfte auftreten könnten.

Mit Hilfe elektronischer Simulationsprogramme, wie z.B. ROBCAD, „fliegen" die modellierten Module durch den virtuellen Raum hin zum jeweiligen Verbauort. Um nun schon früh in die Entwicklung der erforderlichen Manipulatoren einsteigen zu können, müssen alle Daten vom Fahrzeug und vom Modul (= Werkstück) an den beauftragten Hersteller gelangen. Dort kann dann ein Konzept erarbeitet werden, das nun in die Simulation eingeht. Der fortwährende Prozess der Weiterentwicklung dieser Module wird beim Manipulatorhersteller durch ständigen Datenabgleich und analoge Anpassung nachvollzogen. So entsteht simultan und damit recht zeitsparend eine Lösung für die Serienproduktion. Dieses gilt vor allem im Hinblick auf die schnelle Lieferung der benötigten Manipulatortechnik nach Abschluss der Fahrzeugentwicklung. Allerdings darf man den Aufwand bei dieser Arbeitsweise nicht unterschätzen. Allein der Datenaustausch bedarf erheblicher Mittel. Auch die erforderlichen persönlichen Abstimmungsrunden sind zeitraubend und für die einzelne Partei durchaus anstrengend.

5.4 Wirtschaftlichkeit

Der Einsatz von Manipulatoren kann aus betriebswirtschaftlicher Sicht nur nutzens- und aufwandsgerecht erfolgen. Unter Wirtschaftlichkeit wird allgemein der Ertrag pro Aufwand bzw. die Leistung pro Kosten verstanden. Wirtschaftlichkeitsanalysen sind Bestandteil der Planungsarbeit und werden im Vorfeld einer Investition vorgenommen. Sie sind ein wichtiger Teil des Projektierungsentscheides. Im Rahmen solcher Analysen vergleicht man die aufzuwendenden (einmaligen) Investitionsausgaben mit den Einsparungen und den laufenden Ausgaben *(cash flow)*, die während der zugrunde gelegten Nutzungsdauer zu erwarten sind. Als Dauerkosten schlagen vor allem zu Buche:

- Manipulatorkosten (Abschreibungen, Energie, Wartung)
- Kosten für Lastaufnahmemittel und Greifer (Abschreibungen, Routinekontrollen Reparaturen)
- Personalkosten (Schulung, Lohn für ständige oder zeitweilige Bedienung)

Einsparungen ergeben sich aus:

- Verringerung der Anzahl von Arbeitskräften (Umstellung von 2-Mann-Handhabung auf Einzelpersonen, Reduzierung des personellen Aufwandes durch Verkürzung von Zykluszeiten, Vermeidung personenbedingter Leistungsschwankungen)
- Reduzierung von Kosten, die mit Erkrankungen und Unfällen entstehen (meistens nur schlecht monetär einschätzbar)
- Reduzierung von Kosten, die sich durch häufige Fluktuation ergeben (Anlernkosten)

Zur Nachprüfung der Wirtschaftlichkeit einer Manipulatoranschaffung können folgende Methoden eingesetzt werden:

Kapitalmethode

Es wird ein Kapitalwert errechnet und dieser muss größer als Null sein, wenn die Investition wirtschaftlich sein soll. Der Kapitalwert ist die Summe aller auf den Investitionszeitpunkt bezogenen, während der Nutzungsjahre insgesamt realisierbaren und in Geld bewertbaren Auswirkungen des Kapitaleinsatzes (einschließlich der Investitionsausgaben). Eine wichtige Größe ist hierbei die zugrunde gelegte Kapitalverzinsung.

Rentabilitätsberechnung

Die Rentabilität einer Investition kann durch den „internen Zins" ausgedrückt werden, der sich für die Investition ergibt. Hierzu wird der Kapitalwert Null gesetzt. Unter dieser Voraussetzung wird ein Zinsfaktor und Zinssatz für jede Planungsvariante errechnet. Eine Lösung ist dann absolut rentabel, wenn der berechnete Zinssatz größer ist als der bei der Berechnung des Kapitalwertes angesetzte Mindestzinssatz.

Amortisationsrechnung

Es wird die Zeit für den Kapitalrückfluss ermittelt. Das ist die Zeit, nach deren Ablauf dem Unternehmen durch Einnahmenüberschüsse und Einsparungen der ursprüngliche Kapitaleinsatz wieder zur Verfügung steht. Die beste Planungsvariante besitzt die kürzeste Amortisationszeit.

Beim Balancereinsatz ergibt sich oft eine Rückflussdauer der eingesetzten finanziellen Mittel schon bei 6 bis 12 Monaten, wenn fürs Heben und Tragen ein zweiter Mann eingespart werden kann, wenn man auf Springer-Arbeitskräfte verzichten kann und wenn der Greifer im Sinne schnellen Anfassens günstig (z.B. Zentrierhilfen) gestaltet wurde. Das **Bild 5-5** zeigt nochmals graphisch das Zustandekommen der Nutzensschwelle. An dieser Schwelle ist die Amortisationszeit beendet.

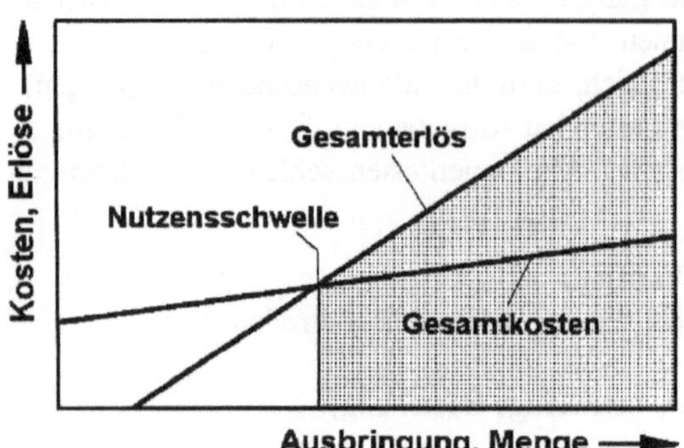

Der Investitionsaufwand wird natürlich wesentlich vom gewählten Grad der Technisierung bestimmt. Zwischen manueller und vollautomatischer Handhabung lassen sich verschiedene Zwischenstufen formulieren. So sind z.B. Manipulatoren möglich, die am Deckenlaufwerk aus eigener Kraft verfahren, wenn der Bediener die Bewegung und die Richtung „angestoßen” hat. Das System erkennt die Absicht des Bedieners und schaltet sich selbsttätig adaptiv zu.

Bild 5-5 Die Nutzensschwelle (*Break-even-point*)

Oft sind gerade teilautomatisierte Lösungen der goldene Mittelweg. Vollautomatisches Handling ist in der Regel keine punktuelle Angelegenheit, sondern nur als Systemkomponente eines automatisierten Fertigungsablaufes zu rechtfertigen. Wie das **Bild 5-6** deutlich macht, kommt es aber bereits bei einer Mechanisierung der Hebevorgänge mit relativ geringem Kapitaleinsatz zu erheblichen Entlastungen der eingesetzten Mitarbeiter.

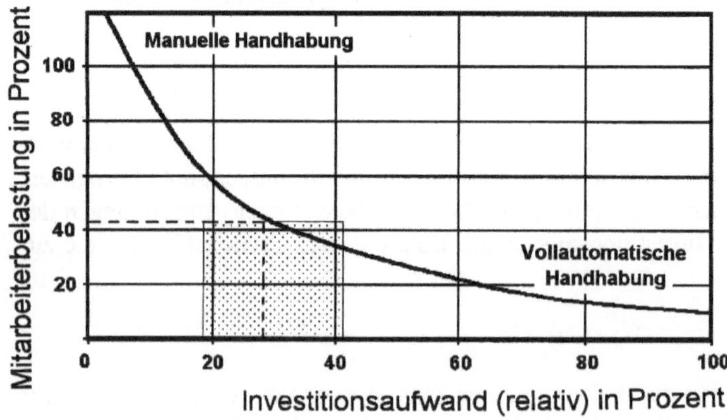

Bild 5-6
Zusammenhang von
Mitarbeiterbelastung und
Investitionsaufwand

6 Anwendungspraxis

6.1 Platten- und Scheibenhandhabung

Für die Handhabung sperriger, schwerer Platten (Glas, Sperrholz, Spanplatten, Kunststoff, u.a.) ist unverändert die Saugtechnik ein effizientes Merkmal der Hebetechnik. Die Vakuum-Lastaufnahmemittel haben gegenüber Magnet-Lastaufnahmemitteln einige Vorteile. Sie können auch bei unmagnetischen Werkstoffen eingesetzt werden und sind sicherheitstechnisch einfacher aufgebaut. Es genügt eine Vakuumreserve, um bei Stromausfall die Last noch einige Zeit zu halten. In Verbindung mit einem Rückschlagventil bleibt der Haftgriff zunächst erhalten. Das Unterschreiten eines maximal notwendigen Vakuums kann am Manometer abgelesen werden. Zusätzlich werden optische und akustische Warnsignale ausgegeben. Bei Elektromagnet-Traversen wird zur Sicherheit eine Stützbatterie gebraucht. Bei Stromausfall wird die Batterie über eine elektrische Steuerung zugeschaltet. Bei Permanentmagnet-Greifmitteln ist dieser Aufwand allerdings nicht notwendig. **In Bild 6-1** wird das Manipulieren einer 30 kg schweren Verbundplatte gezeigt. Die Last wird mit Vakuumsaugern aufgenommen.

Bei der Handhabung von Glasscheiben werden auch Hakengreifer eingesetzt, die die Scheibe am Rand anfassen. Das wird vor allem dann gemacht, wenn man Silikonrückstände auf dem Glas vermeiden will oder muss. Es gibt aber auch Saugermaterialien, die keine Markierungen auf dem Glas zurücklassen. Auch die Umhüllung des Saugers mit einer textilen, luftdurchlässigen Haube ist möglich.

Bild 6-1
Umsetzen von Bürowänden mit unhandlichem Format aus einem Metall-Schaumstoff-Verbund mit dem Balancer (SCHMIDT-HANDLING)

Die erforderliche Saugluft wird entweder mit Vakuumpumpe bzw. -gebläse hergestellt oder man erzeugt sie vor Ort aus Druckluft. Dafür gibt es Ejektoren. Das sind spezielle Düsen. Es genügt Druckluft mit 4 bar, um ein 90-prozentiges Vakuum herzustellen. Das Prinzip ist recht einfach **(Bild 6-2)**. Gefilterte Druckluft wird durch eine Treibgasdüse geschickt. Durch Querschnittsverengung erhöht sich die Geschwindigkeit der Luft und strömt durch die Fangdüse.

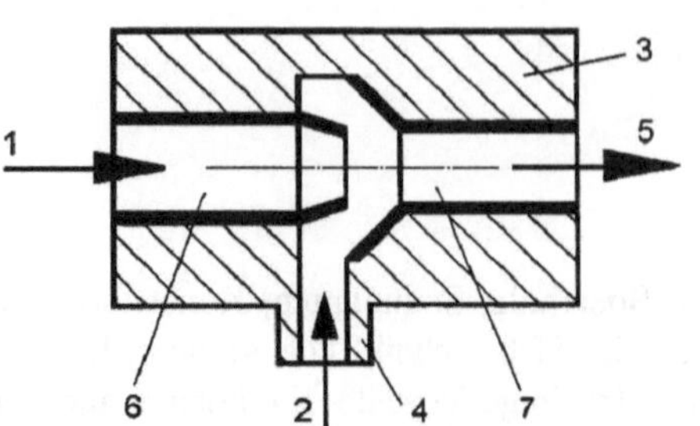

1 Drucklufteinspeisung
2 Vakuum
3 Grundkörper
4 Saugeranschluss
5 Abluft
6 Strahldüse, Treibgasdüse
7 Fangdüse

Bild 6-2
Ejektor-Prinzip [6-1]

In der Kammer nach der Treibdüse entsteht dadurch ein Vakuum 2. Hier wird der Scheibensauger angeschlossen. Jedem Scheibensauger wird meistens ein Ejektor zugeordnet. Bei der in **Bild 6-3** dargestellten Greifeinheit für Platten sind 6 Ejektoren eingebaut. Von den 6 Saugern (zusammen eine Tragfähigkeit von 150 kg) sind 4 auf die Plattengröße radial einstellbar. Die Ejektoren sind mit Vakuum-Halteventilen ausgestattet, damit bei einem plötzlichen Ausfall der Druckluft das Vakuum erhalten bleibt und ein sicheres Absetzen der Last gewährleistet ist. Für das schnelle Trennen der Sauger sorgt ein Blasimpuls, der aber aus Sicherheitsgründen erst nach dem Abschalten des Ejektors ausgelöst wird. Die Platte ist im Freiheitsgrad 6 bewegbar (X, Y, Z, A, B, C), wenn der Balancer an einem Kreuzportal geführt wird. Beim Kippen der Platte bis auf 90° ist nochmals eine Zwischenposition von 8° anfahrbar. Das wird für das stehende Absetzen der Platte in Regalen und Arbeitseinrichtungen gebraucht.

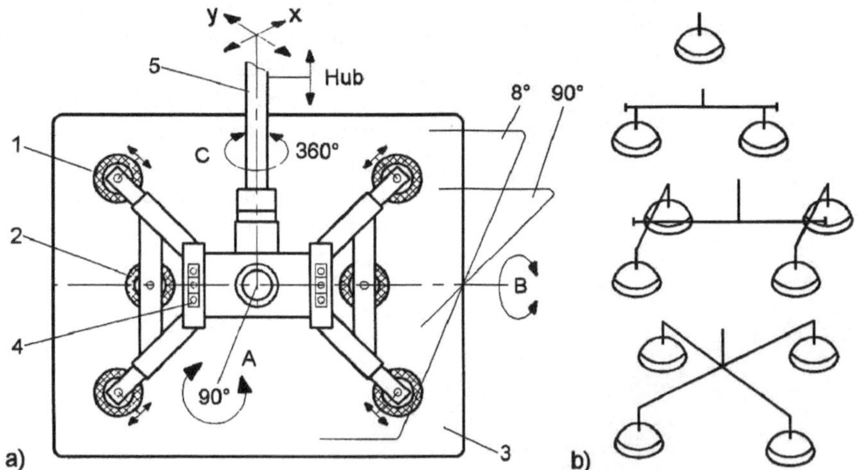

Bild 6-3 Plattenhandling mit Vakuumsaugtechnik
a) Vakuumtraverse, b) Anordnungsvarianten von Saugern, 1 Sauger, verstellbar, 2 Sauger, feststehend, 3 Platte, z.B. Glasplatte, 4 Ejektor, 5 Hubarm, -rohr, Teleskoparm

Vakuumpumpen oder -gebläse arbeiten übrigens mit vergleichsweise geringem Unterdruck, jedoch hohem Volumenstrom und bewähren sich damit besonders bei etwas luftdurchlässigen Objekten, wie z.B. Textilien, Kartonagen und Spanplatten. Es empfiehlt sich, bei porösen Platten vorher Haftversuche durchzuführen.

Bei der Handhabung großer Tafeln kann es notwendig sein, die Handgriffe für das Manipulieren teleskopartig einstellbar zu machen, damit eine individuelle Griffstellung je nach Aufnahme- und Ablagehöhe und ein sicherer Abstand zum Hebezeug ermöglicht wird.

Der Vakuumkreis wird als Beispiel in **Bild 6-4** für den Fall dargestellt, dass die Saugluft mit einem Ejektor hergestellt wird. Zur Überwachung des Vakuums ist ein Vakuumschalter eingebaut. Er erkennt nach Beginn des Ansaugens, ob der notwendige Unterdruck erreicht ist. Erst dann wird im positiven Fall der Bewegungsablauf realisiert.

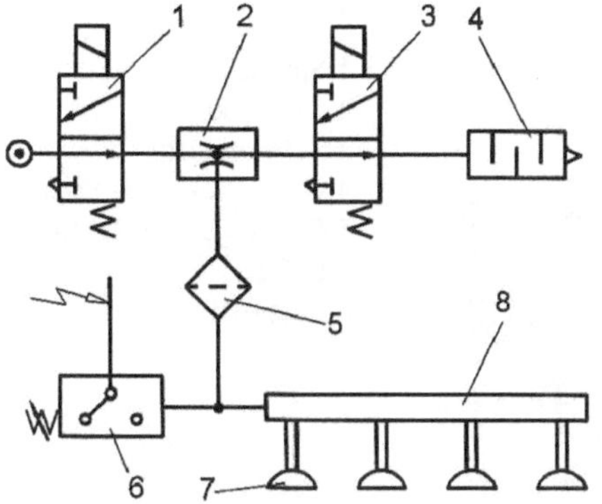

1 Wegeventil zur Druckluftschaltung
2 Ejektor, einstufig (Es gibt auch mehrstufige.)
3 Wegeventil zur Abluftsteuerung (Umschalten auf
  Abblasen)
4 Schalldämpfer
5 Filter
6 Druckschalter für Vakuum
7 Sauger
8 Vakuumverteiler

Bild 6-4
Beispiel für einen Vakuumkreis auf Basis eines
Ejektors

Greiferdrehachsen werden gebraucht, wenn Platten oder Tafeln z.B. aus einem Regalfach entnommen oder eingelagert und dabei in eine andere Orientierung gebracht werden sollen. Man benötigt dazu einen ausladenden Greifer, der außerdem noch flach aufgebaut sein muss. In **Bild 6-5** wird ein solcher Greifer gezeigt. Der Balancer muss eine starre Hubachse haben, weil außermittige Kraftmomente aufgenommen werden müssen. Der Greifer ist aus Baukastenkomponenten (BILSING) aufgebaut. Damit nicht versehentlich Doppelbleche entnommen werden, die durch Fett und Adhäsion anhaften können, ist ein Sensor angebaut. Besonders bei automatischen Manipulatoren kann auf eine solche Sensorik nicht verzichtet werden. Die Handdrehachse erlaubt, das Blech nach der Entnahme hochzustellen, z.B. zur Ablage in einem Hordenwagen oder in einer Fertigungseinrichtung.

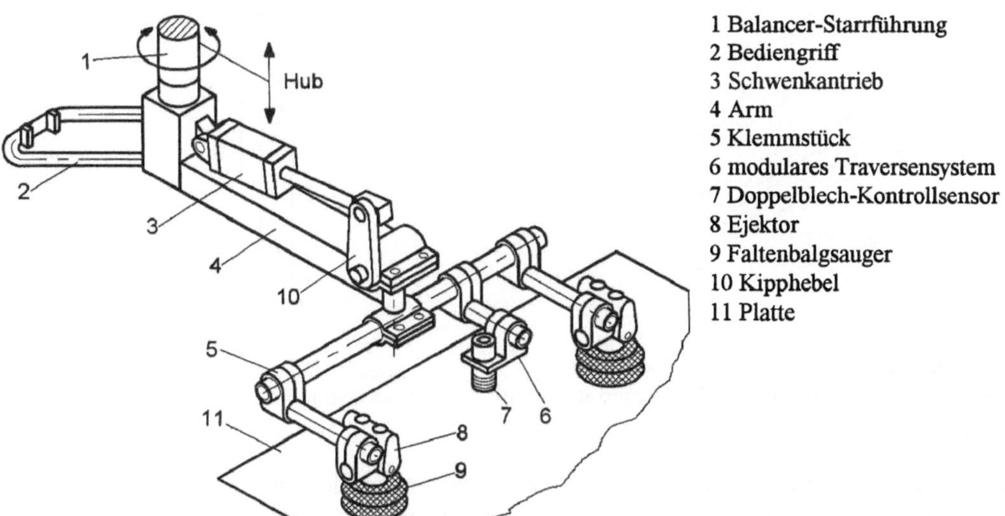

1 Balancer-Starrführung
2 Bediengriff
3 Schwenkantrieb
4 Arm
5 Klemmstück
6 modulares Traversensystem
7 Doppelblech-Kontrollsensor
8 Ejektor
9 Faltenbalgsauger
10 Kipphebel
11 Platte

Bild 6-5 Saugergreifer für den Zugriff in Regalfächer oder Pressenräume

Ein sehr praktischer Vakuumgreifer wird in **Bild 6-6** in der Draufsicht gezeigt. Die Sauger sind an Schwenkarmen befestigt, die man rasch in eine andere Raststellung bringen kann. Damit ist es möglich, die Sauger in Linie einzustellen, wenn z.B. Langgut zu handhaben ist. Man kann die Saugkraft aber auch auf eine kleine Fläche konzentrieren. Das ist notwendig, wenn ein Fass an der Oberseite gegriffen werden soll.

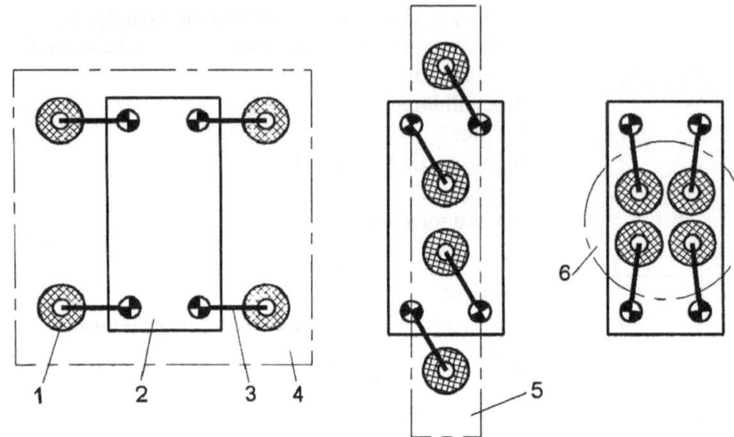

1 Sauger
2 Traverse
3 Schwenkarm
4 Greifobjekt, z.B Kasten
5 Greifobjekt, z.B. Holz
  balken
6 Fassgriff

Bild 6-6
Prinzip eines Saugergrei-
fers mit schwenkbaren
Armen (SCHMALZ)

Berechnungsbeispiel

Aufgabe: Wieviel Faltenbalg-Sauger sind erforderlich, um eine Autobus-Frontscheibe aufzunehmen und aus der Waagerechten in die Senkrechte zu schwenken. (**Bild 6-7**)?

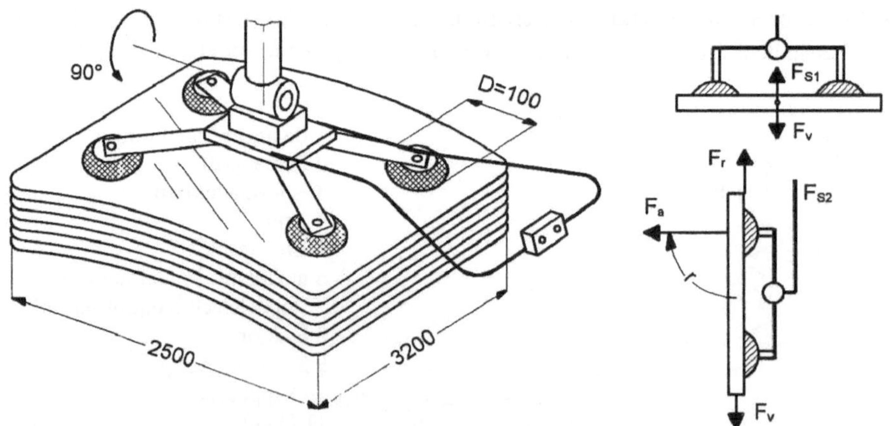

Bild 6-7 Handling von Bus-Frontscheiben
Masse m = 120 kg, Beschleunigung gleichförmig mit 90° in t = 3 Sekunden, Reibbeiwert für
Saugnapf/Scheibe μ = 0,7

Lösung: Zunächst werden die statischen Belastungen bei horizontaler und vertikaler Lage berechnet. Bei waagerechter Lage der Sauger entspricht die Vertikalkraft F_v der Gewichtskraft:

$$F_v = m \cdot g = 120 \text{ kg} \cdot 9{,}81 \text{ m/s}^2 = \underline{1177 \text{ N}}$$

Erforderliche Saugkraft F_{S1} bei einem Sicherheitsfaktor von S = 2:

$$F_{S1} = F_v \cdot S = 1177 \text{ N} \cdot 2 = \underline{2354 \text{ N}}$$

Wird in der waagerechten Lage schnell gehoben, müsste man noch Trägheitskräfte hinzurechnen. Wenn die Scheibe die senkrechte Lage eingenommen hat, muss die Reibungskraft F_r um einen Sicherheitsbetrag größer sein als die Vertikalkraft F_V :

$$F_v \leq F_{S2} \cdot \mu = F_r$$

Die Vertikalkraft F_v ändert sich bei einer Drehung der Scheibe nicht und ist $F_v = \underline{1177\ N}$. Die erforderliche Saugkraft F_{S2} erhält man bei $S = 2$ zu

$$F_{S2} = (F_v \cdot S)/\mu = (1177\ N \cdot 2)/0,7 = \underline{3363\ N}$$

Die Saugkraft F_{S2} ist größer als F_{S1} und muss deshalb für weitere Berechnungen zugrunde gelegt werden. Zusätzlich wirkt bei der Schwenkbewegung aber noch ein dynamischer Kraftanteil. Dieser Anteil ist umso größer, je schneller geschwenkt wird. Die maximale Beschleunigungskraft durch die Rotationsbewegung tritt an der äußeren Saugnapfreihe auf. Etwas vergröbert kann man sagen, dass der Schwenkweg s folgende Größe annimmt:

$$s = r \cdot \pi/2 = 1,6\ m \cdot \pi/2 = \underline{2,51\ m}$$

Daraus ergibt sich die Beschleunigung a wie folgt:

$$a = 2 \cdot s/t^2 = (2 \cdot 2,5\ m)/3^2\ s^2 = \underline{0,56\ m/s^2}$$

Berechnung der Beschleunigungskraft F_a

$$F_a = m \cdot a = 120\ kg \cdot 0,56\ m/s^2 = \underline{67\ N}$$

Jetzt kann man die Gesamtsaugkraft F_{ges} berechnen. Es ergibt sich

$$F_{ges} = F_a + F_{S2} = 67\ N + 3363\ N = \underline{3430\ N}$$

Nun ist nur noch die Anzahl n der benötigten Sauger auszurechnen. Wählt man einen Saugerdurchmesser von 100 mm aus und legt ein Vakuum von $p_u = -0,7$ bar zugrunde ($\cong$ 70% Vakuum), bedeutet das nach dem Diagramm in **Bild 6-8** eine Haltekraft von 397 N.

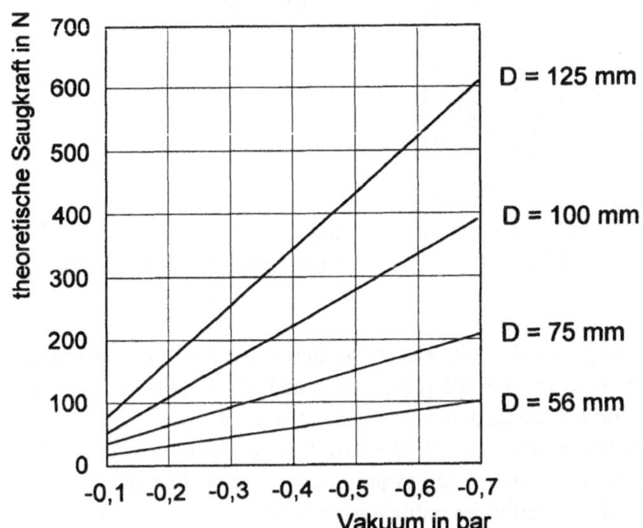

Bild 6-8
Theoretische Saugkraft als Funktion des Vakuums

Hierbei ist berücksichtigt, dass der wirksame Saugerdurchmesser kleiner ist (Faktor 0,85) als der Nenndurchmesser. Das ergibt sich aus dem Unterdruck und der Nachgiebigkeit (Weichheit) der Dichtlippen. Dieser Faktor kann im Bereich von 0,6 bis 0,9 liegen. Die theoretischen Haltekräfte aus dem Diagramm sind wie folgt berechnet:

$$F = \frac{(D \cdot 0,85)^2 \cdot \pi}{4} \cdot p_u = \frac{(0,1 \cdot 0.85)^2 \cdot \pi}{4} \cdot 10^5 \cdot 0,7 = \underline{397\ N}$$

Wieviel Sauger müssen nun im Beispielfall eingesetzt werden? Es sind:

$$n = F_{ges}/F_S = 3430\ N/397\ N = \underline{8,6\ Stück}$$

Es werden 9 Sauger mit einem Nenndurchmesser von $D = 100$ mm gewählt.

6.2 Flaschenhandhabung

Transportvorgänge und die Einlagerung von Objekten bergen noch immer ein beachtliches Rationalisierungs- und Optimierungspotential. Hinderlich ist, dass man glaubt, komplizierte Greiftechnik einsetzen zu müssen. Oft geht es schon mit relativ einfachen Greifmitteln, um Lagergut, z.B. Flaschen, reihenweise aufzunehmen. Das **Bild 6-9** zeigt einen interessanten pneumatischen Greifer, der im Prinzip ein Stück Spezialschlauch als aktives, krafterzeugendes Element enthält. Er wird wie eine Leiste zwischen die Flaschenhälse gesetzt und dann aufgeblasen. Greiferschläuche werden aus heißvulkanisierten, mit Elastomeren beschichteten Geweben hergestellt. Auch Flaschen mit komplexen Formen oder kurzen Hälsen lassen sich auf diese Weise greifen. Für Sonderformen gibt es auch Greiferschläuche mit U-Profil.

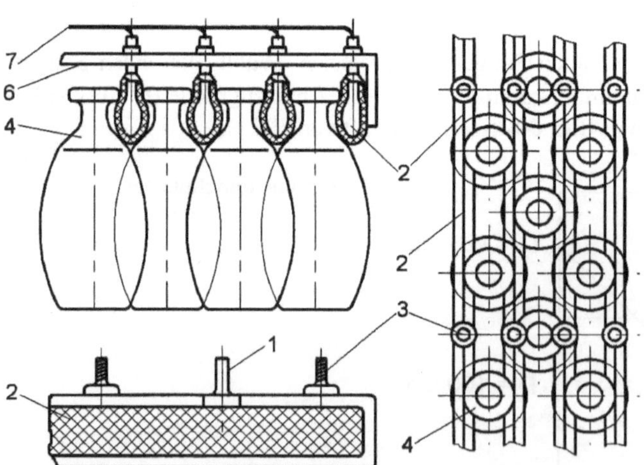

1 Anschlussstutzen für Druckluft
2 Gummiprofilleiste
3 Befestigungsgewindestück
4 Werkstück
5 feste Anlage für Gummikissen
6 Greifergrundplatte
7 Druckluftleitung

Bild 6-9
Reihenweises Greifen von Flaschen (PRONAL)

Die aufblasbare Gummiprofilleiste schmiegt sich der Objektform an und entwickelt gleichzeitig die erforderliche Klemmkraft. Das ist sehr wirksam, bei allerdings nur mäßiger Präzision bezüglich der Position. In Distributions-, Lager- und Verpackungsbereichen ist diese Genauigkeit für das Palettieren und Entpalettieren jedoch meistens ausreichend. Der Greifhub ist nicht sehr groß. Außenliegende Gummikissen müssen gegen das Gehäuse abgestützt werden. In **Bild 6-10** wird ein Ausführungsbeispiel dargestellt. Ein solcher Greifer ist natürlich auch sehr gut für automatische bzw. halbautomatische Manipulatoren geeignet.

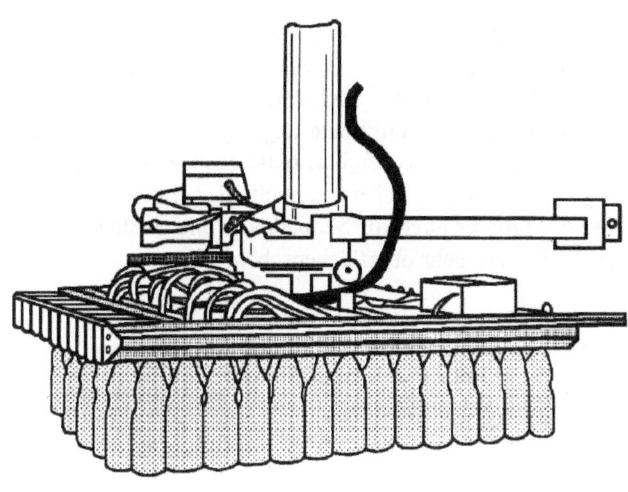

Bild 6-10
Ausführungsbeispiel für einen pneu-
matischen Vielfach-Flaschengreifer
(PRONAL)

6.3 Handhabung von Kästen

Quaderförmige Objekte, Kisten, Kleinladungsträger und Behälter außerhalb von Normgrößen werden besonders in Lagerbereichen vielfältig bewegt. Ein typischer Arbeitsplatz wird dazu in **Bild 6-
11** gezeigt. Der Manipulator ist ein Flachriemenbalancer, der an der Decke zweiachsig verfahrbar
ist. Die Greiftechnik ist bei genormten Behältern den dafür vorgesehenen Öffnungen und Formele-
menten angepasst (siehe Bild 4-116).

Bild 6-11 Umstapeln von KLT-Behältern in der Fertigung mit einem Flachriemenbalancer. Seit 1989
sind europaweit mehr als 25 Millionen KLT`s im Einsatz. (SCHMIDT-HANDLING)

Bei Behältern, Kisten und Kästen mit unstrukturierten glatten Außenflächen können diese mit Vakuumsaugern und -platten aufgenommen werden. Dafür kann z.B. der in **Bild 6-12** skizzierte Greifer eingesetzt werden. Das Greifobjekt wird mit Saugluft quasi stereo-mechanisch gehalten. Bei jedem Greifvorgang werden mit dem Handhebel die Greiforgane angelegt, ehe das Vakuum eingeschaltet wird. Damit ist auch ein großer Greifbereich verfügbar, ohne dass etwas umgebaut werden muss. Weil die Verstellung der Greiforgane mechanisch verkoppelt ist, bleibt der Masseschwerpunkt stets mittig. Das bedeutet, dass der Greifer auch für Seilbalancer und Schlauchhebeeinheiten gut geeignet ist. Das Greifprinzip ist übrigens sehr oberflächenschonend.

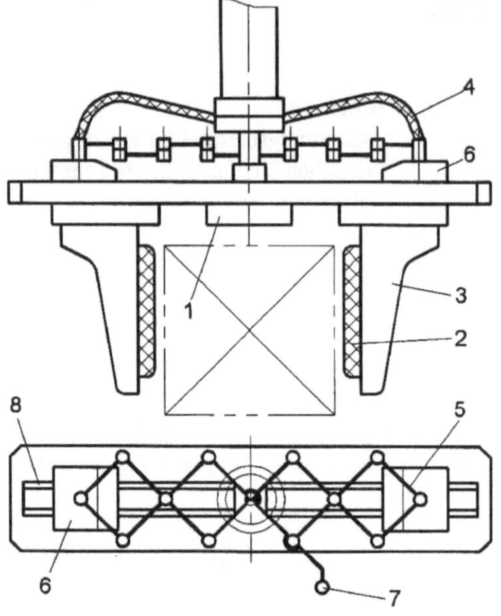

1 Aufsetzauflage
2 Saugplatte
3 Großhub-Greifbacke
4 Vakuumschlauch
5 Scherenmechanismus
6 Schieber
7 Handhebel
8 Geradführung

Bild 6-12
Parallelbackengreifer mit Saugluft-Backen
(SCHMALZ)

Ein weiterer Fall ist die Handhabung von Schüttgut im Werkstattbereich. Kleine mechanische Werkstätten und Reparaturbetriebe sind oft nicht in der Lage, sich große Reinigungsanlagen für z.B. metallisches Schüttgut anzuschaffen. Für sie wird eine Balancerlösung in einer Doppelfunktion interessant: Sowohl als normale Hebeeinrichtung mit Balanciereffekt in der Werkstatt, als auch zeitweise mit einem Sondergreifer ausgestattet für das Handling an einem Reinigungsplatz in der Art eines Tauch-Waschbehälters. Das wird in **Bild 6-13** gezeigt.

Der Balancer hebt in diesem Fall Waschkorbpaletten mit Drehteilen und lässt sie im Reinigungsmedium rotieren. Der Greifer verfügt dazu über einen Antrieb für die Rotationsbacken. Während der Reinigung dient der Balancer als Halteeinrichtung. Der Waschbehälter ist ein passiver Kasten mit Ablasshahn und Deckel. Nach dem Reinigungsvorgang wird die Waschkorbpalette auf einem Abtropfplatz abgestellt. Das könnte auch ein Lufttrocknungsgerät sein. Der Sondergreifer kann nun abgelegt und z.B. ein Backengreifer für die Wellenhandhabung angesetzt werden. Der Balancer ist somit temporär Bestandteil zweier Fertigungseinrichtungen.

Das **Bild 6-14** zeigt eine im Baukastensystem gestaltete Waschkorbpalette. Sie verfügt seitlich über Indexlöcher (A), die für das Greifen und Positionieren genutzt werden können. Die Innenausrüstung kann sowohl für geordnete Werkstücke mit entsprechenden Werkstückaufnahmen vorgenommen werden als auch mit z.B. Siebböden für ungeordnetes Gut. Die Palette ist rollbahn- und stapelfähig und eignet sich für die Heißlufttrocknung ebenso, wie für eineVakuumtrocknung.

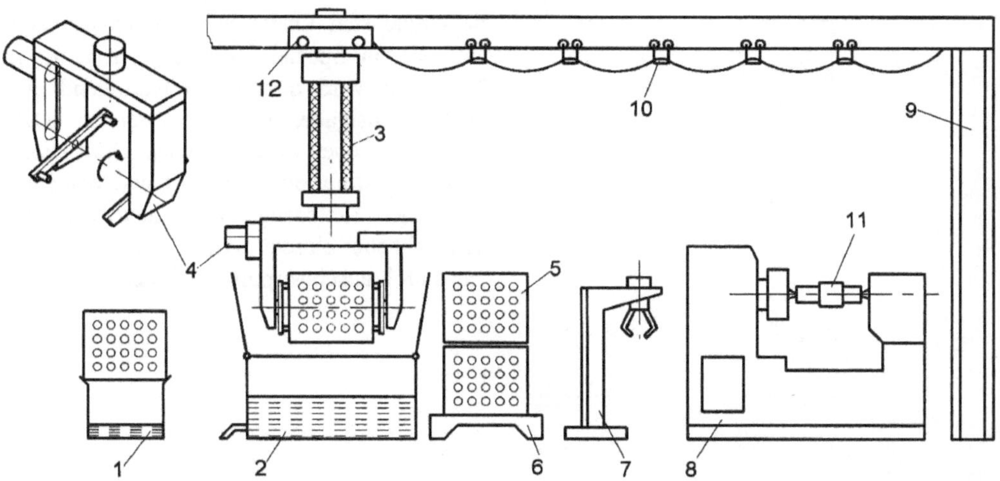

Bild 6-13 Beispiel für die Mechanisierung der Hebearbeit im Werkstattbereich
1 Abtropfbehälter, 2 Reinigungsbad, 3 Bandbalancer, 4 Greifer mit Rotationsbacke, 5 Waschkorbpalette,
6 Boxpalette, Stapelplatz, 7 Ständer für auswechselbare Greifmittel, 8 Werkzeugmaschine, 9 Portalstütze,
10 Kabelschlepp, 11 Werkstück, 12 Laufwagen

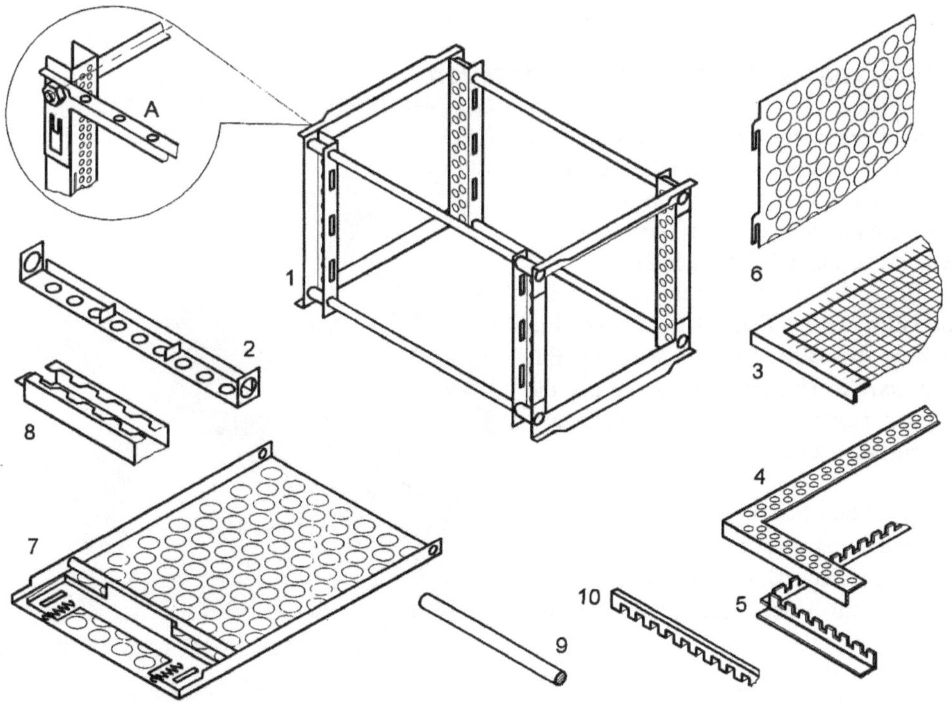

Bild 6-14 Waschkorbpalette im Baukastensystem (LK MECHANIK)
1 verschraubter Grundrahmen, 2 Kufenblech, 3 Siebboden, 4 Drehrahmen, 5 Rastrahmen, 6 Seitenwand,
7 Deckel, 8 Profilblechschiene, 9 Rundstab, 10 Zahnschiene

Man wird natürlich immer versuchen, zuerst die einfachsten Lastaufnahmemittel einzusetzen, ehe an Spezialgreifer gedacht wird. In **Bild 6-15** wird deshalb stellvertretend eine einfache Lastgabel gezeigt, mit der z.B. KLT-Behälter gehoben werden können. Die C-Form der Gabel ist nur erforderlich, wenn man einen Seil- oder Kettenzug bzw. einen Vakuumschlauchheber einsetzt, damit sich die Anhängeöse im Lastschwerpunkt befindet.

Bild 6-15
Lastaufnahmemittel für KLT-Behälter am Kettenhubwerk

6.4 Handhabung von Maschinenbauteilen

Maschinenteile müssen nicht nur wegen ihrer Masse mit Hebezeugen aller Art bewegt werden, sondern auch weil sie von einem Werker vorsichtig manipuliert werden müssen, z.B. bei der Endmontage einer Maschine. Hier ist der Schwebeeffekt, den ein Balancer erlaubt, eine wertvolle Hilfe bei der Feinpositionierung. Ein Beispiel zeigt das **Bild 6-16**. Es wird ein Balancer mit starrem Hubarm eingesetzt, der die außermittigen Lastmomente ohne Pendelbewegungen aufnehmen kann.

Man versucht natürlich immer, ein möglichst einfaches und umfassend nutzbares Greifzeug zu gestalten. Beispiel: Der in **Bild 6-17** vorgestellte Greifer für einen Seilzugbalancer mit Einlast-Steuerung arbeitet form- und kraftpaarig. Es wird eine Pumpe-Motor-Baugruppe gehandhabt. Beim Aufnehmen der Last wird zuerst der Hakenarm (links) in Stellung gebracht, dann werden die Sauger am Ventilatorgehäuse aufgesetzt. Die Greiforgane lassen sich so einstellen, dass sich der Masseschwerpunkt des Greifobjekts mittig zur Hubachse befindet.

Bild 6-16 Manipulation von Textilmaschinenkomponenten zum Endmontageplatz
(SCHMIDT-HANDLING)

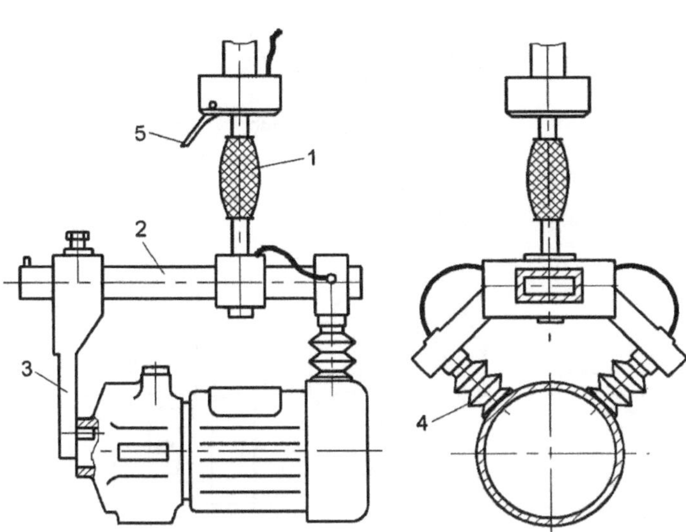

Bild 6-17
Heben von Wasserpumpen (SMI)

So kann für die Handhabung ein Seilbalancer oder Vakuumschlauchheber verwendet werden, ohne dass das Objekt eine unangenehme Schräglage einnimmt. Das Zuschalten der Saugluft wird am Bedienhebel ausgelöst.

Man hat auch Greifer entwickelt, die nach dem Zangenprinzip arbeiten, wobei man allein die Gewichtskraft des Objekts ausnutzt, um die Greifbacken zu schließen. Das **Bild 6-18** zeigt einige Ausführungen. Eine Steuerung für das Schließen und Öffnen der Greiforgane wird nicht gebraucht. Erst wenn das Teil abgesetzt ist und die Gewichtskraft der Last nicht mehr auf den Greifer wirkt, öffnen sich die Greiforgane. Wird, wie in einigen Beispielen gezeigt, ein Flachriemenbalancer verwendet, dann wäre noch zu beachten, dass der Masseschwerpunkt von Greifer und Nutzlast in die Zugachse des Flachriemens fällt.

Kompakte Maschinenbauteile, wie z.B. Gussstücke, besitzen oft Bohrungen, die als Greiföffnung für Dorngreifer verwendet werden können. Teile mit (fein-)bearbeiteten Bohrungen lassen sich gut mit einem Dorngreifer im Innengriff anfassen. Ein Beispiel zeigt das **Bild 6-19**. Es wird ein Getriebegehäuse gehandhabt. Nach dem Eintauchen in das Gehäuse werden rundum Klemmelemente ausgefahren.

Der Greifer nach **Bild 6-20** ist eine dafür geeignete originelle Greiferkonstruktion. Zum Innenspannen werden Gumminoppen ausgefahren, die das Greifobjekt halten. Es entsteht eine gute Haltekraft bei sehr schonender Behandlung der Werkstückoberflächen. Der Greifer besteht nur aus zwei Bauteilen, der Gummimembran und dem Grundkörper. Um den Anfädelvorgang zu erleichtern, kann ein Kegelansatz von Vorteil sein. Es werden z.B. folgende Spannkräfte erreicht (bei 6 bar und 20% Sicherheitsreserve):

Dorndurch- messer D in mm	max. Spann- durchmesser in mm	Noppenausfahr- kraft in N	Dornlänge in mm	Eigenmasse in kg
15	17,5	100	42	0,03
34,5	39	300	56	0,12
70,5	81	1500	92	0,67
119,5	135,5	3500	145	1,2

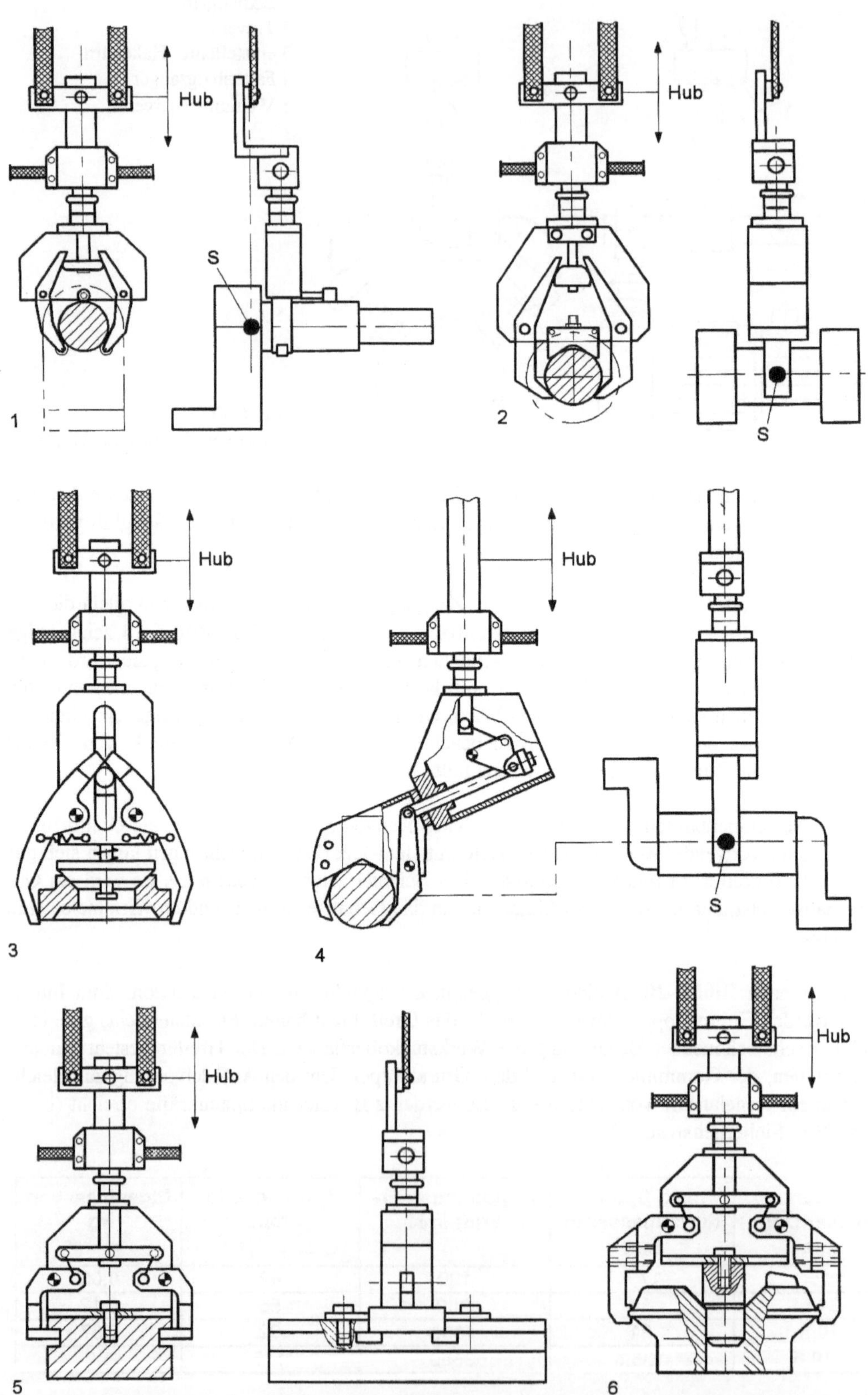

Der Greifer kann auch recht schwere Teile halten, wie Motorblöcke, Kolben und Autofelgen, aber auch Reagenzgläser, Sinterstücke und Katalysatoren. Sollten einige der 12 oder 18 Gumminoppen nicht durch Werkstückflächen begrenzt sein, ist eine geschlitzte Hülse auf den Greifer aufzustecken. Der Griff ins Leere ist ebenfalls zu vermeiden, um die Lebensdauer des Gummikörpers zu erhöhen.

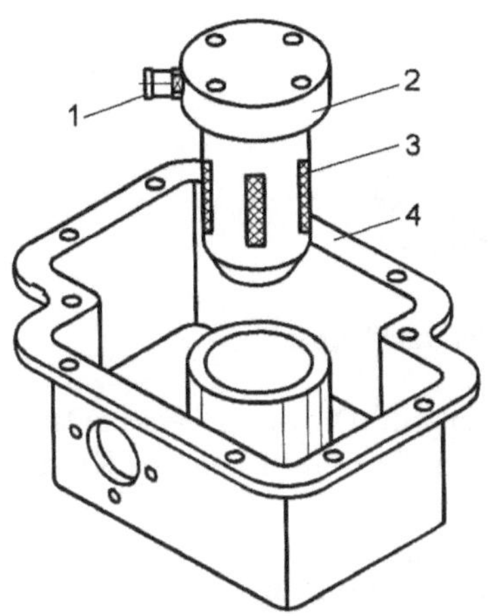

1 Druckluftanschluss
2 Befestigungsflansch
3 Klemmelement
4 Werkstück

Bild 6-19
Dorngreifer für den Innengriff

Greifer lassen sich auch mit anderen pneumatischen Druckelementen gestalten. Das **Bild 6-21** zeigt den Aufbau und die Verwendung von Membrandruckelementen. Es gibt sie in runder und länglicher Ausführung. Ein großer Vorteil ist, dass sie als Einzelelemente nicht an bestimmte Objektgrößen gebunden sind. Sie können je nach Objektgeometrie auf entsprechenden Grundkörpern befestigt werden.

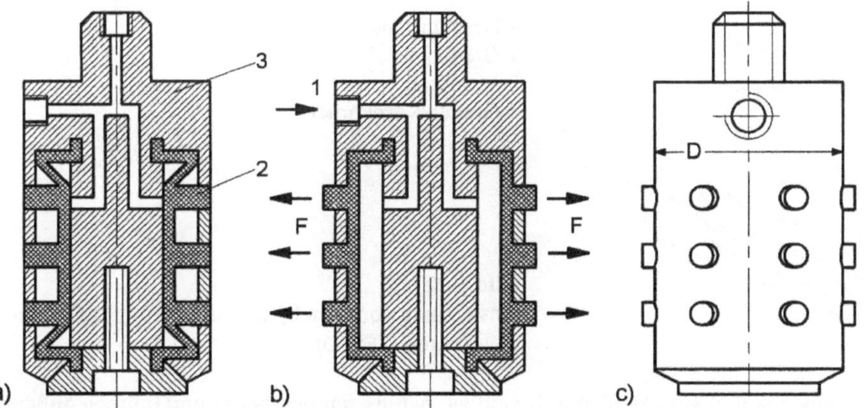

Bild 6-20 Gummilochgreifer (SOMMER)
a) entspannt, b) gespannt, c) Außenansicht, 1 Druckluftanschluss, 2 Gummiformkörper, 3 Aluminiumgehäuse, D Dorndurchmesser, F Ausfahrkraft

Bild 6-18 Greifen von Maschinenbauteilen mit ungesteuerten, nichtangetriebenen Greifern
(nach KAHLMAN, Bild siehe linke Seite)
1 Greifer außerhalb des Schwerpunktes, 2 Aufsetzformstück erleichtert das Greiferaufsetzen, 3 Verspannen gegen ein gefedertes Zentrierstück, 4 Hubsystem mit Starrachse, 5 Zentrierbolzen orientieren den Greifer, 6 Aufsetztiefe und Orientierung des Greifers wird durch einen Zentrierbolzen bestimmt, S Masseschwerpunkt

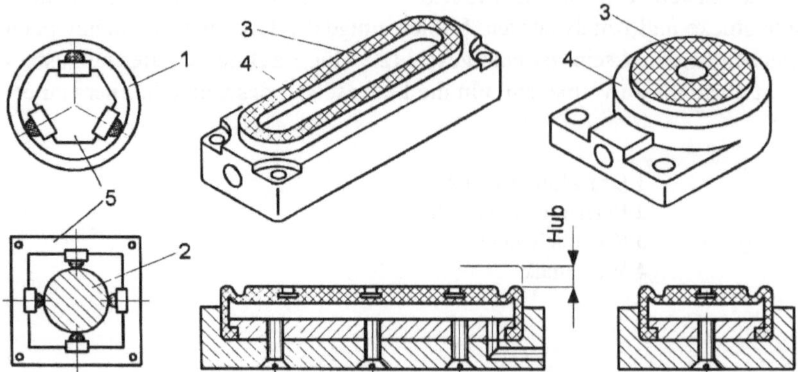

Bild 6-21 Pneumatische Membranspannelementen (FESTO)
1 Innengriff-Anordnung, 2 Außengriff, 3 Membran, 4 Gehäuse, 5 Greifergrundkörper

Man kann sie für den Innengriff ebenso benutzen, wie für den Außengriff. Die Spannelemente lassen sich in Reihe oder gegeneinander (Rücken an Rücken) anordnen. Es werden folgende Kräfte bei 6 bar entwickelt (Orientierungsdaten):

Druckmembranfläche in mm	Hub in mm	Spannkraft nach 1 mm Hub
3 x 16	3	95 N
23 x 50	4	350 N
33 x 161	5	1690 N

Ausschnittweises Sortiment

Das **Bild 6-22** zeigt schließlich noch ein Anwendungsbeispiel (siehe dazu auch Bild 4-108).

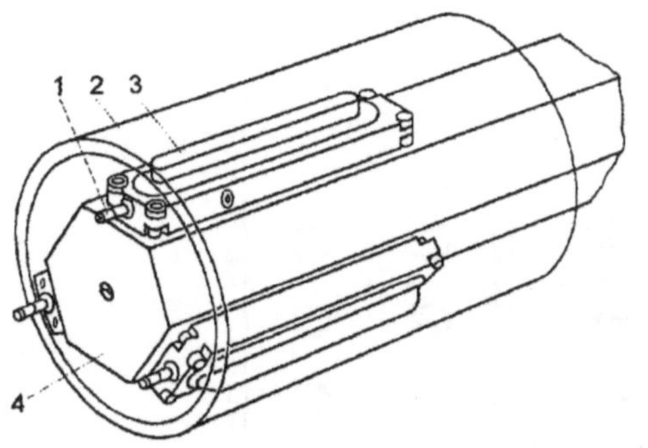

1 Druckluftanschluss
2 Greifobjekt
3 Membran
4 Greifer-Kernkörper

Bild 6-22
Anwendung von Membranspannern für das Greifen
von Rohren (FESTO)

Ein häufiges Maschinenbauteil sind Wellen. Oft sind sie bereits feinbearbeitet und müssen äußerst sorgfältig behandelt werden. An den Auflagestellen werden sie deshalb sogar mit einem Schutzgeflecht aus Kunststoff umhüllt. Das Ablagemuster im Magazin und die gegenseitigen Abstände haben Auswirkungen auf den Greifer. Dazu folgendes:

Für das Greifen liegender Wellen ist entscheidend, ob sie einzeln vorliegen, z.B. beim Entnehmen aus einer Drehmaschine oder ob sie achsparallel mit geringem Abstand z.B. in einer Palette mit Prismenleisten bereitgestellt werden. Der Zwischenraum ist dann für die Gestaltung der Greifbacken und die Reihenfolge des Entnehmens entscheidend (**Bild 6-23**). Mit den schmalen glatten Greifbacken kann man von einer Seite beginnend auch relativ dichtliegende Wellen aufnehmen.

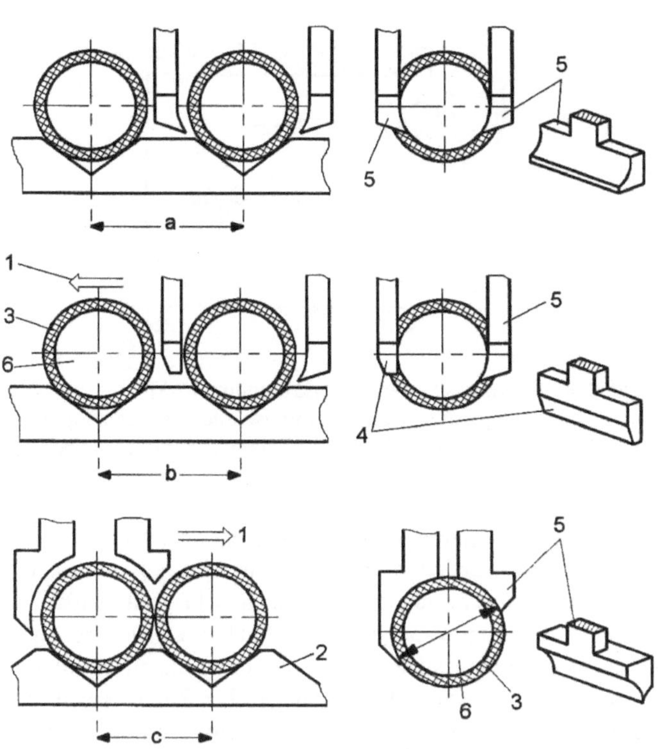

Bild 6-23
Greifen von Wellen

Bei einer lückenlosen Werkstücklage müssen die Greifbacken so gestaltet sein, dass es über die Greifmitte hinaus zu einer Formpaarung kommt. Es liegt dann ein kraft- und formpaariger Griff vor. Es kann immer nur das in einer Reihe außenliegende Teil gegriffen werden.

Man hat auch schon Greifbacken entwickelt, die mehrere Konturen aufweisen (**Bild 6-24**). Sie werden durch Drehen und Sichern in Stellung gebracht. Je mehr bei der Greifergestaltung spezielle Details berücksichtigt werden, desto kleiner wird die breite Einsatzfähigkeit. Ein weiteres Beispiel für das Greifen wird nachfolgend behandelt.

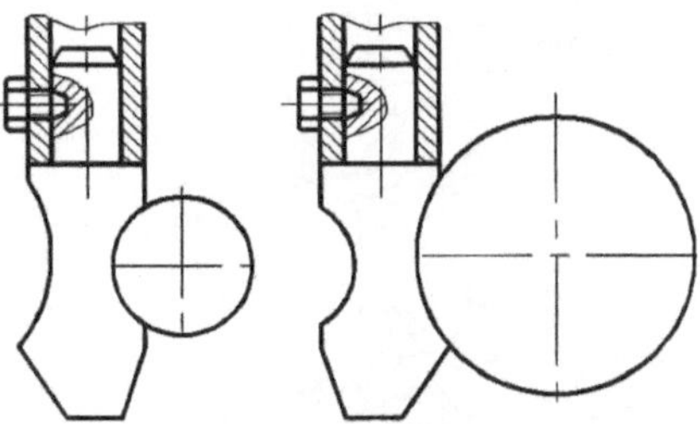

Bild 6-24   Greiferbacke mit zwei Werkstückkonturen

Aus beengten Räumen Teile zu entnehmen, z.B. aus dem Werkzeugraum einer Presse, oder abzulegen ist einigermaßen problematisch, weil der Freiraum für entsprechende Backenbewegungen des Greifers oft fehlt oder Teile vom Greifergehäuse störend sind. In **Bild 6-25** wird ein Greifer gezeigt, dessen Bauhöhe klein ist, weil ein bewegliches Fingerglied beim Schließen der Finger zusätzlich und zwangsweise abgeknickt wird. Das Krümmen wird durch ein Stahlband erreicht. Es verkürzt sich scheinbar, wenn der obere Finger eine Schließbewegung ausführt. Das führt zum Beugen des Fingergliedes.

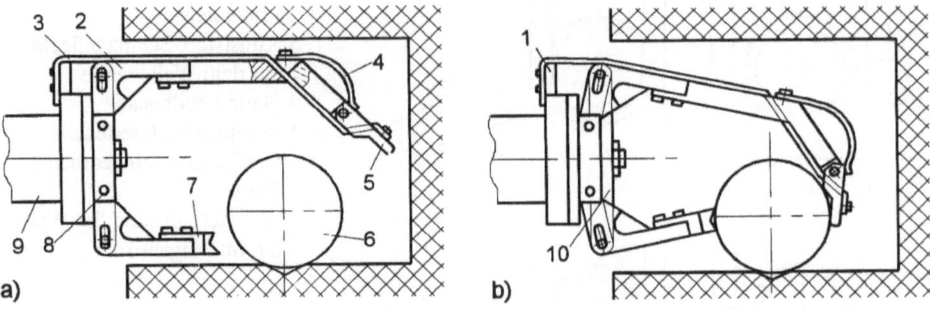

Bild 6-25 Greifen in beengten Entnahmekanälen mit zwangsweiser Fingerkrümmung [6-3]
a) Greifer geöffnet und in Greifposition, b) Werkstück gegriffen, 1 Bandführungskante, 2 Greiferfinger, 3 Stahlband, 4 Blattfeder, 5 bewegliche Backe , 6 Werkstück, 7 Greifbacke, 8 Fingerhalterung, 9 Antrieb und Armanschluss, 10 Hubleiste

Interessant ist auch der in **Bild 6-26** gezeigte Wellengreifer mit integriertem „Spatengriff". Er wurde besonders für den Einsatz an Kettenzügen (also ohne vertikale Starrführung) entwickelt. Auch wenn man mit den Greifbacken den Masseschwerpunkt der Welle nicht sehr genau trifft, ist sicheres waagerechtes Aufnehmen möglich, weil zusätzlich angebrachte Stützbacken für eine Auflage sorgen. Außerdem können die Stützbacken so eingestellt werden, dass man damit bei abgesetzten Wellen auch den Durchmesserunterschied (bis zu 30 mm) ausgleichen kann. Auf diese Weise können ansonsten riskante Transportvorgänge wesentlich sicherer gemacht werden. Der Greifer ist über die integrierte Standardkupplung auswechselbar.

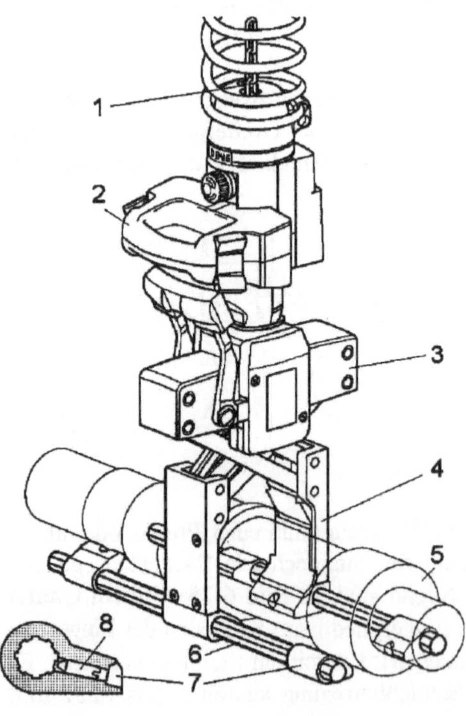

Abgesetzte Wellen lassen sich aber auch mit einem Effektor genau anfassen, der aus zwei Backengreifern zusammengesetzt wurde. Der Vorteil besteht bei der in **Bild 6-27** (rechts) gezeigten Lösung darin, dass man dafür Standardgreifer verwenden kann. Besonders bei längeren Wellen, Rohren oder Stangen lässt sich so ein einfaches Greifsystem gestalten.

1 Kettenzug und Wendelleitung
2 Führungsgriff
3 Greifer
4 Greifbacke
5 Werkstück
6 Stützachse
7 Stützbacke
8 Klemmschraube

Bild 6-26
Wellengreifer mit Stützbacken-Auflage an einem Kettenzug-Hebegerät (DEMATIC)

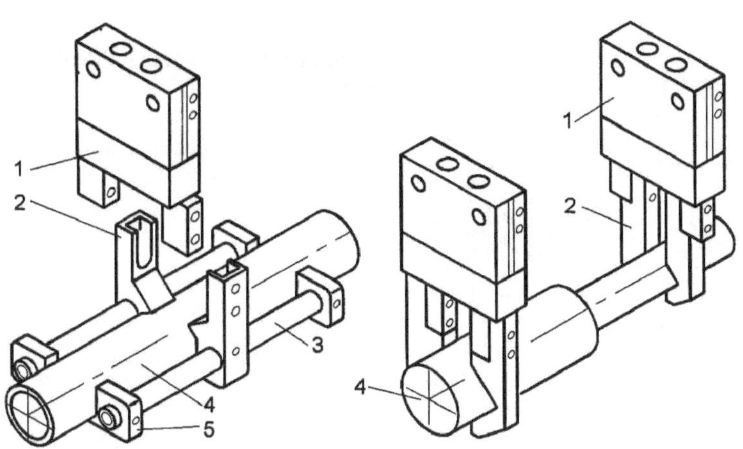

Bild 6-27
Greifen von abgesetzten
Wellen, Stangen und
Rohren (FESTO)

6.5 Blechteilehandhabung

Für Blechteile, insbesondere für Formstücke, ist typisch, dass sie groß und sperrig sind, sich schlecht anfassen lassen, aber nicht unbedingt schwer sind. Werden große Teile am Rand angefasst, dann können beim Manipulieren ungünstige Kraftmomente auftreten. Der Griff muss deshalb fest und verrutschungssicher sein. Eine Doppelanordnung von Klemmbackengreifern kann als Greifzeug ausreichenden Halt bieten. Ein Beispiel ist in **Bild 6-28** dargestellt. Günstig wirken sich auch aufgeraute Greifbacken aus, die den Reibungskoeffizienten erhöhen.

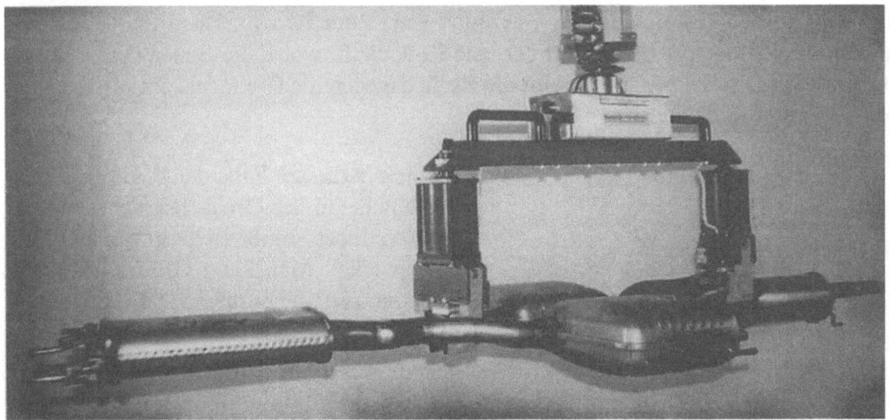

Bild 6-28 Handhabung einer kompletten Auspuffanlage an einer Prüfstation (SCHMIDT-HANDLING)

Beim Entnehmen von Blechteilen aus einer Presse steht immer wieder die Frage, wo das Teil angefasst werden kann und wie man mit dem Unterarm des Manipulators in den Werkzeugraum der Maschine kommt. In **Bild 6-29** wird ein Klemmgreifer gezeigt, der ein Blechteil an einer gebogenen Zarge aufnimmt. Die Greifbacken sind dann der Werkstückform angepasst. Die Greiferdrehachse dient dazu, das Ziehstück nach der Entnahme aus der Presse stehend in einer Palette ablegen zu können.

Für glatte Blechränder lassen sich eigens dafür entwickelte Klemmgreifer einsetzen (**Bild 6-29 oben**). Wenn es das Werkstück verkraftet, werden Klemmspitzen oder Greifzähne verwendet, die eine gewisse Mikroverhakung erzeugen, sodass Reib- und Formpaarung gemeinsam zum Festhalteeffekt beitragen.

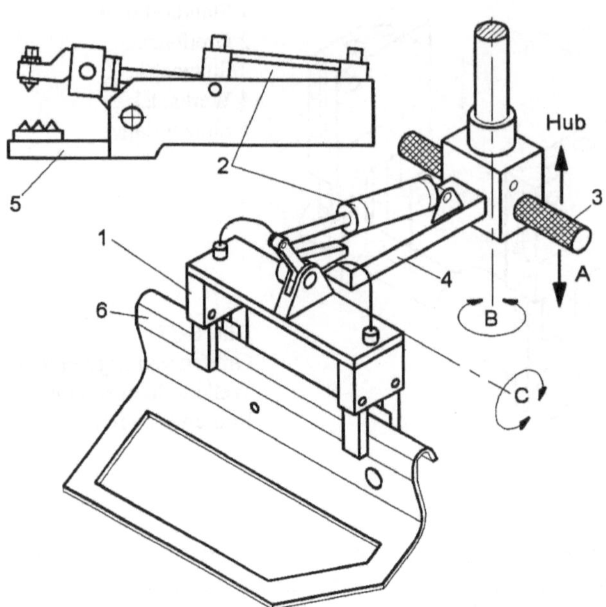

1 Backengreifer
2 Pneumatikzylinder für Achse C
3 Handgriff
4 Auslegearm
5 andere Klemmgreiferbauform
6 Blechformstück, Ziehstück

Bild 6-29
Manipulieren großformatiger Blechformteile und Ziehstücke

Besonders beim Handhaben von Blechen, die nur am Rand eines Tiefziehstückes angefasst werden können, braucht man leistungsfähige Greifzangen. Eine erprobte und handelsübliche Lösung zeigt das **Bild 6-30**. Das Prinzip erinnert an die „Teufelskralle", ein Scherengreifer für das Anfassen von Hölzern, der schon im 19. Jahrhundert in Gebrauch war. Zum Prinzip: Beim Schließen der Greifarme wirkt deren Innenseite als Kurve, auf der eine Rolle läuft, wobei die Enden der „Spannkurve" für große Kraft sorgen. Beim Öffnen treibt die Rolle dagegen die Greifarme am prismaähnlichen Innenstück der Arme auseinander.

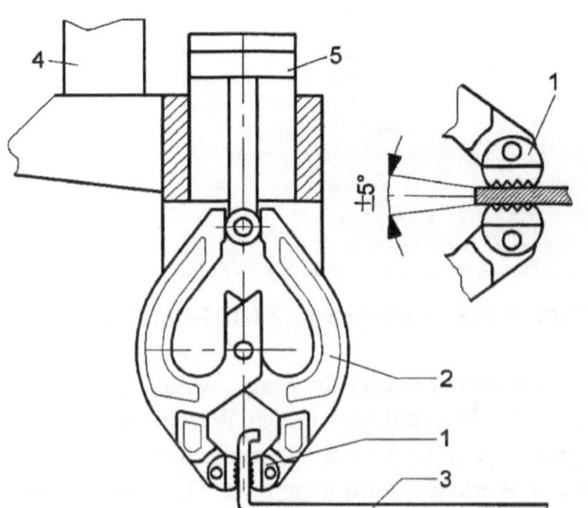

Da sich in diesem Falle der Wirkpunkt der Rolle nahe an der Drehachse der Zangenarme befindet, ergibt sich ein großer Öffnungswinkel. Man kann Greifer mit 60°, 90° und 150° auswählen. Die eigenartige Form der Zangenarme ist also funktionsbedingt. Bei einem plötzlichen Ausfall der Druckluft hält der Greifer das Werkstück trotzdem weiterhin fest. Der Greifer ist selbsthemmend. Für die Arme gibt es ein umfangreiches Sortiment von austauschbaren Backen, die pendelnd befestigt sind.

Bild 6-30 Einfach und kraftvoll - ein pneumatisch angetriebener Zangengreifer (BTM)
1 Greifbacke, 2 Greifarm, 3 Werkstück, 4 Manipulatorarm, 5 Pneumatikzylinder

Ähnlich interessant ist der in **Bild 6-31** dargestellte und pneumatisch angetriebene Winkelgreifer. Er ist in der Abbildung noch nicht mit Greifbacken ausgestattet. Bei Druckluftausfall bleibt der

Greifer mechanisch verriegelt. Man kann den Greifer mit den Öffnungswinkeln 0°, 22°, 45° und 75° für jeden der beiden Greiffinger bekommen. Als Greifbacke stehen wahlweise Flachbacken, Backen mit Spitze bzw. Doppelspitze, Backen mit Diamantschliff und Urethan-Backen für schonendes Zupacken zur Verfügung. Beim Greifen von Blechteilen kann man z.B. den unteren Finger unbeweglich lassen (0°-Winkel) und den oberen Finger um 75° schwenken.

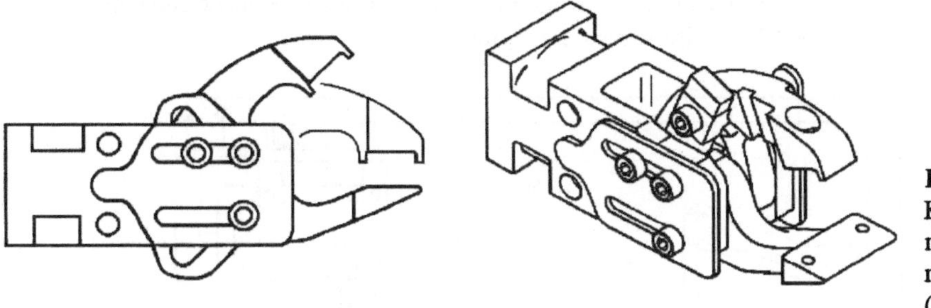

Bild 6-31
Klemmgreifer
mit großem Öff-
nungswinkel
(PHD)

Dünne Ziehbleche lassen sich mit pneumatischen Kniehebelspannern recht gut anfassen. Der Schwenkbereich der Spannbacke ist groß, die Haltekräfte ebenfalls. Die Teile werden auch beim Schwenken verrutschungssicher gehalten. Trifft der Spannarm auf das zu haltende Greifobjekt, kann die Antriebswelle nicht weiter schwenken. Bis hierher steigt die Spannkraft an. Bewegt sich die Kolbenstange nun weiter, also in die Totpunkt- und von da in die Übertotpunktlage, so ändert sich wegen der „ausgehöhlten" Seitenführung nichts mehr (**Bild 6-32**). Das Greifsystem ist nun verriegelt (Selbsthemmung). Richtgrößen für eine solche Kniehebelmechanik sind:

Parameter	Baugrößen			
Kolbendurchmesser	25	40	50	63
Spannmoment in Nm bei 5 bar	25	100	200	400
Haltemoment in Nm bei 5 bar	75	320	800	1.500

Großflächige Blechteile werden oft mit Haftgreifern angefasst, die über die gesamte Fläche verteilt angeordnet sind. Die Haftkraft wird durch Vakuumsauger (siehe dazu Bild 4-85) oder Magnete (siehe dazu Bild 4-92) aufgebracht.

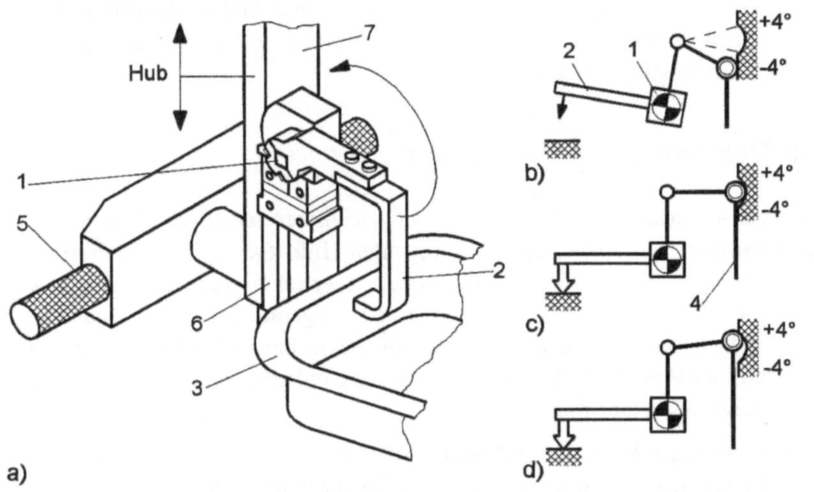

Bild 6-32 Greifen dünner Bleche mit dem pneumatischen Kniehebelspanner (nach FESTO)

In der Umformtechnik ist weiterhin typisch, dass die Ziehstücke in kurzen Taktzeiten anfallen. Deshalb kommt vielfach aus Zeitgründen nach der Entnahme nur eine gruppenweise Handhabung in Frage. In **Bild 6-33** wird dazu eine Lösung gezeigt. Es ist die Kombination von mehreren Geräten. Zunächst übernimmt ein Schwingarm-Entlader das Blechteil mit Hilfe von Saugern. Das Teil wird auf einem Stapelarm aufgereiht, der Teil eines Balancers ist. Es handelt sich hier um das horizontale Palettieren. Sind genügend Teile aufgereiht, dann werden sie bedienergeführt in einer Spezialpalette stehend abgesetzt (Variante A). Über Flur-Förderer der verschiedensten Art ist ein Anschluss an das betriebliche Materialflusssystem möglich.

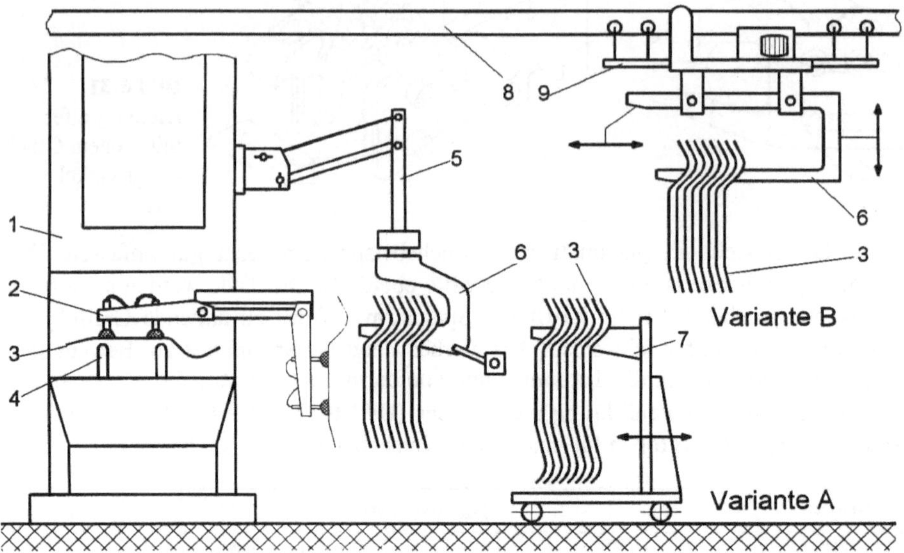

Bild 6-33 Horizontales Palettieren von Blechteilen
1 Tiefziehpresse, 2 Handhabeeinrichtung, 3 Blechformteil, 4 Auswerfer, 5 Balancer mit automatischer Lastbalancierung, 6 Aufnahmegabel, 7 Spezialtransportwagen, 8 Deckenlaufschiene, 9 Laufwagengehänge

Der Streckentransport kann auch über eine Hängebahn erfolgen (Variante B). Mit der Kombination dieser ablauftechnischen Grundfunktionen sind auch zahlreiche andere Materialflussaufgaben lösbar. Der Hängekran kann auch in einer Stichstrecke stationiert werden, sodass eine direkte Beladung ohne zwischengeschalteten Balancer möglich wird.

6.6 Handhabung in Demontage und Reparatur

Sammlung und Recycling von Altgeräten wird bereits von einigen Firmen industriemäßig betrieben. Ein Beispiel ist das Entsorgen von ausgedienten Kühlgeräten (**Bild 6-34**). Die Anlieferung vom Sammelort erfolgt in offenen LKW-Containern, aufgestapelt, aber relativ ungenau, da weder Sorten- noch Zustandsgleichheit vorherrscht. Das Entnehmen der Altgeräte aus den Containern muss per Handsteuerung erfolgen, weil die Unregelmäßigkeiten eine automatisierte Entnahme nicht zulassen. Da die Geräte meistens ebene Flächen aufweisen, empfiehlt sich der Sauger als günstiges und einigermaßen universelles Greifmittel.

Auch am eigentlichen Demontageplatz kann der Balancer, mit entsprechenden Demontagewerkzeugen ausgerüstet, eingesetzt werden. Im Beispiel wurde ein Balancer mit elektrohydraulischer Hubachse verwendet, der an einem Kreuzportal-Deckenlaufwerk verfahrbar ist. Damit wird ein

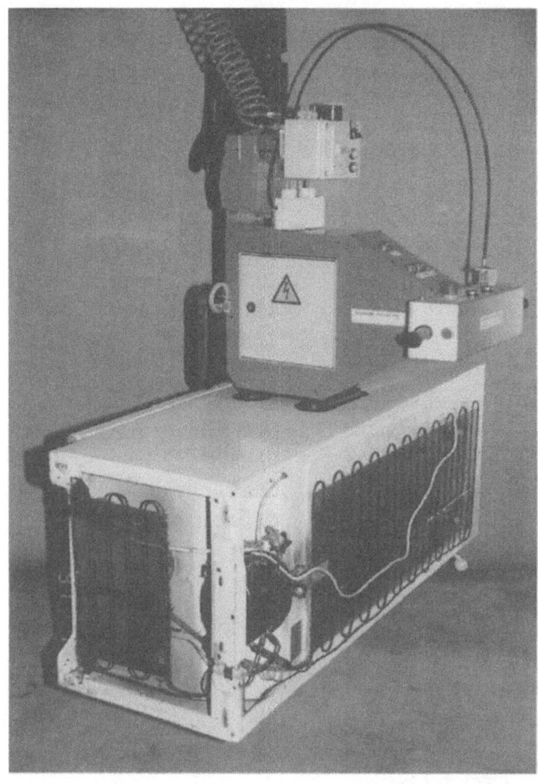

großer Arbeitsbereich für den Balancer zugängig. Der Vakuum-Doppelgreifer wurde mit einem Zweikreis-System und elektronischer Sicherheitssteuerung ausgerüstet. Das Manipulieren der scharfkantigen, zerlegten Blechgehäuse mit der bloßen Hand stellt übrigens eine große Verletzungsgefahr dar, die beim Anfassen mit Greifern bzw. Saugern oder Magneten umgangen wird.

Bild 6-34
Balancer beim Entsorgen von Küchengroßgeräten (SCHMIDT-HANDLING)

6.7 Handhabung von Säcken und Fässern

Säcke verschiedenen Inhalts, vom Kunststoffgranulat über Getreide bis zu Chemikalien und Baustoffen müssen oft im Versand und am Ende von Produktionslinien manipuliert werden. Sie kommen meist in liegender Orientierung auf Paletten oder Förderstrecken an. Für die Handhabung kommen folgende Greiftechniken zur Anwendung **(Bild 6-35)**:

❑ Greifen auf der Oberfläche mit Saugluft. Dabei muss die Fläche saugdicht sein. Die Sauger können sehr groß sein, sodass eine punktuelle Belastung vermieden wird (Sicherheitsfaktor bei der Greiferberechnung $S = 2{,}5$).

❑ Halten mit untergreifenden Platten. Durch die linienförmige Auflage des Sackes auf den Platten kommt eine gute Auflage zustande. Der Sack muss aber eine gewisse Eigenstabilität aufweisen.

❑ Halten mit untergreifenden Fingern. Die Finger werden z.B. über einen Seilzug abgewinkelt, wenn das Greifen erfolgen soll. Dieses Verfahren ist für weiche Foliensäcke aber nicht einsetzbar.

❑ Halten mit Gabelzinken. Das Verfahren ist besonders beim Abgreifen vom Förderer einsetzbar.

Das **Bild 6-36** zeigt die Handhabung von Düngemittelsäcken, die von einem Rollengang abgenommen und anschließend auf Paletten gestapelt werden. Die Anzahl der Gabelzinken richtet sich hier nach dem Abstand der Transportrollen.

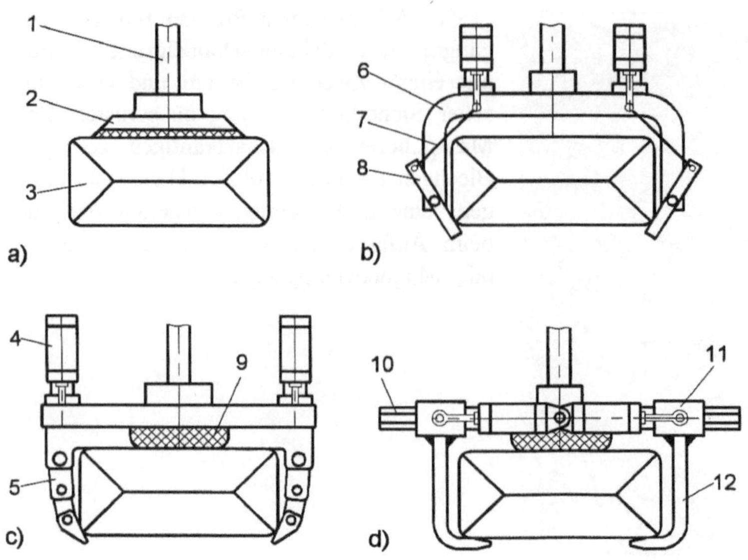

Bild 6-35 Einige praktizierte Sackgreiftechniken

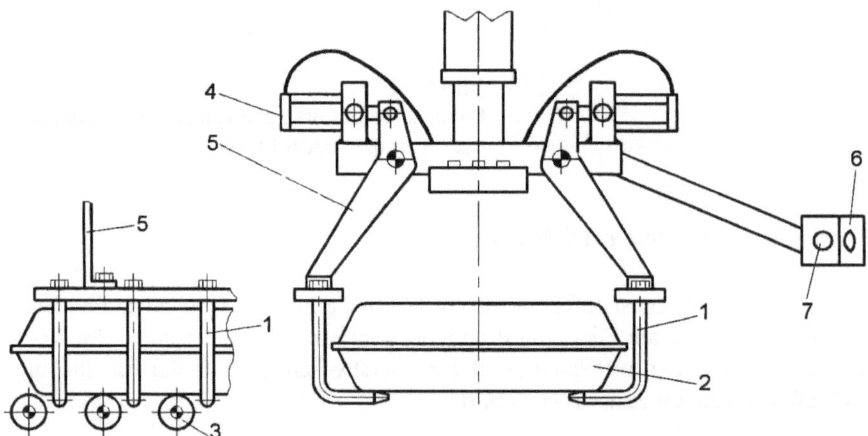

Bild 6-36 Sackhandhabung mit Gabelgreifer
1 Gabelzinken, 2 Foliensack, 3 Rollengang, 4 Pneumatikzylinder, 5 Schwenkarm, 6 Handbedieneinheit, 7 Handgriff

Ein interessanter mechanischer Sackgreifer für 25-kg-Säcke wird in **Bild 6-37** vorgestellt. Die neuartige Kinematik erzeugt überlagerte Bewegungen. Nach dem Anfahren des weit geöffneten Greifers werden die beiden Fingerreihen entlang einer bogenförmigen Bahn geführt. Der Sack wird zunächst formpaarig umschlossen. Dann werden die Finger mehr in der Art des Klemmgriffs zusammengeführt. Dabei wird die Sackware etwas gestaucht. Der Stauchweg ist so zu bemessen, dass insbesondere bei variablem Befüllungsgrad ein Durchrutschen der Sackware verhindert wird. Der Greifer wird mit Pneumatikzylindern angetrieben.

Kraftpapier- und Foliensäcke aller Art lassen sich mit einem großflächigen Saugfuss gut anfassen, wie es das **Bild 6-38** zeigt. Wird ein Wägesystem integriert, dann kann man automatisch die Gewichtskraft feststellen und über eine Datenschnittstelle zum Leitrechner senden. Es gibt auch bereits Beispiele für die Integration von Barcode-Lesern in das Lastaufnahmemittel. Damit sind alle auf das Handhabegut bezogenen Informationen wie Masse und Artikelart erfassbar und können automatisch dokumentiert werden. Dafür ist keine zusätzliche Arbeitsoperation nötig. Man ist besonders in Versand, Umschlag (Verteilung) und Kommissionierung an solchen Lösungen interessiert, um Verwechslungen vorzubeugen und aktenkundige Nachweise anzulegen.

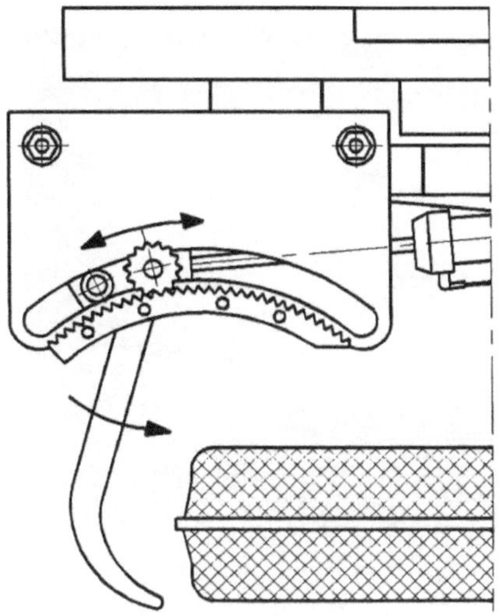

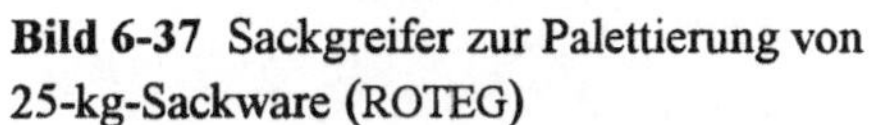

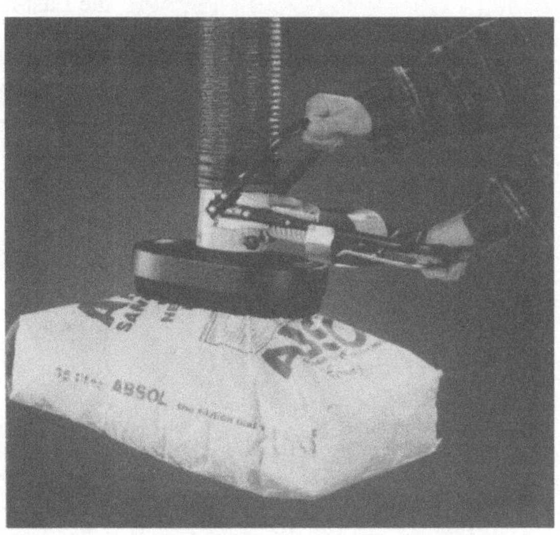

Bild 6-37 Sackgreifer zur Palettierung von 25-kg-Sackware (ROTEG)

Bild 6-38 Handhabung von Papiersäcken mit Vakuumsauger und Hubschlauchheber (TAWI)

Aufnehmen und Bewegen von Fässern aller Art ist eine typische Aufgabe, die in Lagerbereichen oft vorkommt, insbesondere in der Farben-, Lack-, Lebensmittel- und Pharmazie-Industrie. Ein wichtiges Detail ist, ob das Fass nur umgesetzt werden soll oder ob das angehobene Fass zum Zweck des Ausgießen auch gedreht werden muss. In **Bild 6-39** sind einige Varianten skizziert, die auch die letztgenannte Anforderung erfüllen.

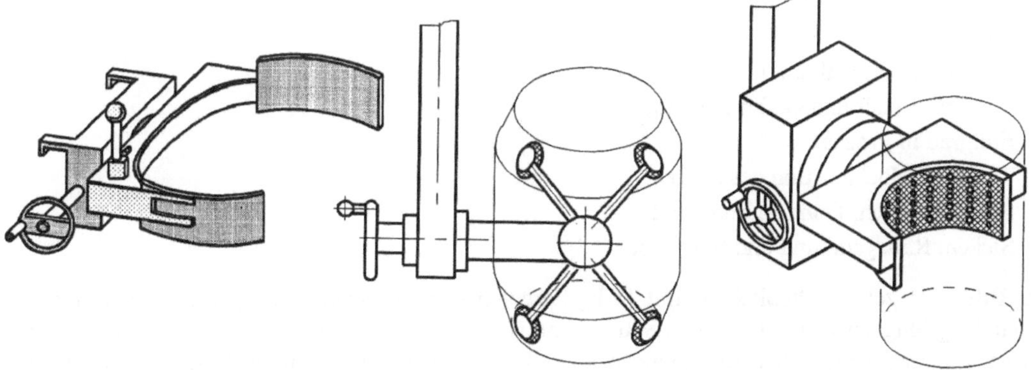

Bild 6-39 Fassgreifer mit Auskippgetriebe
a) Klemmgreifer, b) Saugerspinne, c) Großflächen-Saugplatte

Sind ebene Fassflächen vorhanden, wird in der Regel mit einem Scheibensauger bzw. mit einer Saugplatte zugefasst. Es gibt Hebegeräte (**Bild 6-40**), bei denen die Vakuumerzeugung, die Saugplatte und der Bediengriff gleich als kompakte Baueinheit gestaltet sind. Die Vakuumsteuerung erfolgt über ein Handschiebeventil. Das Vakuum kann am Vakuummeter abgelesen bzw. kontrolliert werden. Im Notfall wird eine akustische Warneinrichtung aktiv.

Zwischen Vakuumpumpe und Sicherheits-Vakuumspeicher ist ein Rückschlagventil eingebaut, sodass das Vakuum noch längere Zeit erhalten bleibt. Man kann dann die Last noch sicher absetzen.

Bild 6-41 Vakuumhebegerät VacuMaster Light für den Einsatz an Hebezeugen und Manipulatoren (SCHMALZ)

Bild 6-40 Vakuumhebegerät (FEZER)

Für die Fasshandhabung sind folgende technische Ausgangsdaten wichtig:

- ❑ Fassgewicht, minimal und maximal
- ❑ Fassdurchmesser, minimal und maximal
- ❑ Fasshöhe, minimal und maximal
- ❑ Fassart, -inhalt und Gefahrenklasse
- ❑ Füllgrad in Prozent
- ❑ Tief- und Hochposition des Fasses
- ❑ Fassdrehungen, Feindosierung und
- ❑ Sicken, Randgstaltung und Stabilität

Das **Bild 6-41** zeigt schließlich ein mit 15 kg Eigenmasse sehr leichtes Hebegerät mit einer maximalen Tragfähigkeit von 100 kg. Die Sauger sind schwenkbar und im Beispiel auf das Greifen eines Fasses eingerichtet. Das Anordnungsprinzip der Sauger wurde bereits in Bild 6-6 vorgestellt.

Der Luftverbrauch liegt bei 102 Nl/min.

6.8 Handhabung von Werkzeugen

Werkzeuge werden aus zwei Gründen mit dem Manipulator gehandhabt. Das ist einmal der Werkzeugwechsel an Bearbeitungsmaschinen. Große Werkzeuge für die spanende Bearbeitung erreichen nicht selten eine Masse von 100 kg. Zum anderen geht es um die Ausführung von Arbeitsoperationen, bei denen das Werkzeug an einem Manipulator befestigt ist. Für den erstgenannten Fall zeigt das **Bild 6-42** eine Anwendung.

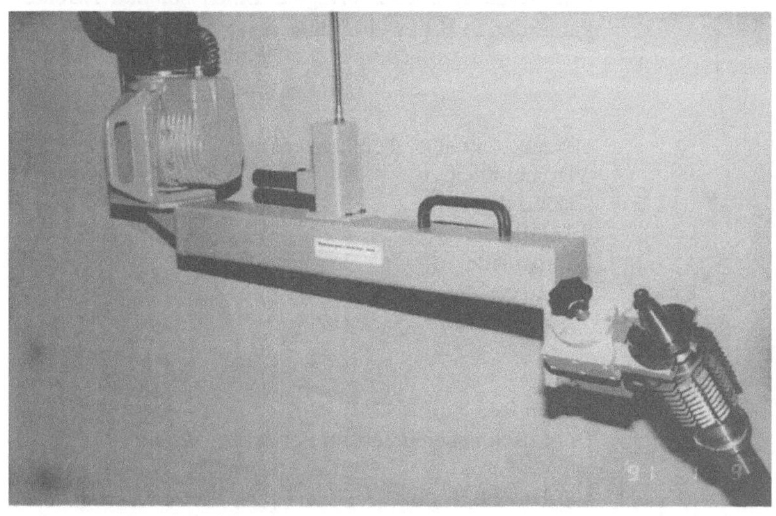

Bild 6-42
Elektro-hydraulische Hubachse mit Schwenkvorrichtung zur Werkzeug-Manipulation

Der ausladende Unterarm wurde deshalb gewählt, weil moderne Maschinen oder Bearbeitungszentren aus Sicherheitsgründen eine geschlossene Bauweise haben und ein Handhabungskanal senkrecht von oben, um mit herkömmlichen Hebezeugen arbeiten zu können, gar nicht mehr vorhanden ist. Der Manipulator hat einen vertikalen Starrarm und wird elektrohydraulisch angetrieben. Mit einer Handkraft von 2% bis 5% der zu hebenden Last können die Werkzeuge recht präzise in die erforderlicher Position gebracht werden. Es gibt auch Werkzeugmaschinen, bei denen der Manipulator bereits angebracht ist (Werkzeug-, Werkstückhandhabung).

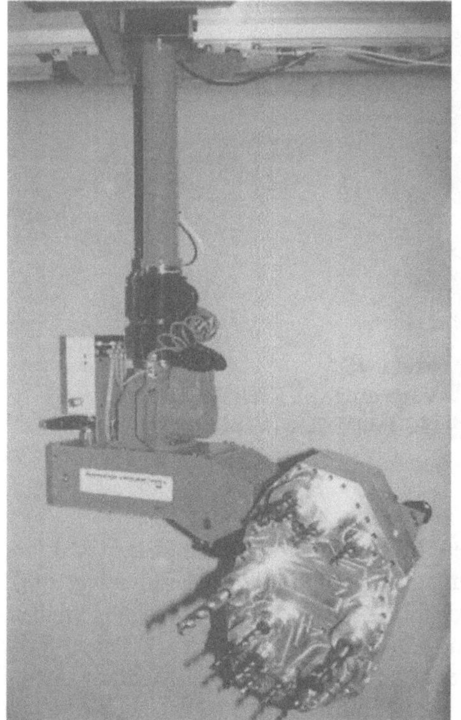

Im zweiten Beispiel geht es um den Wechsel von Mehrspindelbohrköpfen (**Bild 6-43**). Für diese gilt, dass sie wegen der eingespannten Werkzeuge und der hohen Masse gefährlich und schlecht bewegbar sind. Die Werkzeuge dürfen beim Transport nicht belastet werden, weil sie alle genau voreingestellt sind. Auch wenn z.B. Schleifscheibe und Schleifspindel gemeinsam zum Zweck des Abrichtens der Scheibe außerhalb der Maschine gebracht werden müssen, eignet sich für diese Handhabung ein Balancer oder eine Hubeinheit. Das macht man, wenn sehr hohe Anforderungen an Genauigkeit und Rundlauf zu erfüllen sind. Die komplette Scheibe-Spindel-Einheit durchläuft dann den Abrichtzyklus. Die Handhabungseinrichtung kann ein elektrohydraulischer Manipulator mit starrer Hubachse und angepasstem Greifzeug sein.

Bild 6-43
Handhabung eines Mehrspindelbohrkopfes mit einem hydraulischen Starr-Arm-Manipulator
(SCHMIDT-HANDLING)

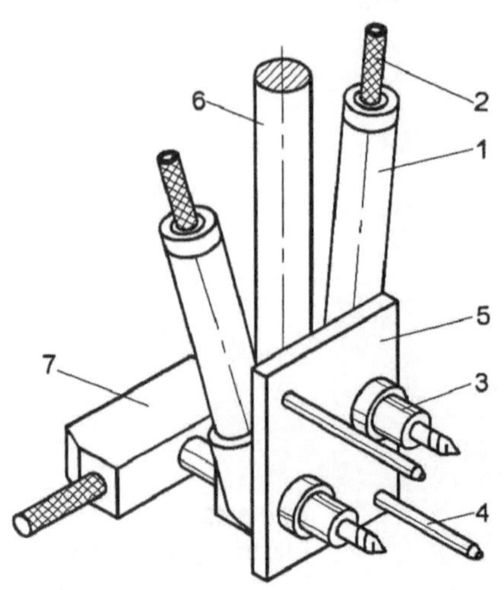

Werkzeuge werden aber auch mit Hilfe eines Manipulators zum Einsatz gebracht, um z.B. Bohrbilder in einen Stahlträger einzubringen. Einen solchen Effektor kann man in **Bild 6-44** sehen.

1 Winkelschraubeinheit, pneumatisch
2 Druckluftleitung
3 Bohrfutter
4 Zentrierbolzen
5 Basisplatte
6 Balancerarm
7 Bedieneinheit

Bild 6-44
Doppelschraubereinheit am Balancer

Man hat hier zwei pneumatische Winkelschrauber montiert. Bei Bedarf (besonders wenn gebohrt wird) lassen sich Zentrierbolzen anbringen, die eine genaue Positionierung von Hand ermöglichen, wenn im zu bearbeitenden Teil entsprechende Suchbohrungen vorhanden sind.

Schließlich wird in **Bild 6-45** noch das Verpacken eines Sägeblattes mit einer Masse von 32 kg gezeigt. Dazu wurde ein Doppel-Magnetgreifer eingesetzt und ein Starrarm-Manipulator als Hubachse verwendet.

Bild 6-45
Verpacken von Kreissägeblättern
(**SCHMIDT-HANDLING**)

6.9 Handhabung von Formteilen

Die Handhabung von Formteilen wie Cockpit-Einbauten, Polstermöbel oder Fahrzeugsitze erfordert fast immer speziell angepasste Greifmittel. Die Manipulatorausführung wiederum hängt stark davon ab, welcher Bewegungsverlauf absolviert werden muss und welche Bewegungsfreiheit (Handhabungskanal) dafür am Montageobjekt (oder an einer Einrichtung, wie Förderer, Verpackungsstation u.ä.) zur Verfügung steht. Wie die Greiftechnik für die Cockpit-Montage aussehen kann, dafür gibt es viele Beispiele.

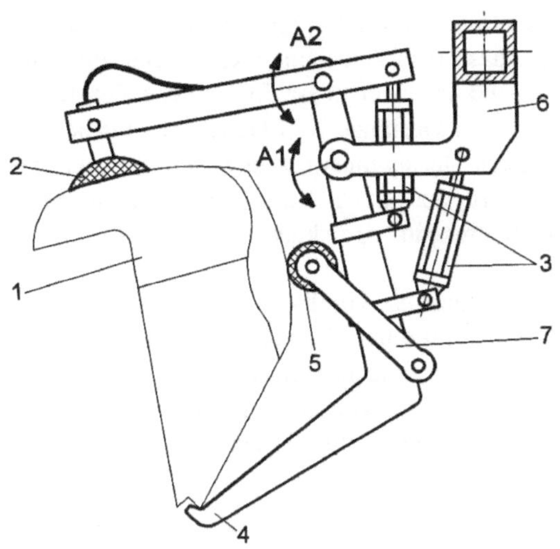

Bild 6-46
Greifer für die Manipulation von Auto-Instrumententafeln (STRÖDTER)

Instrumententafeln sind komplett vormontiert ziemlich unförmige Gebilde, die sich schlecht anfassen und manipulieren lassen. Der Einbau erfordert mehrere Werker, die mit einer Masse von etwa 40 kg jonglieren müssen, um ohne anzuecken und ohne Beschädigungen hervorzurufen den Einbau zu vollziehen. Ein Handhabungsgerät mit balancierender Funktion ist hier ein entscheidender Vorteil und für eine Qualitätsmontage unerlässlich. In **Bild 6-46** wird der dazu erforderliche Greifer gezeigt. Damit lässt sich die Instrumententafel in 2 Minuten einbauen. Das „Einfädeln" von der Seite mit dem Balancer ist hierbei nur Sekundensache. Das geschieht übrigens bei laufender Hauptmontagelinie, also bei bewegter Karosserie [6-2].

Für die Manipulation von nachgiebigen und unförmiger Gegenstände besteht die Möglichkeit, pneumatische Industriekissen als Greif- und Halteorgan einzusetzen. Industriekissen bestehen aus dem Trägermaterial Aramid mit einer Nyloncord-Gewebeeinlage. Sie sind gut geeignet, um mehrachsig geformte Körper im Klemmgriff zu halten, wie es in **Bild 6-47** angedeutet wird.

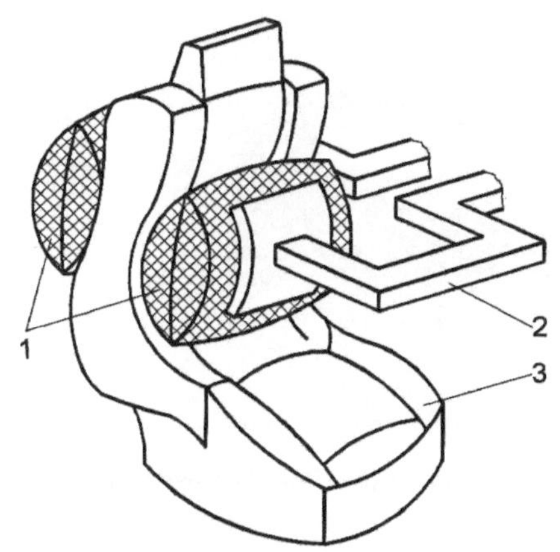

Die Druckkissen sind sehr abrieb- und rutschfest. Der Betriebsüberdruck liegt im Bereich von 2 bis 6 bar. Der Aufbau ist homogen und ohne umlaufende Nähte. Für einige wenige Kissen aus einem großen Sortiment sollen nachfolgend einige technische Hauptdaten angeführt werden. Die Kräfte, die bereits bei kleinen Industriekissen erzeugt werden, sind recht beachtlich. Dieses Greifprinzip ist natürlich auch für Polstermöbelstücke und ähnliche Gebilde verwendbar. Zur Orientierung sind nachfolgend einige technische Daten aufgeführt.

Bild 6-47 Greifen unförmiger Gegenstände mit Druckkissen (VETTER)
1 Druckkissen, 2 Greiffinger, 3 Greifobjekt

Parameter Druckkissen	IK 3	IK 4	IK 8
Kraft max. bei 6 bar in N	29 040	43 700	82 100
Größe in cm	25 x 25	30 x 30	40 x 40
Luftbedarf max. l	11,2	32,9	75,6
Hubhöhe	12	16	22,5

Statt angetriebener Greifer werden aber auch handbetätigte Greifmittel, z.B. bei der Manipulation von Fahrzeugsitzen verwendet. Das hat den Vorteil, dass man keine Energieleitungen mitführen muss, was besonders beim Montieren am laufenden Band angenehmer ist. Eine solche Konstruktion ist in **Bild 6-48** skizziert. Die Halteklauen werden über Gestänge vom Handhebel aus bewegt. Der Manipulatorarm lässt sich im allgemeinen an einem Deckenfahrwerk bewegen. Es geht aber auch, wenn ein bodenständiger Manipulator gestaltet wird, der mit der Karosse während der Montage mitfahren kann und dann wieder zum Neustart der Prozedur zurückgebracht wird.

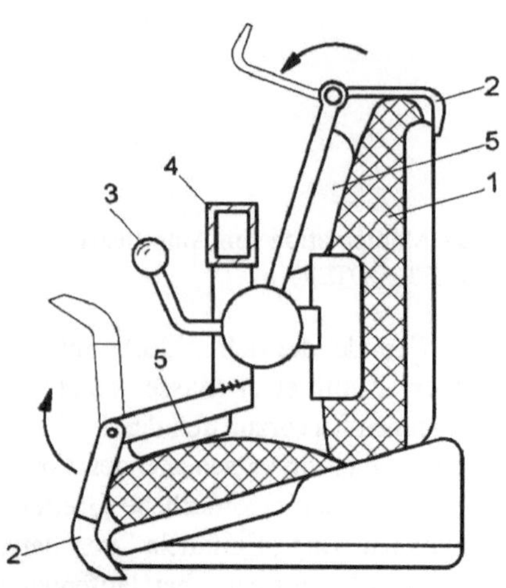

Manchmal gelingt es, Greifdorne in die Kontur eines Objekts einzuführen und dagegen zu spannen. Das ergibt einen relativ einfachen Greifer, der in **Bild 6-49** gezeigt wird. Das Cockpit ist hier noch nicht bestückt und hat eine Masse von etwa 25 kg.

1 Sitz
2 Halteklaue
3 Handspannhebel
4 Querarm des Manipulators
5 Auflage

Bild 6-48
Greifmittel mit Handspannung für Fahrzeugsitze

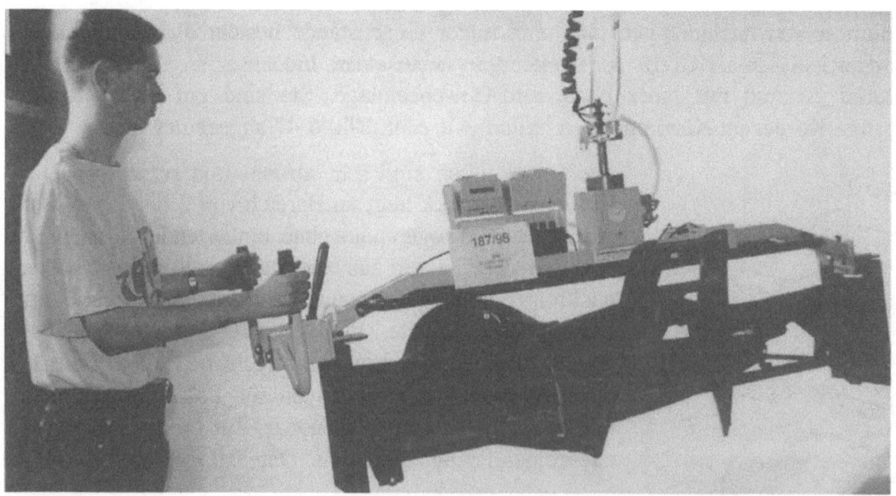

Bild 6-49 Greifzeug für die Handhabung eines Cockpits auf Werkstückträger (SCHMIDT-HANDLING)

6.10 Bewegen und Entleeren von Behältern

Im Kapitel 6.7 wurden bereits einige Lösungen zur Handhabung von Fässern gezeigt. Es gibt aber auch Hubgeräte für den Flureinsatz, die über eine Drehachse für das Ausschütten verfügen. Ein solches Gerät wird in **Bild 6-50** gezeigt.

Man kann damit Fässer umsetzen, hochheben und ausschütten. Ein Schneckengetriebe in der Handdrehachse erlaubt sehr feines Dosieren beim Ausgießen, wie es sonst mit behelfsmäßigen Mitteln nicht erreichbar ist. Dieses Gerät kann auch mit einer Teleskophubsäule versehen werden oder mit einem Doppel-Hubmast ausgestattet sein, wenn größere Lasten (bis 600 kg) bewältigt werden müssen. Wird für diese Aufgabe ein Balancer eingesetzt, so muss dieser die wechselnden außermittigen Kraftmomente aufnehmen können. Beim Auskippen ändert sich ständig der Masseschwerpunkt, was sonst das positionsgenaue Ausgießen nicht ermöglicht.

Bild 6-50
Hubeinheit für Fässer mit Ausschüttvorrichtung
(SCHMIDT-HANDLING)

Drahtkörbe, Kästen u.ä. Behälter können auf zweierlei Art entleert werden:

❑ Schüttfähige Kleinteile lassen sich auskippen, z.B. mit der Vorrichtung nach **Bild 6-51** (als Teil eines Manipulatorsystems).

❑ Teile, die zu groß sind oder die nicht geschüttet werden dürfen, aber ungeordnet vorliegen, können einzeln von oben mit dem Balancer abgegriffen werden.

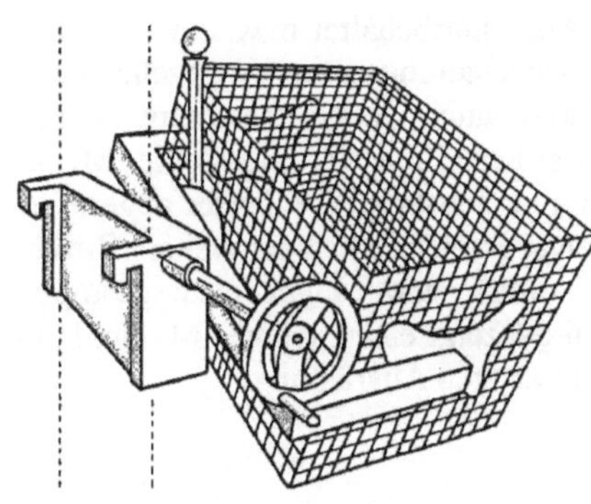

Im letztgenannten Fall muss man sich den Entnahmevorgang im Ablauf vorstellen. Werden die Teile z.B. aus einer Boxpalette mit dem Sauger entnommen, kann es hinderlich sein, dass man die Ecken mit dem Greifzeug nicht erreichen kann. Mit der in **Bild 6-52** gezeigten Greiferkonstruktion ist das möglich, weil der große Sauger über die Kontur der Bedieneinheit hinaussteht. Hat man das Teil erfasst, können die kleinen Sauger noch zugeschaltet werden, um die für schnelles Heben und Schwenken erforderliche Haftkraft zu erreichen.

Bild 6-51 Ausschüttvorrichtung für
einen Drahtkorb-Behälter

Eine originelle Lösung für das Auskippen schüttfähiger Kleinteile wird in **Bild 6-53** gezeigt. Der Schüttbehälter ist mit einer Verschlussklappe versehen. Wenn der Kippvorgang einsetzt, öffnet sich diese Klappe selbsttätig durch mechanische Verkopplung.

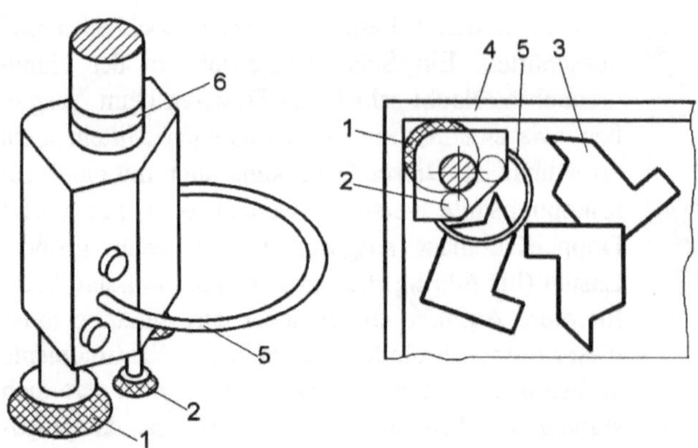

1 Sauger für das Greifen in die Ecke
2 Zuschaltung kleiner Sauger zur Erhöhung der Haftkraft
3 Werkstück
4 Boxpalette
5 Handgriff zur Balancerführung
6 Drehgelenk

Bild 6-52
Saugergreifer für den Griff in die Kis-
tenecke (rechts Draufsicht)

Als Antrieb für die Kippbewegung wurde ein Druckluftkissen eingebaut. Die Geschwindigkeit des
Auskippens kann über den Druck gesteuert werden. Die Eigenmasse des Kippbehälters sorgt für
die Rückstellung in die Ausgangslage, wenn das Kissen drucklos geschaltet wird.

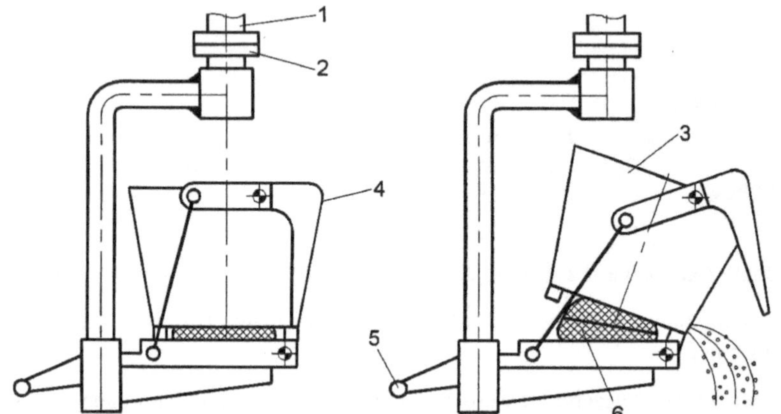
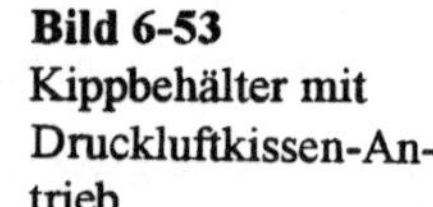

1 Hub-Starrachse
2 Drehgelenk
3 Kippbehälter
4 Verschlussklappe
5 Bedienkonsole
6 Druckluftkissen

Bild 6-53
Kippbehälter mit
Druckluftkissen-An-
trieb

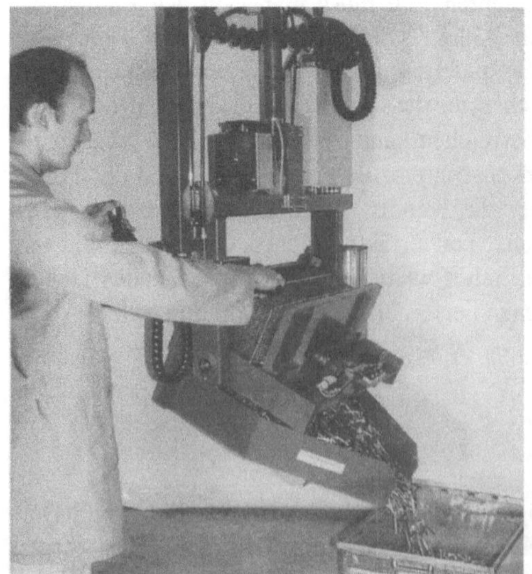

Wird der Ausschüttbehälter bzw. ein Fass über
die Zwischenschaltung einer Wägezelle manipuliert, kann auch mengenbestimmt ausgeschüttet werden. Eine voreingestellte Menge
wird dann über Joystick oder Taster abgerufen.
Ist die Menge erreicht, wird die weitere Zuführung z.B. durch eine Magnetleiste gestoppt.
Das **Bild 6-54** zeigt einen solchen Manipulator
mit einer derartigen Ausrüstung.

Bild 6-54
Die Teile werden mühelos und mengenbestimmt
transportiert und ausgeschüttet
(SCHMIDT-HANDLING).

6.11 Handhabung von Rohren, Spulen und Rollen

Typisches Merkmal für diese Teile ist, dass sie über Öffnungen verfügen und deshalb günstig von innen gegriffen werden können. Für das gleichzeitige Aufnehmen von Rohren, die auf einer Kaltkreissäge auf Länge geschnitten werden, dient der in **Bild 6-55** skizzierte Greifer. Er besteht aus 2 Schienen mit Haltenasen, wobei eine Schiene eine Schließbewegung ausführen kann. Die z.B. gleichzeitig aufgenommenen 6 Rohre werden dann auf einer Palette abgelegt.

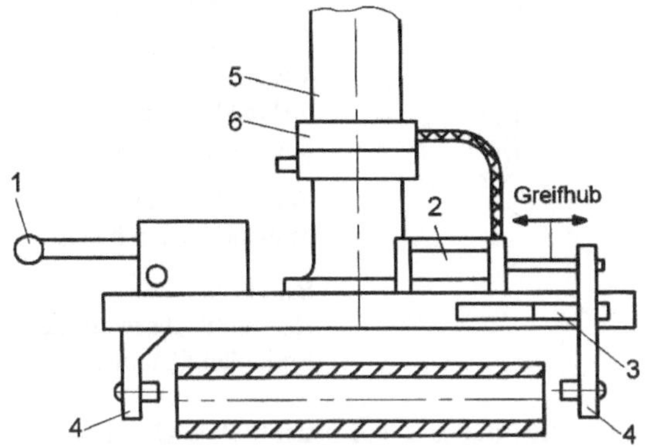

1 Bedieneinheit
2 Pneumatikzylinder
3 Geradführung
4 Schiene mit Greifnasen
5 Balancerarm
6 Drehgelenk

Bild 6-55
Reihenweises Greifen von Rohren

Die Handhabung von Rollen kommt relativ häufig vor, z.B. Folie-, Draht-, Spaltband-, Verpackungsmittelrollen. Ein Ausführungsbeispiel wird in **Bild 6-56** wiedergegeben. Die Rollen werden mit einem Innenspreizdorn-Greifer aufgenommen, um 90° gedreht und dann in eine Maschine übergeben oder auf einer Palette abgelegt. Dorngreifer können durch den Druck eines Fluids ihre Halteelemente ausfahren oder durch Federkraft (**Bild 6-57**).

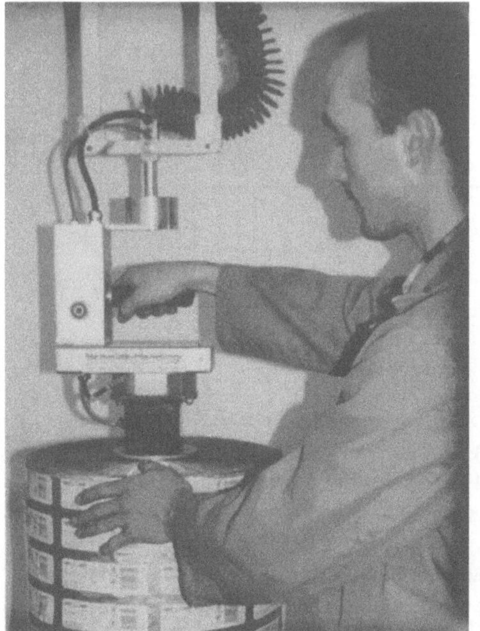

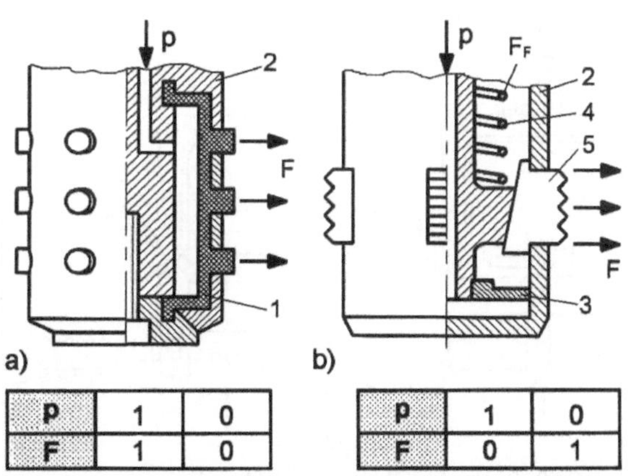

p	1	0
F	1	0

p	1	0
F	0	1

a) Spannen mit Druckluft, b) Lösen mit Druckluft oder Hydraulik, 1 Gummiformkörper, 2 Gehäuse, 3 Kolben, 4 Druckfeder, 5 Klemmbacke, p Druck, F Ausfahrkraft der Halteelemente, F_F Federkraft

Bild 6-57 Prinzipe von Dorngreifer (oben)

Bild 6-56 Handhabung Rollen (links)

Im ersten Fall muss unbedingt eine Sicherung des Drucks während des Betriebes vorhanden sein. Beim Greifen mit Federkraft wird das Greifobjekt auch gehalten, wenn plötzlich ein Energieausfall eintritt. Ein Innengreifer nach **Bild 6-57a** wird auch in Bild 6-20 im Schnitt gezeigt. Im allgemeinen ist der Spanndorndurchmesser etwa 5 mm kleiner als der Innendurchmesser der Rollenhülse.

Rollenhandhabung kommt in der Papier-, Textil- und metallverarbeitenden Industrie öfters vor. Weil Rollen schwer sind und bezüglich des Anfassens als unhandlich gelten, ist hier ein gutes Einsatzfeld für Balancer zu sehen. Typisch ist hierbei, dass die Rollen um ihre Querachse zu drehen sind. Dafür sind zwei Antriebslösungen in Gebrauch, die in **Bild 6-58** gezeigt werden.

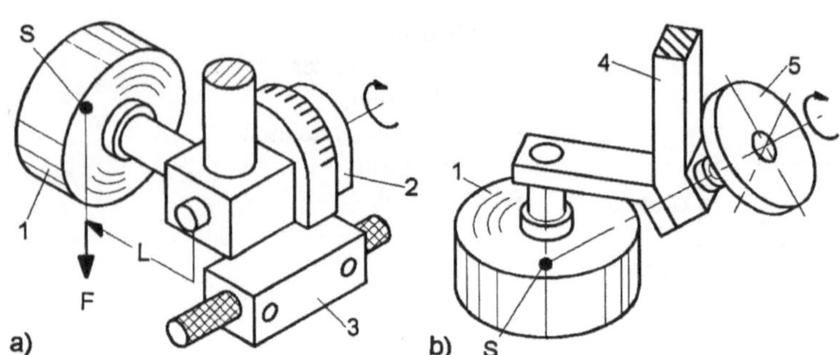

1 Rolle
2 Drehantrieb
3 Handbedienpult
4 Balancerarm
5 Handdrehrad
S Masseschwerpunkt

a) mit Drehantrieb
b) manuelle Drehachse

Bild 6-58
Handdrehachsen bei der
Rollenhandhabung

Während bei der Lösung nach **Bild 6-58a** wegen des Abstandes L ein beachtliches Drehmoment aufgebracht werden muss ($M = F \cdot L$), verläuft bei der Lösung nach **Bild 6-58b** die Drehachse durch den Masseschwerpunkt S. Einen Abstand L gibt es hier nicht. Dadurch besteht die Möglichkeit, das Drehen auch von Hand, also ohne Kraftantrieb, vorzunehmen. Diese Überlegungen sind natürlich prinzipiell gültig. Auch mit Kraftantrieb ist auf eine günstige Achsenanordnung zu achten, weil dann der Antrieb kleiner dimensioniert werden kann. Der Gedanke liegt auch dem in Bild 2-14 gezeigten Schweißteilmanipulator zugrunde.

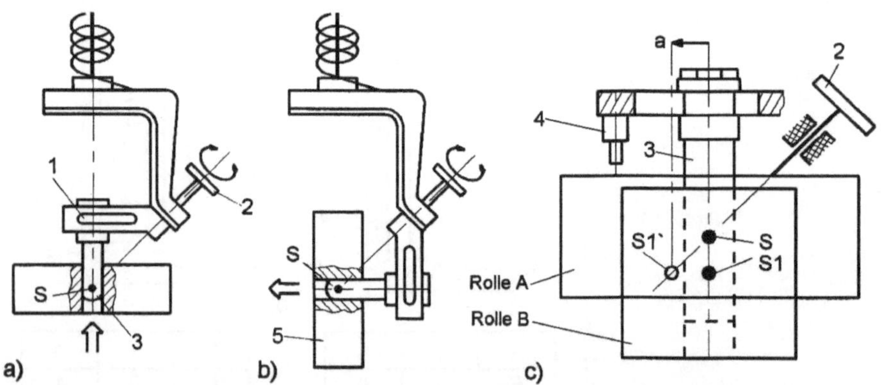

Bild 6-59 Rollenhandhabung mit dem Balancer
a) Aufnahme von Palette, b) Beschicken einer Maschine, c) Greifdornverstellung bei wechselnden Rollenabmessungen, 1 Handgriff, 2 Drehgriff, 3 Dorngreifer, 4 Aufsetzsensor, 5 Wickelgut, S Masseschwerpunkt

Der Drehvorgang um die Achse des kleinsten Trägheitsmomentes wird in **Bild 6-59** nochmals verdeutlicht. Es ist erkennbar, dass das Prinzip nur bei darauf abgestimmten Rollenabmessungen funktioniert. Werden Rollen anderer Größe angefasst, was in **Bild 6-59c** gezeigt wird, dann befindet sich der Masseschwerpunkt der Rolle an einer anderen Stelle. Die Schwerpunktachse schneidet sich erst dann mit der Drehachse, wenn der Dorngreifer um den Abstand a verschoben wird. Dazu muss der Rollengreifer über eine entsprechende Aufnahmedorn-Verstellmöglichkeit verfügen.

Garnspulen werden mit einem Dorngreifer innen angepackt und im Beispiel **Bild 6-60** in einer Stapelordnung abgelegt. Beim mehrlagigen Stapeln müssen Stapelzwischenlagen aufgelegt werden, die die Stapelung stabilisieren und die Garnrollen beim weiteren Auflegen schützen. Die Zwischenlagen sind zwar meist nicht sehr schwer, aber unhandlich und sie müssen in einer unangenehmen Haltung aufgenommen und aufgelegt werden. Deshalb ist der dargestellte Greifer ein Kombinationsgreifer. Um die Sauger für die Handhabung der Stapelzwischenlagen benutzen zu können, werden diese abwärts ausgefahren. Dafür sind auch andere getriebetechnische Lösungen möglich, z.B. abklappende Schwenkarme. Ebenso können für das Greifen der Garnrollen auch mehrere Dorngreifer eingesetzt werden, die z.B. 3 Rollen mit einmal erfassen. Bei entsprechender Auslegung der Sauger kann damit auch eine Leerpalette angefasst werden. Eine Europalette kann 80 bis 150 Kreuzrollen aufnehmen, was einer Garnmenge von etwa 300 bis 400 kg entspricht. Sind die Stückzahlen entsprechend groß, kann man auch zur automatisierten Handhabung übergehen. Die Greiftechnik ändert sich dadurch nicht.

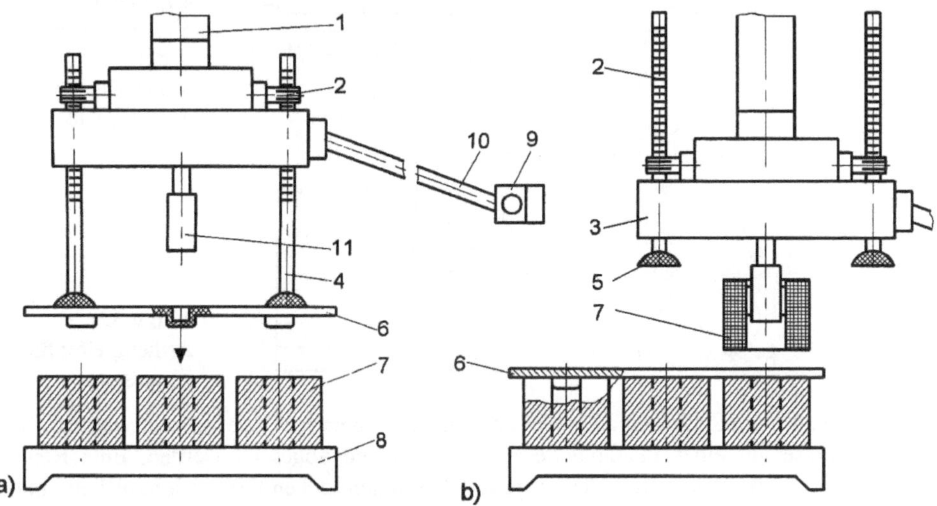

Bild 6-60 Handhabung von Garnspulen
a) Auflegen einer Zwischenplatte für die nächste Stapellage, b) Auflegen einer Garnspule, 1 Hubachse, 2 Rückhubgetriebe, 3 Greiferkörper, 4 Hubrohr für Sauger, 5 Sauger, 6 Stapelzwischenlage, 7 Garnspule, 8 Transportpalette, 9 Bedieneinheit, 10 Arm, 11 Dorngreifer

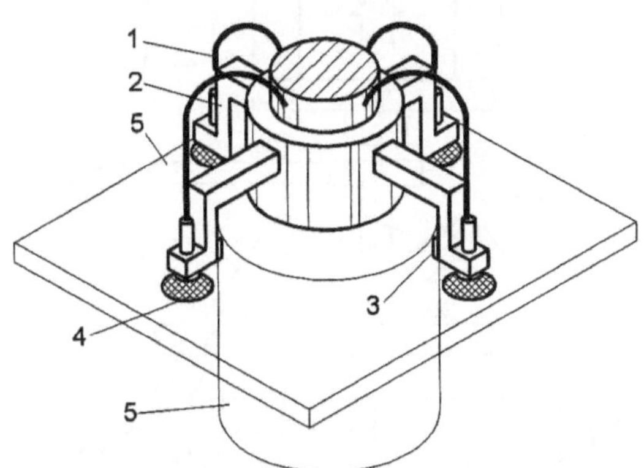

Das **Bild 6-61** zeigt ebenfalls einen Kombinationsgreifer. Es ist ein Vierfingergreifer für die Handhabung runder Teile im Außengriff. Die Greifbacken wurden jedoch so gestaltet, dass zusätzlich Sauger anbaubar sind, mit denen man auch Flachteile im wahlfreien Wechsel greifen kann. Ein Anwendungsfall wäre auch hier, nach dem Beladen einer Palettenlage mit den Rundteilen eine Zwischenlage aus Pappe anzufassen und aufzulegen. Ein Dreifinger-Standardgreifer ist für eine solche Einsatzvariante ebenfalls geeignet

Bild 6-61 Kombinationsgreifer für Rund- und Flachteile
1 Vakuumleitung, 2 Vierfingergreifer, 3 Greifbacke,
4 Sauger, 5 Werkstück

6.12 Handhabung von Ziegelsteinen

In der Stein- und Keramikindusrie sind häufig einzelne oder mehrere Objekte als Gruppe zu manipulieren. So müssen z.B. in Gießereien Sandkerne aufgenommen und in den Unterkasten der Gießform eingelegt werden. In der Regel sind Ziegelsteine reihenweise anzufassen, z.B. wenn sie aus der Fertigung als dichte Folge auf einem Plattenförderer ankommen. Wegen der Toleranzen der Steine können mehrere Stücke gemeinsam nur dann angefasst werden, wenn ein Toleranzausgleich vorhanden ist oder wenn mehrere voneinander unabhängige Einzelgreifer in Reihe angeordnet werden. Das ist in **Bild 6-62** vereinfacht dargestellt.

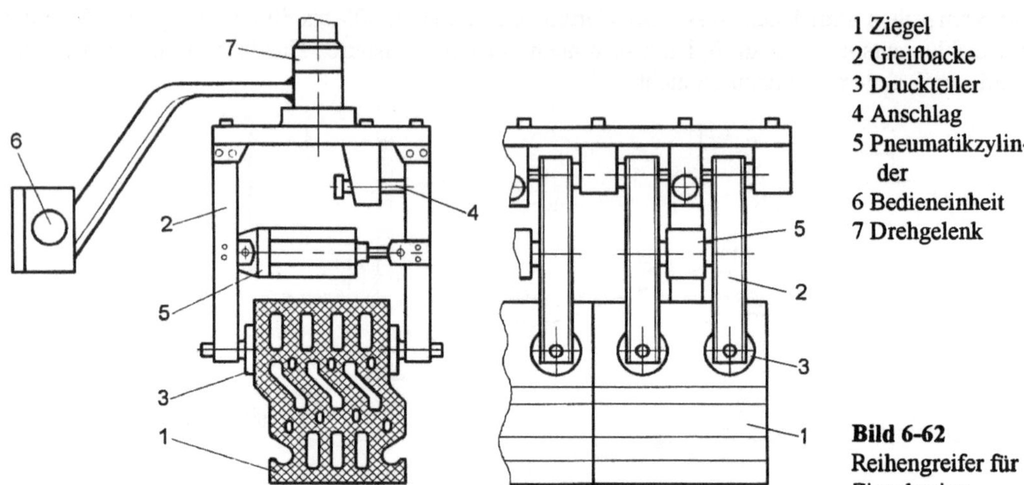

Bild 6-62
Reihengreifer für Ziegelsteine

Eine Greifbacke schlägt beim Schließen an, sodass die Steine in gerader Linie gepackt werden. Sie können nun reihenweise auf einer Flachpalette für den Versand abgesetzt werden. Eine Reihe gleichartiger dicht aneinanderstehender Teile mit parallelen Seitenflächen lässt sich natürlich auch in die „Zange" nehmen, wie man es in **Bild 6-63** sehen kann. Allerdings ist hier zu beachten, dass die Flächenpressung der Objekte nicht zu groß wird. Dafür braucht man aber keine Energiezufuhr für den Greifer. Die Klemmkraft F_n ergibt sich aus den wirkenden Drehmomenten am Festpunkt I. Man erhält:

$$- F_s \cdot c + F_n \cdot d + 0{,}5 \cdot F_G \cdot e = 0$$

Die Stangenkraft ist $F_s = 0{,}5 \cdot F_G/\cos\alpha$

F_G Gewichtskraft
a Hebelstellungswinkel
c, d, e geometrische Abmessungen.

Der Mindestwert μ für die Reibung zwischen Greifbacke und Objekt, der gefordert werden muss, errechnet sich zu

$$\mu = \frac{G}{2 \cdot F_n}$$

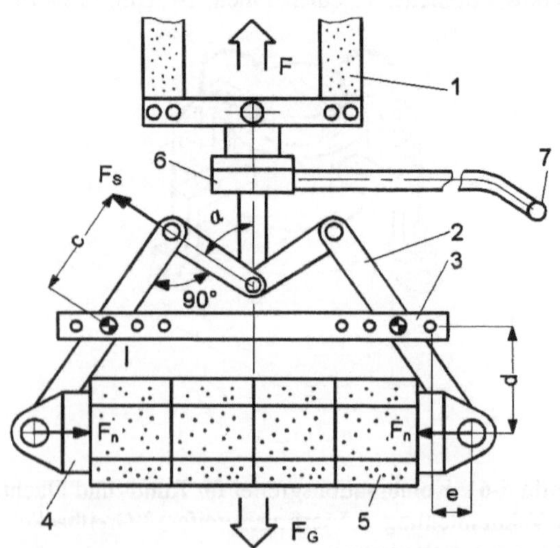

Bild 6-63 Greifzange
1 Flachriemenbalancer, 2 Zangenhebel, 3 Traverse, 4 Greifbacke, 5 Greifobjekt, 6 Drehgelenk, 7 Bediengriff

6.13 Kommissionieren von Ersatzteilen

In zentralen Ersatzteillagern müssen ständig aus den Vorräten Kommissionen (Aufträge) nach Kundenwunsch zusammengestellt werden. Lohnt sich ein automatisiertes Hochregallager nicht, dann kann ein handgeführter Manipulator eine brauchbare Lösung sein. Die Boxpaletten sind auf einem Podest in einer Reihe angeordnet. Längs dazu kann der Kommissionierbehälter auf einem Wagen verschoben werden. Das Umsetzen der Ersatzteile erledigt der Lagerarbeiter mit Hilfe des Balancers **(Bild 6-64)**.

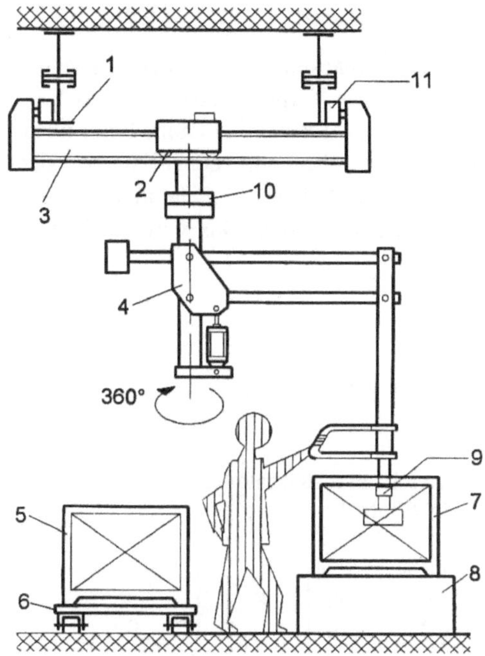

In großen Lagerbereichen kann man den Manipulator auch an einem Kreuzschienenportal befestigen und dann flächig zum Einsatz bringen. Weil die zu manipulierenden Massen ständig wechseln, ist allerdings ein System mit Wägezelle erforderlich, damit die jeweils erforderliche Lastkompensation automatisch erfolgen kann. Die Kommissionierstrecke kann z.B. eine Länge von 30 Meter erreichen. Als Greifer ist eine Kombination aus Haken, Sauger und Scherenzange günstig. Besonders für Lager-, Versand- und Kommissionierbereiche hat man auch schon Manipulatoren auf batteriegetriebene Wagen aufgebaut.

1 Fahrträger, 2 Laufrolle (Wälzlager), 3 Fahrwagen, 4 Balancer, 5 Transportbehälter, 6 Kommissionierwagen, 7 Boxpalette, 8 Podest, 9 Wägezelle, 10 Drehgelenk, 11 Fahrwerk

Bild 6-64
Manipulator im Lagerbereich

Damit kann dann die aufgenommene Last über größere Strecken bewegt werden, ohne dass man Schienen braucht. Als Fahrgestell werden Palettenhubwagen mit Elektroantrieb oder ein eigenstabiles Flurförderzeug mit Motorantrieb benötigt. Der Manipulatorarm kann tastergesteuert bewegt werden oder wie im Beispiel **Bild 6-65** als Balancerarm ausgebildet sein. Die Energie kommt aus 24-Volt-Batterien. Das Fahrzeug kann am Standort unverrückbar arretiert werden.

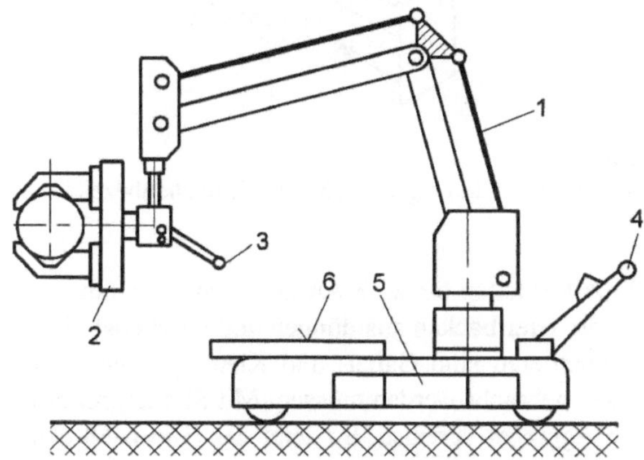

Solche Manipulatoren sind übrigens auch für die Umrüstung von Pressen interessant, wenn schwere Werkzeuge auszutauschen sind.

1 Manipulatorarm
2 Großhubgreifer
3 Bedieneinheit für die Handhabung
4 Bedienbügel zur Fahrzeugsteuerung und -lenkung
5 Batterie
6 Ladefläche

Bild 6-65
Manipulator auf selbstfahrendem Wagen

6.14 Verpackungshandling

Besonders in der Mittelserienfertigung von Produkten muss am Ende von Fertigungslinien das Gut abgenommen und verpackt werden. In **Bild 6-66** wird ein Beispiel aus der Elektroindustrie gezeigt. Es sind Kleintransformatoren zu verpacken.

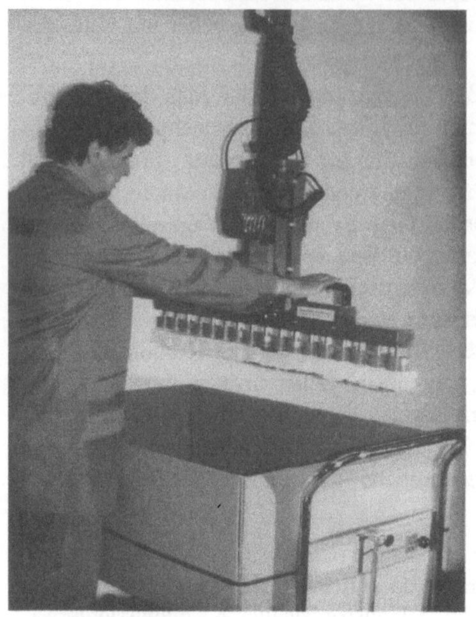

Ein entsprechend ausgelegter Magnetgreifer kann gleichzeitig 17 Transformatoren aufnehmen. Diese werden dann mit dem Balancer bewegt und reihenweise im Karton abgesetzt.

Man muss beim Verpacken grundsätzlich überlegen, wo bei Beachtung des Verpackungsmittels das Produkt überhaupt angefasst werden kann. Beim alleinigen Greifen von oben mit dem Sauger oder Magnet können alle Ablageordnungen in beliebiger Ablauffolge realisiert werden. Das wird in **Bild 6-67** gezeigt.

Bild 6-66
Verpacken von Kleintransformatoren
(SCHMIDT-HANDLING)

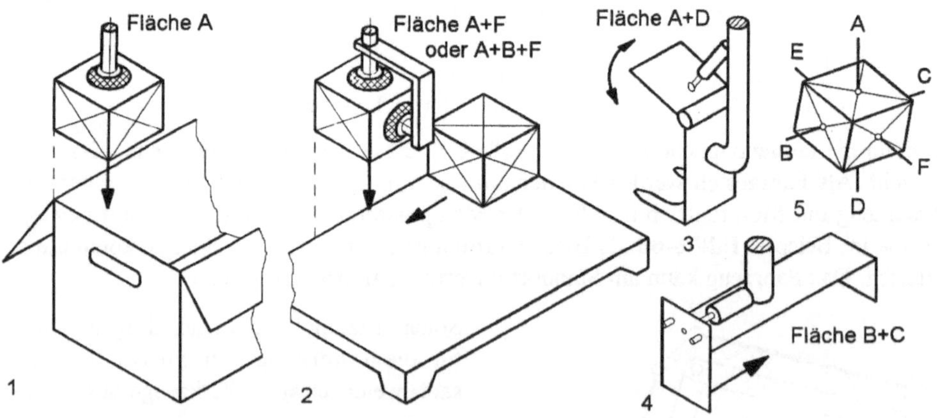

Bild 6-67 Greifprinzipe beim Verpacken und Stapeln
1 Saugplatte, 2 winklige Saugerkombination, 3 Gabelgreifer, 4 Klemmgreifer, 5 Produktflächenbezeichnungen

Bei schwereren Objekten kann man beim Stapeln auf Paletten bis zu 3 Ansaugflächen ausnutzen. Es sind aber auch Klemmgreifer einsetzbar, wenn die Greifbacken aus dünnen und möglichst glatten Blechen (hartverchromt) bestehen. Beim Depalettieren sind Gabel- und Klemmgreifer nicht günstig, weil die Klemmbleche zwischen die Objekte gebracht werden müssen. Mit Sondergreifern lassen sich mitunter mehrere Aktivitäten in einem Aggregat vereinen. So zeigt das **Bild 6-68** den Prinzipaufbau eines Vakuum-Greif-System für Wellpappe-Kartons.

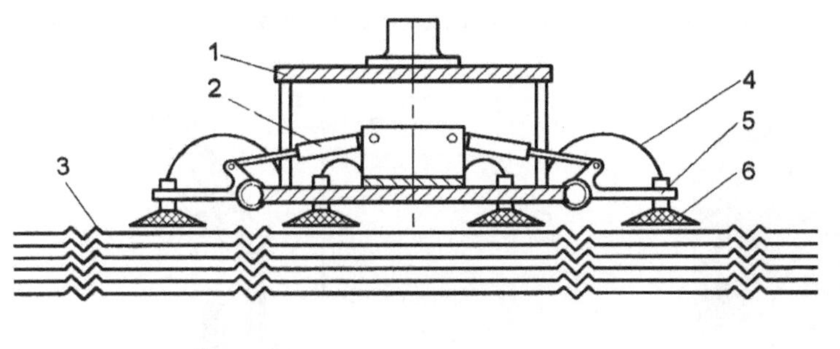

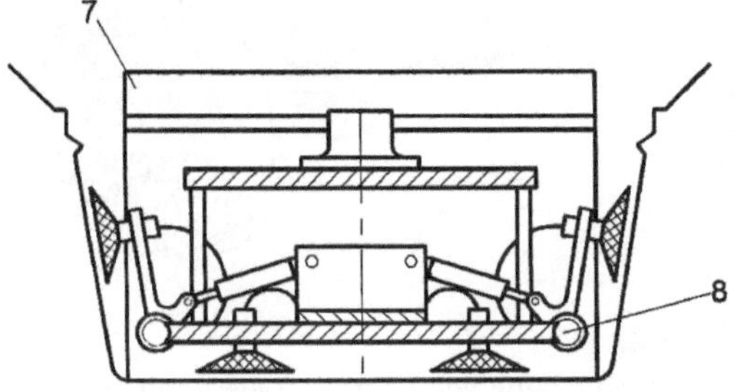

Bild 6-68
Greif- und Aufrichtsystem für große Faltkartonagen [6-4]

Die Pappen liegen als flacher Zuschnitt im Stapel vor. Sie werden mit den Scheibensaugern aufgenommen und dabei vereinzelt. Dann schwenken die äußeren Sauger nach innen, sodass sich die 4 Seiten zum Karton aufstellen. Die Schwenksauger befinden sich dazu an allen Seiten der Grundplatte. Der Ablauf ist folgender:

❏ Vereinzeln eines Kartonzuschnitts vom Stapel,

❏ Hochstellen der 4 Seiten und

❏ Ablegen des Faltkartons in einer Aufnahme der Verpackungsstrecke.

Anschließend wird mit dem gleichen Greifer das Produkt angesaugt und in den Karton gesetzt. Die Schwenksauger bleiben dabei eingeklappt.

6.15 Handhabung von Fahrzeugrädern

Besonders in der Automobilindustrie benötigt man für die Handhabung von kompletten Rädern (Anbau, Einlegen von Ersatzrädern), die etwa 30 kg wiegen, geeignete Handhabungstechnik. Das ist eine ergonomische Herausforderung, denn der Werker nimmt beim Greifen und Anheben eine ungünstige Körperhaltung ein. In dieser Stellung muss das Rad dann auch noch verschraubt werden. In **Bild 6-69** wird eine Hubeinheit gezeigt, mit der Lasten außermittig gehoben werden können, u.a. auch Räder für das Einlegen in den Kofferraum. Man kann Hubgeschwindigkeiten von 0 bis 24 m/min. realisieren. Heben und Senken erfolgen stufenlos.

Eine Lösung die mehr für den Reparaturbetrieb geeignet ist, wird in **Bild 6-70** dargestellt. Das Rad wird in der Montageposition gehalten. Es kann leicht auf die Nabe geschoben und angeschraubt werden. Die obere Halteklaue des Lastaufnahmemittels ist in der Höhe einstellbar. So wird das Rad sicher gehalten und die Klaue kann nach der Montage wieder gelöst werden. Das Rad ruht außerdem auf Rollen, damit es leicht gedreht werden kann, um das Lochbild nach der Nabe ausrichten zu können. Bei der Gestaltung des Lastaufnahmemittels ist zu beachten, dass die

Schraublöcher gut zugänglich bleiben und eine freie Beweglichkeit des Einfach- oder Mehrfach-
schraubers gegeben ist.

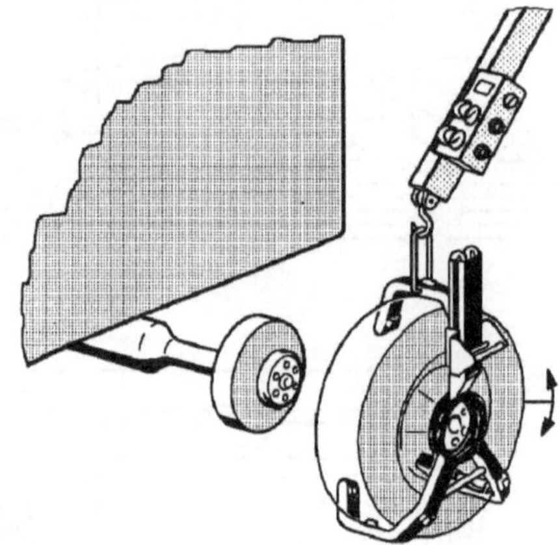

Bild 6-70
Handhabung von Fahrzeugrädern mit einem Dreipunkt-
greifer

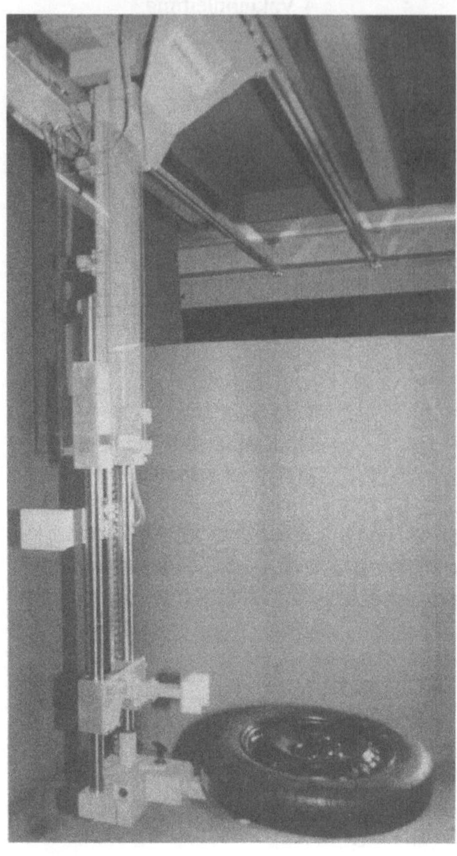

Bild 6-69
Elektromechanische Hubeinheit für Fahrzeugräder
(SCHMIDT-HANDLING)

6.16 Handhabung von Türen und Fenstern

Türen und Fenster sind wegen ihrer Abmessungen sperrig, kantenempfindlich und durch die heute
üblichen Doppelverglasungen auch ziemlich schwer. Sie müssen deshalb in der Fertigung mit zwei
Personen bewegt werden. Wegen ihrer Masse ist auch das oft nicht möglich, sodass man Hebezeuge oder Handhabungseinrichtungen einsetzen muss. Um die Objekte anzufassen, gibt es zwei Möglichkeiten:

❑ Ansaugen auf der Glas- oder Rahmenfläche

❑ Unterhaken an der unteren Schmalseite

Für den ersten Fall zeigt das **Bild 6-71** eine technische Lösung. Die Hubeinheit ist als teleskopie-
rende Starrachse ausgebildet, damit exzentrische Lasten aufgenommen werden können. Die Hubbewegung wird elektrohydraulisch erzeugt. Es werden bis zu 80 daN schwere Ofentüren in der
Endmontage manipuliert. Im zweiten Beispiel (**Bild 6-72**) werden großformatige Rahmen bewegt.
Sie werden am oberen Holm untergehakt. Damit die beim Aufnehmen und Ablegen unterschiedlichen Höhen bewältigt werden können, sind die Führungsgriffe mehrfach angeordnet. Der Bediener
kann dann bei Bedarf umgreifen, ohne sich zu sehr beugen oder strecken zu müssen (siehe dazu
auch Bild 4-59).

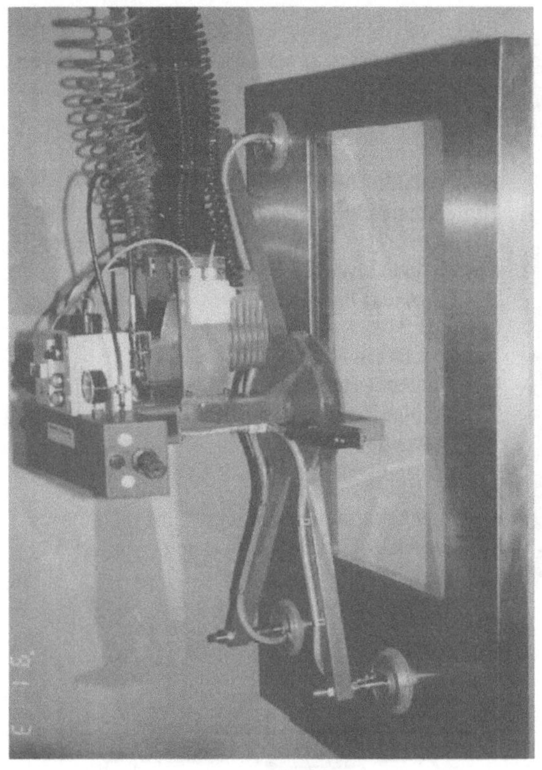

Bild 6-71 Handhabung von Ofentüren

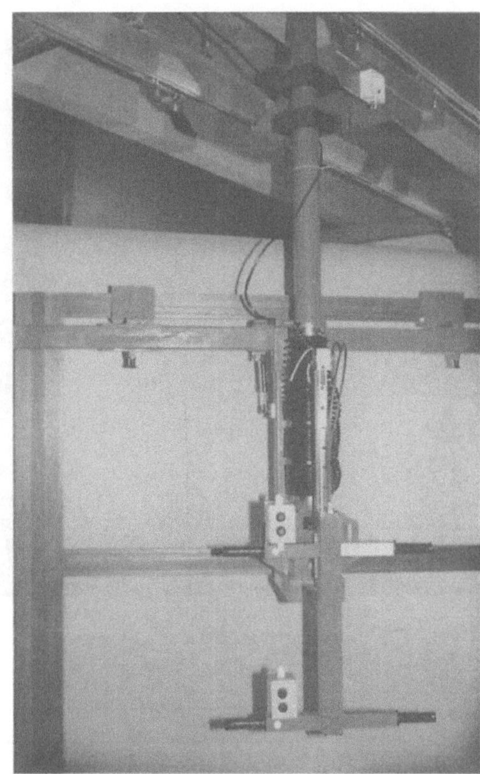

Bild 6-72 Manipulieren von Fensterrahmen

6.17 Handhabung von Korpusmöbeln

Kastenmöbel lassen sich mit Vakuumhebern sehr gut an der Oberseite aufnehmen und bewegen. Es gibt aber auch Stahl-, Holz- und Kunststoffschränke, die eine derart einseitige Belastung nicht vertragen. Für diesen Fall verwendet man großflächige Sauger, die seitlich angreifen. Dadurch werden die Verbindungsteile des Produkts nur wenig belastet. Das **Bild 6-73** zeigt ein Beispiel. Der Schrank hat eine Masse von 60 kg und Abmessungen von 0,5 x 1,5 x 1,8 m.

Manchmal erlaubt der Arbeitsraum nicht, Balancer und Hubschlauchheber wegen ihrer Bauhöhe zu installieren. Deshalb hat man Balancer mit horizontalem Hubsystemantrieb entwickelt. In **Bild 6-74** sind Geräte mit Seilzug und pneumatischem Antrieb zu sehen.

In **Bild 6-74a** wird ein Pneumatikzylinder eingesetzt. Der Hub kann mit Balancierfunktion zum Gewichtskraftausgleich ausgeführt werden. Die Balancersteuerung arbeitet ebenfalls rein pneumatisch. Man kann die Last in einem Spielraum von einigen Zentimetern um den angefahrenen Hängepunkt herum bewegen, ohne dass dazu Steuerelemente bedient werden müssen. Das ist für genaues Positionieren der Last von Hand ein großer Vorteil, z.B. beim Beschicken von Vorrichtungen durch Einlegen oder bei Anfädelvorgängen in der Montage. Bei Druckluftausfall wird die aktuelle Position gesichert.

Bei der Lösung nach **Bild 6-74b** hat man einen Hubschlauch in ein Führungsrohr eingebaut. Anfang und Ende dieses Rohres laufen in rechtwinklig zueinander stehenden Profilschienen. Dadurch kann das Rohr beim Verschieben der Last in der anderen Achsrichtung ausschwenken, wodurch trotz der Länge des Führungsrohres auch seitlich wenig Platz gebraucht wird.

Bild 6-73
Vakuumtraverse zur Handhabung von Schränken
(STRÖDTER)

1 Pneumatikzylinder
2 Pneumatik-Balancesteuerung
3 Hubseil
4 Schienenlaufwerk
5 Bedien- und Führungseinheit
6 Sauger
7 Last, z.B. ein Korpusmöbel
8 Waagerecht-Hubschlauch
9 Deckenlaufschiene
10 Schutz- und Führungsrohr
11 Versorgungsleitung

a) vollpneumatischer Balancer (ELMAPO)
b) Horizontal-Hubschlauchsystem (PALAMATIC)

Bild 6-74 Seilhubgeräte mit horizontalem Antrieb (unten)

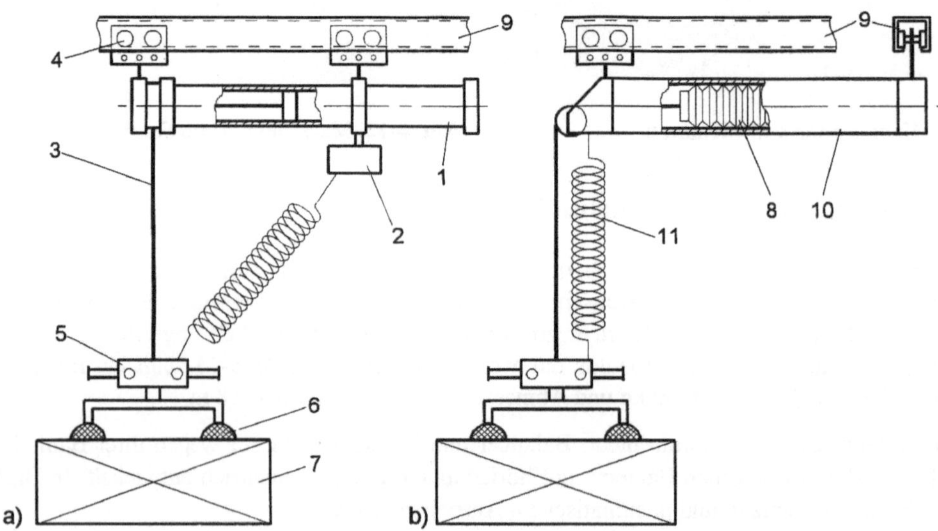

6.18 Handhabung von Spaltbandringen

Bis zu 0,1 mm dünne und schmale Metallbänder sind sehr empfindlich und lassen sich als gewickelter Ring nicht ohne weiteres schonend handhaben. Das Heben mit Schlaufe und Kran kann bereits durch die Eigenmasse des Coils (bis 1000 kg) zu Schäden am Band führen. In der Regel wird ein Coil liegend angeliefert und muss dann vor Ort zum Zweck des Beschickens einer Abrollhaspel aufgenommen, um 90° gedreht und dann auf die Haspelarme aufgesetzt werden. Bei dieser Prozedur darf es nicht zum Teleskopieren (Abrutschen einzelner Lagen vom Wickel) des Coils kommen. Der Innendurchmesser des Coils darf wegen der Haspelachse nicht verdeckt sein.

Als ideale Halte- und Hebevorrichtung haben sich Vakuumgeräte erwiesen, die den Wickel durch plane Anlage von Saugern bzw. Saugplatten anpacken. Ein solches Lastaufnahmemittel wird in **Bild 6-75** gezeigt. Das Schwenken um 90° wird im Beispiel manuell ausgeführt. Es gibt auch Geräte, die für die Schwenkfunktion mit pneumatischen Antrieben (Zylinder, Drehflügel) ausgestattet sind. Die Saugelemente können auf den Coildurchmesser eingestellt werden. Ist der Wickel ungenügend dicht gewickelt, kann es zu einer die Tragkraft deutlich absenkenden Leckage kommen.

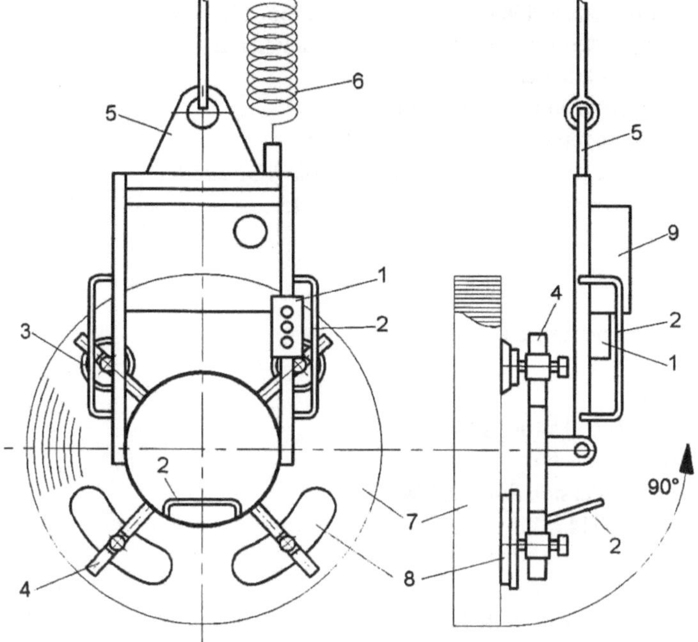

1 Bedieneinheit
2 Führungsgriff
3 Sauger
4 Haltearm für Sauger
5 Anhängeöse
6 Druckluftzufuhr (6 bis 7 bar)
7 Coil
8 bogenförmige Saugplatte

Bild 6-75
Lastaufnahmemittel für schmale Spaltbandringe bis 300 kg Masse (ANVERRA)

7 Wichtige Normen und Richtlinien

Anschlagketten   DIN 5688
Anschlagseile   DIN 3088
Arbeitsplatzmaße im Produktionsbereich   DIN 33406
Elektromagnetische Verträglichkeit   EG Richtlinie 89/336 (EMV)
Ergonomie; Prinzipien, Auslegung von Arbeitssystemen DIN V ENV 26385, ISO 6385
Flachpaletten; Anforderungen an Flachpaletten für den Einsatz in mechanisierten und
        automatisierten Förder- und Lagersystemen   VDI 3655
Greifer für Handhabungsgeräte und Industrieroboter   VDI 2740
Handhabung von Paletten mit Flurförderzeugen - Merkblatt   VDI 2415
Handhabungsfunktionen, -einrichtungen, Begriffe, Definitionen, Symbole VDI 2860
Identträger in Stückgutfördersystemen - Mobile Datenspeicher   VDI 2515
IP-Schutzarten DIN 40050 zu EN 60529/VDE 0470 Teil 1
Kleinladungsträger (KLT)   DIN 30820
Kommissioniersysteme   VDI 3590
Körpermaße des Menschen; Begriffe, Messverfahren   DIN 33402
Kranvorschriften   DIN 15018
Lastaufnahmeeinrichtungen   DIN 15003
Lasthaken für Hebezeuge DIN 15105, 15106, 15400, 15401
Magazinpaletten aus Metall   DIN 24602
Maschinen, EG Richtlinie   98/37 EG (alte Version 89/392/EWG)
Mensch-Maschine-Schnittstelle   DIN EN 60447
NAMUR-Sensor   DIN 19234
Niederspannungsrichtlinie   73/23/EWG
Not-Aus-Einrichtungen; Sicherheit an Maschinen   DIN EN 418
Reinraumtechnik; Grundlagen, Definitionen, Reinheitsklassen   VDI 2083
Rohrleitungen; Kennzeichnung nach dem Durchflussstoff   DIN 2403
Schraubsysteme; Einsatz in der Automobilindustrie   VDI 2862
Seiltrieb; Berechnung   DIN 15020
Sensorschnittstellen   DIN 66311
Sicherheit handgeführter Manipulatoren   prEN N70E CEN/TC 147 WGP 12
Sicherheitsabstände gegen das Erreichen von Gefahrstellen mit den oberen Gliedmaßen
        DIN EN 294
Sicherheitsabstände gegen das Erreichen von Gefahrstellen mit den unteren Gliedmaßen
        DIN EN 811
Standsicherheit für gleislose Fahrzeugkrane DIN 15019
Transportkette; Paletten; Formen, Hauptmaße, Prüfverfahren   DIN 15141
Transportkette mit Behältern für Kleinteile   DIN 30820
Überlastsicherung für Krane   VDI 3570
Umwelt; Einflüsse von Umweltbedingungen auf die Zuverlässigkeit technischer Erzeugnisse
        VDI 4005
Unfallverhütungsvorschriften Krane   VBG 9
Vierwege-Flachpaletten aus Holz   DIN 15146
Wägezellen; Kenngrößen, Begriffe   VDI 2637
Wegbegrenzer für Krane   VDI 3575
Wertanalyse   VDI 2800, 2801, 2803

8 Fachbegriffe

ABC-Analyse
Bewertungsmethode, bei der Gutmengen nach ihrer Wichtigkeit (Kosten) eingeteilt und untersucht werden. Objektarten der Gruppe A umfassen etwa 20% bis 30% der Anzahl der Objektarten bei 50% bis 80% des mengenmäßigen Anteils. Sie werden total untersucht. Die Objektarten der Gruppe B umfassen etwa 50% der Objektarten bei etwa 15% Mengenanteil. Die Objektarten der Gruppe C mit etwa 20% Anteil an der Anzahl der Gutarten umfassen 10% bis 5% der Gutmengen. Auf ihre Untersuchung kann zumeist verzichtet werden (⇨Transportanalyse).

Anschlagen
Vereinigung von ⇨Last und Tragmittel des ⇨Hebezeuges mittels eines ⇨Lastaufnahmemittels. Der Begriff wird vor allem im Kranbetrieb verwendet. Das Trennen der Last vom Tragmittel wird als Abschlagen bezeichnet.

Antiteleskopiergreifer
Greifer für zum Bund gewickeltes Band, z.B. ein Spaltbandring, wobei der Bund dazu neigt, lagenweise abzugleiten (zu teleskopieren). Den Bund kann man dann nicht allein im Kernloch halten. Er muss auch an der Außenlage geklemmt bzw. gehalten werden.

Arbeitslast
Maximal zulässige Masse eines ⇨Handhabungsobjekts einschließlich der ⇨Lastaufnahme- bzw. Greifmittel.

Arbeitszyklus
Bewegungsfolge, die mit Benutzung einer Handhabungseinrichtung absolviert wird und während eines vollständigen Arbeitsvorganges abläuft.

Ausschaltbetrieb
In der Pneumatik wird der Verdichter bei einem vorgewählten Mindestdruck im Windkessel (Druckbehälter zur Speicherung von Druckluft) eingeschaltet und bei erreichtem vorgewählten Höchstdruck wieder ausgeschaltet. Gegensatz: Dauerbetrieb.

Aussetzbetrieb
In der Pneumatik schaltet der Verdichter bei Erreichen des eingestellten Höchstdruckes im Windkessel auf Leerlauf. Bei Erreichen des Mindestdruckes wird wieder auf volle Leistung geschaltet.

Autostat
Markenname für Federzüge. Die Federkraft wird auf eine definierte Last eingestellt. Außerdem ist die Federkraft über den Hub nicht konstant.

Balancer
Direkt handgesteuerter bzw. bewegter Manipulatorarm, der auch als Ausgleichsheber oder Lastarmmanipulator bezeichnet wird. Die anhängende Last wird im Moment der Lastaufnahme automatisch oder nach manueller Voreinstellung gegen die Schwerkraft in einen Schwebezustand gebracht.

Basispalette
Förderhilfsmittel zur Aufnahme von einer oder von mehreren Stapelpaletten mit jeweils einheitlichen Schnittstellen zum Fördermittel.

Beweglichkeit
Bei einem Mechanismus die Eigenschaft seiner Glieder, unter Einwirkung von Kräften ihre Lagen zueinander verändern zu können. Der Grad der Beweglichkeit wird auch als (Getriebe-)Freiheitsgrad bezeichnet. Ein freier Körper hat im Raum den Freiheitsgrad 6 (Translation in X-, Y- und Z-Richtung und 3 Drehungen um jede Achse).

Bewegungseinrichtung
Mechanismus, der körperliche Objekte auf vorbestimmten oder vorgedachten Bahnen bewegen kann. Er kann eine feste Hauptfunktion haben, wie z.B. Einrichtungen zum Schieben, Schwenken oder Drehen. Bewegungseinrichtungen können aber auch über variable Hauptfunktionen verfügen, wie die programmgesteuerten Bewegungsautomaten (Einlegegeräte, Industrieroboter) oder manuell gesteuerte Bewegungseinrichtungen (Balancer, Manipulatoren, Seilzüge).

Boxpalette
Palette mit Aufbau, die mindestens drei feste, abnehmbare oder abklappbare senkrechte Wände hat und mit oder ohne Deckel ausgestattet ist.

Coil
Bezeichnung für dünnes, zu einem Bund aufgewickeltes Walzblech.

Dorngreifer
Greifer in der Art eines Fingers, der in die Bohrung eines Objekts eintaucht und danach seinen Finger spreizt. Als Finger kommen z.B. aufblasbare Elastomer-Elemente in Frage oder mechanisch spreizbare Elemente.

Druckluft, aufbereitete
Gebrauchsfertig gemachte Druckluft; Sie durchströmt dazu eine Wartungseinheit mit Filter, Regler, Wasserabscheider und Öler und ist dann gereinigt, getrocknet, geregelt (Druck) und geölt und damit für die nachgeschalteten pneumatischen Geräte aufbereitet. Die Ölung kann auch entfallen.

Eigensicherheit
Schutzart von elektrischen Geräten, Maschinen bzw. Anlagen, die dann vorliegt, wenn dank schaltungstechnischer und konstruktiver Maßnahmen keine für die Zündung eines explosiven Gemisches ausreichenden Temperaturen bzw. Funken (auch nicht bei einem Kurzschluss) auftreten können.

Ejektor
Strahlpumpe zur Erzeugung eines Unterdrucks, um Saugergreifer mit Druckluft betreiben zu können. Die Luft tritt durch eine Querschnittsverengung (Venturiedüse), wobei sich ihre Geschwindigkeit erhöht. Nach der Treibdüse expandiert die Luft, wobei an einem Seitenanschluss der Düse Luft abgesaugt wird.

Elektrokettenzug
Hebezeug, dessen Zugmittel eine lehrenhaltige Rundstahlkette ist, die mit Geschwindigkeiten im Bereich von 1,5 bis 20 m/min bewegt werden kann, bei polumschaltbarem Motor auch mit 0,3 m/min. Kern des Antriebs ist ein Verschiebeläufermotor mit Kegelbremse, der über ein Stirnradgetriebe das Taschenrad für die Kette treibt.

Elevationsbewegung
lat.; Heben, Hebung; eine andere Bezeichnung für eine Hubbewegung.

Ergonomie

Lehre von der Anpassung der Arbeitsmittel sowie der Arbeitsumgebung an die physiologischen und psychologischen Bedürfnisse des arbeitenden Menschen. Dazu zählen maßgeblich die Anordnung und Gestaltung von Bedienelementen sowie Anzeigen.

Europalette

Durch die europäischen Transportunternehmen genormte ⇨Ladungsträger mit vereinheitlichten Abmessungen.

Fail-safe-Schaltung

Fehlersichere Schaltung, die nicht unerkennbar ausfallen kann. Fail-safe-Geräte sind in der Regel Komponenten eines Sicherheitssystems, das eine definierte Aufgabe hat. Die fehlersicheren Geräte sind so ausgelegt, dass auch bei einem Geräteausfall die Schutzfunktion trotzdem ausgelöst wird.

Gelenk

Freiheitsgrad eines ⇨Manipulators, der eine Drehbewegung oder eine translatorische Bewegung erlaubt. Man kann u.a. in Dreh-, Schub-, Schraub- und Drehschub-Gelenke unterscheiden.

Gewichtsbalancer

Eine andere Bezeichnung für einen ⇨ Balancer. Weitere Synonyme sind: Lastarmmanipulator, Ausgleichsheber, *Zero Gravity Balancer*.

Gewichtskraft

Auf einen Körper wirkende Schwerkraft, die sich aus Masse x Erdbeschleunigung (in N) ergibt. Die Bezeichnung "Gewicht" ist nicht mehr zulässig. Dafür ist der Begriff "Masse" (in kg) zu setzen.

Greifer

Teilsystem einer Handhabungseinrichtung, das für den Kontakt zwischen Greifobjekt und Balancer bzw. Hubeinheit zuständig ist. Es sichert Position und Orientierung gegenüber der Handhabungseinrichtung. Der Greifer kann kraftpaarig (Magnet, Sauger, Klemmbacken) oder formpaarig arbeiten (Umschließen mit Fingern, ohne dabei bedeutsame Kräfte wirken zu lassen).

Greiferwechselsystem

Vorrichtung an Handhabungseinrichtungen zum manuellen oder automatisierten Austausch von Greifern oder Werkzeugen. Neben einer sicheren mechanischen Kopplung sind oft auch Elemente integriert, die eine Verbindung im Energiefluss (Druckluft, Saugluft, Elektroenergie) und im Signalfluss (Schaltsignale, Sensorsignale) gewährleisten.

Greiffläche

Fläche an Greiforganen, über die eine Greifkraft in Handhabungsobjekte eingeleitet wird. Vergleiche dazu ⇨ Grifffläche.

Griff

Eine zweckbestimmte Bewegung, die in logischer Folge bzw. Kombination ohne Unterbrechung ausgeführt wird und erst in Verbindung mit anderen Griffen zum erstrebten Arbeitsfortschritt führt.

Grifffläche

Fläche an Handhabungsobjekten über die eine Greifkraft eingeleitet wird. Es ist der passive Teil innerhalb der Wirkpaarung Greifer-Werkstück.

Griffgruppe
In der Handarbeit die Zusammenfassung unmittelbar aufeinanderfolgender Griffe, die zur Erfüllung einer Aufgabe notwendig sind.

Grundbewegung
In der Handarbeit eine zweckbestimmte elementare Bewegung der Finger, Hände, Arme, Beine
oder des Rumpfes.

Gut
Materielle Werte, die auf Transportmitteln, z.B. Paletten gelagert und bewegt werden. Es kann
z.B. Stückgut (DIN 30781), Massengut, empfindliches und gefährliches Gut sein. Als Langgut
werden Stücke bezeichnet, die mehr als 3 m lang sind.

Haftkraft
Arbeitskraft (Haltekraft) eines Magneten oder Saugers. Sie bezieht sich auf den senkrechten
Werkstückabriss und ein genau definiertes Prüfwerkstück.

Halten
In der Handhabungstechnik das vorübergehende formpaarige Sichern eines geometrisch bestimmten Körpers in einer bestimmten Orientierung und Position (VDI 2860). Gegensatz: Lösen.

Handhabungsobjekt
Ein Gegenstand, der von einem Menschen oder einer Maschine manipuliert wird. Dazu zählen
Werkstücke, Werkzeuge, Prüfmittel, Vorrichtungen, Produkte u.a. In Branchen außerhalb des Maschinenbaus können es auch landwirtschaftliche Produkte, Schlachtkörper, Betonsteine, Käselaibe
u.a. sein. Sie lassen sich mit Angaben zu Größe, Masse, Form, Eigenschaften, Oberflächenzustand
und zur Handhabungseignung beschreiben.

Handhabungstechnik
Gesamtheit aller materiellen Mittel und Verfahren, die dazu dienen, Handhabungsobjekte im un-
mittelbaren Bereich eines Arbeitsplatzes insbesondere maschinell zu handhaben. Wichtige Teilge-
biete sind die Industrierobotertechnik und auch der Einsatz von Manipulatoren [2-1].

Haptik
Lehre vom Tastsinn; Gesamtheit der Tastwahrnehmungen sowie ihre theoretisch-praktische Erforschung. Für die Gestaltung von Bedienelementen (Hebel, Drehknöpfe, Wipptasten, Drehknebel,
Rändelräder usw.) versucht man bewusst, für den Menschen angenehmes Berühren und Betätigen
zu erreichen. Die Feinfühligkeit des Tastsinns wird z.B. durch passende Kunststoffoberflächen,
optimalen Kraft-Weg-Verlauf beim Schalten, feines Rasten und handliche Formen im Interesse
sicheren und angenehmen Bedienens ausgenutzt.

Haptische Wahrnehmung
Wahrnehmung von Eigenschaften und Zuständen durch den Menschen mittels der Berührungs-
sinne (Berührungs-, Druck-, Vibrationsempfindungen).

Hebezeug
Technisches Mittel zum Heben von Lasten. Es dient entweder nur zum senkrechten Heben und
Fördern von Lasten oder zum Heben und Fördern in senkrechter und waagerechter Richtung.

Hubachse
Baueinheit zur Erzeugung einer gesteuerten bzw. programmierten senkrechten Bewegung, z.B.
zum Heben von Lasten, wenn geeignete Aufnahmemittel für die Lasten angebracht werden.

Hubsystem
Einrichtung zum manuell gesteuerten oder automatischen Heben, bestehend aus Hubachse, Greifer bzw. Lastaufnahmemittel, Antrieb und Steuerung.

Hubwerk
Mechanisch, hydraulisch oder seltener fluidisch angetriebene Vorrichtung bei Kranen und anderen Hebegeräten zum Heben, Senken und Halten von Lasten. Ein Standardhubwerk ist eine Baueinheit aus Hubmotor, Bremse, Kupplung, Hubgetriebe, Tragmittel (Seil, Kette), Seiltrommel bzw. Taschenrad mit Kettenkasten und Lastaufnahmemittel.

Humanisierung
Auf den Ingenieurwissenschaften und der angewandten Psychologie aufbauende Richtung der Arbeitswissenschaften, die auf folgendes abzielt: Abbau körperlich schwerer und einseitiger Arbeit, Schaffung einer angenehmen Arbeitsumwelt, Vermeidung von Unfallgefahren, Abbau psychomentaler Belastungen, Vermeidung negativer sozialer Folgen der Technisierung (Sozialverträglichkeit), Entkopplung von Arbeitsprozessen, Vergrößerung der Entscheidungs- und Dispositionsspielräume und Qualifizierung. Heutige Mechanisierung hebt das Handeln des Menschen von der mechanischen Ebene auf die geistige Ebene. In den angelsächsischen Ländern wird das auch als *Human Engineering* bezeichnet.

Identifizieren
Unverwechselbares Erkennen eines Objekts, oft ein Gegenstand, innerhalb eines Gestaltbereiches mit Hilfe der erforderlichen Merkmale.

Kalibrieren
Feststellung des Zusammenhangs zwischen der Anzeige (Ausgangsgröße) eines Sensors oder einer ganzen Messeinrichtung, z.B. ein Wägesystem, und den definierten Wert der Messgröße (Eingangsgröße). Im Gegensatz zum Eichen besteht kein gesetzlicher Hintergrund.

Kinematik
Zweig der Mechanik; Im Fachjargon die räumliche Zuordnung von Bewegungsachsen eines Manipulators nach Folge und Aufbau als verkürzte Bezeichnung für eine kinematische Kette.

KLT
Abkürzung für Klein-Ladungs-Träger; ein vollwandiges, deckelverschließbares Behältnis aus Kunststoff mit rechteckiger Grundfläche und besonders gestalteter Bodenfläche zur Selbstsicherung in der Verbundstapelung und zur Aufnahme von schütt- und setzbaren Kleinteilen (DIN 30820, VDA 4500).

Kommissionieren
Nach VDI 3590 das Zusammenstellen von bestimmten Teilmengen (Artikeln) aus einer bereitgestellten Gesamtmenge (Sortiment) auf Grund von Bedarfsinformationen (Aufträgen). Eingebettet in den betrieblichen Materialfluss stellt das Kommissionieren meistens den Übergang von einer sortenreinen Lagerung zu einem sortenunreinen Verbrauch, z.B. in der Montage, dar.

Kraftlinie
Bei Magneten die grafische Darstellung des Verlaufs des magnetischen Flusses.

Ladeeinheit
Güter, die zum Zweck des Umschlags durch einen ⇨Ladungsträger, z.B. eine Transportpalette, zusammengefasst sind.

Ladung
Menge von Gütern, Packstücken oder Ladeeinheiten auf einer Transportmitteleinheit. Die Ladungen werden oftmals mit Ladeeinheit-Sicherungsmitteln zusammengehalten.

Ladungsträger
Tragendes Mittel zur Zusammenfassung von Gütern zu einer Ladeeinheit. Oftmals wird diese nach den betreffenden Ladungsträger benannt, z.B. Palette, Rollcontainer. Neben seitlich nicht begrenzten Ladungsträgern (⇨Europaletten) sind auch zweifach und dreifach begrenzte Ladungsträger üblich. Die Ladungsträger sind meistens staplerfähig oder rollbar und in seltenen Fällen auch kranbar.

Last
Benennung einer Größe von der Art einer Masse, z.B. die Traglast eines Balancers, oder einer Kraft bzw. Gewichtskraft (Eigengewichtskraft). Als Last bezeichnet man allgemein auch einen zu transportierenden Gegenstand.

Lastaufnahmemittel
Sammelbegriff für Vorrichtungen, die als Bindeglied zwischen dem Tragmittel eines Hebezeugs, Hubwerks oder Balancers und dem zu manipulierenden Gut dienen. Dazu zählen Lasthaken ebenso wie Zangen, Lasthaftgeräte, Anschlagseile und Greifer. Die Lastaufnahmemittel gehören nicht direkt zum Hebezeug.

Lastausgleich
Vorgang, bei dem eine der Schwerkraft äquivalente Kraft in entgegengesetzter Richtung erzeugt wird, die die Last in einen Schwebezustand bringt.

Lasthaftgerät
Lastaufnahmemittel bei dem die Haltekraft elektromagnetisch (Lasthebemagnet bis 30 t Tragfähigkeit) oder pneumatisch (Saugergreifer) erzeugt wird.

Lasthebemagnet
Elektromagnet, der als Lastaufnahmemittel für ferromagnetische Fördergüter wie Bleche, Rohre, Schrott und Gusstrauben dient.

Logistik
Alle Prozesse, die der räumlichen und zeitlichen Verteilung von Gütern (Materialien, Komponenten und Produkten im Sinne der Ver- und Entsorgung produzierender Einheiten) dienen. Alles soll durch optimiertes Bewegen, Bereitstellen, Speichern und Zwischenlagern günstig gestellt werden, mit dem Ziel, auch unter flexiblen Bedingungen nur minimale Wartezeiten hinnehmen zu müssen.

Lösungsprinzip
Lösungsgedanke auf erster konkreter Stufe, der bereits grundsätzliche Gestaltungsmerkmale der späteren Lösung erkennen lässt.

Manipulator
Manuell gesteuertes Handhabungsgerät, das den Menschen von schwerer körperlicher Arbeit oder von Tätigkeiten unter gesundheitsgefährdenden Arbeitsbedingungen entlastet. Der Manipulator besitzt im Gegensatz zum Industrieroboter keine Programmsteuerung. Führt der Mensch eine Bewegung vor, die der Manipulator dann kopiert, handelt es sich um ein Master-Slave-System. Beim Balancer fasst der Mensch direkt am Führungsgetriebe an, um die Bewegung vorzugeben.

Maschine-Hand-Prozesse
Diese Prozesse sind durch die Anwendung solcher Mechanismen gekennzeichnet, die eine Mitwir-
kung der Arbeitskraft erfordern.

Master-Slave-Manipulator
System von zwei Manipulatoren, das aus einem anweisenden Teil (Master, Meister, Steuerarm)
besteht, der die Bewegungen vorgibt, und einem ausführenden Teil (Slave, Sklave, Arbeitsarm),
der die vorgegebenen Bewegungen kopiert. Außerdem kann das System doppelarmig sein.

Materialfluss
Verkettung sämtlicher Vorgänge beim Gewinnen, Be- und Verarbeiten sowie der Verteilung von
Gütern innerhalb eines definierten Bereichs. Im einzelnen gehören die Vorgänge Bearbeiten, Prü-
fen, Handhaben, Fördern, Umschlagen und Lagern zum Materialfluss.

Material-Handling
Art und Weise, wie einzelne Güter, insbesondere Ausgangsmaterialien, im Produktionsprozess gehandhabt werden.

Mechanisierung
Substitutionsprozess mechanisch-menschlicher Leistungen durch technische Hilfsmittel. Das sind
vorwiegend Einrichtungen mit antreibender Funktion durch elektrische oder fluidische Aggregate.
Die dann noch verbleibenden Hilfsfunktionen, die Einzelaktionen einleiten, auswählen, steuern und
beenden, erledigt der Mensch dann bei niedriger Kraft- und Leistungsübertragung.

MTM
Abkürzung für *Methods Time Measurement*; Methode aus den USA zur Analyse (Zeitmessung)
von Arbeitsbewegungen, vergleichbar mit ⇨REFA. Die Handarbeit wird in Grundbewegungen
zerlegt, wobei jedem der elementaren Abläufe ein vorbestimmter Normzeitwert zugeordnet ist.

Nachgiebigkeit, statische
Der Höchstbetrag der Verlagerung mechanischer Komponenten pro einwirkender Lasteinheit. Sie
wird in Millimeter je Newton angegeben.

NAMUR
Abk. für Normen-Arbeitsgemeinschaft Mess- und Regelungstechnik in der chemischen Industrie
(Arbeitskreis Kontaktlose Steuerungen, DIN 19234). Für den Einsatz in explosionsgefährdeten Be-
reichen hat man den NAMUR-Sensor entwickelt. Es ist ein gepolter Zweidrahtsensor.

NOT-AUS-Einrichtung
Einrichtung an Manipulatoren, um diese leicht, schnell und gefahrlos so stillsetzen zu können, dass
gefahrbringende Bewegungen rechtzeitig unterbrochen und keine weiteren gefahrbringenden Bewegungen eingeleitet werden (VDI-Richtlinie 2853).

Operator
lat.(engl.); Bediener für einen Manipulator, der für diese Tätigkeit ausgebildet (angelernt) wurde.
Der Begriff wird insbesondere bei Master-Slave-Manipulatoren verwendet. Manchmal wird auch
der Begriff Operateur *(lat.-fr.)* verwendet.

Packmittel
Erzeugnisse aus Packstoff, die dazu bestimmt sind, Packgüter zu umhüllen oder zusammenzuhal-
ten, damit sie versand-, lager- und verkaufsfähig sind. Packstoffe sind die Werkstoffe, aus denen
die Packmittel bzw. die Packhilfsmittel hergestellt werden.

Packstück
Nach DIN 55405 das Ergebnis der Vereinigung von Packgut und Verpackung. Es ist besonders für den Transport bzw. Einzelversand geeignet. Die Mehrheit der Packstücke ist quader- oder zylinderförmig.

Palette
Transporthilfsmittel mit und ohne Aufbau, das im wesentlichen aus einem Deck, das auf Füßen oder Klötzen ruht bzw. aus zwei Decks besteht. Diese sind durch Klötze voneinander getrennt, deren Höhe die Höhe der Einfahröffnungen für Gabeln der Gabelhubwagen oder Stapelgeräte darstellen.

Polschuh
Bei Magneten auch als Polverlängerung bezeichnet. Er wird immer in Verbindung mit Magnetsystemen eingesetzt, um das Magnetfeld in das Werkstück zu leiten.

Rationalisierung
Technische und organisatorische Maßnahmen zum Ersatz herkömmlicher, traditioneller und zufälliger Verfahren und Handlungsweisen durch geplante, besser strukturierte und wiederholbare Methoden nach Kriterien der Zweckmäßigkeit, Effektivität, Berechenbarkeit und Beherrschbarkeit.

REFA
Verband für Arbeitsstudien und Betriebsorganisation e.V., der vor 1977 als Reichsausschuss für Arbeitsstudien benannt und 1924 gegründet wurde. Das REFA-System dient der zeitlichen Bewertung von Arbeitsleistungen, die von besonders geschulten Fachleuten vorgenommen wird.

Regal
Lagerungsmittel mit neben- und übereinander angeordneten Fächern, die eine eindeutige Zuordnung von Lagerort und Lagergut bei Einzelzugänglichkeit und maximaler Höhennutzung des Lagerraumes ermöglichen.

Reinraumklasse der Luft
Einteilung der Luftreinheit in die Klassen 0 bis 7 (VDI-Richtlinie 2083) nach der zulässigen Partikelkonzentration unter Berücksichtigung der Partikelgrößen. Die Klassen 1 bis 6 entsprechen den Klassen 1 bis 100000 des U.S. Federal Standards 209 D. Dort bezeichnen die Klassen 1, 10, 100, 1000, 10000 und 100000 die zulässige Anzahl der Partikel je Kubikfuß bei Partikelgröße 0,5 µm.

Sammelspeicher
Speicher in der Fertigung zur Vorratsbildung für den Abtransport. Der Sammelspeicher ist normalerweise ein Fertigteilspeicher.

Sättigung
Bei Magnetgreifern die Sättigungsflussdichte. Sie ist erreicht, wenn das Werkstück keine weitere Magnetisierung mehr aufnimmt.

Schlaffkettenabschaltung
Schaltung, die den Antrieb eines Kettenhubwerkes in dem Moment abschaltet, in welchem die Last am Boden abgesetzt und dadurch die Kette „schlaff" wird. Dazu wird die Kettenspannung mit einem Endschalter abgetastet.

Sortenmix
Zustand, wenn zwei oder mehrere in ihrer Abmessung verschiedene Stücke, z.B. Packstücke oder
Werkstücke, auf einen Ladungsträger gepackt bzw. nacheinander manipuliert werden sollen.

Standsicherheit
Beschreibung des Kippverhaltens (Umkippen) durch Angabe des Verhältnisses der Summe der
Standmomente zur Summe aller Kippmomente. Die Standsicherheit muss größer als 1 sein.

Stapelpalette
Magazinpalette, die wahlfrei übereinander stapelbar ist, wobei eine einheitliche Orientierung der
Magazinpalette beibehalten wird.

Starrheit
Formänderung eines nachgebenden Körpers, die durch das *dynamische* Verhalten einer Maschine
hervorgerufen wird. Vergleiche ⇨ Steifigkeit.

Steifigkeit
Formänderung eines nachgebenden Körpers, die durch eine *statische* Belastung hervorgerufen
wird. Vergleiche ⇨Starrheit

Stückgut
Nach DIN 30781 individuelles Gut, welches stückweise gehandhabt wird und auch stückweise in
die Transportinformation eingeht. Es sind somit einzelne Objekte mit allseitig begrenzten Abmessungen, z.B. Flachteile, Blöcke, Wellen und Zahnräder. Das Stückgut ist im Normalfall formbe-
stimmt, kann aber im Ausnahmefall auch formunbestimmt sein.

TCP
Abkürzung für *tool center point*; Arbeitspunkt am Ende einer Kinematischen Kette, z.B. die Mitte
eines Backengreifers. Ein Mehrfachgreifer hat demnach auch mehrere TCP. Der TCP ist für automatisches Handhaben wichtig, weil sich die Programmierung von Bewegungsbahnen auf diesen
Punkt bezieht.

Totmannsteuerung
Sicherheitsschaltung, die ein Gerät in Aktion hält, solange ein Taster bzw. Sensor ständig ein Signal abgibt. Unterbleibt das Tastendrücken, dann stoppt die Totmannsteuerung alle Aktionen
selbstständig.

Tragfähigkeit
Maximal zulässige Masse (Nutzlast) eines Handhabungsobjekts, die eine Handhabungsmaschine
oder eine Hubeinheit aufnehmen kann, ohne den Betriebsbereich zu überschreiten. Die Nutzlast
vermindert sich, wenn als Lastaufnahmemittel nicht nur ein einfacher Haken, sondern z.B. ein aufwendiger (schwerer) Greifer Verwendung findet.

Transportanalyse
Qualitative und quantitative Untersuchung der zu transportierenden (zu handhabenden) Objekte
(Transport-, Lager-, Arbeitsgut), der dazu eingesetzten technischen Ausrüstungen sowie den vor-
liegenden Transportbedingungen (Zeitabhängigkeit, Quelle, Ziel, Aufkommensspitzen, Schadens-
verhalten) mit dem Ziel der anschließenden Rationalisierung von Güterbewegungen. Ein einfaches
Verfahren ist die ⇨ ABC-Analyse.

Traverse
Zwischenglied zur Güteraufnahme von sehr langen und großflächigen Gütern, wie Profilstahl,
Bleche, Wellen und Betonfertigteile. Bei Anschlagmitteln mit Einpunktbefestigung würde sich
sonst ein unzulässig großer Spreizwinkel ergeben. Weit verbreitet sind Magnet- und Vakuumtra-
versen.

Umschlaghäufigkeit
Angabe, wie oft ein Bestand an Gütern innerhalb eines definierten Zeitraumes umschlägt, also den
Ort wechselt.

Umschlagprozess
Beim Be- und Entladen von Transportmitteln erfolgendes Überwechseln der Güter. Typische Vorgänge sind z.B. das Umladen und das Beladen.

Vakuumheber
Haftgerät für das Heben von Lasten, insbesondere von Glasscheiben und Blechtafeln, bei dem die
Haftkräfte pneumatisch (Saugluft) erzeugt werden.

Werkstückaufnahmeelement
Werkstück- oder werkstückgruppenspezifisches Halteelement mit einheitlicher Schnittstelle zum
Magazinrahmen (Palette aus Metall) zur Positionierung und Fixierung der Werkstücke relativ zum
Magazinrahmen.

Wirkprinzip
Verknüpfung zwischen einer funktional beschriebenen Aufgabe und dem (oder den) bei der Lö-
sungssuche gewählten Effekt(en). Ein Wirkprinzip kann mehrere Effekte nutzen.

Wirkungsgrad, volumetrischer
In der Fluidtechnik der Quotient aus theoretischem Luftverbrauch und Betriebsverbrauch.

Zweihandsteuergerät
Steuergerät, das nur dann ein Ausgangssignal abgibt, wenn mit beiden Händen gleichzeitig eine
Betätigung vorgenommen wird. Das dient der Verhinderung von Hand- und Fingerverletzungen an
z.B. Hebezeugen und Pressen.

Zylinderschalter
Berührungsloser Signalgeber, der auf einem Arbeitszylinder, z.B. ein Pneumatikzylinder, befestigt
wird und der die Kolbenposition anzeigt und meldet. Die Betätigung erfolgt magnetisch durch einen Ringmagnet im Kolben.

Literatur und Quellen

[1-1] Kretzschmer, F.: Bilddokumente römischer Technik, Wiesbaden, Panorama Verlag, o.J.

[1-2] Ruckdeschel, W.: Faszination Hebetechnik, Mainz, Vereinigte Fachverlage 1991

[1-3] Lämmel, R.: Sozialphysik, Stuttgart, Franckh`sche Verlagshandlung 1925

[1-4] RIA Robotics Glossary Dearborn, USA 1984

[1-5] Köhler, G.W.: Typenbuch der Manipulatoren, München 1981

[1-6] Hesse, S.; Schmidt, H.: Rationalisieren mit Balancern und Hubeinheiten, Renningen, expert Verlag 1998

[1-7] Schraft, R.D.; Schmierer, G.: Serviceroboter, Berlin/Heidelberg, Springer Verlag 1998

[1-8] Nachtigall, W.: Biomechanik, Braunschweig/Wiesbaden, Vieweg Verlag 2000

[2-1] Hesse, S.: Lexikon Handhabungseinrichtungen und Industrierobotik, Renningen, expert Verlag 1995

[2-2] Industrieroboterpraxis - Automatisierte Handhabung in der Fertigung, Braunschweig/Wiesbaden, Vieweg Verlag 1998

[2-3] Seeger, H.; Vogel, J.: Designkonzepte für Mobilität im Operationssaal, Innovation 5, Carl Zeiss 1998, S. 22-25

[3-1] 5. Forschungsbericht der Bundesregierung 1995

[3-2] Arbeitsphysiologische Analyse muskuloskeletter Belastung, Institut für Arbeitsphysiologie an der Universität Dortmund, 1999

[3-3] Hettinger, T.: Handhabung von Lasten - Ergonomische Gesichtspunkte, München, Hanser Verlag 1991

[3-4] Kirchner, J.-H.; Baum, E.: Ergonomie für Konstrukteure und Arbeitsgestalter, München, Hanser Verlag 1990

[3-5] Der Lastentransport von Hand (Schweizerische Blätter für Arbeitssicherheit), Nov. 1979, Schweizerische Unfallversicherungsanstalt Luzern, SBA Nr. 132

[3-6] Hesse, S.: Atlas der modernen Handhabungstechnik, Braunschweig/Wiesbaden, Vieweg Verlag 1995

[3-7] E.-F. Pernack: Handlungsanleitung zur Beurteilung der Arbeitsbedingungen beim Heben und Tragen von Lasten, Länderausschuss für Arbeitsschutz und Sicherheitstechnik, Dez. 1996

[3-8] Weck, M.; Darnmertz, R.; Thiel, J.: Arbeits- und Technikgestaltung von Industrieroboterarbeitszellen und -bereichen, Bremerhaven Wirtschaftsverlag NW-Verlag für neue Wissenschaft 1997

[3-9] Institut für Arbeitswissenschaft der Technischen Hochschule Darmstadt (Prof. Landau) in Zusammenarbeit mit REFA und der Softwarefirma DELMIA (früher DELTA)

[3-10] Vasavada, Li, Delp: Influence of Muscle Morphometry and Moment Arms on the Moment-Generating Capacity oh Human Neck Muscles (Spine 23:4, S. 412-422), 1998

[4-1] Feldmann, K.-H.; Morig, W.; Stapel, A.G.: Druckluftverteilung in der Praxis, Gräfelfing, Resch-Verlag, 1985

[4-2] Bube, E.; Krebber, G.: Selbstbremsendes Getriebe für Vier-Quadranten-Antriebssysteme hat hohen Wirkungsgrad, Maschinenmarkt Würzburg, 105 (1999)13, S.76-79

[4-3] Wehr, M.; Weinmann, M. (Hrsg.): Die Hand - Werkzeug des Geistes, Heidelberg/Berlin, Spektrum Akademischer Verlag 1999

[4-4] Hesse, S.: Greiferpraxis, Würzburg, Vogel Verlag 1991

[4-5] Siemens, K.-H.: Konstruktive Lösungen zur Erhöhung der Flexibilität von Werkzeugen für Handhabungsgeräte, Fortschritt-Berichte der VDI-Zeitschrift, Nr.53, VDI-Verlag, Düsseldorf 1983

[4-6] Hesse, S.: Greiferanwendungen, Esslingen, Festo KG 1997

[4-7] Seegräber, L.: Greifsysteme für Montage, Handhabung und Industrieroboter, Ehningen, expert Verlag 1993

[4-8] Lenzkes, D.: Sicherheit bei Kranen, VDI Verlag/Springer Verlag, Berlin/Heidelberg, 1999

[4-9] Transport von Hand, Merkblatt T 028, 9/97, Berufsgenossenschaft der chemischen Industrie

[4-10] Bongwald, O.; Luttmann, W.; Laurig, W.: Leitfaden für die Beurteilung von Hebe- und Tragetätigkeiten, Hauptverband der gewerblichen Berufsgenossenschaften, ISBN 3-88383-365-7, 1995

[4-11] Steinberg, U.; Windberg, H.-J.: Leitfaden: Sicherheit und Gesundheitsschutz bei der manuellen Handhabung von Lasten - Empfehlungen für den Praktiker, Bundesanstalt für Arbeitsschutz und Arbeitsmedizin, ISBN 3-89429-571-6, 1994

[4-12] Leitfaden Maschinensicherheit in Europa (Loseblattausgabe), Berlin, Beuth Verlag 1996

[4-13] Maschinenrichtlinie (Software), Augsburg, WEKA Verlag 2000

[4-14] Böge, W. (Hrsg.): Vieweg Handbuch Elektrotechnik, Braunschweig/Wiesbaden, Vieweg Verlag 1998

[4-15] Handbuch des Explosionsschutzes, Weinheim, Wiley-VCH Verlag

[6-1] Hesse, S.: Lexikon Greifertechnik, Esslingen, Festo KG 1996

[6-2] Springfeld, P.: Rationelle Montage in der Sprinterproduktion, Handling 28 (2000), Sept., S.46-48

[6-3] Korendjasev, A.I. (Hrsg.): Manipuliersysteme der Roboter, Moskau, Verlag Maschinenbau 1989 (russ.)

[6-4] Hesse, S.: Modulare Einlegeeinrichtungen, Esslingen, Festo AG & Co. 2000

Wichtige Internet-Adressen

Anschlagpunkte
www.rud.de

Arbeitsschutz, -gestaltung, Sicherheit
www.adronit.de
www.bana.de
www.delmia.com
www.ergonetz.de
www.ifado.de
www.ibf-at.com
www.pilz.de
www.riese-electronic.de
www.robotunits.com
www.tecmath.com
www.troax.de

Balancer, Hubeinheiten
www.aerotech-europe.com
www.ape-engineering-gmbh.de
www.dalmec.nl
www.gknsitec.com
www.IPEK-Rheine.de
www.knight-europe.de
www.landert.com
www.movomech.de
www.mt-handling.com
www.palamatic.com
www.scaglia.it
www.schmidt-handling.de
www.torwegge.de
www.trikongmbh.de
www.unimatech.de
www.vitax.com

Baumanipulatoren
www.probst-gmbh.de

Behältersysteme
www.draht-schnee.de
www.graf-online.de
www.ssi-schaefer.de

Drehdurchführungen
www.deublin.de

Druckkissen, Membrankomponenten
www.festo.de

www.pronal.com
www.pronal.com
www.vetter.de
www.powerteam.com

Elektrozylinder
www.parker-emd.com
www.raco.de

Energieketten
www.igus.de
www.kabelschlepp.de
www.murrplastik.de

Faltenbalgschutz
www.hema-gmbh.com

Fördersysteme
www.gebhardt-foerdertechnik.de
www.trapo.de

Greifer, Spanner, Lastaufnahmemittel
www.amf.de
www.APE-Engineering-GmbH.de
www.dolezych.de
www.fezer.de
www.grib-gmbh.com
www.phdinc.com
www.robosys .de
www.schunk.de
www.sommer-automatic.com
www.tuenkers .de
www.UNI-TEC.de

Holz/LKW-Ladekrane/Hebezeuge
www.arve-vetter.com
www.jdn.de
www.palfinger.de

Hubtische
www.bueter.com
www.edmolift.se
www.flexlift.de
www.gruse.de
www.hymo.com

Hydropneumatik
www.specken-drumag.com

Klemm-, Bremselemente
www.zimmer-gmbh.de

Magnete, Hebemagnete
www.dematic.com
www.knight-europe.de
www.wagner-magnete.de

Normeninformationen
www.beuth.de
www.fiz-technik.de
www.newapproach.org
www.vde-verlag.de

Pneumatikbaugruppen
www.atlascopco.de
www.bar-gmbh.de
www.festo.de
www.hoerbiger-origa.com
www.smc-pneumatik.de

Pneumatikmotoren
www.deprag.com
www.jdn.de
www.krisch-dienst.de
www.mannesmann-demag.com

Rund-, Profilschienen-, Führungssysteme
www.montech.ch
www.rexroth-star.de
www.robounits.com
www.schueco.com
www.strothmann.com
www.wemesma.de

Sackgreifer
www.roteg.de

Scheiben-, Magnet-, Rotationsbremsen
www.ace-ace.de
www.mayr.de
www.ringspann.de

Seilbalancer, Seilzüge
www.dematic.com
www.expresso.de
www.knight-europe.de
www.swfkrantechnik.de
www.wemesma.de

Sensorik, Fachverband
www.ama-sensorik.de
www.baumerelectric.com
www.ifm-electronic.com
www.keyence.de
www.kistler.com
www.pepperl-fuchs.com
www.sensopart.com
www.sick.de
www.wenglor.de

Vakuumheber, -komponenten, -sauger
www.AERO-LIFT.de
www.anverra-vakuum.de
www.bilsing-automation.de
www.Bohle.de
www.convum.de
www.expresso.de
www.fezer.de
www.fiba-online.com
www.guedon.de
www.gustav-mueller.com
www.horts-witte.de
www.piab.de
www.schmalz.de
www.volkmann-vakuum.de

Verbindungselemente (Stahlbau)
www.schrauben-engel.de

Wägezellen, Kraftmessbolzen
www.ast-dd.de
www.blh.de
www.epel-ind.com
www.gfsgermany.de
www.global-weighing.de
www.hbm.de
www.imt-frankfurt.de
www.inelta.de
www.pesa.de
www.reveretransducers.com
www.sartorius.de
www.sensy.be
www.soemer.de
www.tecsis.de
www.test-gmbh.de

Zeitschriften
www.handling.de
www.material-management.de
www.scope-online.de

Sachwortverzeichnis

Physikalisch-technische Zusammenhänge

Hirsch, Andreas
Werkzeugmaschinen Grundlagen
Lehr- und Übungsbuch
2000. X, 369 S. Mit 413 Abb. u. 27 Tab.
Br. DM 58,00 / € 29,00
ISBN 3-528-04950-2

Inhalt:
Anforderungen und Beurteilung - Baugruppen und Bauarten spanender
und umformender Werkzeugmaschinen - Abtragende
Werkzeugmaschinen - Flexible Fertigungseinrichtungen

Grundlagen, Aufbau, Anwendung und Bewertung von
Werkzeugmaschinen im Ingenieurstudium zu vermitteln ist ohne
Beispiele nicht möglich. Leicht verständlich, aber ohne unzulässige
Vereinfachung, werden mit übersichtlichen Prinzipskizzen, Übersichts-
diagrammen und nachvollziehbaren mathematischen Beschreibungen
die physikalisch-technischen Zusammenhänge erläutert.

Der Autor
Dr.-Ing. Andreas Hirsch lehrt an der TU Chemnitz-Zwickau und an der
FH Gießen-Friedberg Werkzeugmaschinen, Konstruktion und
Übersichtsveranstaltungen für Wirtschaftsingenieure.

Abraham-Lincoln-Straße 46
65189 Wiesbaden
Fax 0611.7878-420
www.vieweg.de

Stand 1.7.2001
Änderungen vorbehalten.
Die genannten Europreise sind gültig ab 1.1.2002.
Erhältlich im Buchhandel oder im Verlag.

Das Standardwerk für Maschinenbauer

Wilhelm Matek, Dieter Muhs, Herbert Wittel, Manfred Becker,
Dieter Jannasch

Roloff/Matek Maschinenelemente

Normung, Berechnung, Gestaltung.
Lehrbuch und Tabellenbuch
14., vollst. überarb. u. erw. Aufl. 2000. XXVII, 986 S. mit
74 vollständig durchger. Beisp. u. einem Tabellenbuch
(Viewegs Fachbücher der Technik)
Geb. mit CD DM 69,80 / € 34,90
ISBN 3-528-84028-5

Inhalt: Konstruktonsgrundlagen - Toleranzen und Passungen - Festigkeit,
zulässige Spannung - Kleb- und Lötverbindungen - Schweiß, Niet- und
Schraubverbindungen - Bolzen- und Stiftverbindungen - Elastische Federn
- Achsen, Wellen, Zapfen - Wellen /Nabenverbindungen - Kupplungen -
Bremsen - Wälz- und Gleitlager - Zahnräder und Zahnradgetriebe -
Riemen- und Kettengetriebe - Dichtungen - Rohrleitungen

Diese umfassende normgerechte Darstellung von Maschinenelementen
für den Unterricht ist in ihrer Art bislang unübertroffen. Durch fortwährend Überarbeitung sind alle Bestandteile des Lehrsystems ständig
auf dem neuesten Stand und in sich stimmig. Die ausführliche Herleitung
von Berechnungsformeln macht die Zusammenarbeit und Hintergründe
transparent. Schnell anwendbare Berechnungsformeln ermöglichen die
sofortige Dimensionierung von Bauteilen.Der um die Kapitel Bremsen und
Dichtungen erweiterte Inhalt ist in 23 Kapitel übersichtlich gegliedert.
Das Kapitel Festigkeit, zulässige Spannung wurde komplett überarbeitet
in Anlehnung an DIN 743 und FKM-Richtlinie (Heft 183).

Abraham-Lincoln-Straße 46
65189 Wiesbaden
Fax 0611.7878-400
www.vieweg.de

Stand 1.7.2001
Änderungen vorbehalten.
Die genannten Europreise sind gültig ab 1.1.2002.
Erhältlich im Buchhandel oder im Verlag.